大豆SSR标记法筛选近似品种系列丛书

荧光标记SSR引物法采集大豆资源数据

李冬梅　韩瑞玺 等　著

中国农业出版社
北　京

图书在版编目（CIP）数据

荧光标记SSR引物法采集大豆资源数据 / 李冬梅等著．
—北京：中国农业出版社，2023.7
ISBN 978-7-109-30838-1

Ⅰ.①荧…　Ⅱ.①李…　Ⅲ.①荧光—分子标记—应用—大豆—种质资源—数据采集　Ⅳ.①S565.102.4-39

中国国家版本馆CIP数据核字（2023）第118507号

中国农业出版社出版
地址：北京市朝阳区麦子店街18号楼
邮编：100125
责任编辑：杨晓改
版式设计：书雅文化　　责任校对：吴丽婷
印刷：中农印务有限公司
版次：2023年7月第1版
印次：2023年7月北京第1次印刷
发行：新华书店北京发行所
开本：880mm×1230mm　1/16
印张：24.25
字数：816千字
定价：298.00元

著 者 名 单

李冬梅　韩瑞玺　李　铁　邓　超
孙铭隆　张凯淅　荆若男　高凤梅
王晨宇　赵远玲　孙连发　马莹雪
李媛媛　冯艳芳　孙　丹　王翔宇

前言

大豆起源于我国，是重要的栽培作物，在我国各地均有种植，每年有大量的大豆资源申请品种保护和 DUS［distinctness（特异性）、uniformity（一致性）和 stability（稳定性）］测试，准确科学地对这些种质资源材料进行 DUS 判定是保护申请者品种权益的重要内容。

随着育种人对品种权保护意识的逐年提高，分子技术凭借它独有的优于形态标记的特点，如多态性高、周期短、不受环境影响、可选择的标记数量多、结果更稳定等，成为 DUS 测试中各国争相研究的热点。而目前，分子技术在 DUS 测试中的最重要作用就是近似品种筛选，构建以分子标记为基础的 DNA 指纹数据库，以实现快速高效筛选近似品种的目的。目前，分子标记技术正渐渐成为世界各国构建资源分子标记数据库、筛选近似品种的辅助技术手段，将成为推动作物新品种保护事业快速发展的重要技术支撑。

本书主要介绍了国家种质资源库中用于新品种保护的 192 份大豆品种的 SSR 标记基因位点分型结果，以及实验相关的引物信息、荧光引物组合信息、所使用的主要仪器设备和主要实验方法等。

本书内容可供 DUS 测试中筛选近似品种参考使用，也可为 SSR 分子标记技术应用于其他类似研究的人员，提供有益的思路和技术信息。本书内容仅供科研参考，不作为任何依据性工作使用，科学准确地鉴定大豆品种及种质资源材料，还需经专业人员评判。由于一些品种本身存在一定程度的个体差异，或纯度不同等原因可能导致样本结果不完全一致，且没有验证这种品种本身的变异幅度，也没有验证品种一致性，因此，基因分型数据仅为本批次样品的结果，虽经反复核对，仍可能有疏漏之处，敬请读者批评指正。

本书的出版得到了农业农村部植物新品种测试（哈尔滨）分中心的大力支持，在此表示诚挚的、由衷的感谢。

李冬梅

2023 年 3 月 15 日哈尔滨

目录

一、概　　述

大豆资源是大豆育种的材料基础，利用不同材料中的大量遗传变异位点，创建适应性好、产量品质优良，以及抗逆性高的新品种是农业生产中最主要的育种目的，利用 SSR（简单重复序列，simple sequence repeats）分子标记对不同大豆资源的变异位点进行位点分型，从而将不同资源进行分类，能够为遗传育种提供更多信息选择。同时，在新品种保护中，最重要的技术环节之一就是近似品种筛选，为了有效区分作物品种，需要收集大量已知品种，构建用于近似品种筛选的品种资源数据库，而以 DNA 为依托的分子标记技术是利用数据库实现快速高效筛选近似品种的最优选择。目前，分子标记技术正逐渐成为世界各国构建品种资源分子数据库、筛选近似品种的辅助技术手段，也将成为推动作物育种事业和新品种保护事业快速发展的重要技术支撑。

SSR 分子标记，也称为微卫星序列标记或短串联重复标记，是一种以特异引物 PCR（聚合酶链式反应，polymerase chain reaction）为基础的分子标记。SSR，也称为微卫星 DNA，是一类由几个核苷酸（一般为 1～6 个）为重复单位组成的长达几十个核苷酸的串联重复序列。由于每个微卫星 DNA 两侧的序列一般是相对保守的单拷贝序列，可以人工合成引物进行 PCR 扩增，将微卫星 DNA 扩增出来，根据微卫星 DNA 串联重复数目的不同，能够扩增出不同长度的 PCR 产物。生物的基因组中，特别是高等生物的基因组中，含有大量的重复序列。

本书主要目的是将来自国家种质资源库中的 192 份大豆资源（编号以 XIN 开头的资源）进行遗传位点的基因分型，利用 36 对荧光标记的 SSR 引物对这 192 份大豆资源进行位点扩增，给出原始扩增数据信息，如样本名（sample file name）、等位基因位点（allele）、大小（size）、高度（height）、面积（area）、数据取值点（data point），加上样本名对应的资源序号和位点分型结果。部分样品未获得原始数据，此部分样品的基因位点分型结果用 999 表示。本书还介绍了所使用的 36 对 SSR 引物的名称及序列、panel 组合信息表（实验中使用的引物组合情况表）、实验主要仪器设备及方法，根据这些给定的原始信息，相关研究人员可以更好地判断数据的误差，为后续遗传变异的利用奠定基础。

二、36 对 SSR 引物对 192 份资源的扩增结果

1 Satt300

资源序号	样本名（sample file name）	等位基因位点（allele，bp）	大小（size，bp）	高度（height，RFU）	面积（area，RFU）	数据取值点（data point，RFU）
1	A01_691_10-11-35.fsa	237	237.61	1 391	17 094	5 271
2	A02_691_10-11-35.fsa	243	244.08	404	5 202	5 541
3	A03_691_11-03-38.fsa	237	236.34	7 047	91 936	5 028
4	A04_691_11-03-38.fsa	243	243.6	80	976	5 283
5	A05_691_11-43-49.fsa	237	237.24	6 833	90 520	4 986
6	A06_691_11-43-49.fsa	243	243.54	2 502	31 424	5 249
7	A07_691_12-23-56.fsa	243	243.75	6 207	90 766	5 050
8	A08_691_12-23-56.fsa	243	243.54	6 865	87 129	5 214
9	A09_691_13-04-02.fsa	252	252	130	940	5 113
10	A10_691_13-04-02.fsa	237	237.04	2 708	32 776	5 096
11	A11_691_13-44-08.fsa	252	252.61	5 648	67 395	5 117
12	A12_691_13-44-08.fsa	240	240.05	2 080	28 342	5 152
13	B01_691_10-11-35.fsa	237	237.56	1 001	13 131	5 274
14	B02_691_10-11-35.fsa	237	237.52	1 002	12 660	5 466
15	B03_691_11-03-38.fsa	243	242.72	2 642	35 654	5 156
16	B04_691_11-03-38.fsa	237	237.15	52	625	5 176
17	B05_691_11-43-49.fsa	237	237.13	3 102	39 404	5 038
18	B06_691_11-43-49.fsa	243	243.52	3 009	40 176	5 215
19	B07_691_12-23-56.fsa	237	237.07	1 564	16 949	5 011
	B07_691_12-23-56.fsa	240	240.27	1 509	17 004	5 052
20	B08_691_12-23-56.fsa	243	243.38	6 130	80 179	5 178
21	B09_691_13-04-02.fsa	269	269.81	4 489	56 038	5 433

（续）

资源序号	样本名（sample file name）	等位基因位点（allele，bp）	大小（size，bp）	高度（height，RFU）	面积（area，RFU）	数据取值点（data point，RFU）
22	B10_691_13-04-02. fsa	240	240. 26	828	9 853	5 117
23	B11_691_13-44-08. fsa	243	242. 75	3 446	40 823	5 041
24	B12_691_13-44-08. fsa	243	243. 31	5 843	73 934	5 128
25	C01_691_10-11-35. fsa	237	237. 51	1 206	15 649	5 222
26	C02_691_10-11-35. fsa	237	237. 45	387	4 823	5 423
27	C03_691_11-03-38. fsa	237	237. 13	843	9 631	4 983
	C03_691_11-03-38. fsa	243	243. 49	1 655	21 046	5 065
28	C04_691_11-03-38. fsa	237	237. 18	2 227	31 392	5 129
29	C05_691_11-43-49. fsa	237	237. 12	5 393	66 226	4 973
30	C06_691_11-43-49. fsa	252	252. 7	795	11 314	5 307
31	C07_691_12-23-56. fsa	237	237. 05	3 480	46 688	4 956
32	C08_691_12-23-56. fsa	243	243. 47	5 702	70 067	5 150
33	C09_691_13-04-02. fsa	269	269. 75	4 721	69 548	5 066
34	C10_691_13-04-02. fsa	243	243. 42	4 105	54 453	5 132
35	C11_691_13-44-08. fsa	240	240. 17	2 554	32 677	4 958
36	C12_691_13-44-08. fsa	240	240. 12	77	1 009	5 064
37	D01_691_10-11-35. fsa	237	237. 55	1 464	19 596	5 341
38	D02_691_10-11-35. fsa	252	253. 23	1 750	23 921	5 586
39	D03_691_11-03-38. fsa	243	243. 64	7 269	95 289	5 179
40	D04_691_11-03-38. fsa	252	252. 77	3 191	43 580	5 305
41	D05_691_11-43-49. fsa	237	237. 2	5 153	67 318	5 085
42	D06_691_11-43-49. fsa	243	243. 49	150	1 916	5 164
43	D07_691_12-23-56. fsa	237	237. 09	6 925	91 138	5 064
44	D08_691_12-23-56. fsa	243	243. 51	1 028	14 095	5 144

（续）

资源序号	样本名（sample file name）	等位基因位点（allele，bp）	大小（size，bp）	高度（height，RFU）	面积（area，RFU）	数据取值点（data point，RFU）
45	D09_691_13-04-02.fsa	252	252.74	581	7 241	5 253
46	D10_691_13-04-02.fsa	237	236.99	1 323	15 736	5 043
	D10_691_13-04-02.fsa	269	269.86	839	11 648	5 511
47	D11_691_13-44-08.fsa	237	237.01	879	13 119	5 011
48	D12_691_13-44-08.fsa	264	264.03	6 326	77 375	5 395
49	E01_691_10-11-35.fsa	237	237.68	342	4 833	5 404
50	E02_691_10-11-35.fsa	237	236.51	1 423	18 955	5 359
51	E03_691_11-03-38.fsa	264	264.38	1 490	18 754	5 553
52	E04_691_11-03-38.fsa	240	240.12	543	7 526	5 164
53	E05_691_11-43-49.fsa	243	242.74	838	11 547	5 206
54	E06_691_11-43-49.fsa	237	236.47	1 958	25 255	5 060
55	E07_691_12-23-56.fsa	237	237.13	473	5 199	5 083
56	E08_691_12-23-56.fsa	240	240.25	1 333	17 891	5 081
57	E09_691_13-04-02.fsa	240	239.15	1 161	12 355	4 452
58	E10_691_13-04-02.fsa	243	242.71	1 073	13 562	5 109
59	E11_691_13-44-08.fsa	237	236.45	381	4 720	5 022
60	E12_691_13-44-08.fsa	240	240.19	619	7 231	5 044
61	F01_691_10-11-35.fsa	243	244.04	807	10 986	5 361
62	F02_691_10-11-35.fsa	237	237.61	113	1 391	5 325
63	F03_691_11-03-38.fsa	243	243.56	1 051	11 507	5 099
64	F04_691_11-03-38.fsa	243	242.74	1 242	16 115	5 134
65	F05_691_11-43-49.fsa	237	237.17	1 817	22 445	5 009
66	F06_691_11-43-49.fsa	237	237.2	421	6 782	5 034
67	F07_691_12-23-56.fsa	237	236.53	617	7 959	4 994

（续）

资源序号	样本名（sample file name）	等位基因位点（allele，bp）	大小（size，bp）	高度（height，RFU）	面积（area，RFU）	数据取值点（data point，RFU）
68	F08_691_12-23-56. fsa	240	240. 34	436	5 687	5 057
69	F09_691_13-04-02. fsa	237	237. 06	1 144	13 619	4 982
70	F10_691_13-04-02. fsa	243	243. 53	69	840	5 086
	F10_691_13-04-02. fsa	252	253. 38	152	2 320	5 219
71	F11_691_13-44-08. fsa	234	234. 2	516	6 607	4 959
72	F12_691_13-44-08. fsa	237	237. 03	856	11 195	4 984
73	G01_691_10-11-35. fsa	237	237. 72	994	13 275	5 353
74	G02_691_10-11-35. fsa	237	236. 46	528	7 262	5 287
75	G03_691_11-03-38. fsa	237	238. 05	110	1 640	5 086
76	G04_691_11-03-38. fsa	237	237. 29	712	9 835	5 061
	G04_691_11-03-38. fsa	243	243. 73	213	3 078	5 146
77	G05_691_11-43-49. fsa	999				
78	G06_691_11-43-49. fsa	243	243. 69	1 147	15 285	5 140
79	G07_691_12-23-56. fsa	252	252. 78	1 305	16 993	5 224
80	G08_691_12-23-56. fsa	252	252. 8	519	6 869	5 246
81	G09_691_13-04-02. fsa	240	240. 33	391	4 608	5 042
82	G10_691_13-04-02. fsa	240	240. 14	836	11 332	5 109
83	G11_691_13-44-08. fsa	243	243. 39	416	5 739	5 052
84	G12_691_13-44-08. fsa	243	243. 52	975	13 158	5 076
85	H01_691_10-11-35. fsa	243	242. 74	163	2 113	5 501
86	H02_691_10-11-35. fsa	243	244. 29	313	4 306	5 595
87	H03_691_11-03-38. fsa	243	243. 81	454	6 352	5 203
88	H04_691_11-03-38. fsa	237	237. 42	1 180	17 284	5 223
89	H05_691_11-43-49. fsa	264	264. 41	826	11 416	5 462

（续）

资源序号	样本名 (sample file name)	等位基因位点 (allele, bp)	大小 (size, bp)	高度 (height, RFU)	面积 (area, RFU)	数据取值点 (data point, RFU)
90	H06_691_11-43-49. fsa	237	238. 18	69	911	5 207
	H06_691_11-43-49. fsa	243	243. 87	44	531	5 284
91	H07_691_12-23-56. fsa	243	243. 73	317	4 404	5 145
92	H08_691_12-23-56. fsa	237	238. 19	160	1 961	5 180
93	H09_691_13-04-02. fsa	243	243. 61	770	10 420	5 128
94	H10_691_13-04-02. fsa	252	252. 89	273	3 462	5 360
95	H11_691_13-44-08. fsa	269	269. 89	363	4 992	5 468
96	H12_691_13-44-08. fsa	237	237. 24	284	3 519	5 117
97	A01_787_15-04-14. fsa	999				
98	A02_787_15-04-14. fsa	240	240. 06	297	3 599	5 761
99	A03_787_15-04-14. fsa	243	243. 21	1 338	13 017	4 953
100	A04_787_15-04-14. fsa	237	236. 86	345	3 520	4 963
101	A05_787_15-44-17. fsa	267	266. 75	509	5 788	5 277
102	A06_787_15-44-17. fsa	237	236. 81	80	824	4 964
103	A07_787_16-24-21. fsa	243	243. 11	2 547	9 875	5 155
104	A08_787_16-24-21. fsa	243	243. 07	954	9 581	5 016
105	A09_787_17-04-50. fsa	237	236. 78	215	1 994	4 840
106	A10_787_17-04-50. fsa	999				
107	A11_787_17-44-53. fsa	243	243. 04	458	4 277	4 880
108	A12_787_17-44-53. fsa	237	236. 84	274	2 753	4 880
109	B01_787_14-24-12. fsa	243	243. 16	1 700	17 822	4 974
110	B02_787_14-24-12. fsa	237	236. 84	316	3 184	4 979
111	B03_787_15-04-14. fsa	237	236. 83	1 363	13 089	4 885
112	B04_787_15-04-14. fsa	240	239. 97	222	2 121	5 005

（续）

资源序号	样本名（sample file name）	等位基因位点（allele，bp）	大小（size，bp）	高度（height，RFU）	面积（area，RFU）	数据取值点（data point，RFU）
113	B05_787_15－44－17. fsa	237	236. 8	1 838	17 497	4 884
114	B06_787_15－44－17. fsa	237	236. 79	605	6 312	4 965
115	B07_787_16－24－21. fsa	243	243. 15	2 021	20 742	4 930
116	B08_787_16－24－21. fsa	999				
117	B09_787_17－04－50. fsa	240	239. 89	780	7 581	4 877
118	B10_787_17－04－50. fsa	240	239. 97	3 303	37 591	4 961
119	B11_787_17－44－53. fsa	240	239. 87	4 707	48 770	4 846
120	B12_787_17－44－53. fsa	240	239. 94	4 254	46 309	4 915
121	C01_787_14－24－12. fsa	237	236. 84	2 846	33 801	4 878
122	C02_787_14－24－12. fsa	243	243. 19	1 431	18 263	5 054
123	C03_787_15－04－14. fsa	243	243. 12	299	3 098	4 948
124	C04_787_15－04－14. fsa	269	269. 66	306	3 003	5 400
125	C05_787_15－44－17. fsa	243	243. 15	1 921	10 225	5 324
126	C06_787_15－44－17. fsa	243	243. 19	313	3 343	5 037
127	C07_787_16－24－21. fsa	243	243. 12	1 533	15 540	4 905
128	C08_787_16－24－21. fsa	243	243. 17	3 596	29 980	4 874
129	C09_787_17－04－50. fsa	237	236. 73	1 114	10 919	4 792
130	C10_787_17－04－50. fsa	243	243. 1	4 693	50 699	4 980
131	C11_787_17－44－53. fsa	237	236. 74	1 418	13 202	4 780
132	C12_787_17－44－53. fsa	237	236. 64	3 203	34 902	4 859
133	D01_787_14－24－12. fsa	240	240. 05	2 693	30 077	4 986
134	D02_787_14－24－12. fsa	252	252. 49	576	6 524	5 166
135	D03_787_15－04－14. fsa	243	243. 19	2 559	29 287	5 014
136	D04_787_15－04－14. fsa	252	252. 51	928	10 099	5 154

（续）

资源序号	样本名（sample file name）	等位基因位点（allele，bp）	大小（size，bp）	高度（height，RFU）	面积（area，RFU）	数据取值点（data point，RFU）
137	D05_787_15-44-17.fsa	237	236.93	929	9 926	4 934
138	D06_787_15-44-17.fsa	237	236.77	647	6 892	4 950
139	D07_787_16-24-21.fsa	237	236.76	5 093	55 170	4 886
140	D08_787_16-24-21.fsa	240	240.02	1 959	22 828	4 949
141	D09_787_17-04-50.fsa	243	243.05	4 986	52 312	4 931
142	D10_787_17-04-50.fsa	243	243.13	52	597	4 943
143	D11_787_17-44-53.fsa	237	236.76	1 327	13 622	4 842
	D11_787_17-44-53.fsa	243	243.08	377	3 540	4 918
144	D12_787_17-44-53.fsa	237	236.73	1 668	17 761	4 845
145	E01_787_14-24-12.fsa	243	243.31	1 135	12 981	5 012
146	E02_787_14-24-12.fsa	243	243.3	747	8 302	5 045
147	E03_787_15-04-14.fsa	252	253.08	70	1 064	5 110
148	E04_787_15-04-14.fsa	999				
149	E05_787_15-44-17.fsa	252	252.48	1 996	22 949	5 106
150	E06_787_15-44-17.fsa	252	252.52	662	7 644	5 146
151	E07_787_16-24-21.fsa	252	252.57	1 017	11 542	5 089
152	E08_787_16-24-21.fsa	237	236.84	1 102	11 779	4 922
153	E09_787_17-04-50.fsa	237	236.8	1 187	11 762	4 879
154	E10_787_17-04-50.fsa	237	236.8	976	10 540	4 875
155	E11_787_17-44-53.fsa	237	236.7	2 439	26 932	4 843
156	E12_787_17-44-53.fsa	243	243.12	1 215	12 626	4 924
157	F01_787_14-24-12.fsa	252	253.26	85	1 273	5 148
158	F02_787_14-24-12.fsa	243	243.29	541	6 682	5 025
159	F03_787_15-04-14.fsa	240	240.03	116	1 258	4 952
	F03_787_15-04-14.fsa	243	243.3	60	617	4 992

（续）

资源序号	样本名（sample file name）	等位基因位点（allele，bp）	大小（size，bp）	高度（height，RFU）	面积（area，RFU）	数据取值点（data point，RFU）
160	F04_787_15-04-14. fsa	243	243.29	3 385	36 934	5 010
161	F05_787_15-44-17. fsa	237	236.82	586	6 334	4 911
162	F06_787_15-44-17. fsa	240	240.13	1 593	18 315	4 968
163	F07_787_16-24-21. fsa	237	236.85	813	9 985	4 872
164	F08_787_16-24-21. fsa	237	236.89	1 829	21 175	4 908
165	F09_787_17-04-50. fsa	237	236.79	508	6 040	4 826
166	F10_787_17-04-50. fsa	243	243.19	840	9 591	4 934
167	F11_787_17-44-53. fsa	240	239.98	1 891	19 737	4 853
168	F12_787_17-44-53. fsa	237	236.69	4 397	47 389	4 829
169	G01_787_14-24-12. fsa	237	236.95	1 254	14 696	4 924
170	G02_787_14-24-12. fsa	243	243.35	2 833	30 683	5 020
171	G03_787_15-04-14. fsa	243	243.34	2 837	31 373	4 991
172	G04_787_15-04-14. fsa	243	243.32	117	1 366	5 010
173	G05_787_15-44-17. fsa	237	237.3	91	1 237	5 075
	G05_787_15-44-17. fsa	243	243.31	3 999	41 671	4 976
174	G06_787_15-44-17. fsa	243	243	34	445	5 015
175	G07_787_16-24-21. fsa	237	236.9	174	1 670	4 900
176	G08_787_16-24-21. fsa	240	240.11	745	7 808	4 923
177	G09_787_17-04-50. fsa	252	252.71	1 864	8 862	5 011
178	G10_787_17-04-50. fsa	243	243.22	160	1 697	4 922
179	G11_787_17-44-53. fsa	237	236.76	168	1 746	4 833
180	G12_787_17-44-53. fsa	237	236.79	610	6 973	4 835
181	H01_787_14-24-12. fsa	261	261.27	227	2 827	5 291
182	H02_787_14-24-12. fsa	243	243.46	264	3 172	5 127

（续）

资源序号	样本名（sample file name）	等位基因位点（allele，bp）	大小（size，bp）	高度（height，RFU）	面积（area，RFU）	数据取值点（data point，RFU）
183	H03_787_15-04-14.fsa	243	243.47	380	4 302	5 044
184	H04_787_15-04-14.fsa	237	237.87	99	867	5 043
185	H05_787_15-44-17.fsa	999				
186	H06_787_15-44-17.fsa	252	252.81	452	5 250	5 229
187	H07_787_16-24-21.fsa	243	243.41	325	3 491	5 028
188	H08_787_16-24-21.fsa	999				
189	H09_787_17-04-50.fsa	237	236.98	84	913	4 906
190	H10_787_17-04-50.fsa	237	236.94	143	1 581	4 967
	H10_787_17-04-50.fsa	243	243.34	106	1 146	5 046
191	H11_787_17-44-53.fsa	237	236.95	142	1 489	4 873
192	H12_787_17-44-53.fsa	999				

2 Satt429

资源序号	样本名（sample file name）	等位基因位点（allele，bp）	大小（size，bp）	高度（height，RFU）	面积（area，RFU）	数据取值点（data point，RFU）
1	A01_691-786_12-05-57.fsa	264	264.8	5 482	73 277	5 313
2	A02_691-786_12-05-57.fsa	270	270.42	5 756	78 110	5 473
3	A03_691-786_12-05-58.fsa	270	270.28	1 214	18 296	5 392
4	A04_691-786_12-57-30.fsa	264	264.74	343	4 022	5 311
5	A05_691-786_13-37-41.fsa	267	267.49	3 121	38 209	5 251
6	A06_691-786_13-37-41.fsa	270	270.3	700	8 108	5 380
7	A07_691-786_14-17-47.fsa	270	270.34	465	5 345	5 284
8	A08_691-786_14-17-47.fsa	264	264.5	4 137	65 618	5 292
9	A09_691-786_14-57-53.fsa	270	270.34	172	1 946	5 287
10	A10_691-786_14-57-53.fsa	264	264.63	685	7 622	5 296
	A10_691-786_14-57-53.fsa	270	270.31	767	8 622	5 373
11	A11_691-786_15-37-58.fsa	243	243.96	449	4 877	4 959
12	A12_691-786_15-37-58.fsa	234	234.55	5 854	62 134	5 326
13	B01_691-786_12-05-57.fsa	267	267.64	271	3 364	5 352
14	B02_691-786_12-05-57.fsa	264	264.71	3 440	51 926	5 403
15	B03_691-786_12-57-30.fsa	264	264.57	3 294	52 342	5 226
16	B04_691-786_12-57-30.fsa	270	270.28	1 246	15 218	5 387
17	B05_691-786_13-37-41.fsa	248	247.06	2 124	24 064	4 995
18	B06_691-786_13-37-41.fsa	264	264.67	646	7 961	5 298
19	B07_691-786_14-17-47.fsa	264	264.58	185	2 051	5 213
	B07_691-786_14-17-47.fsa	270	270.33	104	1 203	5 288
20	B08_691-786_14-17-47.fsa	270	270.37	304	3 508	5 372

（续）

资源序号	样本名（sample file name）	等位基因位点（allele，bp）	大小（size，bp）	高度（height，RFU）	面积（area，RFU）	数据取值点（data point，RFU）
21	B09_691-786_14-57-53. fsa	264	264. 62	359	4 285	5 216
22	B10_691-786_14-57-53. fsa	264	264. 57	448	5 419	5 298
23	B11_691-786_15-37-58. fsa	270	270. 24	4 585	50 825	5 306
24	B12_691-786_15-37-58. fsa	270	270. 31	661	7 698	5 390
25	C01_691-786_12-05-57. fsa	243	244. 25	2 436	31 029	5 034
26	C02_691-786_12-05-57. fsa	267	267. 64	592	7 909	5 431
27	C03_691-786_12-57-30. fsa	237	237. 69	462	5 752	4 868
	C03_691-786_12-57-30. fsa	264	264. 59	778	9 075	5 209
28	C04_691-786_12-57-30. fsa	264	264. 65	261	3 181	5 298
29	C05_691-786_13-37-41. fsa	264	264. 56	4 239	50 671	5 195
30	C06_691-786_13-37-41. fsa	264	264. 62	166	2 117	5 287
31	C07_691-786_14-17-47. fsa	264	264. 61	2 291	29 552	5 196
32	C08_691-786_14-17-47. fsa	270	269. 46	801	9 018	5 352
33	C09_691-786_14-57-53. fsa	999				
34	C10_691-786_14-57-53. fsa	264	264. 54	184	2 196	5 288
35	C11_691-786_15-37-58. fsa	264	264. 56	1 270	14 447	5 212
36	C12_691-786_15-37-59. fsa	264	264. 69	330	4 147	5 380
37	D01_691-786_12-05-57. fsa	264	264. 88	1 246	15 915	5 384
38	D02_691-786_12-05-57. fsa	267	267. 62	1 751	21 190	5 427
39	D03_691-786_12-57-30. fsa	270	270. 41	3 155	51 917	5 359
40	D04_691-786_12-57-30. fsa	267	267. 39	33	357	5 331
41	D05_691-786_13-37-41. fsa	270	270. 32	2 876	36 542	5 346
42	D06_691-786_13-37-41. fsa	270	270. 34	61	782	5 357
43	D07_691-786_14-17-47. fsa	270	270. 35	1 994	23 133	5 347

（续）

资源序号	样本名（sample file name）	等位基因位点（allele，bp）	大小（size，bp）	高度（height，RFU）	面积（area，RFU）	数据取值点（data point，RFU）
44	D08_691-786_14-17-47. fsa	264	264.57	939	11 087	5 276
45	D09_691-786_14-57-53. fsa	270	270.32	69	871	5 349
46	D10_691-786_14-57-53. fsa	264	264.62	47	544	5 282
47	D11_691-786_15-37-58. fsa	228	228.21	2 958	39 562	5 029
48	D12_691-786_15-37-58. fsa	264	263.71	208	3 032	5 285
49	E01_691-786_12-05-57. fsa	264	264.79	56	631	5 364
50	E02_691-786_12-05-57. fsa	267	267.68	2 926	41 450	5 420
51	E03_691-786_12-57-30. fsa	273	273.29	2 970	36 454	5 383
52	E04_691-786_12-57-30. fsa	264	264.71	1 810	24 180	5 292
53	E05_691-786_13-37-41. fsa	264	264.73	1 490	19 561	5 270
54	E06_691-786_13-37-41. fsa	264	264.65	191	2 329	5 280
55	E07_691-786_14-17-47. fsa	999				
56	E08_691-786_14-17-47. fsa	264	264.47	55	682	5 275
57	E09_691-786_14-17-48. fsa	270	269.53	868	12 226	5 510
58	E10_691-786_14-57-53. fsa	270	269.61	37	534	5 351
59	E11_691-786_15-37-58. fsa	270	270.27	40	612	5 352
60	E12_691-786_15-37-58. fsa	228	228.15	3 056	35 264	4 921
61	F01_691-786_12-05-57. fsa	270	270.69	597	8 944	5 445
62	F02_691-786_12-05-58. fsa	267	266.53	38	496	5 472
63	F03_691-786_12-05-59. fsa	270	269.47	125	1 571	5 592
64	F04_691-786_12-57-30. fsa	270	270.42	811	14 283	5 350
65	F05_691-786_13-37-41. fsa	237	237.72	401	4 682	4 901
	F05_691-786_13-37-41. fsa	270	270.4	752	8 987	5 324
66	F06_691-786_13-37-41. fsa	267	267.59	212	2 734	5 302

（续）

资源序号	样本名（sample file name）	等位基因位点（allele，bp）	大小（size，bp）	高度（height，RFU）	面积（area，RFU）	数据取值点（data point，RFU）
67	F07_691-786_14-17-47.fsa	267	267.49	1 051	12 257	5 285
68	F08_691-786_14-17-47.fsa	264	264.69	154	1 799	5 261
69	F09_691-786_14-57-53.fsa	270	270.33	242	2 392	5 326
70	F10_691-786_14-57-53.fsa	228	227.94	60	638	4 796
71	F11_691-786_15-37-58.fsa	270	270.41	213	2 487	5 339
72	F12_691-786_15-37-58.fsa	264	264.65	196	2 322	5 279
73	G01_691-786_12-05-57.fsa	267	267.8	253	3 543	5 409
74	G02_691-786_12-05-57.fsa	267	267.82	181	2 862	5 409
75	G03_691-786_12-57-30.fsa	243	244.11	60	1 049	5 000
76	G04_691-786_12-57-30.fsa	243	244	178	2 968	5 029
	G04_691-786_12-57-31.fsa	267	267.58	53	867	5 338
77	G05_691-786_12-57-32.fsa	999				
78	G06_691-786_12-57-32.fsa	270	270.43	455	5 628	5 422
79	G07_691-786_12-57-33.fsa	243	244.02	1 373	16 311	5 109
80	G08_691-786_12-57-34.fsa	243	244.04	128	1 639	5 133
81	G09_691-786_12-57-35.fsa	237	236.9	56	622	5 071
82	G10_691-786_12-57-36.fsa	264	264.73	579	7 506	5 473
83	G11_691-786_12-57-37.fsa	264	264.68	158	1 989	5 507
84	G12_691-786_12-57-38.fsa	270	270.45	234	2 969	5 635
85	H01_bu-5_24-47-36.fsa	270	270.5	274	3 466	5 438
86	H02_bu-5_24-47-36.fsa	264	264.83	197	2 543	5 413
87	H03_bu-5_01-27-48.fsa	999				
88	H04_bu-5_01-27-48.fsa	267	267.76	439	6 448	5 444
89	H05_bu-5_02-07-59.fsa	264	264.69	144	1 798	5 365

（续）

资源序号	样本名（sample file name）	等位基因位点（allele，bp）	大小（size，bp）	高度（height，RFU）	面积（area，RFU）	数据取值点（data point，RFU）
90	H06_bu-5_02-07-59.fsa	999				
91	H07_bu-5_02-48-07.fsa	267	267.63	96	1 184	5 462
92	H08_bu-5_02-48-07.fsa	270	270.15	1 025	6 523	5 542
93	H09_bu-5_03-28-14.fsa	273	273.4	128	1 727	5 658
94	H10_bu-5_03-28-14.fsa	264	264.98	107	1 418	5 662
95	H11_bu-5_04-08-22.fsa	264	264.81	183	2 336	5 556
96	H12_bu-5_04-08-22.fsa	264	264.9	58	797	5 640
97	A01_bu-6_10-43-26.fsa	262	261.93	1 527	10 224	5 105
98	A02_bu-6_10-43-26.fsa	264	264.54	756	4 556	5 147
99	A03_bu-6_11-35-43.fsa	264	264.59	1 429	18 245	5 369
100	A04_bu-6_11-35-43.fsa	267	267.52	267	3 490	5 487
101	A05_bu-6_12-16-00.fsa	267	267.36	647	7 390	5 336
102	A06_bu-6_12-16-00.fsa	264	264.5	112	1 348	5 383
103	A07_bu-6_12-56-16.fsa	270	270.11	90	1 174	5 369
104	A08_bu-6_12-56-16.fsa	267	267.4	105	1 323	5 424
105	A09_bu-6_13-36-30.fsa	999				
106	A10_bu-6_13-36-30.fsa	270	270.2	252	2 871	5 470
107	A11_bu-6_14-16-42.fsa	264	264.41	435	4 806	5 288
108	A12_bu-6_14-16-42.fsa	999				
109	B01_bu-6_10-43-26.fsa	270	270.57	105	1 336	5 682
110	B02_bu-6_10-43-26.fsa	248	248.13	1 179	12 335	5 254
111	B03_bu-6_11-35-43.fsa	270	270.21	612	8 490	5 446
112	B04_bu-6_11-35-43.fsa	248	248.23	984	10 531	5 232
113	B05_bu-6_12-16-00.fsa	248	248.16	886	9 457	5 221

（续）

资源序号	样本名 （sample file name）	等位基因位点 （allele，bp）	大小 （size，bp）	高度 （height，RFU）	面积 （area，RFU）	数据取值点 （data point，RFU）
114	B06 _bu - 6 _12 - 16 - 00. fsa	270	270. 12	584	8 684	5 439
115	B07 _bu - 6 _12 - 56 - 16. fsa	264	262. 26	696	8 281	5 346
116	B08 _bu - 6 _12 - 56 - 16. fsa	999				
117	B09 _bu - 6 _13 - 36 - 30. fsa	264	264. 4	589	7 216	5 318
118	B10 _bu - 6 _13 - 36 - 30. fsa	267	267. 24	1 124	15 620	5 405
119	B11 _bu - 6 _14 - 16 - 42. fsa	264	263. 57	1 086	14 597	5 290
120	B12 _bu - 6 _14 - 16 - 42. fsa	999				
121	C01 _bu - 6 _10 - 43 - 26. fsa	270	270. 56	541	8 235	5 611
122	C02 _bu - 6 _10 - 43 - 26. fsa	234	234. 12	876	8 547	4 936
123	C03 _bu - 6 _11 - 35 - 43. fsa	267	266. 63	71	849	5 335
124	C04 _bu - 6 _11 - 35 - 43. fsa	264	264. 32	541	5 768	5 524
125	C05 _bu - 6 _12 - 16 - 00. fsa	248	248. 11	856	5 536	5 324
126	C06 _bu - 6 _12 - 16 - 00. fsa	264	264. 31	133	1 679	5 344
127	C07 _bu - 6 _12 - 56 - 16. fsa	264	263. 74	180	2 131	5 274
128	C08 _bu - 6 _12 - 56 - 16. fsa	999				
129	C09 _bu - 6 _13 - 36 - 30. fsa	243	242. 83	370	4 267	5 017
130	C10 _bu - 6 _13 - 36 - 30. fsa	999				
131	C11 _bu - 6 _14 - 16 - 42. fsa	270	269. 3	111	1 310	5 347
132	C12 _bu - 6 _14 - 16 - 42. fsa	270	270. 02	918	11 055	5 418
133	D01 _bu - 6 _10 - 43 - 26. fsa	999				
134	D02 _bu - 6 _10 - 43 - 26. fsa	267	267. 69	164	2 133	5 665
135	D03 _bu - 6 _11 - 35 - 43. fsa	270	270. 18	298	2 982	5 452
136	D04 _bu - 6 _11 - 35 - 43. fsa	270	270. 15	567	3 634	5 527
137	D05 _bu - 6 _12 - 16 - 00. fsa	264	264. 49	404	5 020	5 345

（续）

资源序号	样本名（sample file name）	等位基因位点（allele，bp）	大小（size，bp）	高度（height，RFU）	面积（area，RFU）	数据取值点（data point，RFU）
138	D06_bu-6_12-16-00. fsa	264	263.61	146	1 586	5 329
139	D07_bu-6_12-56-16. fsa	999				
140	D08_bu-6_12-56-16. fsa	264	264.4	381	4 877	5 350
141	D09_bu-6_13-36-30. fsa	999				
142	D10_bu-6_13-36-30. fsa	999				
143	D11_bu-6_14-16-42. fsa	270	270.1	85	950	5 428
144	D12_bu-6_14-16-42. fsa	267	266.25	61	732	5 370
145	E01_bu-6_10-43-26. fsa	234	234.01	759	4 759	5 124
146	E02_bu-6_10-43-26. fsa	234	233.97	685	5 241	5 216
147	E03_bu-6_11-35-43. fsa	264	264.46	96	1 524	5 427
148	E04_bu-6_11-35-43. fsa	228	228.23	754	7 264	4 957
149	E04_bu-6_11-35-43. fsa	237	237.12	402	5 024	5 541
150	E05_bu-6_12-16-00. fsa	270	270.23	413	5 708	5 431
151	E06_bu-6_12-16-00. fsa	999				
152	E07_bu-6_12-56-16. fsa	264	263.67	31	326	5 341
153	E08_bu-6_12-56-16. fsa	264	264.42	212	2 532	5 351
154	E10_bu-6_13-36-30. fsa	267	267.22	186	2 219	5 397
155	E11_bu-6_14-16-42. fsa	267	267.27	899	10 270	5 376
156	E12_bu-6_14-16-42. fsa	264	264.32	104	1 227	5 344
157	F01_bu-6_10-43-26. fsa	264	264.84	33	401	5 584
158	F02_bu-6_10-43-26. fsa	270	269.68	32	414	5 716
159	F03_bu-6_11-35-43. fsa	264	263.81	61	934	5 337
160	F04_bu-6_11-35-43. fsa	234	233.96	307	5 214	5 398
161	F05_bu-6_12-16-00. fsa	264	264.48	430	4 963	5 317

（续）

资源序号	样本名（sample file name）	等位基因位点（allele，bp）	大小（size，bp）	高度（height，RFU）	面积（area，RFU）	数据取值点（data point，RFU）
162	F06_bu-6_12-16-00.fsa	264	263.64	132	1 905	5 317
163	F07_bu-6_12-56-16.fsa	264	264.43	575	6 883	5 330
164	F08_bu-6_12-56-16.fsa	228	227.96	751	5 022	5 438
165	F09_bu-6_13-36-30.fsa	228	228.13	401	4 655	5 046
166	F10_bu-6_13-36-30.fsa	243	243.78	396	4 564	5 076
167	F11_bu-6_14-16-42.fsa	228	227.85	541	2 035	4 955
168	F12_bu-6_14-16-42.fsa	228	227.56	482	3 217	5 013
169	G01_bu-6_10-43-26.fsa	234	233.94	507	3 978	4 922
170	G02_bu-6_10-43-26.fsa	243	244.44	84	1 098	5 296
171	G03_bu-6_11-35-43.fsa	270	270.3	230	2 490	5 472
172	G04_bu-6_11-35-43.fsa	264	264.03	331	7 020	5 392
173	G05_bu-6_12-16-00.fsa	270	269.55	250	4 219	5 407
174	G06_bu-6_12-16-00.fsa	270	270.3	202	2 451	5 424
175	G07_bu-6_12-56-16.fsa	228	227.85	1 059	6 724	4 867
176	G08_bu-6_12-56-16.fsa	264	263.71	121	1 454	5 349
177	G09_bu-6_13-36-30.fsa	234	233.97	3 754	15 367	5 721
178	G10_bu-6_13-36-30.fsa	270	270.27	450	5 415	5 450
179	G11_bu-6_14-16-42.fsa	270	270.21	336	3 883	5 412
180	G12_bu-6_14-16-42.fsa	999				
181	H01_bu-6_10-43-26.fsa	264	265.1	94	1 288	5 744
182	H02_bu-6_10-43-26.fsa	264	264.75	6 435	14 527	5 312
183	H03_bu-6_11-35-43.fsa	267	267.55	250	3 572	5 483
184	H04_bu-6_11-35-43.fsa	264	263.98	233	3 593	5 493
185	H05_bu-6_12-16-00.fsa	264	264.01	42	646	5 374

（续）

资源序号	样本名（sample file name）	等位基因位点（allele，bp）	大小（size，bp）	高度（height，RFU）	面积（area，RFU）	数据取值点（data point，RFU）
186	H06_bu-6_12-16-00. fsa	264	264. 12	3 027	15 654	5 347
187	H07_bu-6_12-56-16. fsa	267	266. 76	225	3 968	5 416
188	H08_bu-6_12-56-16. fsa	264	264. 73	123	1 520	5 456
189	H09_bu-6_13-36-30. fsa	273	272. 2	267	3 546	5 530
190	H10_bu-6_13-36-30. fsa	267	266. 81	31	436	5 494
191	H11_bu-6_14-16-42. fsa	270	270. 33	443	6 273	5 494
192	H12_bu-6_14-16-42. fsa	267	266. 91	1 388	7 895	4 434

3 Satt197

资源序号	样本名 (sample file name)	等位基因位点 (allele, bp)	大小 (size, bp)	高度 (height, RFU)	面积 (area, RFU)	数据取值点 (data point, RFU)
1	A01_691 - 786_10 - 38 - 47. fsa	173	174. 25	7 281	55 538	4 473
2	A02_691 - 786_10 - 38 - 48. fsa	188	188. 55	6 480	77 444	4 866
3	A03_691 - 786_11 - 31 - 44. fsa	188	189. 27	7 004	118 484	4 617
4	A04_691 - 786_11 - 31 - 44. fsa	179	179. 12	6 843	116 621	4 560
5	A05_691 - 786_12 - 12 - 00. fsa	188	189. 42	5 674	36 613	4 565
6	A06_691 - 786_12 - 12 - 00. fsa	179	180. 43	7 511	90 789	4 523
7	A07_691 - 786_12 - 52 - 12. fsa	185	185. 4	5 063	47 830	4 453
8	A08_691 - 786_12 - 52 - 12. fsa	185	185. 46	6 564	74 944	4 539
9	A09_691 - 786_13 - 32 - 23. fsa	185	186. 03	3 468	31 885	4 443
10	A10_691 - 786_13 - 32 - 23. fsa	188	189. 32	6 901	49 328	4 569
11	A11_691 - 786_14 - 12 - 32. fsa	179	180. 18	7 251	71 460	4 351
12	A12_691 - 786_14 - 12 - 32. fsa	188	188. 39	6 733	70 522	4 540
13	B01_691 - 786_10 - 38 - 48. fsa	179	180. 73	6 810	52 530	4 664
14	B02_691 - 786_10 - 38 - 48. fsa	143	143. 3	6 923	82 093	4 192
15	B03_691 - 786_11 - 31 - 44. fsa	188	189. 47	6 530	48 423	4 632
16	B04_691 - 786_11 - 31 - 44. fsa	143	143. 11	6 969	79 422	4 038
17	B05_691 - 786_12 - 12 - 00. fsa	182	182. 38	2 377	27 216	4 449
18	B06_691 - 786_12 - 12 - 00. fsa	188	188. 35	6 355	67 966	4 624
19	B07_691 - 786_12 - 52 - 12. fsa	143	143. 06	6 551	66 807	3 907
20	B08_691 - 786_12 - 52 - 12. fsa	179	179. 87	7 439	94 701	4 440
21	B09_691 - 786_13 - 32 - 23. fsa	182	182. 39	6 850	79 474	4 408
22	B10_691 - 786_13 - 32 - 23. fsa	188	189. 3	6 750	47 977	4 554

（续）

资源序号	样本名（sample file name）	等位基因位点（allele，bp）	大小（size，bp）	高度（height，RFU）	面积（area，RFU）	数据取值点（data point，RFU）
23	B11_691-786_14-12-32. fsa	185	185. 94	3 584	48 573	4 432
24	B12_691-786_14-12-32. fsa	188	188. 48	6 962	56 399	4 528
25	C01_691-786_10-38-48. fsa	182	183. 71	6 267	47 768	4 677
26	C02_691-786_10-38-48. fsa	182	182. 72	5 713	63 964	4 763
27	C03_691-786_11-31-44. fsa	143	143. 32	6 601	52 965	3 361
28	C04_691-786_11-31-44. fsa	173	173. 86	6 787	118 854	4 461
29	C05_691-786_12-12-00. fsa	179	179. 47	6 888	118 263	4 423
30	C06_691-786_12-12-00. fsa	182	182. 62	6 677	116 784	4 531
31	C07_691-786_12-52-12. fsa	173	173. 76	6 833	77 020	4 286
32	C08_691-786_12-52-12. fsa	179	179. 53	7 088	85 146	4 425
33	C09_691-786_13-32-23. fsa	188	188. 9	7 507	73 016	4 475
34	C10_691-786_13-32-23. fsa	188	188. 44	6 793	53 113	4 532
35	C11_691-786_14-12-32. fsa	185	185. 47	6 801	91 291	4 439
36	C12_691-786_14-12-32. fsa	173	174. 52	6 956	50 050	4 321
37	D01_691-786_10-38-48. fsa	179	179. 49	1 145	11 768	4 705
38	D02_691-786_10-38-48. fsa	188	188. 74	7 020	71 395	4 844
39	D03_691-786_11-31-44. fsa	188	188. 51	6 983	83 699	4 675
40	D04_691-786_11-31-44. fsa	188	188. 64	7 075	64 277	4 678
41	D05_691-786_12-12-00. fsa	185	186. 43	7 141	54 779	4 590
42	D06_691-786_12-12-00. fsa	182	182. 83	7 212	95 247	4 532
43	D07_691-786_12-52-12. fsa	188	187. 79	7 297	86 168	4 549
44	D08_691-786_12-52-12. fsa	185	186. 37	6 827	50 343	4 521
45	D09_691-786_13-32-23. fsa	134	134. 43	509	4 768	3 803
46	D10_691-786_13-32-22. fsa	182	182. 56	7 614	85 595	4 664
	D10_691-786_13-32-23. fsa	185	186. 17	7 032	84 986	4 500

（续）

资源序号	样本名 （sample file name）	等位基因位点 （allele，bp）	大小 （size，bp）	高度 （height，RFU）	面积 （area，RFU）	数据取值点 （data point，RFU）
47	D11_691-786_14-12-32. fsa	173	174. 25	137	1 443	4 322
48	D12_691-786_14-12-32. fsa	179	179. 44	7 186	55 703	4 390
49	E01_691-786_10-38-48. fsa	134	134. 6	150	1 522	4 075
50	E02_691-786_10-38-48. fsa	173	173. 3	7 174	78 288	4 602
51	E03_691-786_11-31-44. fsa	143	143. 72	7 587	75 206	4 048
52	E04_691-786_11-31-44. fsa	188	188. 25	7 450	99 758	4 669
53	E05_691-786_12-12-00. fsa	188	188. 33	7 419	94 700	4 609
54	E06_691-786_12-12-00. fsa	173	173. 7	7 406	102 893	4 398
55	E07_691-786_12-12-01. fsa	173	173. 02	7 760	83 434	4 630
56	E08_691-786_12-52-12. fsa	182	181. 98	7 460	87 431	4 457
57	E09_691-786_13-32-23. fsa	173	173. 25	219	2 063	4 322
58	E10_691-786_13-32-23. fsa	185	185. 05	1 562	15 026	4 482
59	E11_691-786_14-12-32. fsa	188	187. 98	341	3 178	4 507
60	E12_691-786_14-12-32. fsa	185	185. 05	1 546	14 600	4 469
61	F01_691-786_10-38-48. fsa	185	185. 48	7 753	97 451	4 764
62	F02_691-786_10-38-49. fsa	134	133. 35	3 702	35 686	4 037
63	F03_691-786_10-38-50. fsa	188	187. 72	5 020	52 094	4 669
64	F04_691-786_11-31-44. fsa	185	185. 26	3 219	32 257	4 610
65	F05_691-786_12-12-00. fsa	143	143. 94	7 721	90 541	3 979
	F05_691-786_12-12-00. fsa	179	180. 32	1 586	14 037	4 477
66	F06_691-786_12-12-00. fsa	182	182. 23	7 509	76 920	4 518
67	F07_691-786_12-52-12. fsa	179	180. 2	7 603	75 700	4 416
68	F08_691-786_12-52-12. fsa	185	184. 75	1 193	33 699	4 432
69	F09_691-786_13-32-23. fsa	179	179. 24	2 225	20 592	4 382

（续）

资源序号	样本名 （sample file name）	等位基因位点 （allele，bp）	大小 （size，bp）	高度 （height，RFU）	面积 （area，RFU）	数据取值点 （data point，RFU）
70	F10_691-786_13-32-23.fsa	188	188.01	7 293	92 258	4 512
71	F11_691-786_14-12-32.fsa	179	180.13	141	1 341	4 380
72	F12_691-786_14-12-32.fsa	134	133.33	6 940	64 428	3 761
	G01_691-786_10-38-48.fsa	185	185.33	7 376	79 148	4 786
73	G01_691-786_10-38-48.fsa	188	188.31	3 243	32 603	4 830
74	G02_691-786_10-38-48.fsa	173	173.69	7 791	94 541	4 596
75	G03_691-786_11-31-44.fsa	188	188.17	4 738	46 289	4 655
76	G04_691-786_11-31-44.fsa	999				
77	G05_691-786_12-12-00.fsa	179	180.31	657	6 143	4 489
	G05_691-786_12-12-00.fsa	188	189.08	987	9 461	4 612
78	G06_691-786_12-12-00.fsa	185	185.22	7 690	78 945	4 567
79	G07_691-786_12-52-12.fsa	188	188.93	5 756	53 520	4 551
80	G08_691-786_12-52-12.fsa	173	173.23	7 703	93 906	4 337
81	G09_691-786_12-52-13.fsa	182	182.72	2 946	28 137	4 556
82	G10_691-786_13-32-23.fsa	182	182	7 665	93 276	4 439
83	G11_691-786_14-12-32.fsa	182	183.04	47	467	4 436
84	G12_691-786_14-12-32.fsa	188	187.9	7 456	84 816	4 506
85	H01_691-786_10-38-47.fsa	188	188.92	7 385	54 649	4 694
86	H02_691-786_10-38-48.fsa	188	188.34	556	6 242	4 947
87	H03_691-786_11-31-44.fsa	185	185.3	6 961	82 436	4 681
88	H04_691-786_11-31-44.fsa	134	133.52	6 998	70 652	3 992
89	H05_691-786_12-12-00.fsa	200	199.93	3 531	46 179	4 833
90	H06_691-786_12-12-00.fsa	173	173.6	4 892	49 874	4 502
91	H07_691-786_12-52-12.fsa	173	173.48	6 230	62 485	4 393

（续）

资源序号	样本名（sample file name）	等位基因位点（allele，bp）	大小（size，bp）	高度（height，RFU）	面积（area，RFU）	数据取值点（data point，RFU）
92	H08_691-786_12-52-12.fsa	179	179.41	6 101	66 794	4 540
93	H09_691-786_13-32-23.fsa	179	179.32	7 627	80 136	4 441
94	H10_691-786_13-32-23.fsa	188	189.01	6 295	63 288	4 641
95	H11_691-786_14-12-32.fsa	182	183.13	139	1 395	4 479
96	H12_691-786_14-12-32.fsa	143	143.77	3 530	35 282	3 994
97	A01_787-882_14-52-41.fsa	188	188.91	469	4 347	4 460
98	A02_787-882_14-52-41.fsa	179	180.05	7 000	65 496	4 412
	A02_787-882_14-52-41.fsa	182	182.98	3 484	31 288	4 453
99	A03_787-882_15-32-46.fsa	143	142.68	7 005	66 123	3 843
	A03_787-882_15-32-46.fsa	188	188.89	5 751	52 156	4 454
100	A04_787-882_15-32-46.fsa	188	189.12	7 295	87 356	4 533
101	A05_787-882_16-12-52.fsa	173	173.66	6 418	63 734	4 251
102	A06_787-882_16-12-52.fsa	185	184.72	7 188	123 946	4 478
103	A07_787-882_16-52-59.fsa	179	179.24	7 042	68 316	4 347
104	A08_787-882_16-52-59.fsa	188	188.28	6 598	72 334	4 549
105	A09_787-882_17-33-30.fsa	188	188.51	5 139	76 418	4 507
106	A10_787-882_17-33-30.fsa	134	134.11	7 627	82 983	3 827
	A10_787-882_17-33-30.fsa	188	187.95	6 697	61 942	4 566
107	A11_787-882_18-13-38.fsa	185	186.18	6 489	86 499	4 490
108	A12_787-882_18-13-38.fsa	188	189.23	7 151	54 369	4 595
109	B01_787-882_14-52-41.fsa	188	188.5	6 575	69 213	4 475
110	B02_787-882_14-52-41.fsa	188	187.62	7 432	97 037	4 504
111	B03_787-882_15-32-46.fsa	179	179.46	7 033	77 017	4 337
112	B04_787-882_15-32-46.fsa	179	179.09	6 561	59 028	4 376

（续）

资源序号	样本名（sample file name）	等位基因位点（allele，bp）	大小（size，bp）	高度（height，RFU）	面积（area，RFU）	数据取值点（data point，RFU）
113	B05_787-882_16-12-52.fsa	173	173.24	7 796	70 552	4 255
114	B06_787-882_16-12-52.fsa	182	182.99	568	5 290	4 436
115	B07_787-882_16-52-59.fsa	185	185.27	7 101	73 879	4 443
116	B08_787-882_16-52-59.fsa	179	179.05	7 586	69 126	4 399
	B08_787-882_16-52-59.fsa	182	181.8	7 585	87 089	4 438
117	B09_787-882_17-33-30.fsa	173	173.76	6 834	78 063	4 302
118	B10_787-882_17-33-30.fsa	173	173.76	7 197	65 579	4 353
119	B11_787-882_18-13-38.fsa	173	174.31	7 429	83 294	4 319
120	B12_787-882_18-13-38.fsa	173	173.54	7 588	97 028	4 360
121	C01_787-882_14-52-41.fsa	179	179.46	7 024	77 534	4 322
122	C02_787-882_14-52-41.fsa	179	180	7 126	50 641	4 371
123	C03_787-882_15-32-46.fsa	179	179.31	7 579	88 636	4 311
124	C04_787-882_15-32-46.fsa	182	182.16	7 330	78 807	4 410
125	C05_787-882_16-12-52.fsa	188	188.24	7 267	51 429	4 440
126	C06_787-882_16-12-52.fsa	188	188.44	6 734	78 488	4 504
127	C07_787-882_16-52-59.fsa	173	173.25	350	3 195	4 276
128	C08_787-882_16-52-59.fsa	188	188.84	5 459	51 911	4 530
129	C09_787-882_17-33-30.fsa	188	188.17	6 781	106 001	4 488
130	C10_787-882_17-33-30.fsa	185	185.75	7 371	82 853	4 514
131	C11_787-882_18-13-38.fsa	179	179.23	6 771	69 779	3 861
132	C12_787-882_18-13-38.fsa	179	179.34	7 254	86 984	4 432
133	D01_787-882_14-52-41.fsa	179	179.12	1 899	17 460	4 380
	D01_787-882_14-52-41.fsa	182	182.08	777	6 818	4 421
134	D02_787-882_14-52-42.fsa	173	174.08	7 570	97 013	4 556

（续）

资源序号	样本名（sample file name）	等位基因位点（allele，bp）	大小（size，bp）	高度（height，RFU）	面积（area，RFU）	数据取值点（data point，RFU）
135	D03_787-882_15-32-46.fsa	188	187.9	369	3 447	4 492
136	D04_787-882_15-32-46.fsa	185	184.98	4 023	37 153	4 450
137	D05_787-882_16-12-52.fsa	185	184.72	7 209	88 817	4 451
138	D06_787-882_16-12-52.fsa	134	134.38	7 758	79 061	3 762
139	D07_787-882_16-52-59.fsa	188	187.97	4 476	40 911	4 533
140	D08_787-882_16-52-59.fsa	143	143.8	7 228	82 988	3 917
141	D09_787-882_17-33-30.fsa	185	185.83	7 505	76 952	4 513
142	D10_787-882_17-33-30.fsa	185	184.97	683	6 492	4 503
143	D11_787-882_18-13-38.fsa	185	186	6 879	66 612	4 518
	D11_787-882_18-13-38.fsa	188	188.93	2 498	22 216	4 559
144	D12_787-882_18-13-38.fsa	188	187.63	7 334	89 851	4 544
145	E01_787-882_14-52-41.fsa	179	180.15	7 525	73 390	4 388
146	E02_787-882_14-52-41.fsa	185	185.04	6 324	57 997	4 458
	E02_787-882_14-52-41.fsa	188	188.09	7 688	82 970	4 501
147	E03_787-882_15-32-46.fsa	188	188.9	7 527	70 407	4 506
148	E04_787-882_15-32-46.fsa	134	133.35	7 196	66 764	3 748
149	E05_787-882_16-12-52.fsa	188	187.98	1 744	16 114	4 492
150	E06_787-882_16-12-52.fsa	173	173.46	7 795	90 186	4 292
151	E07_787-882_16-52-59.fsa	173	173.3	3 223	29 085	4 312
152	E08_787-882_16-52-59.fsa	188	189.12	7 322	90 520	4 533
153	E09_787-882_17-33-30.fsa	188	187.97	6 807	62 325	4 531
154	E10_787-882_17-33-30.fsa	173	173.26	6 741	64 125	4 333
155	E11_787-882_18-13-38.fsa	173	173.9	7 368	94 489	4 353
156	E12_787-882_18-13-38.fsa	188	188.56	7 084	51 142	4 558

（续）

资源序号	样本名（sample file name）	等位基因位点（allele，bp）	大小（size，bp）	高度（height，RFU）	面积（area，RFU）	数据取值点（data point，RFU）
157	F01_787-882_14-52-41.fsa	188	187.95	699	6 368	4 478
158	F02_787-882_14-52-41.fsa	188	187.93	6 882	64 570	4 490
159	F03_787-882_15-32-46.fsa	185	185.96	3 450	32 364	4 442
	F03_787-882_15-32-46.fsa	188	187.92	2 252	20 091	4 469
160	F04_787-882_15-32-46.fsa	185	184.95	472	9 023	4 462
161	F05_787-882_16-12-52.fsa	143	143.82	7 532	81 807	3 880
162	F06_787-882_16-12-52.fsa	179	180.1	182	1 597	4 382
163	F07_787-882_16-52-59.fsa	182	182.02	7 367	69 802	4 422
164	F08_787-882_16-52-59.fsa	179	179.19	5 404	49 356	4 384
	F08_787-882_16-52-59.fsa	182	181.98	7 496	79 629	4 423
165	F09_787-882_17-33-30.fsa	179	179.23	7 417	74 103	4 398
166	F10_787-882_17-33-30.fsa	185	185.89	6 379	83 890	4 498
167	F11_787-882_18-13-38.fsa	173	173.04	7 803	94 671	4 313
168	F12_787-882_18-13-38.fsa	179	178.91	7 558	96 368	4 405
169	G01_787-882_14-52-41.fsa	179	180.19	6 671	61 686	4 386
170	G02_787-882_14-52-41.fsa	179	179.25	3 476	31 609	4 376
171	G03_787-882_15-32-46.fsa	188	187.95	6 249	57 489	4 484
172	G04_787-882_15-32-46.fsa	188	188.89	7 496	75 025	4 503
173	G05_787-882_16-12-52.fsa	185	185.66	7 303	89 917	4 457
174	G06_787-882_16-12-52.fsa	185	186.01	1 898	18 250	4 466
175	G07_787-882_16-52-59.fsa	179	179.91	7 387	90 027	4 396
176	G08_787-882_16-52-59.fsa	179	180.07	5 221	49 326	4 419
	G08_787-882_16-52-59.fsa	182	183.07	2 309	21 226	4 461
177	G09_787-882_17-33-30.fsa	134	134.04	7 716	96 764	3 808
	G09_787-882_17-33-30.fsa	188	188.91	3 100	34 919	4 547

（续）

资源序号	样本名（sample file name）	等位基因位点（allele，bp）	大小（size，bp）	高度（height，RFU）	面积（area，RFU）	数据取值点（data point，RFU）
178	G10 _787 - 882 _17 - 33 - 30. fsa	188	188. 62	7 168	93 403	4 548
179	G11 _787 - 882 _18 - 13 - 38. fsa	188	188. 94	299	2 907	4 551
180	G12 _787 - 882 _18 - 13 - 38. fsa	185	185. 99	6 920	66 293	4 514
181	H01 _787 - 882 _14 - 52 - 41. fsa	173	174. 46	7 593	91 140	4 348
182	H02 _787 - 882 _14 - 52 - 41. fsa	185	186. 17	7 399	86 010	4 573
183	H03 _787 - 882 _15 - 32 - 46. fsa	185	186. 02	7 323	72 058	4 500
184	H04 _787 - 882 _15 - 32 - 46. fsa	185	185. 27	7 582	90 600	4 550
185	H05 _787 - 882 _16 - 12 - 52. fsa	185	185. 97	5 599	52 796	4 504
186	H06 _787 - 882 _16 - 12 - 52. fsa	182	182. 17	4 376	41 816	4 511
187	H07 _787 - 882 _16 - 52 - 59. fsa	185	186. 13	4 433	42 213	4 518
188	H08 _787 - 882 _16 - 52 - 59. fsa	188	189	7 400	82 765	4 625
189	H09 _787 - 882 _17 - 33 - 30. fsa	173	174. 37	6 508	64 710	4 383
	H09 _787 - 882 _17 - 33 - 30. fsa	177	177. 28	6 506	62 372	4 424
190	H10 _787 - 882 _17 - 33 - 30. fsa	185	185. 09	7 380	73 275	4 598
191	H11 _787 - 882 _18 - 13 - 38. fsa	173	174. 26	5 239	67 615	4 391
192	H12 _787 - 882 _18 - 13 - 38. fsa	134	134. 37	7 682	82 284	3 910

4 Satt556

资源序号	样本名 (sample file name)	等位基因位点 (allele，bp)	大小 (size，bp)	高度 (height，RFU)	面积 (area，RFU)	数据取值点 (data point，RFU)
1	A01_691-786_20-59-21.fsa	209	209.56	7 301	79 984	4 810
2	A02_691-786_20-59-21.fsa	161	161.83	7 572	60 068	4 223
3	A03_691-786_20-59-22.fsa	209	209.58	123	1 578	5 089
4	A04_691-786_21-51-08.fsa	209	209.68	7 512	106 288	4 807
5	A05_691-786_22-31-16.fsa	161	161.54	7 418	83 775	4 093
6	A06_691-786_22-31-16.fsa	161	161.14	7 601	100 876	4 147
7	A07_691-786_23-11-23.fsa	161	161.76	7 245	96 452	4 106
8	A08_691-786_23-11-23.fsa	161	161.42	6 510	64 544	4 165
9	A09_691-786_23-51-28.fsa	209	209.77	6 868	54 335	4 767
10	A10_691-786_23-51-28.fsa	209	209.64	7 493	100 219	4 853
11	A11_691-786_23-51-29.fsa	161	161.51	169	1 830	4 461
12	A12_691-786_24-31-34.fsa	209	209.78	7 279	61 999	4 866
13	B01_691-786_20-59-21.fsa	161	161.59	7 667	86 895	4 172
14	B02_691-786_20-59-21.fsa	161	160.48	2 221	21 790	4 201
15	B03_691-786_21-51-08.fsa	209	209.38	2 551	24 448	4 729
16	B04_691-786_21-51-08.fsa	164	164.6	7 550	102 005	4 180
17	B05_691-786_22-31-16.fsa	161	161.62	7 670	92 822	4 102
18	B06_691-786_22-31-16.fsa	209	209.61	7 488	104 121	4 813
19	B07_691-786_23-11-23.fsa	161	161.76	7 575	101 262	4 115
20	B08_691-786_23-11-23.fsa	209	209.56	7 527	84 952	4 827
21	B09_691-786_23-51-28.fsa	161	161.1	7 466	103 801	4 121
22	B10_691-786_23-51-28.fsa	209	209.42	5 922	61 314	4 849

（续）

资源序号	样本名（sample file name）	等位基因位点（allele，bp）	大小（size，bp）	高度（height，RFU）	面积（area，RFU）	数据取值点（data point，RFU）
23	B11_691-786_23-51-29. fsa	209	209. 24	971	10 333	4 890
24	B12_691-786_24-31-34. fsa	209	209. 54	7 732	91 950	4 866
25	C01_691-786_20-59-21. fsa	197	196. 96	7 092	72 907	4 633
26	C02_691-786_20-59-21. fsa	197	197. 05	7 687	102 476	4 720
27	C03_691-786_21-51-08. fsa	161	161. 69	7 632	96 064	4 076
28	C04_691-786_21-51-08. fsa	164	164. 67	7 567	102 176	4 171
29	C05_691-786_22-31-16. fsa	161	161. 53	7 577	100 952	4 086
30	C06_691-786_22-31-16. fsa	161	161. 41	5 746	63 513	4 131
31	C07_691-786_23-11-23. fsa	161	161. 45	7 092	99 460	4 090
32	C08_691-786_23-11-23. fsa	209	209. 35	1 659	16 831	4 818
33	C09_691-786_23-51-28. fsa	164	164. 44	3 875	40 014	4 141
34	C10_691-786_23-51-28. fsa	161	161. 74	7 530	62 726	4 166
35	C11_691-786_23-51-29. fsa	161	161. 28	2 019	22 346	4 275
36	C12_691-786_24-31-34. fsa	161	161. 67	7 553	106 043	4 179
37	D01_691-786_20-59-21. fsa	161	161. 56	2 706	27 703	4 207
38	D02_691-786_20-59-21. fsa	161	161. 53	5 745	62 062	4 196
	D02_691-786_20-59-21. fsa	209	209. 46	6 028	72 718	4 877
39	D03_691-786_21-51-08. fsa	161	161. 44	4 089	39 777	4 133
40	D04_691-786_21-51-08. fsa	209	209. 09	7 429	99 787	4 787
41	D05_691-786_22-31-16. fsa	209	209. 44	4 516	45 920	4 790
42	D06_691-786_22-31-16. fsa	209	209. 38	142	1 577	4 798
43	D07_691-786_23-11-23. fsa	209	209. 4	3 747	37 631	4 804
44	D08_691-786_23-11-23. fsa	161	161. 62	7 710	102 850	4 141
45	D09_691-786_23-51-28. fsa	161	161. 42	7 338	72 194	4 162

（续）

资源序号	样本名 （sample file name）	等位基因位点 （allele，bp）	大小 （size，bp）	高度 （height，RFU）	面积 （area，RFU）	数据取值点 （data point，RFU）
46	D10_691-786_23-51-28. fsa	161	161. 47	665	6 854	4 157
47	D11_691-786_24-31-34. fsa	164	164. 7	7 530	102 869	4 219
48	D12_691-786_24-31-34. fsa	161	160. 56	270	2 821	4 157
49	E01_691-786_20-59-21. fsa	161	161. 65	7 698	96 763	4 215
50	E02_691-786_20-59-21. fsa	164	164. 45	7 507	78 153	4 242
51	E03_691-786_21-51-08. fsa	161	161. 6	7 740	92 901	4 131
52	E04_691-786_21-51-08. fsa	209	209. 46	4 016	43 602	4 790
53	E05_691-786_22-31-16. fsa	209	209. 4	4 503	48 531	4 787
54	E06_691-786_22-31-16. fsa	161	161. 56	7 779	92 614	4 131
55	E07_691-786_22-31-17. fsa	161	161. 31	1 305	12 947	4 206
56	E08_691-786_23-11-23. fsa	164	164. 16	7 692	102 577	4 180
57	E09_691-786_23-51-28. fsa	164	164. 48	200	1 935	4 208
58	E10_691-786_23-51-28. fsa	209	209. 48	1 226	13 871	4 835
59	E11_691-786_24-31-34. fsa	161	161. 51	1 914	19 917	4 176
60	E12_691-786_24-31-34. fsa	161	161. 54	743	7 936	4 173
61	F01_691-786_20-59-21. fsa	209	209. 57	1 236	13 566	4 849
62	F02_691-786_20-59-22. fsa	197	196. 77	1 447	14 608	4 739
63	F03_691-786_20-59-23. fsa	161	161. 23	836	9 599	4 238
64	F04_691-786_21-51-08. fsa	209	209. 49	1 857	19 787	4 774
65	F05_691-786_22-31-16. fsa	164	164. 54	7 738	98 015	4 155
66	F06_691-786_22-31-16. fsa	161	161. 44	7 530	80 820	4 119
67	F07_691-786_23-11-23. fsa	170	170. 36	7 630	80 938	4 246
68	F08_691-786_23-11-23. fsa	161	161. 43	6 760	75 584	4 130
69	F09_691-786_23-51-28. fsa	209	208. 46	417	4 165	4 788

（续）

资源序号	样本名（sample file name）	等位基因位点（allele，bp）	大小（size，bp）	高度（height，RFU）	面积（area，RFU）	数据取值点（data point，RFU）
70	F10_691-786_23-51-28. fsa	209	209. 46	225	2 516	4 815
71	F11_691-786_24-31-34. fsa	161	161. 5	7 854	89 726	4 152
72	F12_691-786_24-31-34. fsa	161	161. 49	6 244	67 201	4 160
73	G01_691-786_20-59-21. fsa	161	161. 57	5 887	63 542	4 213
74	G02_691-786_20-59-21. fsa	161	161. 56	2 528	27 739	4 191
75	G03_691-786_21-51-08. fsa	161	161. 53	676	7 355	4 133
76	G04_691-786_21-51-08. fsa	161	160. 5	58	618	4 113
77	G05_691-786_22-31-16. fsa	209	209. 49	182	2 074	4 785
78	G06_691-786_22-31-16. fsa	209	209. 57	220	2 260	4 788
79	G07_691-786_23-11-23. fsa	209	209. 44	7 736	87 394	4 795
80	G08_691-786_23-11-23. fsa	209	209. 44	5 856	68 423	4 800
81	G09_691-786_23-11-24. fsa	164	164. 33	7 176	86 927	4 343
82	G10_691-786_23-51-28. fsa	161	161. 49	1 847	19 151	4 158
83	G11_691-786_24-31-34. fsa	161	161. 44	6 898	74 684	4 171
84	G12_691-786_24-31-34. fsa	209	209. 47	4 698	51 388	4 837
85	H01_691-786_20-59-21. fsa	209	209. 68	479	5 067	4 918
86	H02_691-786_20-59-21. fsa	209	208. 6	315	3 574	4 962
87	H03_691-786_21-51-08. fsa	209	209. 45	2 280	26 953	4 823
88	H04_691-786_21-51-08. fsa	197	196. 98	1 811	20 757	4 724
89	H05_691-786_22-31-16. fsa	161	161. 49	2 933	32 789	4 181
90	H06_691-786_22-31-16. fsa	197	196. 98	2 665	31 412	4 729
91	H07_691-786_23-11-23. fsa	197	196. 94	6 327	67 746	4 677
92	H08_691-786_23-11-23. fsa	161	160. 56	1 731	17 714	4 220
93	H09_691-786_23-51-28. fsa	209	209. 54	2 513	31 015	4 874

（续）

资源序号	样本名（sample file name）	等位基因位点（allele，bp）	大小（size，bp）	高度（height，RFU）	面积（area，RFU）	数据取值点（data point，RFU）
94	H10_691-786_23-51-28.fsa	197	197.02	2 842	31 835	4 763
95	H11_691-786_24-31-34.fsa	161	161.55	7 588	85 293	4 222
96	H12_691-786_24-31-34.fsa	161	161.52	5 292	59 465	4 266
97	A01_bu-3_18-51-36.fsa	161	160.91	176	2 351	4 334
98	A02_787-882_01-11-43.fsa	161	161.05	7 247	58 858	4 201
99	A03_787-882_01-52-15.fsa	166	167.06	6 818	58 278	4 215
100	A04_787-882_01-52-15.fsa	164	163.99	7 197	62 469	4 239
101	A05_787-882_02-32-21.fsa	161	161.89	6 824	56 246	4 150
102	A06_787-882_02-32-21.fsa	209	209.84	6 461	54 395	4 896
103	A07_787-882_03-12-27.fsa	161	161.01	6 836	56 933	4 147
104	A08_787-882_03-12-27.fsa	209	209.16	7 047	62 622	4 895
105	A09_787-882_03-52-30.fsa	209	209.12	6 629	71 105	4 813
106	A10_787-882_03-52-30.fsa	161	161.12	6 990	66 621	4 226
107	A11_787-882_04-32-34.fsa	209	209.73	7 063	97 415	4 834
108	A12_787-882_04-32-34.fsa	161	161.8	7 319	62 927	4 251
109	B01_787-882_01-11-43.fsa	200	200.38	7 002	57 933	4 643
110	B02_787-882_01-11-43.fsa	161	160.63	7 671	95 523	4 186
111	B03_787-882_01-52-15.fsa	209	209.81	7 125	60 251	4 798
112	B04_bu-3_19-31-51.fsa	161	161.25	6 786	69 319	4 393
113	B05_787-882_02-32-21.fsa	161	160.73	7 515	99 878	4 148
114	B06_787-882_02-32-21.fsa	209	209.11	7 058	59 134	4 883
115	B07_787-882_03-12-27.fsa	209	209.77	6 338	52 129	4 819
116	B08_787-882_03-12-27.fsa	161	161.7	6 659	70 152	4 451
117	B09_787-882_03-52-30.fsa	200	199.61	6 791	75 114	4 654

（续）

资源序号	样本名 (sample file name)	等位基因位点 (allele, bp)	大小 (size, bp)	高度 (height, RFU)	面积 (area, RFU)	数据取值点 (data point, RFU)
118	B10_787-882_03-52-30.fsa	200	199.55	6 546	61 087	4 738
119	B11_787-882_04-32-34.fsa	197	197.12	7 473	92 099	4 681
120	B12_787-882_04-32-34.fsa	197	195.91	6 399	63 280	4 744
121	C01_787-882_01-11-43.fsa	209	209.7	6 899	54 904	4 772
122	C02_787-882_01-11-43.fsa	209	209.09	7 421	100 952	4 866
123	C03_787-882_01-52-15.fsa	209	209.44	3 848	40 408	4 765
124	C04_787-882_01-52-15.fsa	161	160.28	7 377	85 469	4 166
125	C05_787-882_02-32-21.fsa	164	164.41	7 283	69 265	4 167
126	C06_787-882_02-32-21.fsa	161	161.52	2 227	23 306	4 193
127	C07_787-882_03-12-27.fsa	164	164.4	5 878	60 336	4 177
	C07_787-882_03-12-27.fsa	209	209.57	7 053	83 045	4 792
128	C08_787-882_03-12-27.fsa	161	161.66	7 497	114 544	4 206
	C08_787-882_03-12-27.fsa	209	209.43	4 443	61 483	4 890
129	C09_787-882_03-52-30.fsa	161	161.43	7 155	71 446	4 147
130	C10_787-882_03-52-30.fsa	209	208.57	7 182	84 432	4 896
131	C11_787-882_04-32-34.fsa	164	164.74	7 341	101 578	4 204
132	C12_787-882_04-32-34.fsa	209	209.87	7 039	59 700	4 927
133	D01_787-882_01-11-43.fsa	161	160.5	7 601	76 967	4 165
134	D02_787-882_01-11-43.fsa	164	164.6	7 519	101 613	4 223
135	D03_787-882_01-52-15.fsa	209	209.67	7 406	98 783	4 842
136	D04_787-882_01-52-15.fsa	209	208.42	6 392	63 035	4 837
137	D05_787-882_02-32-21.fsa	209	209.47	4 191	43 481	4 857
138	D06_787-882_02-32-21.fsa	161	161.74	7 534	106 407	4 190
139	D07_787-882_03-12-27.fsa	161	160.63	7 528	97 152	4 189

（续）

资源序号	样本名（sample file name）	等位基因位点（allele，bp）	大小（size，bp）	高度（height，RFU）	面积（area，RFU）	数据取值点（data point，RFU）
140	D08_787－882_03－12－27. fsa	161	161. 66	7 491	103 582	4 200
141	D09_787－882_03－52－30. fsa	209	209. 41	5 631	58 615	4 881
142	D10_bu－3_19－31－51. fsa	209	209. 23	1 250	13 632	5 131
143	D11_787－882_04－32－34. fsa	161	161. 12	7 188	60 607	4 220
	D11_787－882_04－32－34. fsa	209	209. 44	3 229	35 152	4 898
144	D12_787－882_04－32－34. fsa	161	161. 44	7 542	83 611	4 223
145	E01_787－882_01－11－43. fsa	209	209. 43	4 388	45 539	4 855
146	E02_787－882_01－11－43. fsa	209	209. 44	712	4 736	4 898
147	E03_787－882_01－52－15. fsa	161	161. 65	7 664	90 614	4 191
148	E04_787－882_01－52－15. fsa	161	161. 55	7 528	89 562	4 271
149	E05_787－882_02－32－21. fsa	209	209. 63	7 507	95 830	4 866
150	E06_bu－3_16－50－39. fsa	161	161. 3	2 920	30 291	4 256
151	E07_787－882_03－12－27. fsa	161	160. 5	6 577	63 970	4 194
152	E08_787－882_03－12－27. fsa	209	209. 59	7 047	98 558	4 882
153	E09_bu－3_16－50－39. fsa	164	164. 33	4 778	51 146	4 292
154	E10_787－882_03－52－30. fsa	161	161. 67	7 515	103 025	4 215
155	E11_787－882_04－32－34. fsa	161	161. 21	7 449	104 485	4 225
156	E12_787－882_04－32－34. fsa	209	209. 59	7 026	108 809	4 913
157	F01_787－882_01－11－43. fsa	209	209. 45	4 173	46 432	4 831
158	F02_787－882_01－11－43. fsa	209	208. 49	1 335	13 015	4 828
159	F03_787－882_01－52－15. fsa	161	161. 5	948	9 665	4 152
160	F04_787－882_01－52－15. fsa	209	208. 49	3 048	31 152	4 819
161	F05_787－882_02－32－21. fsa	161	161. 64	7 603	100 321	4 167
162	F06_787－882_02－32－21. fsa	161	161. 48	6 427	67 908	4 174

（续）

资源序号	样本名 （sample file name）	等位基因位点 （allele，bp）	大小 （size，bp）	高度 （height，RFU）	面积 （area，RFU）	数据取值点 （data point，RFU）
163	F07_787-882_03-12-27. fsa	164	164. 61	7 600	98 644	4 219
164	F08_787-882_03-12-27. fsa	161	161. 48	1 679	17 279	4 184
165	F09_787-882_03-52-30. fsa	164	164. 53	7 745	88 358	4 230
166	F10_787-882_03-52-30. fsa	161	161. 54	7 600	91 409	4 199
167	F11_787-882_04-32-34. fsa	161	160. 56	1 579	16 479	4 185
168	F12_787-882_04-32-34. fsa	209	208. 53	541	5 794	4 874
169	G01_787-882_01-11-43. fsa	197	196. 92	2 694	32 339	4 677
	G01_787-882_01-11-43. fsa	209	209. 53	3 494	38 411	4 841
170	G02_787-882_01-11-43. fsa	209	209. 46	6 000	70 680	4 841
171	G03_787-882_01-52-15. fsa	197	196. 91	7 445	80 105	4 675
172	G04_787-882_01-52-15. fsa	209	209. 46	6 692	73 589	4 837
173	G05_787-882_02-32-21. fsa	161	161. 43	7 489	82 284	4 187
	G05_787-882_02-32-21. fsa	209	209. 6	2 315	24 938	4 848
174	G06_787-882_02-32-21. fsa	209	209. 51	5 982	72 469	4 854
175	G07_787-882_03-12-27. fsa	164	164. 43	7 695	86 789	4 240
176	G08_787-882_03-12-27. fsa	161	160. 57	3 344	34 236	4 183
177	G09_787-882_03-52-30. fsa	209	209. 46	3 955	44 374	4 873
178	G10_787-882_03-52-30. fsa	209	209. 47	6 302	80 161	4 879
179	G11_787-882_04-32-34. fsa	209	209. 58	5 749	69 572	4 887
180	G12_787-882_04-32-34. fsa	209	209. 58	2 612	30 809	4 896
181	H01_787-882_01-11-43. fsa	161	161. 55	4 629	55 264	4 225
182	H02_787-882_01-11-43. fsa	209	209. 56	3 763	45 595	4 961
183	H03_787-882_01-52-15. fsa	209	209. 46	3 646	44 372	4 885
184	H04_787-882_01-52-15. fsa	209	209. 57	2 922	35 001	4 958

（续）

资源序号	样本名（sample file name）	等位基因位点（allele，bp）	大小（size，bp）	高度（height，RFU）	面积（area，RFU）	数据取值点（data point，RFU）
185	H05_787-882_02-32-21.fsa	161	161.54	5 738	66 594	4 239
186	H06_787-882_02-32-21.fsa	161	160.62	837	9 085	4 271
	H06_787-882_02-32-21.fsa	209	208.56	611	6 767	4 956
187	H07_787-882_03-12-27.fsa	209	209.5	4 950	56 509	4 905
188	H08_787-882_03-12-27.fsa	161	161.65	4 131	74 589	4 313
189	H09_787-882_03-52-30.fsa	161	161.53	7 682	94 309	4 263
190	H10_787-882_03-52-30.fsa	161	161.64	3 783	42 184	4 310
191	H11_787-882_04-32-34.fsa	164	164.53	4 451	48 396	4 307
192	H12_787-882_04-32-34.fsa	161	161.57	7 608	93 579	4 320

5 Satt100

资源序号	样本名（sample file name）	等位基因位点（allele，bp）	大小（size，bp）	高度（height，RFU）	面积（area，RFU）	数据取值点（data point，RFU）
1	A01_1_17-27-12.fsa	132	132.26	1 104	11 257	4 671
2	A02_1_17-27-12.fsa	141	140.85	3 886	33 411	3 703
3	A03_1_18-16-07.fsa	141	132.36	7 751	60 789	3 625
4	A04_1_18-16-07.fsa	141	140.6	1 743	15 100	3 650
5	A05_1_18-56-14.fsa	141	140.58	4 684	38 367	3 610
6	A06_1_18-56-14.fsa	141	140.68	352	3 268	3 658
	A06_1_18-56-14.fsa	164	164.25	1 676	15 965	3 962
7	A07_1_19-36-20.fsa	141	140.64	2 589	21 770	3 629
8	A08_1_19-36-20.fsa	141	140.77	7 275	84 254	4 934
9	A09_1_20-16-24.fsa	164	164.22	2 836	25 066	3 935
10	A10_1_20-16-24.fsa	141	141.73	6 046	57 822	3 698
11	A11_1_20-56-27.fsa	164	164.22	2 503	21 927	3 938
12	A12_1_20-56-27.fsa	164	164.31	1 457	12 888	3 968
13	B01_1_17-27-12.fsa	164	164.32	317	2 730	3 975
14	B02_1_17-27-12.fsa	132	132.15	1 933	16 622	3 565
15	B03_1_18-16-07.fsa	110	110.82	7 675	64 361	3 209
16	B04_1_18-16-07.fsa	138	138.33	7 878	83 863	3 611
17	B05_1_18-56-14.fsa	132	132.12	3 147	28 375	3 516
18	B06_1_18-56-14.fsa	141	141.65	1 023	9 719	3 664
19	B07_1_19-36-20.fsa	132	132.16	1 527	13 890	3 533
	B07_1_19-36-20.fsa	138	138.39	738	6 680	3 615
20	B08_1_19-36-20.fsa	141	141.63	6 248	60 712	3 686

（续）

资源序号	样本名（sample file name）	等位基因位点（allele，bp）	大小（size，bp）	高度（height，RFU）	面积（area，RFU）	数据取值点（data point，RFU）
21	B09_1_20-16-24.fsa	138	138.38	3 270	30 071	3 623
22	B10_1_20-16-24.fsa	164	164.24	2 276	21 514	3 996
23	B11_1_20-56-27.fsa	110	110.62	7 559	90 136	3 249
	B11_1_20-56-27.fsa	135	135.01	7 655	94 270	3 574
24	B12_1_20-56-27.fsa	164	164.82	370	3 989	4 385
25	C01_1_17-27-12.fsa	164	164.33	3 866	36 065	3 935
26	C02_1_17-27-12.fsa	164	164.23	973	9 405	4 000
27	C03_1_18-16-07.fsa	135	135.3	1 446	13 816	3 520
	C03_1_18-16-07.fsa	138	138.46	2 140	20 781	3 561
28	C04_1_18-16-07.fsa	144	144.12	7 065	76 843	5 938
29	C05_1_18-56-14.fsa	141	142.15	188	1 931	4 077
30	C06_1_18-56-14.fsa	138	138.33	816	7 759	3 617
31	C07_1_19-36-20.fsa	138	138.38	1 317	11 805	3 575
32	C08_1_19-36-20.fsa	141	141.69	1 721	16 709	3 683
33	C09_1_20-16-24.fsa	999				
34	C10_1_20-16-24.fsa	141	141.69	7 930	100 771	3 693
35	C11_1_20-56-27.fsa	110	110.24	6 545	65 574	4 208
36	C12_1_20-56-27.fsa	135	135.7	93	962	3 990
37	D01_1_17-27-12.fsa	141	141.57	172	1 490	3 406
38	D02_1_17-27-12.fsa	129	129.07	1 410	12 179	3 524
39	D03_1_18-16-07.fsa	141	140.53	943	8 214	3 649
40	D04_1_18-16-07.fsa	164	163.44	7 201	82 102	4 206
41	D05_1_18-56-14.fsa	141	141.57	7 695	79 318	3 429
42	D06_1_18-56-14.fsa	141	141.44	1 450	14 159	4 201

（续）

资源序号	样本名（sample file name）	等位基因位点（allele，bp）	大小（size，bp）	高度（height，RFU）	面积（area，RFU）	数据取值点（data point，RFU）
43	D07_1_19-36-20.fsa	141	140.57	4 439	42 295	4 275
44	D08_1_19-36-20.fsa	141	140.84	1 237	10 917	3 666
45	D09_1_20-16-24.fsa	135	135.31	7 629	77 764	3 999
46	D10_1_20-16-24.fsa	138	138.41	3 374	31 509	3 645
47	D11_1_20-56-27.fsa	167	167.37	1 390	15 683	4 018
48	D12_1_20-56-27.fsa	132	132.11	7 404	65 907	4 010
49	E01_1_17-27-12.fsa	132	132.24	6 932	59 124	5 486
50	E02_1_17-27-12.fsa	167	166.39	3 059	27 927	4 037
51	E03_1_18-16-07.fsa	138	138.62	7 828	90 688	3 643
52	E04_1_18-16-07.fsa	164	164.23	5 813	54 859	3 949
53	E05_1_18-56-14.fsa	164	163.32	3 250	28 801	3 963
54	E06_1_18-56-14.fsa	132	132.19	7 836	74 025	3 542
55	E07_1_19-36-20.fsa	132	132.53	7 839	101 106	3 591
56	E08_1_19-36-20.fsa	167	167.37	6 238	61 092	4 025
57	E09_1_20-16-24.fsa	135	135.26	7 686	92 748	3 619
58	E10_1_20-16-24.fsa	135	135.26	7 724	76 640	3 636
	E10_1_20-16-24.fsa	164	164.71	7 360	66 185	4 071
59	E11_1_20-56-27.fsa	141	141.14	768	7 300	4 120
60	E12_1_20-56-27.fsa	135	135.33	7 083	67 302	5 040
61	F01_1_17-27-12.fsa	135	135.4	7 736	88 287	3 600
62	F02_1_17-27-12.fsa	135	135.11	1 797	17 865	4 532
63	F03_1_18-16-07.fsa	141	141.12	3 328	37 075	5 541
64	F04_1_18-16-07.fsa	138	138.39	5 821	54 866	3 599
	F04_1_18-16-07.fsa	141	141.28	7 533	63 169	3 646

（续）

资源序号	样本名（sample file name）	等位基因位点（allele，bp）	大小（size，bp）	高度（height，RFU）	面积（area，RFU）	数据取值点（data point，RFU）
65	F05_1_18-56-14. fsa	138	138. 54	7 606	80 792	3 600
66	F06_1_18-56-14. fsa	129	129. 23	7 732	87 457	3 488
67	F07_1_19-36-20. fsa	110	111. 3	7 825	83 092	3 624
68	F08_1_19-36-20. fsa	138	138. 78	7 426	61 280	3 635
69	F09_1_20-16-24. fsa	110	111. 42	7 456	64 742	3 256
70	F10_1_20-16-24. fsa	164	164. 89	6 828	68 943	3 985
71	F11_1_20-56-27. fsa	164	164. 82	7 204	65 375	3 960
72	F12_1_20-56-27. fsa	132	132. 45	7 393	89 150	3 562
	G01_1_17-27-12. fsa	138	138. 55	5 967	56 873	3 679
73	G01_1_17-27-12. fsa	141	141. 38	7 730	68 264	3 727
74	G02_1_17-27-12. fsa	132	132. 45	6 619	79 251	3 674
75	G03_1_18-16-07. fsa	164	164. 73	2 397	25 302	4 405
76	G04_1_18-16-07. fsa	164	164. 41	595	5 563	3 955
77	G05_1_18-56-14. fsa	999				
78	G06_1_18-56-14. fsa	164	163. 38	1 068	9 476	3 941
79	G07_1_19-36-20. fsa	164	163. 33	1 850	16 317	3 957
80	G08_1_19-36-20. fsa	167	167. 22	4 050	51 146	3 811
81	G09_1_20-16-24. fsa	164	164. 21	3 313	44 671	3 796
82	G10_1_20-16-24. fsa	138	137. 49	1 395	12 096	3 669
83	G11_1_20-56-27. fsa	138	138. 38	137	1 216	3 652
84	G12_1_20-56-27. fsa	167	167. 22	2 045	34 156	3 844
85	H01_1_20-16-24. fsa	167	167. 31	1 662	17 150	4 608
86	H02_1_20-16-25. fsa	164	164. 27	456	4 836	4 571
87	H03_1_20-16-25. fsa	135	135. 24	2 972	30 933	4 248

（续）

资源序号	样本名（sample file name）	等位基因位点（allele，bp）	大小（size，bp）	高度（height，RFU）	面积（area，RFU）	数据取值点（data point，RFU）
88	H04_1_18－16－07. fsa	999				
89	H05_1_18－56－14. fsa	135	135. 75	7 524	66 191	3 705
90	H06_1_18－56－14. fsa	141	141. 52	4 575	58 647	3 862
91	H07_1_19－36－20. fsa	141	141. 87	1 122	29 548	3 764
92	H08_1_19－36－20. fsa	141	141. 75	5 046	49 857	3 785
93	H09_1_20－16－24. fsa	141	140. 68	2 542	26 677	3 721
94	H10_1_20－16－24. fsa	135	135. 1	7 340	57 996	3 696
95	H11_1_20－56－27. fsa	138	138. 55	836	7 899	3 683
96	H12_1_20－56－27. fsa	135	135. 37	504	4 720	3 681
97	A01_787_21－52－56. fsa	138	138. 45	4 669	59 876	3 715
98	A02_787_21－52－56. fsa	132	131. 97	7 777	95 224	3 609
99	A03_787_22－42－19. fsa	135	135. 65	7 357	53 820	3 586
	A03_787_22－42－19. fsa	144	145. 55	7 146	59 123	3 697
100	A04_787_22－42－19. fsa	129	129. 08	7 608	74 402	3 530
	A04_787_22－42－19. fsa	132	132. 69	7 756	60 312	3 565
101	A05_787_23－22－51. fsa	132	132. 62	7 577	57 723	3 570
102	A06_787_23－22－51. fsa	164	164. 65	7 325	48 551	4 009
103	A07_787_24－02－59. fsa	141	141. 84	7 710	72 861	3 679
104	A08_787_24－02－59. fsa	141	142. 28	7 541	49 157	3 723
105	A09_787_24－43－03. fsa	141	142. 38	7 386	57 061	3 682
106	A10_787_24－43－03. fsa	138	138. 85	7 439	46 388	3 676
107	A11_787_01－23－07. fsa	164	164. 29	3 967	35 909	3 959
108	A12_787_01－23－07. fsa	141	142. 23	304	3 383	4 220
109	B01_787_21－52－56. fsa	141	141. 92	5 990	55 117	3 712

（续）

资源序号	样本名（sample file name）	等位基因位点（allele，bp）	大小（size，bp）	高度（height，RFU）	面积（area，RFU）	数据取值点（data point，RFU）
110	B02_787_21-52-56.fsa	164	163.36	1 439	12 948	4 029
111	B03_787_22-42-19.fsa	110	111	1 646	15 143	3 262
112	B04_787_22-42-19.fsa	138	137.66	4 211	59 468	3 747
113	B05_787_23-22-51.fsa	138	137.58	3 096	49 577	3 862
114	B06_787_23-22-51.fsa	164	164.35	377	3 573	4 009
115	B07_787_24-02-59.fsa	161	161.23	2 389	21 763	3 927
116	B08_787_24-02-59.fsa	138	137.88	1 214	28 457	3 511
117	B09_787_24-43-03.fsa	135	135.27	4 123	36 960	3 602
118	B10_787_24-43-03.fsa	135	135.4	7 988	91 344	3 629
119	B11_787_01-23-07.fsa	135	135.28	3 785	34 690	3 604
120	B12_787_01-23-08.fsa	135	135.43	1 660	16 135	4 027
121	C01_787_21-52-56.fsa	110	111.08	4 480	41 822	3 278
122	C02_787_21-52-56.fsa	141	141.71	2 422	23 534	3 749
123	C03_787_22-42-19.fsa	148	147.88	1 548	26 776	3 849
124	C04_787_22-42-19.fsa	138	137.34	327	2 864	3 637
125	C05_787_01-23-08.fsa	144	145.11	2 647	26 844	4 252
126	C06_787_23-22-51.fsa	164	164.32	495	4 864	4 007
127	C07_787_24-02-59.fsa	110	110.83	1 871	17 470	3 251
128	C08_787_24-02-59.fsa	164	164.22	2 518	34 596	3 358
129	C09_787_24-43-03.fsa	141	140.65	156	1 237	3 650
130	C10_787_24-43-03.fsa	164	164.18	641	5 792	3 999
131	C11_787_01-23-07.fsa	138	137.3	219	1 857	3 611
132	C12_787_01-23-07.fsa	110	111.05	6 550	62 752	3 287
133	D01_787_21-52-56.fsa	132	131.25	587	5 009	3 623

（续）

资源序号	样本名 （sample file name）	等位基因位点 （allele，bp）	大小 （size，bp）	高度 （height，RFU）	面积 （area，RFU）	数据取值点 （data point，RFU）
134	D02_787_21-52-56.fsa	164	164.77	135	1 440	4 417
135	D03_787_22-42-19.fsa	167	167.35	5 166	49 109	4 045
136	D04_787_22-42-19.fsa	164	164.25	2 059	19 832	3 998
137	D05_787_23-22-51.fsa	129	129.11	4 016	37 855	3 559
138	D06_787_23-22-51.fsa	132	132.12	1 513	14 657	3 592
139	D07_787_24-02-59.fsa	141	141.68	738	6 932	3 725
140	D08_787_24-02-59.fsa	135	135.28	3 348	32 052	3 628
141	D09_787_24-43-03.fsa	161	161.27	3 799	35 191	3 971
142	D10_787_24-43-04.fsa	161	160.32	1 648	16 162	4 478
143	D11_787_01-23-07.fsa	161	161.27	375	3 543	3 973
144	D12_787_01-23-07.fsa	141	141.78	1 267	12 229	3 716
145	E01_787_21-52-56.fsa	164	164.46	1 039	9 733	4 037
146	E02_787_21-52-56.fsa	167	167.32	55	510	4 092
147	E03_787_22-42-19.fsa	167	167.39	788	7 348	4 026
148	E04_787_22-42-19.fsa	132	131.18	117	1 043	3 568
149	E05_787_23-22-51.fsa	164	164.31	2 572	24 430	4 012
150	E06_787_23-22-51.fsa	164	164.23	2 018	33 694	3 921
151	E07_787_24-02-59.fsa	108	107.98	5 308	48 826	3 276
152	E08_787_24-02-59.fsa	164	164.32	2 386	23 753	4 013
153	E09_787_24-43-03.fsa	144	144.97	1 166	22 646	3 967
154	E10_787_24-43-03.fsa	164	164.33	334	3 221	4 013
155	E11_787_01-23-07.fsa	164	164.33	2 566	23 825	4 004
156	E12_787_01-23-07.fsa	141	141.97	7 921	98 286	3 728
157	F01_787_21-52-56.fsa	164	164.77	274	2 897	4 435

（续）

资源序号	样本名（sample file name）	等位基因位点（allele，bp）	大小（size，bp）	高度（height，RFU）	面积（area，RFU）	数据取值点（data point，RFU）
158	F02_787_21-52-56. fsa	164	164. 4	591	5 715	4 040
159	F03_787_22-42-19. fsa	132	132. 74	257	2 732	4 030
160	F04_787_22-42-19. fsa	141	140. 63	1 655	14 653	3 689
161	F05_787_23-22-51. fsa	135	135. 37	2 485	23 534	3 626
162	F06_787_23-22-51. fsa	135	135. 32	1 503	14 511	3 637
163	F07_787_24-02-59. fsa	167	167. 38	7 812	77 244	4 033
164	F08_787_24-02-59. fsa	132	131. 24	602	5 230	3 577
165	F09_787_24-43-03. fsa	135	134. 99	7 698	108 114	3 620
166	F10_787_24-43-03. fsa	164	164. 36	1 385	13 508	4 005
167	F11_787_01-23-07. fsa	138	137. 49	2 556	22 332	3 655
168	F12_787_01-23-07. fsa	141	140. 69	181	1 626	3 707
169	G01_787_21-52-56. fsa	141	141. 79	3 967	38 402	3 764
	G01_787_21-52-56. fsa	164	164. 4	1 678	16 354	4 051
170	G02_787_21-52-56. fsa	164	164. 48	1 176	11 586	4 052
171	G03_787_22-42-19. fsa	164	164. 38	5 971	56 964	3 995
172	G04_787_22-42-19. fsa	144	145. 14	3 411	33 301	3 763
173	G05_787_23-22-51. fsa	141	141. 84	4 222	39 417	3 731
174	G06_787_23-22-51. fsa	141	141. 82	1 469	14 058	3 728
175	G07_787_24-02-59. fsa	167	167. 37	497	4 809	4 052
176	G08_787_24-02-59. fsa	132	132. 28	1 415	13 318	3 604
177	G09_787_24-43-03. fsa	129	129. 19	1 512	14 236	3 565
	G09_787_24-43-03. fsa	135	135. 35	2 642	24 833	3 647
178	G10_787_24-43-03. fsa	141	141. 83	5 616	54 637	3 730
179	G11_787_01-23-07. fsa	110	111. 17	7 937	89 335	3 317

（续）

资源序号	样本名（sample file name）	等位基因位点（allele，bp）	大小（size，bp）	高度（height，RFU）	面积（area，RFU）	数据取值点（data point，RFU）
180	G12_787_01-23-07. fsa	138	137. 42	207	1 759	3 678
181	H01_787_21-52-56. fsa	123	123. 11	3 752	38 275	3 545
182	H02_787_21-52-56. fsa	141	141. 92	523	5 218	3 846
183	H03_787_22-42-19. fsa	161	161. 42	2 156	22 263	3 988
184	H04_787_22-42-19. fsa	138	138. 56	1 004	9 867	3 752
185	H05_787_23-22-51. fsa	135	135. 48	2 850	30 506	3 686
186	H06_787_23-22-51. fsa	132	132. 45	2 264	38 546	3 917
187	H07_787_24-02-59. fsa	164	164. 33	1 791	26 516	3 744
188	H08_787_24-02-59. fsa	135	135. 48	6 966	69 505	3 725
189	H09_787_24-43-03. fsa	132	132. 55	8 186	114 242	3 625
190	H10_787_24-43-03. fsa	141	141. 05	367	3 556	4 110
191	H11_787_01-23-07. fsa	110	111. 39	1 799	19 566	3 763
192	H12_787_01-23-07. fsa	129	128. 96	7 695	102 098	3 641

6 Satt267

资源序号	样本名 (sample file name)	等位基因位点 (allele, bp)	大小 (size, bp)	高度 (height, RFU)	面积 (area, RFU)	数据取值点 (data point, RFU)
1	A01_691_10-25-26.fsa	230	230.81	7 835	110 259	5 421
2	A02_691_10-25-26.fsa	249	250.06	8 175	129 429	5 857
3	A03_691_11-19-02.fsa	230	230.45	7 784	96 749	5 203
4	A04_691_11-19-02.fsa	230	230.19	7 939	85 272	5 335
5	A05_691_11-59-19.fsa	230	230.06	7 680	73 017	5 146
6	A06_691_11-59-19.fsa	230	230.43	6 636	75 612	5 283
7	A07_691_12-39-31.fsa	230	230.62	7 825	125 393	5 132
8	A08_691_12-39-31.fsa	230	230.34	8 042	95 095	5 260
9	A09_691_13-19-41.fsa	230	230.33	7 881	109 324	5 107
10	A10_691_13-19-41.fsa	230	230.44	7 945	109 129	5 233
11	A11_691_13-59-51.fsa	230	230.34	7 883	97 656	5 092
12	A12_691_13-59-51.fsa	230	230.34	8 202	121 376	5 211
13	B01_691_10-25-26.fsa	230	230.54	7 890	84 217	5 447
14	B02_691_10-25-26.fsa	239	240.38	8 291	141 504	5 744
15	B03_691_11-19-02.fsa	249	250.07	8 192	123 489	5 470
16	B04_691_11-19-02.fsa	239	238.28	7 343	67 214	4 451
17	B05_691_11-59-19.fsa	239	239.94	8 214	119 452	5 290
18	B06_691_11-59-19.fsa	229	228.97	7 932	77 563	4 335
19	B07_691_12-39-31.fsa	239	239.9	6 304	68 555	5 270
20	B08_691_12-39-31.fsa	230	230.31	8 305	120 584	5 268
21	B09_691_13-19-41.fsa	239	239.82	8 212	107 435	5 243
22	B10_691_13-19-41.fsa	230	230.35	6 028	70 457	5 243

（续）

资源序号	样本名（sample file name）	等位基因位点（allele，bp）	大小（size，bp）	高度（height，RFU）	面积（area，RFU）	数据取值点（data point，RFU）
23	B11_691_13-59-51. fsa	229	228. 61	5 506	66 761	4 328
24	B12_691_13-59-51. fsa	229	228. 75	5 398	66 231	4 337
25	C01_691_10-25-26. fsa	249	250	7 872	108 545	5 717
26	C02_691_10-25-26. fsa	249	250	8 174	138 696	5 884
27	C03_691_11-19-02. fsa	239	240. 03	8 174	114 188	5 345
28	C04_691_11-19-02. fsa	249	249. 43	8 068	112 440	5 620
29	C05_691_11-59-19. fsa	230	230. 41	8 097	99 697	5 162
30	C06_691_11-59-19. fsa	249	249. 42	7 873	101 007	5 555
31	C07_691_12-39-31. fsa	230	230. 35	7 868	89 340	5 136
32	C08_691_12-39-31. fsa	230	230. 29	8 196	115 989	5 264
33	C09_691_13-19-41. fsa	249	249. 3	3 876	42 406	5 359
34	C10_691_13-19-41. fsa	249	249. 42	6 406	94 511	5 503
35	C11_691_13-59-51. fsa	239	239. 77	8 139	110 953	5 220
36	C12_691_13-59-51. fsa	230	230. 33	6 687	78 318	5 222
37	D01_691_10-25-26. fsa	230	230. 84	6 348	82 235	5 550
38	D02_691_10-25-26. fsa	249	250	581	7 395	5 862
39	D03_691_11-19-02. fsa	249	249. 7	90	1 030	5 558
40	D04_691_11-19-02. fsa	230	230. 51	7 141	86 090	5 335
41	D05_691_11-59-19. fsa	230	230. 38	7 974	94 420	5 239
42	D06_691_11-59-19. fsa	249	249. 42	6 415	78 924	5 534
43	D07_691_12-39-31. fsa	230	230. 47	360	4 119	5 214
44	D08_691_12-39-31. fsa	230	230. 45	2 078	24 073	5 245
45	D09_691_13-19-41. fsa	239	239. 9	7 737	89 558	5 314
46	D10_691_13-19-41. fsa	239	239. 84	5 226	62 360	5 349

（续）

资源序号	样本名（sample file name）	等位基因位点（allele，bp）	大小（size，bp）	高度（height，RFU）	面积（area，RFU）	数据取值点（data point，RFU）
47	D11_691_13－59－51. fsa	249	249. 38	8 144	124 479	5 419
48	D12_691_13－59－51. fsa	239	239. 85	6 644	75 720	5 332
49	E01_691_10－25－26. fsa	239	240. 53	4 624	58 026	5 667
50	E02_691_10－25－26. fsa	230	230. 82	3 766	48 856	5 559
51	E03_691_11－19－02. fsa	239	240. 09	8 237	118 840	5 408
52	E04_691_11－19－02. fsa	230	230. 49	5 320	65 800	5 316
53	E05_691_11－59－19. fsa	230	230. 41	7 888	100 139	5 222
54	E06_691_11－59－19. fsa	230	230. 44	6 762	81 429	5 256
55	E07_691_12－39－31. fsa	230	229. 42	2 464	25 345	5 195
56	E08_691_12－39－31. fsa	239	239. 98	2 552	30 352	5 360
57	E09_691_13－19－41. fsa	239	239. 93	2 498	27 289	5 299
58	E10_691_13－19－41. fsa	230	230. 26	4 573	51 494	5 205
59	E11_691_13－59－51. fsa	249	249. 3	7 932	92 211	5 399
60	E12_691_13－59－51. fsa	239	239. 81	4 525	52 170	5 318
61	F01_691_10－25－26. fsa	230	230. 83	4 235	51 363	5 497
62	F02_691_10－25－26. fsa	230	230. 81	3 092	37 415	5 500
63	F03_691_11－19－02. fsa	230	230. 52	2 748	29 889	5 248
64	F04_691_11－19－02. fsa	249	249. 63	2 858	37 202	5 526
65	F05_691_11－59－19. fsa	239	240. 04	3 400	39 769	5 315
66	F06_691_11－59－19. fsa	249	249. 4	5 769	70 427	5 466
67	F07_691_12－39－31. fsa	230	230. 44	5 667	65 575	5 163
68	F08_691_12－39－31. fsa	239	239. 87	37	442	5 312
69	F09_691_13－19－41. fsa	230	230. 35	2 662	28 932	5 140
70	F10_691_13－19－41. fsa	249	249. 47	874	10 750	5 415

（续）

资源序号	样本名（sample file name）	等位基因位点（allele，bp）	大小（size，bp）	高度（height，RFU）	面积（area，RFU）	数据取值点（data point，RFU）
71	F11_691_13-59-51.fsa	230	230.37	7 490	86 845	5 124
72	F12_691_13-59-51.fsa	239	239.87	3 762	46 547	5 274
73	G01_691_10-25-26.fsa	230	230.94	2 759	35 200	5 488
74	G02_691_10-25-26.fsa	230	230.88	4 834	66 654	5 490
75	G03_691_11-19-02.fsa	249	249.61	4 827	63 233	5 487
76	G04_691_11-19-02.fsa	230	230.67	1 230	13 580	5 264
	G04_691_11-19-02.fsa	249	249.77	395	4 427	5 517
77	G05_691_11-59-19.fsa	230	230.58	996	11 857	5 186
	G05_691_11-59-19.fsa	249	249.53	1 899	22 176	5 429
78	G06_691_11-59-19.fsa	230	230.53	3 030	36 938	5 206
79	G07_691_12-39-31.fsa	230	230.39	2 568	29 254	5 160
80	G08_691_12-39-31.fsa	230	230.42	2 910	33 863	5 179
81	G09_691_13-19-41.fsa	239	239.93	725	7 546	5 261
82	G10_691_13-19-41.fsa	239	239.98	3 747	44 333	5 280
83	G11_691_13-59-51.fsa	239	239.88	5 772	68 229	5 242
84	G12_691_13-59-51.fsa	230	230.38	1 605	19 004	5 140
85	H01_691_10-25-26.fsa	230	230.97	1 662	20 284	5 556
86	H02_691_10-25-26.fsa	230	231.02	1 836	23 553	5 641
	H02_691_10-25-26.fsa	249	250.19	442	5 738	5 911
87	H03_691_11-19-02.fsa	230	230.58	4 517	57 631	5 299
88	H04_691_11-19-02.fsa	230	230.67	3 696	44 781	5 394
89	H05_691_11-59-19.fsa	239	240.09	4 947	62 334	5 366
90	H06_691_11-59-19.fsa	249	249.63	2 156	28 210	5 590
91	H07_691_12-39-31.fsa	249	249.61	1 309	15 700	5 464

（续）

资源序号	样本名（sample file name）	等位基因位点（allele，bp）	大小（size，bp）	高度（height，RFU）	面积（area，RFU）	数据取值点（data point，RFU）
92	H08_691_12-39-31. fsa	239	240. 17	1 379	16 622	5 434
	H08_691_12-39-31. fsa	249	249. 77	171	2 159	5 562
93	H09_691_13-19-41. fsa	230	230. 53	2 518	29 243	5 195
94	H10_691_13-19-41. fsa	230	230. 54	2 789	33 526	5 283
95	H11_691_13-59-51. fsa	239	240. 06	3 609	42 077	5 302
96	H12_691_13-59-51. fsa	239	240. 13	111	1 375	5 391
97	A01_787_14-39-59. fsa	230	230. 44	3 465	22 578	5 196
	A01_787_14-39-59. fsa	239	240. 02	3 940	34 965	5 324
98	A02_787_14-39-59. fsa	239	239. 83	8 043	117 349	5 315
99	A03_787_15-20-05. fsa	239	239. 88	6 012	66 645	5 185
	A03_787_15-20-05. fsa	246	246. 09	5 236	55 794	5 263
100	A04_787_15-20-05. fsa	230	230. 38	8 043	122 322	5 183
101	A05_787_16-00-10. fsa	230	230. 24	6 284	64 551	5 069
102	A06_787_16-00-10. fsa	249	247. 96	6 408	66 444	4 685
103	A07_787_16-40-18. fsa	230	230. 3	7 786	109 455	5 086
104	A08_787_16-40-18. fsa	249	249. 17	477	4 994	5 461
105	A09_787_17-20-48. fsa	249	249. 37	7 287	116 635	5 354
106	A10_787_17-20-48. fsa	249	249. 25	4 723	52 063	5 481
107	A11_787_18-00-56. fsa	230	231. 36	5 585	126 933	5 107
	A11_787_18-00-56. fsa	249	249. 44	7 086	73 545	5 335
108	A12_787_18-00-56. fsa	230	230. 18	7 955	93 919	5 209
109	B01_787_14-39-59. fsa	230	230. 43	7 943	124 555	5 089
110	B02_787_14-39-59. fsa	230	230. 28	8 112	108 504	5 201
111	B03_787_15-20-05. fsa	230	229. 32	6 900	66 633	4 459

（续）

资源序号	样本名 （sample file name）	等位基因位点 （allele，bp）	大小 （size，bp）	高度 （height，RFU）	面积 （area，RFU）	数据取值点 （data point，RFU）
112	B04_787_15-20-05. fsa	239	239. 74	7 480	82 813	5 316
113	B05_787_16-00-10. fsa	249	249. 2	5 866	60 648	5 321
114	B06_787_16-00-10. fsa	249	249. 18	7 903	95 736	5 447
115	B07_787_16-40-18. fsa	249	249. 13	186	3 003	5 364
116	B08_787_16-40-18. fsa	239	239. 75	3 421	37 235	5 337
117	B09_787_17-20-48. fsa	239	239. 64	8 054	104 212	5 240
118	B10_787_17-20-48. fsa	249	249. 19	8 091	114 605	5 497
119	B11_787_18-00-56. fsa	239	239. 76	7 841	115 782	5 223
120	B12_787_18-00-56. fsa	249	249. 18	7 883	101 614	5 474
121	C01_787_14-39-59. fsa	230	230. 42	7 685	113 269	5 085
122	C02_787_14-39-59. fsa	249	249. 34	7 450	111 874	5 458
123	C03_787_15-20-05. fsa	230	230. 35	7 891	109 293	5 073
124	C04_787_15-20-05. fsa	239	239. 74	7 970	105 715	5 313
125	C05_787_16-00-10. fsa	230	230. 33	7 826	112 620	5 077
126	C06_787_16-00-10. fsa	249	249. 11	7 885	101 231	5 445
127	C07_787_16-40-18. fsa	249	249. 3	6 501	90 131	5 359
128	C08_787_16-40-18. fsa	230	230. 25	3 356	36 791	5 209
	C08_787_16-40-18. fsa	249	249. 26	1 173	13 316	5 467
129	C09_787_17-20-48. fsa	249	249. 22	4 976	52 554	5 347
130	C10_787_17-20-48. fsa	249	249. 12	7 860	98 116	5 494
131	C11_787_18-00-56. fsa	239	239. 74	7 833	111 143	5 210
132	C12_787_18-00-56. fsa	230	230. 23	8 007	97 657	5 212
133	D01_787_14-39-59. fsa	239	239. 8	5 783	61 068	5 277
134	D02_787_14-39-59. fsa	239	239. 71	6 547	74 312	5 310

（续）

资源序号	样本名（sample file name）	等位基因位点（allele，bp）	大小（size，bp）	高度（height，RFU）	面积（area，RFU）	数据取值点（data point，RFU）
135	D03_787_15-20-05.fsa	230	230.27	8 097	104 155	5 142
136	D04_787_15-20-06.fsa	230	229.35	7 834	131 169	5 631
137	D05_787_16-00-10.fsa	230	230.35	8 135	118 287	5 146
138	D06_787_16-00-10.fsa	239	239.77	4 414	48 979	5 301
139	D07_787_16-40-18.fsa	249	249.23	7 619	83 568	5 430
140	D08_787_16-40-18.fsa	239	239.77	6 161	70 090	5 339
141	D09_787_17-20-48.fsa	249	249.23	6 515	69 962	5 417
142	D10_787_17-20-48.fsa	249	249.18	3 799	40 770	5 462
143	D11_787_18-00-56.fsa	249	249.15	7 977	104 841	5 403
144	D12_787_18-00-56.fsa	230	230.25	7 838	93 309	5 187
145	E01_787_14-39-59.fsa	230	230.3	7 937	95 622	5 135
146	E02_787_14-39-59.fsa	230	230.31	4 779	51 546	5 170
147	E03_787_15-20-05.fsa	230	230.3	5 999	63 070	5 130
148	E04_787_15-20-05.fsa	239	239.78	2 239	24 535	5 284
149	E05_787_16-00-10.fsa	230	230.27	6 807	70 045	5 132
150	E06_787_16-00-10.fsa	230	229.27	1 159	12 275	5 147
151	E07_787_16-40-18.fsa	249	249.22	3 179	33 065	5 394
152	E08_787_16-40-18.fsa	230	230.24	103	1 051	5 184
153	E09_787_17-20-48.fsa	230	229.25	2 020	19 841	5 161
154	E10_787_17-20-48.fsa	239	239.71	3 474	38 706	5 326
155	E11_787_18-00-56.fsa	239	239.75	5 475	57 993	5 278
156	E12_787_18-00-56.fsa	249	249.18	6 980	83 883	5 430
157	F01_787_14-39-59.fsa	230	230.26	4 561	49 545	5 110
158	F02_787_14-39-59.fsa	230	229.33	789	8 374	5 118

（续）

资源序号	样本名 （sample file name）	等位基因位点 （allele，bp）	大小 （size，bp）	高度 （height，RFU）	面积 （area，RFU）	数据取值点 （data point，RFU）
159	F03_787_15-20-05. fsa	230	230. 23	6 843	74 244	5 097
160	F04_787_15-20-05. fsa	230	230. 25	2 424	25 872	5 121
161	F05_787_16-00-10. fsa	239	239. 78	4 041	44 263	5 225
162	F06_787_16-00-10. fsa	239	239. 72	3 429	37 937	5 248
163	F07_787_16-40-18. fsa	249	249. 22	5 220	59 284	5 380
164	F08_787_16-40-18. fsa	239	239. 74	4 093	44 529	5 269
165	F09_787_17-20-48. fsa	239	239. 75	4 517	50 579	5 246
166	F10_787_17-20-48. fsa	230	230. 26	5 597	65 373	5 156
167	F11_787_18-00-56. fsa	239	239. 73	3 615	36 928	5 231
168	F12_787_18-00-56. fsa	230	230. 32	484	5 349	5 134
169	G01_787_14-39-59. fsa	230	230. 29	5 917	66 128	5 107
170	G02_787_14-39-59. fsa	230	230. 33	3 605	40 803	5 125
171	G03_787_15-20-05. fsa	230	230. 26	3 826	41 345	5 095
172	G04_787_15-20-05. fsa	230	230. 3	5 783	65 133	5 114
173	G05_787_16-00-10. fsa	230	230. 25	3 372	36 542	5 099
174	G06_787_16-00-10. fsa	230	230. 29	1 126	12 265	5 119
	G06_787_16-00-10. fsa	249	249. 38	493	5 506	5 364
175	G07_787_16-40-18. fsa	239	239. 86	4 267	47 540	5 242
176	G08_787_16-40-18. fsa	239	238. 81	927	8 713	5 267
177	G09_787_17-20-48. fsa	230	229. 27	808	7 822	5 126
	G09_787_17-20-48. fsa	249	249. 29	1 063	11 900	5 380
178	G10_787_17-20-48. fsa	230	230. 27	3 172	36 212	5 140
179	G11_787_18-00-56. fsa	249	249. 21	3 482	41 111	5 355
180	G12_787_18-00-56. fsa	230	230. 23	4 429	49 701	5 128

（续）

资源序号	样本名（sample file name）	等位基因位点（allele，bp）	大小（size，bp）	高度（height，RFU）	面积（area，RFU）	数据取值点（data point，RFU）
181	H01_787_14-39-59.fsa	239	240	2 542	28 851	5 285
182	H02_787_14-39-59.fsa	230	230.55	2 385	27 617	5 246
183	H03_787_15-20-05.fsa	249	249.37	4 984	57 893	5 392
184	H04_787_15-20-05.fsa	230	230.37	4 078	46 063	5 232
185	H05_787_16-00-10.fsa	230	230.41	3 835	42 049	5 153
186	H06_787_16-00-10.fsa	230	230.44	1 023	11 441	5 236
187	H07_787_16-40-18.fsa	249	249.45	1 259	11 966	5 401
188	H08_787_16-40-18.fsa	239	239.94	1 726	19 942	5 381
189	H09_787_17-20-48.fsa	239	239.91	4 089	46 825	5 313
190	H10_787_17-20-48.fsa	230	230.41	2 899	33 341	5 273
191	H11_787_18-00-56.fsa	230	230.35	1 791	22 304	5 166
	H11_787_18-00-56.fsa	249	249.38	2 561	29 112	5 410
192	H12_787_18-00-56.fsa	230	230.43	4 109	48 076	5 249

7 Satt005

资源序号	样本名 (sample file name)	等位基因位点 (allele, bp)	大小 (size, bp)	高度 (height, RFU)	面积 (area, RFU)	数据取值点 (data point, RFU)
1	A01_1_17-27-11.fsa	132	132.67	5 722	55 142	4 020
2	A02_1_17-27-12.fsa	138	138.63	7 500	83 752	3 674
3	A03_1_17-27-13.fsa	138	138.79	3 129	30 233	4 151
4	A04_1_17-27-13.fsa	170	170.39	7 729	66 950	3 684
5	A05_1_17-27-14.fsa	170	170.12	2 850	26 522	4 360
6	A06_1_18-56-14.fsa	138	138.77	3 381	32 198	3 634
7	A07_1_19-36-20.fsa	138	138.77	127	1 263	3 606
8	A08_1_19-36-20.fsa	138	138.45	3 367	37 851	5 415
9	A09_1_20-16-24.fsa	170	170.17	7 723	100 682	4 014
10	A10_1_20-16-24.fsa	138	138.78	2 790	27 829	3 661
	A10_1_20-16-24.fsa	170	170.07	8 023	95 960	4 069
11	A11_1_20-56-27.fsa	158	158.02	211	1 901	3 858
12	A12_1_20-56-27.fsa	170	170.13	143	1 280	4 045
13	B01_1_19-36-18.fsa	161	160.99	2 919	27 836	4 271
	B01_1_19-36-19.fsa	170	170	1 063	10 071	4 398
14	B02_1_19-36-20.fsa	167	167.06	3 746	34 263	4 285
15	B03_1_19-36-21.fsa	170	169.95	5 718	52 413	4 365
16	B04_1_19-36-22.fsa	161	160.94	3 823	35 135	4 234
17	B05_1_19-36-23.fsa	132	132.47	7 788	75 787	3 892
18	B06_1_19-36-24.fsa	170	170.01	7 273	79 288	4 423
19	B07_1_19-36-20.fsa	161	161.2	307	3 067	3 899
	B07_1_19-36-20.fsa	167	167.14	143	1 285	3 978

（续）

资源序号	样本名（sample file name）	等位基因位点（allele，bp）	大小（size，bp）	高度（height，RFU）	面积（area，RFU）	数据取值点（data point，RFU）
20	B08_1_19-36-21. fsa	138	138. 93	7 588	83 439	4 088
21	B09_1_19-36-22. fsa	158	158. 09	3 642	35 449	4 391
22	B10_1_20-16-24. fsa	170	170. 2	8 122	105 250	4 079
23	B11_1_20-16-25. fsa	138	138. 86	2 993	28 951	4 114
24	B12_1_20-16-26. fsa	170	170. 05	7 682	74 968	4 377
25	C01_1_20-16-24. fsa	161	161. 06	4 642	43 979	4 246
26	C02_1_20-16-24. fsa	164	163. 91	7 887	78 536	4 263
27	C03_1_20-16-24. fsa	132	132. 42	5 667	53 905	3 830
	C03_1_20-16-24. fsa	161	160. 85	2 285	21 781	4 209
28	C04_1_19-36-22. fsa	132	132. 79	80	874	3 924
29	C05_1_19-36-23. fsa	161	161. 45	473	4 920	4 339
	C05_1_19-36-24. fsa	164	164. 41	400	4 026	4 382
30	C06_1_20-16-24. fsa	138	138. 64	5 585	52 161	4 019
31	C07_1_19-36-20. fsa	158	158. 44	472	5 180	4 468
32	C08_1_20-16-25. fsa	138	138. 65	2 482	23 123	4 107
33	C09_1_20-16-26. fsa	138	138. 65	929	9 157	4 107
34	C10_1_20-16-24. fsa	138	139. 31	7 622	121 413	3 662
35	C11_1_20-16-25. fsa	161	161. 71	728	8 449	4 482
36	C12_1_20-16-26. fsa	164	164. 39	692	7 567	4 391
37	D01_1_20-16-24. fsa	164	163. 81	2 491	22 474	3 667
38	D02_1_20-16-24. fsa	151	151. 29	1 952	20 820	5 139
39	D03_1_18-16-07. fsa	138	138. 7	7 375	68 914	3 626
40	D04_1_18-16-08. fsa	170	170. 03	7 246	71 405	4 367
41	D05_1_19-36-23. fsa	170	170. 82	2 405	27 377	5 280

（续）

资源序号	样本名 （sample file name）	等位基因位点 （allele，bp）	大小 （size，bp）	高度 （height，RFU）	面积 （area，RFU）	数据取值点 （data point，RFU）
42	D06_1_18-56-14. fsa	170	169.99	8 024	102 720	4 036
43	D07_1_19-36-20. fsa	138	138.7	1 384	13 203	3 646
44	D08_1_19-36-20. fsa	138	139.31	7 736	129 966	3 646
45	D09_1_20-16-24. fsa	138	139	7 672	83 462	3 653
46	D10_1_20-16-24. fsa	158	158.13	7 802	102 461	3 899
	D10_1_20-16-24. fsa	167	167.05	3 068	31 662	4 022
47	D11_1_20-56-27. fsa	132	132.64	7 781	113 705	3 575
48	D12_1_20-16-26. fsa	138	138.67	3 574	29 332	3 369
49	E01_1_20-16-24. fsa	161	160.89	2 725	23 201	3 607
50	E02_1_17-27-12. fsa	132	132.57	8 034	86 094	3 589
51	E03_1_18-16-07. fsa	167	167.17	8 081	89 016	4 009
52	E04_1_18-16-07. fsa	138	139	7 971	84 368	3 621
53	E05_1_18-56-14. fsa	170	170.09	7 938	80 981	4 055
54	E06_1_18-56-14. fsa	161	161.17	8 162	105 235	3 918
55	E07_1_19-36-20. fsa	132	132.8	2 812	30 377	5 036
56	E08_1_19-36-20. fsa	158	158.27	7 998	108 269	3 900
57	E09_1_20-16-24. fsa	135	135.63	172	1 814	4 865
58	E10_1_20-16-24. fsa	138	138.75	2 191	21 777	4 771
59	E11_1_20-56-27. fsa	170	170.4	55	559	4 536
60	E12_1_17-27-11. fsa	161	161.05	431	3 964	4 308
61	F01_1_17-27-12. fsa	151	151.89	4 357	55 658	3 823
62	F02_1_20-16-24. fsa	148	148.66	2 674	29 311	4 988
	F02_1_20-16-24. fsa	158	158.17	2 634	21 965	4 304
63	F03_1_18-16-07. fsa	138	138.64	106	971	4 448

（续）

资源序号	样本名（sample file name）	等位基因位点（allele，bp）	大小（size，bp）	高度（height，RFU）	面积（area，RFU）	数据取值点（data point，RFU）
64	F04_1_18-16-07. fsa	138	138. 77	538	4 635	3 604
65	F05_1_18-56-14. fsa	161	161. 12	8 035	93 516	3 882
66	F06_1_18-56-14. fsa	167	166. 92	7 956	86 351	3 978
67	F07_1_19-36-20. fsa	145	145. 58	1 467	16 322	4 127
68	F08_1_19-36-20. fsa	161	161. 1	7 323	72 508	3 920
69	F09_1_20-16-24. fsa	999				
70	F10_1_20-16-24. fsa	138	138. 78	5 658	57 103	3 648
71	F11_1_20-56-27. fsa	151	151. 93	7 865	87 575	3 794
72	F12_1_20-56-27. fsa	155	155. 04	8 074	93 795	3 848
73	G01_1_17-27-12. fsa	170	170. 23	6 052	62 385	4 092
74	G02_1_17-27-12. fsa	167	167. 08	6 804	68 648	4 046
75	G03_1_17-27-13. fsa	138	138. 86	995	10 025	4 115
76	G04_1_17-27-14. fsa	138	138. 78	1 135	10 626	3 999
	G04_1_17-27-15. fsa	161	161. 06	312	2 933	4 295
77	G05_1_18-56-14. fsa	170	170. 11	204	2 065	4 028
78	G06_1_18-56-14. fsa	170	170. 13	3 349	34 724	4 033
79	G07_1_19-36-20. fsa	170	170. 14	5 696	57 986	4 049
80	G08_1_19-36-20. fsa	170	170. 09	6 575	68 001	4 051
81	G09_1_20-16-24. fsa	138	138. 42	7 962	102 290	4 360
82	G10_1_20-16-24. fsa	132	132. 55	7 190	70 611	3 569
83	G11_1_20-56-27. fsa	132	132. 49	6 621	62 878	3 575
84	G12_1_20-56-27. fsa	138	138. 77	6 074	60 211	3 653
85	H01_1_18-16-07. fsa	138	138. 71	970	9 087	3 987
86	H02_1_18-16-07. fsa	138	138. 71	1 082	10 401	3 948

（续）

资源序号	样本名 （sample file name）	等位基因位点 （allele，bp）	大小 （size，bp）	高度 （height，RFU）	面积 （area，RFU）	数据取值点 （data point，RFU）
87	H03_1_17-27-13. fsa	151	152. 24	1 145	12 937	4 231
88	H04_1_18-16-07. fsa	148	148. 65	3 011	31 954	3 830
	H04_1_18-16-07. fsa	158	158. 13	5 586	56 994	3 954
89	H05_1_18-56-14. fsa	132	132. 59	7 001	79 400	3 580
90	H06_1_18-56-14. fsa	138	139	1 002	11 099	4 026
91	H07_1_19-36-19. fsa	138	138. 64	6 433	62 130	4 025
92	H08_1_19-36-20. fsa	161	161. 35	2 977	31 084	4 033
93	H09_1_20-16-24. fsa	138	138. 78	4 974	59 418	3 697
94	H10_1_20-16-24. fsa	148	148. 59	5 514	58 364	3 873
95	H11_1_20-56-27. fsa	158	158. 21	6 888	70 637	3 929
96	H12_1_20-56-27. fsa	138	138. 78	5 388	57 932	3 741
97	A01_787_21-52-55. fsa	138	138. 57	53	495	3 985
98	A02_787_21-52-56. fsa	161	161. 28	3 682	36 227	3 981
99	A03_787_22-42-19. fsa	148	148. 74	7 499	99 116	3 745
100	A04_787_22-42-19. fsa	167	167. 02	7 804	82 364	4 014
101	A05_787_23-22-51. fsa	141	141. 99	6 810	64 269	3 689
102	A06_787_23-22-51. fsa	170	170. 13	7 859	83 462	4 082
103	A07_787_24-02-59. fsa	138	139	7 497	82 132	3 644
104	A08_787_24-02-59. fsa	170	170. 12	7 898	84 957	4 079
105	A09_787_24-43-03. fsa	138	139. 24	7 202	93 676	3 643
106	A10_787_24-43-03. fsa	151	151. 92	4 905	48 459	3 837
	A10_787_24-43-03. fsa	164	164. 14	2 965	28 947	3 994
107	A11_787_01-23-07. fsa	138	138. 92	7 680	88 367	3 643
108	A12_787_01-23-07. fsa	138	139. 07	618	7 265	4 176

（续）

资源序号	样本名（sample file name）	等位基因位点（allele，bp）	大小（size，bp）	高度（height，RFU）	面积（area，RFU）	数据取值点（data point，RFU）
109	B01_787_21-52-56.fsa	138	139.08	7 837	98 067	3 677
110	B02_787_21-52-57.fsa	138	138.72	137	1 262	4 072
111	B03_787_22-42-19.fsa	138	139.08	7 956	101 999	3 635
112	B04_787_22-42-19.fsa	161	161.12	4 134	45 558	5 781
113	B05_787_23-22-51.fsa	151	151.88	122	1 066	3 809
114	B06_787_23-22-51.fsa	161	161.25	7 897	108 159	3 967
115	B07_787_24-02-59.fsa	138	139.08	7 961	101 370	3 653
116	B08_787_24-02-59.fsa	132	132.44	3 304	32 710	5 149
117	B09_787_24-43-03.fsa	161	161.46	7 674	112 119	3 924
118	B10_787_24-43-03.fsa	161	161.4	7 738	114 774	3 961
119	B11_787_01-23-07.fsa	161	161.38	7 904	108 660	3 926
120	B12_787_01-23-08.fsa	161	161.07	3 693	36 985	4 443
121	C01_787_21-52-56.fsa	138	139.24	7 738	109 435	3 657
122	C02_787_21-52-57.fsa	138	138.86	5 464	57 757	4 211
123	C03_787_22-42-19.fsa	138	138.77	381	3 587	3 622
124	C04_787_22-42-19.fsa	158	158.1	7 829	76 468	3 900
125	C05_787_23-22-51.fsa	161	161.06	1 818	17 044	3 906
126	C06_787_23-22-51.fsa	170	170.09	6 233	66 652	4 086
127	C07_787_24-02-59.fsa	167	167.02	7 984	90 545	3 979
128	C08_787_24-02-59.fsa	138	138.77	2 922	28 914	3 671
129	C09_787_24-43-03.fsa	170	170.28	7 857	103 156	4 023
130	C10_787_24-43-03.fsa	138	138.7	7 715	73 565	3 671
131	C11_787_01-23-07.fsa	161	161.22	7 861	103 653	3 907
132	C12_787_01-23-07.fsa	138	139	7 923	86 712	3 673

（续）

资源序号	样本名 (sample file name)	等位基因位点 (allele，bp)	大小 (size，bp)	高度 (height，RFU)	面积 (area，RFU)	数据取值点 (data point，RFU)
133	D01 _787 _22 - 42 - 19. fsa	161	161. 28	3 617	36 833	4 430
134	D02 _787 _22 - 42 - 19. fsa	138	138. 93	2 229	24 300	4 057
135	D03 _787 _22 - 42 - 19. fsa	138	139. 16	7 939	107 707	3 684
136	D04 _787 _22 - 42 - 19. fsa	138	139	8 047	87 952	3 670
137	D05 _787 _23 - 22 - 51. fsa	138	138. 77	6 646	65 604	3 688
138	D06 _787 _23 - 22 - 51. fsa	161	161. 24	7 983	101 782	3 969
139	D07 _787 _24 - 02 - 59. fsa	170	170. 1	6 555	61 010	4 089
140	D08 _787 _24 - 02 - 59. fsa	164	164. 17	4 645	46 202	4 002
141	D09 _787 _24 - 02 - 60. fsa	138	138. 78	3 245	33 390	4 022
142	D10 _787 _24 - 02 - 61. fsa	138	138. 71	2 594	24 712	3 968
143	D11 _787 _01 - 23 - 07. fsa	138	138. 77	488	4 974	3 691
144	D12 _787 _01 - 23 - 08. fsa	138	138. 71	4 943	46 933	3 967
145	E01 _787 _23 - 22 - 49. fsa	170	169. 93	2 536	24 753	4 371
146	E02 _787 _23 - 22 - 50. fsa	170	170. 02	4 243	40 655	4 418
147	E03 _787 _23 - 22 - 51. fsa	138	138. 77	7 308	69 316	3 693
148	E04 _787 _23 - 22 - 51. fsa	158	158. 03	2 906	28 127	4 242
149	E05 _787 _23 - 22 - 51. fsa	138	137. 77	900	6 590	3 680
150	E06 _787 _23 - 22 - 52. fsa	138	138. 72	1 292	12 581	4 077
151	E07 _787 _23 - 22 - 53. fsa	170	169. 94	3 705	37 586	4 480
152	E08 _787 _24 - 02 - 59. fsa	138	138. 93	7 812	82 434	3 684
153	E09 _787 _24 - 02 - 60. fsa	148	148. 45	67	778	4 333
154	E10 _787 _24 - 43 - 03. fsa	138	138. 78	5 000	47 333	3 684
155	E11 _787 _01 - 23 - 07. fsa	138	138. 77	6 827	65 757	3 685
156	E12 _787 _01 - 23 - 07. fsa	138	138. 78	5 473	53 687	3 688

（续）

资源序号	样本名（sample file name）	等位基因位点（allele，bp）	大小（size，bp）	高度（height，RFU）	面积（area，RFU）	数据取值点（data point，RFU）
157	F01_787_21-52-56.fsa	170	170.49	270	2 976	4 519
158	F02_787_21-52-56.fsa	170	170.19	952	10 036	4 119
159	F03_787_21-52-57.fsa	161	160.94	6 505	67 381	4 449
160	F04_787_21-52-58.fsa	170	170.22	3 572	37 343	4 573
161	F05_787_23-22-51.fsa	138	138.77	4 206	42 592	3 671
162	F06_787_23-22-51.fsa	161	161.26	6 587	69 180	3 967
163	F07_787_24-02-59.fsa	167	167.15	4 245	44 375	4 030
164	F08_787_24-02-59.fsa	161	161.26	6 060	64 596	3 962
	F08_787_24-02-59.fsa	167	167.19	2 825	28 962	4 042
165	F09_787_24-43-03.fsa	167	167.1	7 604	78 042	4 030
166	F10_787_24-43-03.fsa	158	158.01	6 996	75 155	3 920
167	F11_787_24-43-04.fsa	164	164.23	3 632	37 489	4 468
168	F12_787_01-23-07.fsa	138	138.77	572	5 553	3 683
169	G01_787_21-52-56.fsa	138	138.77	6 413	62 346	3 727
170	G02_787_21-52-56.fsa	138	138.85	2 218	22 124	3 723
171	G03_787_22-42-19.fsa	138	138.77	3 063	29 149	3 675
172	G04_787_22-42-19.fsa	138	138.77	6 555	73 216	3 684
173	G05_787_23-22-51.fsa	138	138.85	2 817	29 757	3 694
	G05_787_23-22-51.fsa	170	170.15	1 194	12 696	4 092
174	G06_787_23-22-51.fsa	151	151.97	3 997	42 935	3 854
175	G07_787_24-02-59.fsa	161	161.2	5 281	55 386	3 970
176	G08_787_24-02-59.fsa	161	161.26	4 472	43 873	3 976
177	G09_787_24-43-03.fsa	148	148.68	7 127	76 112	3 812
178	G10_787_24-43-03.fsa	170	170.12	3 016	31 894	4 097

（续）

资源序号	样本名（sample file name）	等位基因位点（allele，bp）	大小（size，bp）	高度（height，RFU）	面积（area，RFU）	数据取值点（data point，RFU）
179	G11_787_01-23-07.fsa	138	138.77	2 188	23 298	3 694
	G11_787_01-23-07.fsa	151	151.91	2 020	19 969	3 855
180	G12_787_01-23-07.fsa	138	138.77	7 178	69 872	3 696
181	H01_787_21-52-56.fsa	167	167.12	2 671	31 152	4 124
182	H02_787_21-52-56.fsa	138	138.85	2 762	30 454	3 807
183	H03_787_21-52-57.fsa	138	138.71	1 089	10 985	3 993
184	H04_787_22-42-19.fsa	138	138.85	6 907	74 263	3 756
185	H05_787_23-22-51.fsa	161	161.25	2 669	30 304	4 015
186	H06_787_23-22-52.fsa	158	158.17	648	6 430	4 226
	H06_787_23-22-52.fsa	174	173.04	1 097	10 822	4 436
187	H07_787_24-02-59.fsa	170	170.36	7 487	91 379	4 130
188	H08_787_24-02-59.fsa	161	161.38	3 414	37 674	4 061
189	H09_787_24-43-03.fsa	158	158.22	3 733	49 907	3 952
190	H10_787_24-43-04.fsa	164	163.96	4 516	44 572	4 311
191	H11_787_01-23-07.fsa	167	167.51	873	10 916	4 610
192	H12_787_01-23-07.fsa	170	170.21	3 754	42 116	4 190

8 Satt514

资源序号	样本名（sample file name）	等位基因位点（allele，bp）	大小（size，bp）	高度（height，RFU）	面积（area，RFU）	数据取值点（data point，RFU）
1	A01_bu-red-1-ban_21-54-27.fsa	223	223.42	449	5 442	4 906
2	A02_bu-red-1-ban_21-54-27.fsa	215	215.2	1 036	7 882	4 822
3	A03_bu-red-1-ban_22-45-26.fsa	215	215.06	3 322	8 111	4 665
4	A04_bu-red-1-ban_22-45-26.fsa	233	232.69	1 546	17 560	5 018
5	A05_691-786_13-44-16.fsa	192	192.47	356	4 083	5 061
6	A06_bu-red-1-ban_23-25-42.fsa	192	192.3	2 878	29 660	4 524
7	A07_bu-red-1-ban_24-05-58.fsa	208	208.51	538	5 074	4 719
8	A08_bu-red-1-ban_24-05-58.fsa	223	232.79	2 335	8 864	4 832
9	A09_691-786_13-44-16.fsa	208	208.8	307	3 737	4 410
10	A10_691-786_13-44-16.fsa	208	208.73	445	4 774	4 467
11	A11_bu-red-1-ban_01-26-40.fsa	233	232.66	5 707	61 904	5 053
12	A12_bu-red-1-ban_01-26-40.fsa	182	181.98	5 966	80 385	4 433
	A12_691-786_14-24-19.fsa	194	194.38	274	3 122	4 284
13	B01_bu-red-1-ban_21-54-27.fsa	220	220.31	9 559	15 663	4 772
14	B02_bu-red-1-ban_21-54-27.fsa	208	208.52	63	605	4 763
15	B03_691-786_13-04-11.fsa	223	232.79	2 036	12 314	4 775
16	B04_691-786_13-04-11.fsa	239	239.66	2 994	37 233	5 751
17	B05_691-786_13-04-12.fsa	239	239.63	2 111	25 248	5 845
18	B06_bu-red-1-ban_23-25-42.fsa	208	208.49	4 188	45 770	4 719
19	B07_bu-red-1-ban_24-05-58.fsa	208	208.49	2 755	28 461	4 733
20	B08_691-786_13-04-12.fsa	194	194.38	109	1 359	4 297
21	B09_691-786_13-44-16.fsa	245	245.53	452	6 307	4 845

（续）

资源序号	样本名（sample file name）	等位基因位点（allele，bp）	大小（size，bp）	高度（height，RFU）	面积（area，RFU）	数据取值点（data point，RFU）
22	B10_691-786_13-44-16.fsa	194	194.43	113	1 283	4 278
23	B11_bu-red-1-ban_01-26-40.fsa	208	208.48	2 179	20 778	4 738
24	B12_691-786_14-24-19.fsa	233	232.94	260	3 121	4 740
25	C01_691-786_11-43-57.fsa	194	194.45	4 558	49 315	4 887
26	C02_bu-red-1-ban_21-54-27.fsa	194	194.22	1 077	11 323	4 563
27	C03_691-786_11-43-58.fsa	205	205.79	44	520	4 449
28	C04_691-786_11-43-57.fsa	233	233.28	2 247	27 557	5 605
29	C05_691-786_12-24-07.fsa	205	205.67	104	1 413	4 396
30	C06_bu-red-1-ban_23-25-42.fsa	245	245.14	1 679	19 471	5 178
31	C07_691-786_13-04-12.fsa	233	233.08	139	1 702	4 700
32	C08_691-786_13-04-12.fsa	215	215.02	2 316	10 961	4 852
33	C09_bu-red-1-ban_24-46-18.fsa	205	205.38	185	1 870	4 704
34	C10_691-786_13-44-16.fsa	194	194.44	1 637	22 666	4 265
35	C11_691-786_14-24-19.fsa	220	220.4	383	4 584	4 523
36	C12_bu-red-1-ban_01-26-40.fsa	233	232.53	6 385	73 206	5 094
37	D01_bu-red-1-ban_21-54-27.fsa	205	205.53	36	430	4 741
38	D02_691-786_11-43-57.fsa	208	209	220	2 657	5 185
39	D03_691-786_11-43-57.fsa	220	220.22	5 065	29 687	4 832
40	D04_691-786_11-43-57.fsa	233	233.25	1 718	22 498	5 643
41	D05_bu-red-1-ban_23-25-42.fsa	208	208.47	1 388	14 162	4 739
42	D06_bu-red-1-ban_23-25-42.fsa	208	208.46	960	10 045	4 722
43	D07_bu-red-1-ban_24-05-58.fsa	223	223.21	1 782	16 854	4 887
44	D08_bu-red-1-ban_24-05-58.fsa	208	208.38	4 381	48 221	4 761
45	D09_bu-red-1-ban_24-46-18.fsa	233	232.65	2 147	23 878	5 118

（续）

资源序号	样本名（sample file name）	等位基因位点（allele，bp）	大小（size，bp）	高度（height，RFU）	面积（area，RFU）	数据取值点（data point，RFU）
46	D10_bu－red－1－ban_24－46－18. fsa	245	245. 06	2 563	27 732	5 279
47	D11_bu－red－1－ban_01－26－40. fsa	233	232. 63	4 193	45 124	4 979
48	D12_bu－red－1－ban_01－26－40. fsa	237	236. 94	5 025	15 231	4 991
49	E01_691－786_11－43－57. fsa	237	237. 81	66	763	5 057
50	E02_691－786_11－43－57. fsa	999				
51	E03_691－786_13－04－11. fsa	999				
52	E04_691－786_13－04－11. fsa	999				
53	E05_691－786_13－04－12. fsa	999				
54	E06_691－786_13－04－12. fsa	999				
55	E07_691－786_12－04－07. fsa	999				
56	E08_691－786_12－04－07. fsa	999				
57	E09_691－786_13－44－16. fsa	999				
58	E10_691－786_13－44－16. fsa	999				
59	E11_691－786_14－24－19. fsa	999				
60	E12_691－786_14－24－19. fsa	999				
61	F01_691－786_11－43－57. fsa	999				
62	F02_691－786_11－43－57. fsa	999				
63	F03_691－786_13－04－11. fsa	999				
64	F04_691－786_13－04－11. fsa	999				
65	F05_691－786_13－04－12. fsa	999				
66	F06_691－786_13－04－12. fsa	999				
67	F07_691－786_12－04－07. fsa	999				
68	F08_691－786_12－04－07. fsa	999				
69	F09_691－786_13－44－16. fsa	999				

（续）

资源序号	样本名（sample file name）	等位基因位点（allele，bp）	大小（size，bp）	高度（height，RFU）	面积（area，RFU）	数据取值点（data point，RFU）
70	F10_691-786_13-44-16.fsa	999				
71	F11_691-786_14-24-19.fsa	233	233.18	89	1 197	4 716
72	F12_691-786_14-24-19.fsa	999				
73	G01_691-786_11-43-57.fsa	999				
74	G02_691-786_11-43-57.fsa	999				
75	G03_691-786_13-04-11.fsa	999				
76	G04_691-786_13-04-11.fsa	999				
77	G05_691-786_13-04-12.fsa	999				
78	G06_691-786_13-04-12.fsa	999				
79	G07_691-786_12-04-07.fsa	999				
80	G08_691-786_12-04-07.fsa	999				
81	G09_691-786_13-44-16.fsa	999				
82	G10_691-786_13-44-16.fsa	999				
83	G11_691-786_14-24-19.fsa	999				
84	G12_691-786_14-24-19.fsa	208	208.85	249	3 050	4 432
85	H01_691-786_11-43-57.fsa	999				
86	H02_691-786_11-43-57.fsa	999				
87	H03_691-786_13-04-11.fsa	999				
88	H04_691-786_13-04-11.fsa	999				
89	H05_691-786_13-04-12.fsa	999				
90	H06_691-786_13-04-12.fsa	999				
91	H07_691-786_12-04-07.fsa	999				
92	H08_691-786_12-04-07.fsa	999				
93	H09_691-786_13-44-16.fsa	999				

（续）

资源序号	样本名（sample file name）	等位基因位点（allele，bp）	大小（size，bp）	高度（height，RFU）	面积（area，RFU）	数据取值点（data point，RFU）
94	H10_691－786_13－44－16. fsa	215	215. 03	31	440	4 601
95	H11_691－786_14－24－19. fsa	999				
96	H12_691－786_14－24－19. fsa	205	205. 8	61	791	4 478
97	A01_787－882_15－04－22. fsa	999				
98	A02_787－882_15－04－22. fsa	223	224. 69	87	1 542	4 636
99	A03_787－882_15－44－22. fsa	242	242. 39	731	6 532	4 248
100	A04_787－882_15－44－22. fsa	208	208. 72	164	1 531	4 439
101	A05_787－882_16－24－23. fsa	208	208	232	2 451	4 259
102	A06_787－882_16－24－23. fsa	194	194. 28	183	2 091	4 275
103	A07_787－882_17－04－26. fsa	194	194. 33	60	634	4 195
104	A08_787－882_17－04－26. fsa	194	194. 34	38	396	4 248
105	A09_787－882_17－44－51. fsa	233	232. 85	150	1 561	4 644
106	A10_787－882_17－44－51. fsa	205	205. 63	1 275	13 874	4 382
107	A11_787－882_18－24－53. fsa	194	194. 35	1 877	20 387	4 185
108	A12_787－882_18－24－53. fsa	208	208. 67	187	1 830	4 414
109	B01_787－882_15－04－22. fsa	233	232. 95	3 524	14 528	4 658
110	B02_787－882_15－04－22. fsa	194	194. 4	176	1 875	4 254
111	B03_787－882_16－24－22. fsa	233	233. 11	1 052	5 524	4 715
112	B04_787－882_16－24－22. fsa	233	233. 1	2 763	32 564	5 716
113	B05_787－882_16－24－23. fsa	233	233. 07	825	9 387	4 686
114	B06_787－882_16－24－23. fsa	194	194. 33	2 244	23 523	4 261
115	B07_787－882_17－04－26. fsa	194	194. 32	1 096	10 876	4 204
116	B08_787－882_17－04－26. fsa	226	226. 01	5 244	11 254	4 423
117	B09_787－882_17－44－51. fsa	194	194. 34	2 979	33 192	4 197
	B09_787－882_17－44－51. fsa	233	232. 95	867	9 391	4 650

（续）

资源序号	样本名 （sample file name）	等位基因位点 （allele，bp）	大小 （size，bp）	高度 （height，RFU）	面积 （area，RFU）	数据取值点 （data point，RFU）
118	B10_787-882_17-44-51.fsa	233	232.93	4 694	57 563	4 694
119	B11_787-882_18-24-53.fsa	233	232.92	2 994	33 852	4 644
120	B12_787-882_18-24-53.fsa	233	232.94	2 894	33 384	4 686
121	C01_787-882_15-04-22.fsa	233	233.02	226	2 578	4 658
122	C02_787-882_15-04-22.fsa	194	194.42	123	1 430	4 241
123	C03_787-882_15-44-22.fsa	208	208.8	535	5 013	4 371
124	C04_787-882_15-44-22.fsa	233	232.91	4 431	21 511	4 671
125	C05_787-882_16-24-23.fsa	220	220.13	4 461	11 553	4 721
126	C06_787-882_16-24-23.fsa	233	232.99	3 041	12 524	4 546
127	C07_787-882_17-04-26.fsa	205	205.55	206	2 405	4 336
128	C08_787-882_17-04-26.fsa	999				
129	C09_787-882_17-44-51.fsa	194	194.32	138	1 420	4 177
	C09_787-882_17-44-51.fsa	233	232.92	107	1 111	4 631
130	C10_787-882_17-44-51.fsa	194	194.3	1 262	15 281	4 213
131	C11_787-882_18-24-53.fsa	239	239.31	1 451	19 728	4 707
132	C12_787-882_18-24-53.fsa	233	232.85	2 029	24 078	4 672
133	D01_787-882_15-04-22.fsa	233	233.03	4 297	55 856	4 710
134	D02_787-882_15-04-22.fsa	233	232.94	784	9 299	4 706
135	D03_787-882_15-44-22.fsa	233	233	1 408	16 294	4 668
136	D04_787-882_15-44-22.fsa	194	194.37	3 515	45 608	4 235
137	D05_787-882_16-24-23.fsa	194	194.39	2 029	24 365	4 253
138	D06_787-882_16-24-23.fsa	245	245.68	83	1 200	4 871
139	D07_787-882_17-04-26.fsa	208	208.66	3 977	46 552	4 411
140	D08_787-882_17-04-26.fsa	233	232.94	1 628	20 738	4 689

（续）

资源序号	样本名（sample file name）	等位基因位点（allele，bp）	大小（size，bp）	高度（height，RFU）	面积（area，RFU）	数据取值点（data point，RFU）
141	D09_787-882_17-44-51. fsa	194	194. 42	2 885	40 000	4 235
142	D10_787-882_17-44-52. fsa	194	194. 3	2 562	28 013	5 117
143	D11_787-882_18-24-53. fsa	194	194. 33	1 203	12 942	4 210
144	D12_787-882_18-24-53. fsa	208	208. 64	1 827	18 539	4 376
145	E01_787-882_15-04-22. fsa	194	194. 39	118	1 344	4 245
146	E02_787-882_15-04-22. fsa	194	194. 29	196	2 229	4 238
147	E03_787-882_15-44-22. fsa	194	194. 39	2 696	32 175	4 237
148	E04_787-882_15-44-22. fsa	223	223. 63	1 164	15 357	4 602
149	E05_787-882_16-24-23. fsa	237	236. 07	4 700	56 005	4 746
150	E06_787-882_16-24-23. fsa	194	194. 38	68	687	4 247
151	E07_787-882_17-04-26. fsa	233	232. 92	1 856	20 644	4 679
152	E08_787-882_17-04-26. fsa	208	208. 74	3 168	38 182	4 396
153	E09_787-882_17-04-27. fsa	242	242. 64	2 980	33 895	5 438
154	E10_787-882_17-44-51. fsa	233	232. 9	1 706	18 787	4 675
155	E11_787-882_18-24-53. fsa	233	232. 92	5 096	63 664	4 670
156	E12_787-882_18-24-53. fsa	194	194. 32	2 171	24 948	4 203
157	F01_787-882_15-04-22. fsa	194	194. 39	113	1 477	4 234
158	F02_787-882_15-04-22. fsa	194	194. 39	704	8 631	4 233
159	F03_787-882_15-44-22. fsa	208	208. 89	1 172	13 980	4 407
160	F04_787-882_15-44-22. fsa	208	208. 68	4 317	53 727	4 406
161	F05_787-882_16-24-23. fsa	205	205. 67	3 103	40 798	4 382
162	F06_787-882_16-24-23. fsa	245	245. 61	1 649	19 928	4 853
163	F07_787-882_17-04-26. fsa	233	232. 93	2 576	32 455	4 671
164	F08_787-882_17-04-26. fsa	205	205. 59	2 641	30 264	4 351

（续）

资源序号	样本名（sample file name）	等位基因位点（allele，bp）	大小（size，bp）	高度（height，RFU）	面积（area，RFU）	数据取值点（data point，RFU）
165	F09_787-882_17-44-51. fsa	208	208. 73	3 023	38 661	4 390
166	F10_787-882_17-44-51. fsa	194	194. 35	2 154	27 617	4 204
167	F11_787-882_18-24-53. fsa	208	208. 86	1 097	13 322	4 373
168	F12_787-882_18-24-53. fsa	208	208. 58	3 563	39 697	4 370
169	G01_787-882_15-04-22. fsa	208	208. 79	326	3 961	4 419
170	G02_787-882_15-04-22. fsa	208	208. 79	340	3 942	4 419
171	G03_787-882_15-44-22. fsa	233	233. 24	1 330	18 896	4 714
172	G04_787-882_15-44-22. fsa	208	208. 79	2 768	36 339	4 415
173	G05_787-882_16-24-23. fsa	208	208. 8	1 059	13 027	4 426
	G05_787-882_16-24-23. fsa	233	233. 18	1 590	20 814	4 711
174	G06_787-882_16-24-23. fsa	208	208. 79	1 831	22 248	4 425
175	G07_787-882_17-04-26. fsa	233	232. 94	690	7 610	4 681
176	G08_787-882_17-04-26. fsa	233	233. 08	1 964	26 445	4 694
177	G09_787-882_17-44-51. fsa	208	208. 76	417	5 431	4 394
	G09_787-882_17-44-51. fsa	220	220. 37	824	11 020	4 529
178	G10_787-882_17-44-51. fsa	208	208. 75	1 340	16 824	4 392
179	G11_787-882_18-24-53. fsa	233	232. 86	891	9 977	4 665
180	G12_787-882_18-24-53. fsa	208	208. 75	2 264	26 939	4 380
181	H01_787-882_15-04-22. fsa	223	223. 84	900	13 027	4 638
182	H02_787-882_15-04-22. fsa	208	208. 8	257	2 965	4 499
183	H03_787-882_15-44-22. fsa	194	194. 49	180	2 318	4 280
184	H04_787-882_15-44-22. fsa	208	208. 91	205	2 608	4 498
185	H05_787-882_16-24-23. fsa	233	232. 87	1 053	5 304	4 921
186	H06_787-882_16-24-23. fsa	205	205. 75	774	9 475	4 469

（续）

资源序号	样本名（sample file name）	等位基因位点（allele，bp）	大小（size，bp）	高度（height，RFU）	面积（area，RFU）	数据取值点（data point，RFU）
187	H07_787-882_17-04-26.fsa	194	194.48	338	4 417	4 261
188	H08_787-882_17-04-26.fsa	245	245.71	195	2 277	4 917
189	H09_787-882_17-44-51.fsa	239	239.02	2 431	11 626	4 853
190	H10_787-882_17-44-51.fsa	205	205.76	632	7 494	4 443
191	H11_787-882_18-24-53.fsa	205	205.59	52	545	4 381
192	H12_787-882_18-24-53.fsa	208	209.72	159	1 567	4 472

9 Satt268

资源序号	样本名 (sample file name)	等位基因位点 (allele，bp)	大小 (size，bp)	高度 (height，RFU)	面积 (area，RFU)	数据取值点 (data point，RFU)
1	A01_691_10-11-35. fsa	202	203. 01	5 682	63 452	4 808
2	A02_691_10-11-35. fsa	219	219. 3	5 133	62 243	5 183
3	A03_691_11-03-38. fsa	250	250. 14	7 843	111 413	5 208
4	A04_691_11-03-38. fsa	238	238. 33	1 396	16 305	5 210
	A04_691_11-03-38. fsa	250	250. 96	783	9 107	5 387
5	A05_691_11-43-49. fsa	222	222. 15	7 492	85 643	4 795
6	A06_691_11-43-49. fsa	222	222. 1	6 449	73 129	4 955
7	A07_691_12-23-56. fsa	238	238. 12	5 686	58 013	4 979
8	A08_691_12-23-56. fsa	238	238. 16	8 072	98 881	5 141
9	A09_691_13-04-02. fsa	250	250. 72	7 361	78 727	5 114
10	A10_691_13-04-02. fsa	238	238. 08	3 959	42 766	5 110
	A10_691_13-04-02. fsa	250	250. 8	2 995	33 377	5 282
11	A11_691_13-44-08. fsa	250	250. 65	2 565	26 434	5 090
	A11_691_13-44-08. fsa	253	253. 55	3 806	38 178	5 130
12	A12_691_13-44-08. fsa	250	250	7 982	97 101	5 292
13	B01_691_10-11-35. fsa	215	216. 01	5 623	65 514	4 981
14	B02_691_10-11-35. fsa	202	203	7 513	89 593	4 967
15	B03_691_11-03-38. fsa	250	250	8 098	112 127	5 253
16	B04_691_11-03-38. fsa	215	215. 63	6 334	72 076	4 880
17	B05_691_11-43-49. fsa	202	202. 82	8 303	106 189	4 596
18	B06_691_11-43-49. fsa	250	250. 85	5 795	67 878	5 317
19	B07_691_12-23-56. fsa	202	202. 68	2 932	30 761	4 572
	B07_691_12-23-56. fsa	238	238. 16	4 518	48 649	5 025

（续）

资源序号	样本名（sample file name）	等位基因位点（allele，bp）	大小（size，bp）	高度（height，RFU）	面积（area，RFU）	数据取值点（data point，RFU）
20	B08_691_12-23-56.fsa	238	238.08	6 527	73 332	5 106
21	B09_691_13-04-02.fsa	202	202.7	8 220	95 331	4 552
22	B10_691_13-04-02.fsa	250	250.73	7 525	84 407	5 259
23	B11_691_13-44-08.fsa	250	250.07	8 064	97 940	5 134
24	B12_691_13-44-08.fsa	215	215.51	8 083	95 598	4 760
25	C01_691_10-11-35.fsa	250	251.25	6 276	74 438	5 410
26	C02_691_10-11-35.fsa	250	251.29	4 241	53 917	5 625
27	C03_691_11-03-38.fsa	215	215.7	2 483	27 281	4 708
	C03_691_11-03-38.fsa	253	253.68	3 663	40 198	5 202
28	C04_691_11-03-38.fsa	238	238.2	4 746	54 524	5 143
29	C05_691_11-43-49.fsa	202	202.77	5 002	52 455	4 536
	C05_691_11-43-49.fsa	253	253.69	3 010	32 199	5 191
30	C06_691_11-43-49.fsa	238	238.09	3 074	35 061	5 104
31	C07_691_12-23-56.fsa	238	238.15	7 814	93 106	4 970
32	C08_691_12-23-56.fsa	238	238.11	7 906	90 169	5 078
33	C09_691_13-04-02.fsa	253	253.61	145	1 605	5 156
34	C10_691_13-04-02.fsa	253	253.62	7 289	84 361	5 274
35	C11_691_13-44-08.fsa	202	202.74	8 032	88 535	4 491
36	C12_691_13-44-08.fsa	202	202.68	3 390	36 762	4 571
37	D01_691_10-11-35.fsa	202	202.99	5 391	62 554	4 862
38	D02_691_10-11-35.fsa	215	215.97	4 746	56 638	5 051
39	D03_691_11-03-38.fsa	238	238.24	4 956	55 435	5 107
40	D04_691_11-03-38.fsa	219	218.81	5 315	60 019	4 842
41	D05_691_11-43-49.fsa	238	238.26	7 635	92 943	5 099

（续）

资源序号	样本名（sample file name）	等位基因位点（allele，bp）	大小（size，bp）	高度（height，RFU）	面积（area，RFU）	数据取值点（data point，RFU）
42	D06_691_11-43-49. fsa	238	238. 15	2 346	26 492	5 092
43	D07_691_12-23-56. fsa	253	253. 66	6 920	77 089	5 288
44	D08_691_12-23-56. fsa	250	250. 8	5 645	64 443	5 243
45	D09_691_13-04-02. fsa	238	238. 07	5 266	58 115	5 057
46	D10_691_13-04-02. fsa	202	202. 75	1 496	15 579	4 591
	D10_691_13-04-02. fsa	215	215. 6	2 884	31 787	4 760
47	D11_691_13-44-08. fsa	238	238. 02	5 945	64 177	5 024
48	D12_691_13-44-08. fsa	215	215. 51	8 143	96 555	4 736
49	E01_691_10-11-35. fsa	202	203. 04	8 231	112 119	4 921
50	E02_691_10-11-35. fsa	250	250	8 200	128 630	5 554
51	E03_691_11-03-38. fsa	202	203. 11	8 326	132 882	4 711
52	E04_691_11-03-38. fsa	250	250. 14	8 265	128 605	5 307
53	E05_691_11-43-49. fsa	250	250. 14	8 275	126 315	5 306
54	E06_691_11-43-49. fsa	250	250	8 240	111 788	5 243
55	E07_691_12-23-56. fsa	215	215. 71	5 254	54 325	4 803
56	E08_691_12-23-56. fsa	238	238. 05	8 241	114 329	5 052
57	E09_691_13-04-02. fsa	202	202. 49	8 327	112 535	4 041
58	E10_691_13-04-02. fsa	250	250. 14	8 257	118 708	5 208
59	E11_691_13-44-08. fsa	250	250. 14	8 323	118 678	5 199
60	E12_691_13-44-08. fsa	202	202. 8	8 405	111 446	4 559
61	F01_691_10-11-35. fsa	219	219. 37	8 325	130 788	5 027
62	F02_691_10-11-35. fsa	215	216. 01	7 932	94 769	5 027
63	F03_691_11-03-38. fsa	250	250. 9	6 964	75 176	5 195
64	F04_691_11-03-38. fsa	250	250	8 173	109 838	5 231

（续）

资源序号	样本名（sample file name）	等位基因位点（allele，bp）	大小（size，bp）	高度（height，RFU）	面积（area，RFU）	数据取值点（data point，RFU）
65	F05_691_11-43-49.fsa	215	215.71	2 834	30 131	4 734
	F05_691_11-43-49.fsa	250	250.83	4 887	54 316	5 186
66	F06_691_11-43-49.fsa	238	238.19	5 497	62 798	5 047
	F06_691_11-43-49.fsa	253	253.74	2 882	32 883	5 257
67	F07_691_12-23-56.fsa	250	250	8 159	104 750	5 169
68	F08_691_12-23-56.fsa	202	202.73	5 143	55 444	4 570
69	F09_691_13-04-02.fsa	215	215.66	8 421	109 711	4 710
70	F10_691_13-04-02.fsa	253	253.59	4 747	54 075	5 222
71	F11_691_13-44-08.fsa	250	250	8 163	102 237	5 172
72	F12_691_13-44-08.fsa	202	202.67	7 672	82 959	4 544
73	G01_691_10-11-35.fsa	238	238.74	8 056	118 437	5 367
74	G02_691_10-11-35.fsa	250	250	8 222	118 032	5 479
75	G03_691_11-03-38.fsa	238	238.28	3 764	42 678	5 089
76	G04_691_11-03-38.fsa	238	238.28	8 116	98 739	5 074
77	G05_691_11-43-49.fsa	250	251.03	206	2 338	5 222
78	G06_691_11-43-49.fsa	250	251.01	5 648	64 874	5 238
79	G07_691_12-23-56.fsa	250	250.83	7 190	81 965	5 196
80	G08_691_12-23-56.fsa	219	218.87	8 258	103 469	4 799
81	G09_691_13-04-02.fsa	215	215.6	7 580	77 987	4 728
82	G10_691_13-04-02.fsa	250	250	8 136	103 482	5 246
83	G11_691_13-44-08.fsa	253	253.57	6 418	70 812	5 185
84	G12_691_13-44-08.fsa	250	250.77	6 705	75 737	5 170
85	H01_691_10-11-35.fsa	250	250	8 032	106 278	5 604
86	H02_691_10-11-35.fsa	238	238.92	8 142	131 958	5 519

（续）

资源序号	样本名（sample file name）	等位基因位点（allele，bp）	大小（size，bp）	高度（height，RFU）	面积（area，RFU）	数据取值点（data point，RFU）
87	H03 _691 _11－03－38. fsa	219	219. 06	6 445	71 958	4 880
88	H04 _691 _11－03－38. fsa	215	215. 77	7 488	88 109	4 930
89	H05 _691 _11－43－49. fsa	202	202. 88	7 617	83 693	4 640
90	H06 _691 _11－43－49. fsa	238	238. 47	2 030	24 128	5 211
91	H07 _691 _12－23－56. fsa	238	238. 39	4 844	54 539	5 076
92	H08 _691 _12－23－56. fsa	238	238. 42	4 375	51 300	5 183
93	H09 _691 _13－04－02. fsa	215	215. 71	2 909	32 673	4 771
	H09 _691 _13－04－02. fsa	253	253. 82	3 615	41 046	5 265
94	H10 _691 _13－04－02. fsa	238	238. 34	2 203	25 731	5 162
95	H11 _691 _13－44－08. fsa	202	202. 77	5 816	60 531	4 585
96	H12 _691 _13－44－08. fsa	250	250. 95	2 139	25 107	5 298
97	A01 _bu－4 _20－34－50. fsa	215	215. 65	3 124	33 557	5 183
98	A02 _bu－4 _20－34－50. fsa	238	237. 89	6 722	77 386	5 810
99	A03 _bu－4 _21－25－21. fsa	244	244. 19	7 607	118 909	5 711
100	A04 _bu－4 _21－25－21. fsa	250	250. 19	7 977	121 636	5 909
101	A05 _bu－4 _22－05－42. fsa	215	214. 92	7 593	65 843	5 338
102	A06 _bu－4 _22－05－42. fsa	247	247. 06	7 702	94 580	5 890
103	A07 _bu－4 _22－46－05. fsa	238	237. 57	7 770	101 941	5 682
104	A08 _bu－4 _22－46－05. fsa	250	250. 06	8 057	113 338	5 971
105	A09 _bu－4 _23－26－34. fsa	250	250	7 588	90 268	5 795
106	A10 _bu－4 _23－26－34. fsa	215	215. 31	8 137	102 514	5 334
107	A11 _bu－4 _23－26－35. fsa	250	250	7 595	82 248	5 397
108	A12 _bu－4 _23－26－36. fsa	250	250	7 935	92 625	5 406
109	B01 _bu－4 _20－34－50. fsa	238	237. 91	8 081	112 033	5 717

（续）

资源序号	样本名（sample file name）	等位基因位点（allele，bp）	大小（size，bp）	高度（height，RFU）	面积（area，RFU）	数据取值点（data point，RFU）
110	B02 _bu－4 _20－34－50. fsa	999				
111	B03 _bu－4 _21－25－21. fsa	215	215. 41	8 008	114 668	5 342
112	B04 _bu－4 _21－25－21. fsa	250	250. 03	7 679	104 531	5 337
113	B05 _bu－4 _22－05－42. fsa	253	253. 71	8 234	112 693	5 325
114	B06 _bu－4 _22－05－42. fsa	250	250. 13	7 240	81 976	5 929
115	B07 _bu－4 _22－46－05. fsa	250	250. 14	8 016	117 608	5 929
116	B08 _bu－4 _22－46－05. fsa	999				
117	B09 _bu－4 _23－26－34. fsa	202	202. 45	8 161	102 510	5 087
118	B10 _bu－4 _23－26－34. fsa	202	202. 43	7 882	87 815	5 235
119	B11 _bu－4 _23－26－35. fsa	202	201. 36	7 875	75 936	4 693
120	B12 _bu－4 _23－26－35. fsa	999				
121	C01 _bu－4 _20－34－50. fsa	215	215. 45	7 843	91 876	5 407
122	C02 _bu－4 _20－34－50. fsa	215	215. 44	4 144	46 744	5 479
123	C03 _bu－4 _21－25－21. fsa	238	237. 66	3 498	37 680	5 660
124	C04 _bu－4 _21－25－21. fsa	202	202. 44	418	4 654	5 212
125	C05 _bu－4 _22－05－42. fsa	215	215. 24	162	1 704	5 359
126	C06 _bu－4 _22－05－42. fsa	250	250. 06	8 010	112 022	5 929
127	C07 _bu－4 _22－46－05. fsa	250	250. 19	2 889	31 587	5 874
128	C08 _bu－4 _22－46－05. fsa	253	253. 04	1 549	17 939	6 010
129	C09 _bu－4 _23－26－34. fsa	215	215. 29	2 555	25 369	4 895
130	C10 _bu－4 _23－26－34. fsa	999				
131	C11 _bu－4 _23－26－35. fsa	215	215. 28	3 006	30 027	4 688
132	C12 _bu－4 _23－26－36. fsa	215	215. 31	8 226	104 043	4 904
133	D01 _bu－4 _20－34－50. fsa	999				

（续）

资源序号	样本名 (sample file name)	等位基因位点 (allele，bp)	大小 (size，bp)	高度 (height，RFU)	面积 (area，RFU)	数据取值点 (data point，RFU)
134	D02_bu-4_20-34-50.fsa	202	202.55	3 681	41 082	5 303
135	D03_bu-4_21-25-21.fsa	250	250.32	6 953	78 146	5 928
136	D04_bu-4_21-25-21.fsa	238	231.92	7 023	102 437	5 739
137	D05_bu-4_22-05-42.fsa	238	237.56	8 034	112 100	5 767
138	D06_bu-4_22-05-42.fsa	202	202.49	4 236	46 261	5 249
139	D07_bu-4_22-46-05.fsa	238	237.67	7 634	77 213	5 213
140	D08_bu-4_22-46-05.fsa	202	202.41	6 708	75 807	5 274
141	D09_bu-4_23-26-34.fsa	244	244.12	5 472	80 964	5 316
142	D10_bu-4_23-26-34.fsa	999				
143	D11_bu-4_22-46-06.fsa	250	250.22	4 583	44 480	5 101
144	D12_bu-4_22-46-07.fsa	250	250.29	1 860	18 530	5 141
145	E01_787_14-24-12.fsa	250	250.59	6 891	69 393	5 101
146	E02_787_14-24-12.fsa	250	250.57	4 641	48 902	5 138
147	E03_787_15-04-14.fsa	253	253.38	3 844	38 668	5 114
148	E04_787_15-04-14.fsa	202	202.64	4 402	43 822	4 520
149	E05_787_15-44-17.fsa	238	237.9	3 336	33 187	4 928
150	E06_787_15-44-17.fsa	238	237.93	3 934	40 432	4 960
151	E07_787_16-24-21.fsa	238	237.94	5 138	50 326	4 911
152	E08_787_16-24-21.fsa	253	253.42	3 599	37 217	5 132
153	E09_787_17-04-50.fsa	238	237.88	187	1 785	4 892
154	E10_787_17-04-50.fsa	202	202.6	2 672	27 025	4 453
	E10_787_17-04-50.fsa	238	237.77	777	7 816	4 887
155	E11_787_17-44-53.fsa	202	202.69	1 916	18 661	4 438
	E11_787_17-44-53.fsa	238	237.8	831	8 156	4 856

（续）

资源序号	样本名（sample file name）	等位基因位点（allele，bp）	大小（size，bp）	高度（height，RFU）	面积（area，RFU）	数据取值点（data point，RFU）
156	E12_787_17-44-53. fsa	250	250. 52	2 421	24 346	5 015
157	F01_787_14-24-12. fsa	253	253. 48	3 677	38 476	5 151
158	F02_787_14-24-12. fsa	253	253. 51	2 296	24 390	5 158
159	F03_787_15-04-14. fsa	238	237. 91	2 420	24 764	4 926
160	F04_787_15-04-14. fsa	238	237. 96	2 702	28 084	4 944
161	F05_787_15-44-17. fsa	250	250. 59	3 297	33 964	5 080
162	F06_787_15-44-17. fsa	202	202. 68	4 787	48 936	4 505
163	F07_787_16-24-21. fsa	238	237. 92	2 472	24 855	4 885
164	F08_787_16-24-21. fsa	215	215. 49	1 431	15 349	4 645
	F08_787_16-24-21. fsa	253	253. 38	2 220	22 952	5 115
165	F09_787_17-04-50. fsa	253	253. 38	1 201	12 086	5 030
166	F10_787_17-04-50. fsa	253	253. 4	1 048	10 657	5 063
167	F11_787_17-44-53. fsa	202	202. 67	2 463	24 272	4 406
168	F12_787_17-44-53. fsa	238	237. 77	3 081	30 681	4 842
169	G01_787_14-24-12. fsa	238	238. 02	2 696	27 598	4 937
170	G02_787_14-24-12. fsa	238	238	2 181	22 861	4 954
171	G03_787_15-04-14. fsa	250	250. 67	2 250	22 731	5 080
172	G04_787_15-04-14. fsa	238	238. 03	737	8 618	4 945
	G04_787_15-04-14. fsa	253	253. 59	1 576	16 481	5 141
173	G05_787_15-44-17. fsa	250	250. 6	3 113	31 466	5 079
174	G06_787_15-44-17. fsa	250	250. 73	2 231	23 400	5 106
175	G07_787_16-24-21. fsa	202	202. 75	2 836	28 448	4 490
176	G08_787_16-24-21. fsa	202	202. 72	3 756	37 228	4 469
	G08_787_16-24-21. fsa	238	237. 97	1 390	14 137	4 897

（续）

资源序号	样本名 （sample file name）	等位基因位点 （allele，bp）	大小 （size，bp）	高度 （height，RFU）	面积 （area，RFU）	数据取值点 （data point，RFU）
177	G09_787_17-04-50. fsa	215	215. 52	1 247	11 956	4 609
178	G10_787_17-04-50. fsa	250	250. 52	1 575	16 278	5 011
179	G11_787_17-44-53. fsa	215	215. 47	2 425	24 166	4 580
180	G12_787_17-44-53. fsa	238	237. 87	3 047	30 600	4 848
181	H01_787_14-24-12. fsa	202	202. 75	1 860	19 617	4 552
182	H02_787_14-24-12. fsa	250	250. 86	1 415	15 405	5 221
183	H03_787_15-04-14. fsa	253	253. 67	2 166	23 127	5 174
184	H04_787_15-04-14. fsa	238	238. 19	2 686	28 718	5 047
185	H05_787_15-44-17. fsa	202	202. 78	944	9 597	4 541
	H05_787_15-44-17. fsa	238	238. 14	472	4 868	4 974
186	H06_787_15-44-17. fsa	215	215. 67	2 929	30 783	4 763
187	H07_787_16-24-21. fsa	250	250. 81	2 324	24 196	5 119
188	H08_787_16-24-21. fsa	202	202. 75	359	3 860	4 586
189	H09_787_17-04-50. fsa	202	202. 8	1 363	13 923	4 491
190	H10_787_17-04-50. fsa	241	241. 24	1 799	19 044	5 020
191	H11_787_17-44-53. fsa	250	250. 6	1 512	15 491	5 038
192	H12_787_17-44-53. fsa	215	215. 54	1 648	17 060	4 671

10 Satt334

资源序号	样本名（sample file name）	等位基因位点（allele，bp）	大小（size，bp）	高度（height，RFU）	面积（area，RFU）	数据取值点（data point，RFU）
1	A01_691-786_11-20-32. fsa	189	189. 85	3 105	23 544	4 761
	A01_691-786_11-20-32. fsa	198	198. 52	1 642	19 547	4 922
2	A02_691-786_11-20-32. fsa	999				
3	A03_691-786_12-13-11. fsa	999				
4	A04_691-786_12-13-11. fsa	189	189. 86	3 369	39 231	4 819
	A04_691-786_12-13-11. fsa	198	198. 62	1 491	18 375	4 958
5	A05_691-786_12-53-27. fsa	189	189. 7	186	1 920	4 617
	A05_691-786_12-53-27. fsa	198	198. 55	168	1 834	4 745
6	A06_691-786_12-53-27. fsa	203	203. 43	7 275	85 456	4 977
	A06_691-786_12-53-27. fsa	212	212. 86	3 566	29 317	5 112
7	A07_691-786_13-33-39. fsa	210	210. 24	4 182	44 924	4 887
8	A08_691-786_13-33-39. fsa	999				
9	A09_691-786_14-13-50. fsa	189	189. 65	4 241	45 393	4 611
	A09_691-786_14-13-50. fsa	198	198. 46	1 573	17 496	4 737
10	A10_691-786_14-13-50. fsa	189	189. 77	4 925	55 577	4 754
	A10_691-786_14-13-50. fsa	198	198. 58	1 247	14 574	4 890
11	A11_691-786_14-54-00. fsa	189	189. 7	6 616	70 455	4 617
	A11_691-786_14-54-00. fsa	198	198. 39	1 365	15 141	4 741
12	A12_691-786_14-54-00. fsa	189	189. 7	2 920	33 963	4 750
	A12_691-786_14-54-00. fsa	198	198. 56	704	8 496	4 885
13	B01_691-786_11-20-32. fsa	198	197. 8	2 550	32 879	5 095
	B01_691-786_11-20-32. fsa	203	203. 67	2 299	26 969	5 183

（续）

资源序号	样本名 (sample file name)	等位基因位点 (allele，bp)	大小 (size，bp)	高度 (height，RFU)	面积 (area，RFU)	数据取值点 (data point，RFU)
14	B02_691-786_11-20-32.fsa	999				
15	B03_691-786_12-13-11.fsa	999				
16	B04_691-786_12-13-11.fsa	210	210.19	2 881	32 300	5 110
17	B05_691-786_12-53-27.fsa	198	198.58	201	3 505	4 797
18	B06_691-786_12-53-27.fsa	189	189.72	3 835	45 086	4 727
	B06_691-786_12-53-27.fsa	198	198.58	2 383	29 542	4 864
19	B07_691-786_13-33-39.fsa	198	197.4	6 354	85 555	4 765
20	B08_691-786_13-33-39.fsa	210	210.78	7 116	98 769	5 037
21	B09_691-786_14-13-50.fsa	189	189.7	426	4 828	4 657
	B09_691-786_14-13-50.fsa	198	198.49	116	1 804	4 785
22	B10_691-786_14-13-50.fsa	203	203.35	60	614	4 926
23	B11_691-786_14-54-00.fsa	210	210.75	1 680	17 011	4 955
24	B12_691-786_14-54-00.fsa	210	210.72	7 235	86 337	5 047
25	C01_691-786_11-20-32.fsa	210	210.07	7 287	92 924	5 147
26	C02_691-786_11-20-32.fsa	999				
27	C03_691-786_12-13-11.fsa	210	210.3	7 117	90 661	4 897
28	C04_691-786_12-13-11.fsa	210	210.17	4 707	54 766	5 057
29	C05_691-786_12-53-27.fsa	189	189.78	1 991	22 911	4 603
	C05_691-786_12-53-27.fsa	198	198.56	1 225	18 426	4 731
30	C06_691-786_12-53-27.fsa	189	189.73	580	6 381	4 696
	C06_691-786_12-53-27.fsa	210	210.82	452	5 169	5 022
31	C07_691-786_13-33-39.fsa	198	198.77	1 356	20 447	4 655
32	C08_691-786_13-33-39.fsa	999				
33	C09_691-786_14-13-50.fsa	203	203.31	355	4 720	4 669

（续）

资源序号	样本名（sample file name）	等位基因位点（allele，bp）	大小（size，bp）	高度（height，RFU）	面积（area，RFU）	数据取值点（data point，RFU）
34	C10_691-786_14-13-50. fsa	210	210. 72	7 285	83 929	5 024
35	C11_691-786_14-54-00. fsa	205	205. 75	6 149	71 683	4 865
36	C12_691-786_14-54-00. fsa	189	189. 66	2 257	26 732	4 710
	C12_691-786_14-54-00. fsa	198	198. 5	567	8 136	4 845
37	D01_691-786_11-20-32. fsa	189	189. 87	661	7 841	4 943
38	D02_691-786_11-20-32. fsa	189	189. 86	4 578	57 590	4 958
	D02_691-786_11-20-32. fsa	198	198. 6	1 568	21 598	5 101
39	D03_691-786_12-13-11. fsa	999				
40	D04_691-786_12-13-11. fsa	189	189. 78	3 105	35 546	4 704
	D04_691-786_12-13-11. fsa	198	198. 57	1 607	19 332	4 839
41	D05_691-786_12-53-27. fsa	210	210. 86	420	4 470	5 029
42	D06_691-786_12-53-27. fsa	189	189. 77	628	7 575	4 693
43	D07_691-786_13-33-39. fsa	999				
44	D08_691-786_13-33-39. fsa	210	210. 86	4 857	53 620	5 021
45	D09_691-786_14-13-50. fsa	189	189. 71	2 839	31 666	4 721
	D09_691-786_14-13-50. fsa	198	198. 48	1 387	16 390	4 853
46	D10_691-786_14-13-50. fsa	189	189. 75	2 419	28 825	4 708
	D10_691-786_14-13-50. fsa	198	198. 57	900	11 662	4 843
47	D11_691-786_14-54-00. fsa	210	210. 04	6 312	70 740	5 017
48	D12_691-786_14-54-00. fsa	999				
49	E01_691-786_11-20-32. fsa	999				
50	E02_691-786_11-20-32. fsa	210	210. 35	692	8 266	5 348
51	E03_691-786_12-13-11. fsa	210	209. 25	120	1 597	5 120
52	E04_691-786_12-13-11. fsa	203	203. 52	1 219	15 692	4 902

（续）

资源序号	样本名（sample file name）	等位基因位点（allele，bp）	大小（size，bp）	高度（height，RFU）	面积（area，RFU）	数据取值点（data point，RFU）
53	E05_691-786_12-53-27.fsa	203	203.39	197	2 615	4 949
54	E06_691-786_12-53-27.fsa	189	189.81	101	1 125	4 682
	E06_691-786_12-53-27.fsa	198	198.44	1 253	15 244	4 715
55	E07_691-786_13-33-39.fsa	999				
56	E08_691-786_13-33-39.fsa	189	189.77	1 605	18 413	4 684
	E08_691-786_13-33-39.fsa	198	198.55	636	9 531	4 817
57	E09_691-786_14-13-50.fsa	999				
58	E10_691-786_14-13-50.fsa	999				
59	E11_691-786_14-54-00.fsa	999				
60	E12_691-786_14-54-00.fsa	999				
61	F01_691-786_11-20-32.fsa	999				
62	F02_691-786_11-20-32.fsa	999				
63	F03_691-786_12-13-11.fsa	999				
64	F04_691-786_12-13-11.fsa	999				
65	F05_691-786_12-53-27.fsa	210	210.16	3 220	35 962	4 932
66	F06_691-786_12-53-27.fsa	999				
67	F07_691-786_13-33-39.fsa	999				
68	F08_691-786_13-33-39.fsa	189	189.78	119	1 422	4 667
69	F09_691-786_14-13-50.fsa	999				
70	F10_691-786_14-13-50.fsa	203	203.38	2 146	23 209	4 880
71	F11_691-786_14-54-00.fsa	203	203.36	2 521	26 404	4 879
72	F12_691-786_14-54-00.fsa	203	203.52	865	9 256	4 895
73	G01_691-786_11-20-32.fsa	210	210.59	474	5 613	5 369
74	G02_691-786_11-20-32.fsa	999				

（续）

资源序号	样本名（sample file name）	等位基因位点（allele，bp）	大小（size，bp）	高度（height，RFU）	面积（area，RFU）	数据取值点（data point，RFU）
75	G03_691-786_12-13-11.fsa	999				
76	G04_691-786_12-13-11.fsa	999				
77	G05_691-786_12-53-27.fsa	212	212.06	307	3 575	4 994
78	G06_691-786_12-53-27.fsa	999				
79	G07_691-786_13-33-39.fsa	189	189.75	922	10 283	4 673
80	G08_691-786_13-33-39.fsa	198	198.51	655	9 721	4 815
81	G09_691-786_13-33-40.fsa	203	201.86	92	1 564	5 266
82	G10_691-786_14-13-50.fsa	210	210.18	208	2 252	4 997
83	G11_691-786_14-54-00.fsa	210	210.08	978	10 759	4 971
84	G12_691-786_14-54-00.fsa	210	210.3	753	7 119	5 029
85	H01_691-786_11-20-32.fsa	999				
86	H02_691-786_11-20-32.fsa	999				
87	H03_691-786_12-13-11.fsa	999				
88	H04_691-786_12-13-11.fsa	999				
89	H05_691-786_12-53-27.fsa	999				
90	H06_691-786_12-53-27.fsa	189	189.88	411	7 001	4 826
91	H07_691-786_13-33-39.fsa	189	189.77	85	902	4 723
92	H08_691-786_13-33-39.fsa	999				
93	H09_691-786_14-13-50.fsa	210	210.92	1 077	11 996	5 051
94	H10_691-786_14-13-50.fsa	189	189.81	61	787	4 868
95	H11_691-786_14-54-00.fsa	999				
96	H12_691-786_14-54-00.fsa	189	189.81	387	4 746	4 854
	H12_691-786_14-54-00.fsa	203	203.65	43	457	5 063
97	A01_787-882_15-34-08.fsa	205	206.33	6 145	50 614	4 877

（续）

资源序号	样本名（sample file name）	等位基因位点（allele，bp）	大小（size，bp）	高度（height，RFU）	面积（area，RFU）	数据取值点（data point，RFU）
98	A02_787-882_15-34-08.fsa	210	210.17	6 355	68 738	5 007
99	A03_787-882_16-14-14.fsa	205	206.33	6 065	72 105	4 866
100	A04_787-882_16-14-14.fsa	203	203.06	6 966	99 596	4 935
101	A05_787-882_16-54-19.fsa	203	203.25	6 504	93 552	4 864
102	A06_787-882_16-54-19.fsa	212	211.88	150	1 658	5 073
103	A07_787-882_17-34-27.fsa	212	211.77	6 595	77 438	4 973
104	A08_787-882_17-34-27.fsa	212	212.1	6 744	56 064	5 077
105	A09_787-882_18-14-58.fsa	180	180.44	3 684	28 158	4 465
	A09_787-882_18-14-58.fsa	198	198.48	1 892	28 821	4 730
106	A10_787-882_18-14-58.fsa	189	189.7	2 292	25 512	4 664
	A10_787-882_18-14-58.fsa	198	197.58	309	2 481	4 778
107	A11_787-882_18-55-07.fsa	203	203.75	6 083	49 701	4 705
108	A12_787-882_18-55-07.fsa	212	212.16	6 802	100 120	4 919
109	B01_787-882_15-34-08.fsa	203	203.04	6 395	107 672	4 834
110	B02_787-882_15-34-08.fsa	189	189.64	4 043	73 971	4 706
	B02_787-882_15-34-08.fsa	198	198.45	3 213	51 950	4 837
111	B03_787-882_16-14-14.fsa	212	211.99	6 926	94 197	4 961
112	B04_787-882_16-14-14.fsa	198	198.4	174	2 297	4 861
113	B05_787-882_16-54-19.fsa	189	189.57	2 905	60 842	4 677
	B05_787-882_16-54-19.fsa	198	198.37	3 129	52 025	4 801
114	B06_787-882_16-54-19.fsa	203	203.29	6 770	94 326	4 945
	B06_787-882_16-54-19.fsa	210	209.8	3 943	40 345	5 048
115	B07_787-882_17-34-27.fsa	212	212.12	6 740	124 246	4 985
116	B08_787-882_17-34-27.fsa	210	209.98	1 012	12 483	5 060

（续）

资源序号	样本名（sample file name）	等位基因位点（allele，bp）	大小（size，bp）	高度（height，RFU）	面积（area，RFU）	数据取值点（data point，RFU）
117	B09_787－882_18－14－58. fsa	189	189. 66	3 907	51 635	4 590
	B09_787－882_18－14－58. fsa	198	198. 48	3 232	41 089	4 712
118	B10_787－882_18－14－58. fsa	189	189. 5	4 532	89 481	4 701
	B10_787－882_18－14－58. fsa	203	203. 64	6 252	48 498	4 882
119	B11_787－882_18－55－07. fsa	205	206. 07	6 448	97 538	4 761
120	B12_787－882_18－55－07. fsa	189	189. 68	676	7 328	4 605
	B12_787－882_18－55－07. fsa	198	198. 56	221	2 368	4 734
121	C01_787－882_15－34－08. fsa	212	211. 58	7 021	90 094	4 929
122	C02_787－882_15－34－08. fsa	212	211. 92	7 077	86 013	5 019
123	C03_787－882_16－14－14. fsa	212	211. 87	2 243	28 650	4 959
124	C04_787－882_16－14－14. fsa	198	198. 46	600	8 947	4 852
125	C05_787－882_16－54－19. fsa	205	206. 81	6 275	71 708	4 904
126	C06_787－882_16－54－19. fsa	198	197. 81	7 153	115 018	4 862
127	C07_787－882_17－34－27. fsa	203	203. 5	6 282	77 778	4 800
128	C08_787－882_17－34－27. fsa	205	206. 54	4 587	62 168	5 000
129	C09_787－882_18－14－58. fsa	212	211. 87	417	4 137	4 784
130	C10_787－882_18－14－58. fsa	212	211. 94	6 376	76 096	4 960
131	C11_787－882_18－55－07. fsa	210	210. 13	7 149	115 455	4 756
132	C12_787－882_18－55－07. fsa	212	212. 83	6 425	49 692	4 894
133	D01_787－882_15－34－08. fsa	210	210. 13	4 615	82 061	4 995
134	D02_787－882_15－34－08. fsa	210	209. 98	7 365	86 353	4 998
135	D03_787－882_16－14－14. fsa	212	212. 02	6 898	89 220	5 042
136	D04_787－882_16－14－14. fsa	212	211. 85	2 710	28 562	5 044
137	D05_787－882_16－54－19. fsa	210	210. 3	7 142	103 849	5 028

（续）

资源序号	样本名（sample file name）	等位基因位点（allele，bp）	大小（size，bp）	高度（height，RFU）	面积（area，RFU）	数据取值点（data point，RFU）
138	D06_787-882_16-54-19. fsa	210	209.85	7 129	92 437	5 036
139	D07_787-882_17-34-27. fsa	189	189.4	6 631	95 462	5 007
	D07_787-882_17-34-27. fsa	198	198.48	1 861	20 669	4 791
140	D08_787-882_17-34-27. fsa	189	189.73	2 439	30 070	4 688
	D08_787-882_17-34-27. fsa	198	198.51	2 084	27 286	4 818
141	D09_787-882_18-14-58. fsa	212	211.74	6 174	64 228	4 847
142	D10_787-882_18-14-58. fsa	212	211.8	2 291	25 083	4 883
143	D11_787-882_18-55-07. fsa	210	210.16	5 774	62 249	4 823
144	D12_787-882_18-55-07. fsa	999				
145	E01_787-882_15-34-08. fsa	212	211.86	6 066	65 588	4 988
146	E02_787-882_15-34-08. fsa	212	211.84	2 965	35 634	5 003
147	E03_787-882_16-14-14. fsa	210	210.08	7 337	81 095	4 987
148	E04_787-882_16-14-14. fsa	203	203.31	2 894	44 350	4 905
149	E05_787-882_16-54-19. fsa	205	206.67	7 360	91 253	4 957
150	E06_787-882_16-54-19. fsa	203	203.37	1 484	22 160	4 924
151	E07_787-882_17-34-27. fsa	203	203.36	7 076	75 405	4 937
152	E08_787-882_17-34-27. fsa	189	189.73	1 647	20 528	4 731
	E08_787-882_17-34-27. fsa	210	210.21	1 835	21 602	5 023
153	E09_787-882_18-14-58. fsa	999				
154	E10_787-882_18-14-58. fsa	203	203.33	2 689	28 095	4 792
155	E11_787-882_18-55-07. fsa	189	189.66	2 353	26 594	4 595
	E11_787-882_18-55-07. fsa	198	198.49	1 290	15 231	4 718
156	E12_787-882_18-55-07. fsa	212	213.53	6 864	93 950	4 869
157	F01_787-882_15-34-08. fsa	198	197.5	916	19 708	4 828

（续）

资源序号	样本名（sample file name）	等位基因位点（allele，bp）	大小（size，bp）	高度（height，RFU）	面积（area，RFU）	数据取值点（data point，RFU）
158	F02_787－882_15－34－08.fsa	999				
159	F03_787－882_16－14－14.fsa	205	205.73	5 563	59 673	4 932
160	F04_787－882_16－14－14.fsa	210	210.14	2 658	29 560	4 999
161	F05_787－882_16－54－19.fsa	189	189.72	2 308	26 600	4 714
	F05_787－882_16－54－19.fsa	198	198.49	1 282	16 273	4 842
162	F06_787－882_16－54－19.fsa	205	206.83	6 417	72 961	4 969
163	F07_787－882_17－34－27.fsa	210	210.1	7 282	80 591	4 931
164	F08_787－882_17－34－27.fsa	210	210.14	1 877	21 819	4 999
165	F09_787－882_18－14－58.fsa	210	209.97	7 386	94 389	4 800
166	F10_787－882_18－14－58.fsa	212	211.86	5 969	76 326	4 905
167	F11_787－882_18－55－07.fsa	203	203.38	250	2 916	4 705
168	F12_787－882_18－55－07.fsa	198	198.51	814	12 478	4 667
169	G01_787－882_15－34－08.fsa	189	189.76	1 820	21 178	4 681
	G01_787－882_15－34－08.fsa	198	198.6	1 160	14 682	4 807
170	G02_787－882_15－34－08.fsa	189	189.74	1 589	19 296	4 709
	G02_787－882_15－34－08.fsa	198	198.56	1 259	16 472	4 838
171	G03_787－882_16－14－14.fsa	205	206.53	7 211	80 994	4 933
172	G04_787－882_16－14－14.fsa	189	189.81	2 059	25 932	4 729
	G04_787－882_16－14－14.fsa	198	198.51	1 233	16 629	4 857
173	G05_787－882_16－54－19.fsa	210	209.2	1 078	9 667	4 983
174	G06_787－882_16－54－19.fsa	189	189.81	1 258	15 080	4 738
	G06_787－882_16－54－19.fsa	198	198.51	765	10 278	4 866
175	G07_787－882_17－34－27.fsa	189	189.81	771	8 480	4 718
	G07_787－882_17－34－27.fsa	198	198.53	668	7 649	4 843

（续）

资源序号	样本名（sample file name）	等位基因位点（allele，bp）	大小（size，bp）	高度（height，RFU）	面积（area，RFU）	数据取值点（data point，RFU）
176	G08_787－882_17－34－27. fsa	210	210. 14	5 011	58 243	4 942
177	G09_787－882_18－14－58. fsa	189	189. 77	2 090	26 027	4 610
	G09_787－882_18－14－58. fsa	198	198. 44	1 684	23 454	4 732
178	G10_787－882_18－14－58. fsa	210	210. 32	226	2 417	4 823
179	G11_787－882_18－55－07. fsa	212	211. 87	6 381	69 612	4 847
180	G12_787－882_18－55－07. fsa	189	189. 76	2 250	32 091	4 544
	G12_787－882_18－55－07. fsa	198	198. 51	1 282	17 247	4 667
181	H01_787－882_15－34－08. fsa	189	189. 8	120	1 390	4 737
	H01_787－882_15－34－08. fsa	198	198. 49	155	1 953	4 864
182	H02_787－882_15－34－08. fsa	203	203. 45	4 357	56 902	5 033
183	H03_787－882_16－14－14. fsa	212	211. 84	6 157	69 819	5 062
184	H04_787－882_16－14－14. fsa	210	210. 18	153	2 633	5 150
185	H05_787－882_16－54－19. fsa	189	189. 76	1 557	18 130	4 768
	H05_787－882_16－54－19. fsa	198	198. 5	764	10 105	4 896
186	H06_787－882_16－54－19. fsa	203	203. 61	590	7 756	5 104
187	H07_787－882_17－34－27. fsa	212	211. 88	5 376	59 583	5 085
188	H08_787－882_17－34－27. fsa	205	206. 92	4 583	59 514	5 089
189	H09_787－882_18－14－58. fsa	198	198. 12	4 668	54 775	4 788
190	H10_787－882_18－14－58. fsa	212	211. 91	3 920	45 886	5 029
191	H11_787－882_18－55－07. fsa	212	211. 91	5 959	70 331	4 898
192	H12_787－882_18－55－07. fsa	203	203. 5	6 151	74 095	4 860

11 Satt191

资源序号	样本名 (sample file name)	等位基因位点 (allele, bp)	大小 (size, bp)	高度 (height, RFU)	面积 (area, RFU)	数据取值点 (data point, RFU)
1	A01_691-786_20-59-21. fsa	215	215. 93	7 009	71 730	4 890
2	A02_691-786_20-59-21. fsa	205	205. 76	6 195	68 745	4 843
3	A03_691-786_20-59-22. fsa	205	204. 79	7 716	77 289	4 598
4	A04_691-786_21-51-08. fsa	205	205. 62	203	2 124	4 755
5	A05_691-786_22-31-16. fsa	202	202. 42	6 650	66 800	4 645
6	A06_691-786_22-31-16. fsa	202	202. 41	299	3 015	4 724
7	A07_691-786_23-11-23. fsa	225	224	7 586	93 794	4 939
8	A08_691-786_23-11-23. fsa	202	202. 63	7 940	105 348	4 744
9	A09_691-786_23-51-28. fsa	205	205. 53	7 370	82 849	4 714
10	A10_691-786_23-51-28. fsa	205	205. 63	1 908	20 457	4 801
11	A11_691-786_24-31-34. fsa	205	206	7 517	112 281	4 732
12	A12_691-786_24-31-34. fsa	205	205. 62	4 384	46 919	4 812
13	B01_691-786_20-59-21. fsa	218	218. 56	7 253	77 980	4 935
14	B02_691-786_20-59-21. fsa	187	187. 77	7 961	119 280	4 596
15	B03_691-786_21-51-08. fsa	225	224. 88	8 051	91 699	4 921
16	B04_691-786_21-51-08. fsa	218	218. 53	7 788	98 517	4 922
17	B05_691-786_22-31-16. fsa	218	218. 48	6 306	65 047	4 852
18	B06_691-786_22-31-16. fsa	202	202. 38	3 659	39 530	4 719
19	B07_691-786_23-11-23. fsa	187	187. 56	2 826	29 849	4 467
	B07_691-786_23-11-23. fsa	218	218. 47	796	8 133	4 867
20	B08_691-786_23-11-23. fsa	225	224. 87	3 987	43 941	5 028
21	B09_691-786_23-51-28. fsa	202	202. 16	7 913	108 884	4 681

（续）

资源序号	样本名（sample file name）	等位基因位点（allele，bp）	大小（size，bp）	高度（height，RFU）	面积（area，RFU）	数据取值点（data point，RFU）
22	B10_691－786_23－51－28.fsa	187	187.62	8 012	99 060	4 547
23	B11_691－786_24－31－34.fsa	202	202.32	7 987	93 930	4 695
24	B12_691－786_24－31－34.fsa	205	205.68	3 896	42 229	4 815
25	C01_691－786_20－59－21.fsa	202	202.53	5 822	62 377	4 707
26	C02_691－786_20－59－21.fsa	205	205.72	1 094	12 138	4 839
27	C03_691－786_21－51－08.fsa	202	202.42	5 262	54 775	4 628
28	C04_691－786_21－51－08.fsa	225	224.83	4 594	52 287	4 997
29	C05_691－786_22－31－16.fsa	999				
30	C06_691－786_22－31－16.fsa	202	202.45	5 327	59 676	4 712
31	C07_691－786_23－11－23.fsa	205	205.42	7 751	124 513	4 687
32	C08_691－786_23－11－23.fsa	225	224.73	8 164	102 105	5 021
33	C09_691－786_23－51－28.fsa	999				
34	C10_691－786_23－51－28.fsa	225	224.84	3 250	37 110	5 046
35	C11_691－786_24－31－34.fsa	187	187.54	6 722	88 623	4 486
36	C12_691－786_24－31－34.fsa	187	187.43	2 357	25 930	4 551
37	D01_691－786_20－59－21.fsa	202	202.57	7 665	85 476	4 783
38	D02_691－786_20－59－21.fsa	187	187.51	6 687	76 335	4 571
39	D03_691－786_21－51－08.fsa	225	224.66	7 898	107 498	4 981
40	D04_691－786_21－51－08.fsa	225	224.83	4 142	47 099	4 992
41	D05_691－786_22－31－16.fsa	205	205.67	1 813	18 436	4 742
42	D06_691－786_22－31－16.fsa	205	205.69	45	535	4 750
43	D07_691－786_23－11－23.fsa	225	224.03	7 991	99 197	5 004
44	D08_691－786_23－11－23.fsa	225	224.87	4 939	57 733	5 014
45	D09_691－786_23－51－28.fsa	225	224.96	1 504	16 043	5 023

（续）

资源序号	样本名（sample file name）	等位基因位点（allele，bp）	大小（size，bp）	高度（height，RFU）	面积（area，RFU）	数据取值点（data point，RFU）
46	D10 _691 - 786 _23 - 51 - 28. fsa	202	202. 43	486	5 249	4 742
47	D11 _691 - 786 _24 - 31 - 34. fsa	225	224. 99	3 467	39 023	5 037
48	D12 _691 - 786 _24 - 31 - 34. fsa	205	205. 68	1 093	11 355	4 799
49	E01 _691 - 786 _20 - 59 - 21. fsa	218	218. 68	1 170	12 833	4 990
50	E02 _691 - 786 _20 - 59 - 21. fsa	218	218. 6	2 747	30 851	4 999
51	E03 _691 - 786 _21 - 51 - 08. fsa	999				
52	E04 _691 - 786 _21 - 51 - 08. fsa	212	212. 09	1 456	15 735	4 824
	E04 _691 - 786 _21 - 51 - 08. fsa	225	224. 91	3 182	35 190	4 990
53	E05 _691 - 786 _22 - 31 - 16. fsa	225	224. 9	1 659	17 417	4 982
54	E06 _691 - 786 _22 - 31 - 16. fsa	205	205. 63	5 305	57 898	4 748
55	E07 _691 - 786 _23 - 11 - 23. fsa	999				
56	E08 _691 - 786 _23 - 11 - 23. fsa	225	224. 91	3 282	37 684	5 014
57	E09 _691 - 786 _23 - 51 - 28. fsa	187	187. 58	8 004	92 027	4 529
	E09 _691 - 786 _23 - 51 - 28. fsa	205	205. 69	2 099	22 223	4 774
58	E10 _691 - 786 _23 - 51 - 28. fsa	202	202. 45	4 725	50 484	4 743
59	E11 _691 - 786 _24 - 31 - 34. fsa	225	224. 99	5 608	59 818	5 029
60	E12 _691 - 786 _24 - 31 - 34. fsa	187	187. 5	923	9 683	4 545
61	F01 _691 - 786 _20 - 59 - 21. fsa	205	205. 76	3 345	36 366	4 800
62	F02 _691 - 786 _20 - 59 - 21. fsa	225	224. 1	730	7 908	5 057
63	F03 _691 - 786 _21 - 51 - 08. fsa	999				
64	F04 _691 - 786 _21 - 51 - 08. fsa	205	205. 65	4 559	49 032	4 725
65	F05 _691 - 786 _22 - 31 - 16. fsa	202	202. 45	1 986	21 671	4 678
	F05 _691 - 786 _22 - 31 - 16. fsa	218	218. 49	665	7 113	4 881
66	F06 _691 - 786 _22 - 31 - 16. fsa	187	187. 53	3 879	42 063	4 484

（续）

资源序号	样本名 （sample file name）	等位基因位点 （allele，bp）	大小 （size，bp）	高度 （height，RFU）	面积 （area，RFU）	数据取值点 （data point，RFU）
67	F07_691－786_23－11－23. fsa	202	202. 52	3 399	37 492	4 691
68	F08_691－786_23－11－23. fsa	187	187. 57	2 321	25 516	4 497
69	F09_691－786_23－51－28. fsa	202	202. 43	3 722	38 812	4 711
70	F10_691－786_23－51－28. fsa	225	224. 91	208	2 295	5 015
71	F11_691－786_24－31－34. fsa	202	202. 5	4 023	44 656	4 724
72	F12_691－786_24－31－34. fsa	212	212. 03	2 737	30 732	4 862
73	G01_691－786_20－59－21. fsa	205	205. 8	4 757	53 569	4 827
74	G02_691－786_20－59－21. fsa	205	205. 83	3 322	37 343	4 810
75	G03_691－786_21－51－08. fsa	212	212. 05	3 016	32 515	4 751
76	G04_691－786_21－51－08. fsa	205	205. 75	925	9 533	4 736
	G04_691－786_21－51－08. fsa	225	224. 99	260	2 796	4 981
77	G05_691－786_22－31－16. fsa	999				
78	G06_691－786_22－31－16. fsa	225	224	1 300	14 152	4 985
79	G07_691－786_23－11－23. fsa	209	208. 99	2 122	27 652	4 557
80	G08_691－786_23－11－23. fsa	205	205. 7	4 008	42 984	4 752
81	G09_691－786_23－11－24. fsa	202	202. 24	5 371	49 604	4 511
82	G10_691－786_23－51－28. fsa	202	202. 57	4 248	47 034	4 733
83	G11_691－786_24－31－34. fsa	202	202. 52	2 736	29 885	4 740
84	G12_691－786_24－31－34. fsa	205	205. 67	2 179	24 750	4 788
	G12_691－786_24－31－34. fsa	225	224. 03	1 051	12 369	5 038
85	H01_691－786_20－59－21. fsa	225	224. 22	8 209	94 134	5 119
86	H02_691－786_20－59－21. fsa	225	224. 17	722	8 363	5 180
87	H03_691－786_20－59－22. fsa	205	205. 4	7 639	77 324	4 616
88	H04_691－786_20－59－23. fsa	225	224. 23	636	2 245	4 838

（续）

资源序号	样本名（sample file name）	等位基因位点（allele，bp）	大小（size，bp）	高度（height，RFU）	面积（area，RFU）	数据取值点（data point，RFU）
89	H05_691-786_22-31-16.fsa	999				
90	H06_691-786_22-31-16.fsa	205	205.5	62	709	4 659
91	H07_691-786_23-11-23.fsa	205	205.79	1 093	11 440	4 794
92	H08_691-786_23-11-23.fsa	999				
93	H09_691-786_23-51-28.fsa	202	202.48	72	839	4 783
94	H10_691-786_23-51-28.fsa	225	224.65	4 122	37 001	4 869
95	H11_691-786_24-31-34.fsa	202	202.56	42	487	4 802
96	H12_691-786_24-31-34.fsa	218	218.7	169	1 808	5 068
97	A01_787-882_01-52-14.fsa	999				
98	A02_787-882_01-52-14.fsa	999				
99	A03_787-882_01-52-15.fsa	218	218.57	317	3 126	4 902
100	A04_787-882_01-52-15.fsa	187	187.41	45	532	4 217
	A04_787-882_01-52-15.fsa	205	205.75	260	2 579	4 828
101	A05_787-882_02-32-21.fsa	205	205.73	2 838	28 351	4 748
102	A06_787-882_02-32-22.fsa	225	224.49	353	3 760	5 138
103	A07_787-882_02-32-23.fsa	225	224.44	771	8 512	5 118
104	A08_787-882_03-12-27.fsa	225	224.14	253	2 668	5 105
105	A09_787-882_03-52-30.fsa	999				
106	A10_787-882_03-52-31.fsa	231	231.14	58	580	4 174
107	A11_787-882_03-12-28.fsa	225	224.31	988	10 951	5 254
108	A12_787-882_03-12-29.fsa	205	205.34	2 186	25 111	5 112
109	B01_787-882_01-11-43.fsa	225	224.46	2 112	24 464	5 379
110	B02_787-882_01-11-43.fsa	999				
111	B03_787-882_01-11-44.fsa	205	202.22	1 142	12 536	4 765

（续）

资源序号	样本名 (sample file name)	等位基因位点 (allele，bp)	大小 (size，bp)	高度 (height，RFU)	面积 (area，RFU)	数据取值点 (data point，RFU)
112	B04 _787 - 882 _01 - 52 - 15. fsa	999				
113	B05 _787 - 882 _02 - 32 - 21. fsa	999				
114	B06 _787 - 882 _01 - 11 - 45. fsa	202	202. 18	3 790	41 403	4 837
115	B07 _787 - 882 _03 - 12 - 27. fsa	189	189. 01	3 211	48 653	4 792
	B07 _787 - 882 _03 - 12 - 27. fsa	202	202. 54	1 340	13 361	4 728
116	B08 _787 - 882 _03 - 12 - 27. fsa	999				
117	B09 _787 - 882 _03 - 52 - 30. fsa	205	205. 35	2 362	26 324	4 973
118	B10 _787 - 882 _03 - 52 - 31. fsa	187	187. 24	590	6 337	4 743
119	B11 _787 - 882 _03 - 52 - 32. fsa	187	187. 25	990	10 763	4 773
	B11 _787 - 882 _03 - 52 - 33. fsa	205	205. 35	2 700	29 845	5 031
120	B12 _787 - 882 _03 - 52 - 34. fsa	205	205. 34	1 835	19 160	5 107
121	C01 _787 - 882 _01 - 11 - 43. fsa	209	208. 78	1 565	18 942	4 966
122	C02 _787 - 882 _01 - 11 - 43. fsa	209	208. 75	1 924	25 667	5 012
123	C03 _787 - 882 _02 - 32 - 19. fsa	205	205. 69	450	5 300	5 199
124	C04 _787 - 882 _02 - 32 - 20. fsa	189	189. 87	33	224	4 763
125	C05 _787 - 882 _02 - 32 - 21. fsa	999				
126	C06 _787 - 882 _02 - 32 - 21. fsa	205	205. 78	2 236	24 387	4 829
127	C07 _787 - 882 _02 - 32 - 22. fsa	225	224. 62	196	1 929	5 229
128	C08 _787 - 882 _02 - 32 - 23. fsa	999				
129	C09 _787 - 882 _02 - 32 - 23. fsa	205	205. 81	3 642	55 417	5 268
	C09 _787 - 882 _02 - 32 - 23. fsa	225	224. 52	342	3 736	5 288
130	C10 _787 - 882 _02 - 32 - 23. fsa	202	202. 17	7 541	104 562	4 817
131	C11 _787 - 882 _02 - 32 - 24. fsa	215	215. 21	82	828	5 280
132	C12 _787 - 882 _04 - 32 - 34. fsa	202	202. 38	7 467	96 308	4 826

（续）

资源序号	样本名（sample file name）	等位基因位点（allele，bp）	大小（size，bp）	高度（height，RFU）	面积（area，RFU）	数据取值点（data point，RFU）
133	D01_787-882_01-52-13.fsa	225	224.86	6 430	84 839	4 932
134	D02_787-882_01-52-14.fsa	205	205.47	6 898	72 844	4 765
	D02_787-882_01-52-14.fsa	225	224.88	5 123	59 421	5 116
135	D03_787-882_01-52-15.fsa	202	202.81	7 640	115 734	4 754
136	D04_787-882_01-52-15.fsa	225	224.96	5 382	60 548	5 056
137	D05_787-882_02-32-21.fsa	225	224.95	890	9 807	5 057
138	D06_787-882_02-32-21.fsa	218	218.55	1 920	20 800	4 990
139	D07_787-882_03-12-27.fsa	202	202.48	5 504	58 012	4 779
140	D08_787-882_03-12-27.fsa	187	187.55	6 726	82 521	4 575
141	D09_787-882_03-52-30.fsa	202	202.32	7 795	103 420	4 789
142	D10_787-882_03-52-31.fsa	202	202.23	4 737	44 344	4 550
143	D11_787-882_04-32-34.fsa	202	202.54	6 186	70 275	4 808
144	D12_787-882_04-32-34.fsa	225	224.03	7 418	86 740	5 124
145	E01_787-882_01-11-43.fsa	225	224.95	5 288	57 788	5 053
146	E02_787-882_01-11-43.fsa	202	202.51	300	3 173	4 767
	E02_787-882_01-11-43.fsa	225	224.99	420	4 552	5 064
147	E03_787-882_01-52-15.fsa	205	205.74	2 526	26 772	4 800
148	E04_787-882_01-52-16.fsa	215	214.99	495	4 881	4 743
149	E05_787-882_02-32-21.fsa	202	202.51	5 374	60 611	4 775
150	E06_787-882_01-52-17.fsa	225	224.96	6 785	64 307	4 781
151	E07_787-882_03-12-27.fsa	205	205.88	4 877	52 852	4 822
152	E08_787-882_03-12-27.fsa	205	205.74	6 803	81 566	4 831
153	E09_787-882_03-12-28.fsa	218	218.08	99	919	4 729
	E09_787-882_03-12-28.fsa	225	224.86	5 539	59 481	4 682

（续）

资源序号	样本名（sample file name）	等位基因位点（allele，bp）	大小（size，bp）	高度（height，RFU）	面积（area，RFU）	数据取值点（data point，RFU）
154	E10_787 - 882_03 - 52 - 30. fsa	205	205. 72	1 001	10 870	4 848
155	E11_787 - 882_04 - 32 - 34. fsa	205	205. 75	7 212	85 075	4 847
156	E12_787 - 882_04 - 32 - 34. fsa	225	224. 19	7 811	111 822	5 122
157	F01_787 - 882_01 - 11 - 43. fsa	205	205. 7	1 322	13 813	4 783
158	F02_787 - 882_01 - 11 - 43. fsa	205	205. 87	7 767	98 906	4 794
159	F03_787 - 882_01 - 52 - 15. fsa	205	205. 72	3 774	40 834	4 765
160	F04_787 - 882_01 - 52 - 15. fsa	205	205. 79	7 672	85 372	4 784
161	F05_787 - 882_02 - 32 - 21. fsa	218	218. 62	2 207	26 076	4 946
162	F06_787 - 882_02 - 32 - 21. fsa	187	187. 45	7 861	99 782	4 543
163	F07_787 - 882_03 - 12 - 27. fsa	225	224. 08	1 295	15 160	5 041
164	F08_787 - 882_03 - 12 - 27. fsa	187	187. 6	7 751	87 384	4 556
	F08_787 - 882_03 - 12 - 27. fsa	202	202. 54	2 841	31 960	4 766
165	F09_787 - 882_03 - 52 - 30. fsa	202	202. 56	3 384	39 260	4 765
166	F10_787 - 882_03 - 52 - 30. fsa	225	224. 02	1 966	24 216	5 078
167	F11_787 - 882_04 - 32 - 34. fsa	225	224. 12	1 600	17 567	5 071
168	F12_787 - 882_04 - 32 - 34. fsa	205	205. 87	1 417	15 506	4 839
169	G01_787 - 882_01 - 11 - 43. fsa	205	205. 75	5 532	62 206	4 793
170	G02_787 - 882_01 - 11 - 43. fsa	205	205. 74	4 129	47 800	4 793
171	G03_787 - 882_01 - 52 - 15. fsa	205	205. 82	5 697	66 296	4 792
172	G04_787 - 882_01 - 52 - 15. fsa	205	205. 82	4 188	49 703	4 790
173	G05_787 - 882_02 - 32 - 21. fsa	205	205. 83	2 180	25 301	4 800
174	G06_787 - 882_02 - 32 - 21. fsa	205	205. 8	628	6 842	4 806
175	G07_787 - 882_03 - 12 - 27. fsa	225	224. 03	338	4 003	5 059
176	G08_787 - 882_03 - 12 - 27. fsa	225	224. 24	2 965	34 673	5 072

（续）

资源序号	样本名 （sample file name）	等位基因位点 （allele，bp）	大小 （size，bp）	高度 （height，RFU）	面积 （area，RFU）	数据取值点 （data point，RFU）
177	G09_787-882_03-52-30.fsa	187	187.67	3 771	41 774	4 579
	G09_787-882_03-52-30.fsa	205	205.87	5 260	61 128	4 827
178	G10_787-882_03-52-30.fsa	225	224.12	2 526	32 205	5 083
179	G11_787-882_04-32-34.fsa	202	202.65	566	6 487	4 798
180	G12_787-882_04-32-34.fsa	202	202.61	7 502	84 953	4 805
181	H01_787-882_01-11-43.fsa	999				
182	H02_787-882_01-11-43.fsa	205	205.84	2 881	35 203	4 912
183	H03_787-882_01-52-15.fsa	202	202.64	2 381	28 292	4 797
184	H04_787-882_01-52-15.fsa	202	202.66	2 587	28 786	4 867
185	H05_787-882_02-32-21.fsa	187	187.7	4 531	56 805	4 613
186	H06_787-882_02-32-21.fsa	205	205.83	525	5 760	4 920
187	H07_787-882_03-12-27.fsa	225	224.22	1 262	14 969	5 109
188	H08_787-882_03-12-27.fsa	187	187.76	1 358	23 569	4 696
189	H09_787-882_03-52-30.fsa	187	187.75	3 803	47 447	4 641
190	H10_787-882_03-52-30.fsa	225	224.25	2 663	31 095	5 208
191	H11_787-882_04-32-34.fsa	225	224.46	7 931	121 189	5 148
192	H12_787-882_04-32-34.fsa	212	212.41	3 367	49 851	5 296

12 Sat_218

资源序号	样本名 (sample file name)	等位基因位点 (allele, bp)	大小 (size, bp)	高度 (height, RFU)	面积 (area, RFU)	数据取值点 (data point, RFU)
1	A01_691-786_10-38-48. fsa	320	319. 44	780	8 926	6 585
2	A02_691-786_10-38-48. fsa	328	327. 78	531	6 105	6 899
3	A03_691-786_10-38-49. fsa	314	314	56	480	5 849
4	A04_691-786_11-31-44. fsa	325	325. 39	890	9 537	6 616
5	A05_691-786_12-12-00. fsa	323	323. 12	112	1 119	6 324
6	A06_691-786_12-12-00. fsa	295	296. 04	1 461	15 559	6 140
7	A07_691-786_12-52-12. fsa	295	295. 85	1 304	13 436	5 908
8	A08_691-786_12-52-12. fsa	295	295. 87	873	8 664	6 243
9	A09_691-786_13-32-23. fsa	325	325	880	8 812	6 218
10	A10_691-786_13-32-23. fsa	295	295. 95	1 139	11 884	6 027
	A10_691-786_13-32-23. fsa	325	325. 16	425	4 455	6 405
11	A11_691-786_14-12-32. fsa	288	288. 15	2 996	31 564	5 762
12	A12_691-786_14-12-32. fsa	325	325. 12	632	6 658	6 406
13	B01_691-786_10-38-48. fsa	321	321. 54	705	7 786	6 625
14	B02_691-786_10-38-48. fsa	284	284. 94	559	6 652	6 312
15	B03_691-786_10-38-49. fsa	314	313. 73	57	1 008	5 871
	B03_691-786_10-38-50. fsa	323	322. 5	52	738	5 973
16	B04_691-786_11-31-44. fsa	284	284. 74	2 046	22 375	6 065
17	B05_691-786_12-12-00. fsa	284	284. 83	68	922	5 844
18	B06_691-786_12-12-00. fsa	323	323. 09	369	4 045	5 723
19	B07_691-786_12-52-12. fsa	284	284. 41	2 401	25 112	5 773
20	B08_691-786_12-52-12. fsa	327	327. 21	869	9 714	6 472

（续）

资源序号	样本名（sample file name）	等位基因位点（allele，bp）	大小（size，bp）	高度（height，RFU）	面积（area，RFU）	数据取值点（data point，RFU）
21	B09_691－786_13－32－23. fsa	306	306. 1	574	5 818	6 027
22	B10_691－786_13－32－23. fsa	323	323. 06	177	1 938	6 384
23	B11_691－786_14－12－32. fsa	295	295. 94	561	7 689	5 894
24	B12_691－786_14－12－32. fsa	325	325. 09	718	7 703	6 389
25	C01_691－786_10－38－48. fsa	325	325. 68	678	7 577	6 666
26	C02_691－786_10－38－48. fsa	288	288. 72	1 120	13 469	6 367
27	C03_691－786_11－31－44. fsa	306	306. 35	1 106	11 819	6 197
28	C04_691－786_11－31－44. fsa	284	284. 68	2 173	24 282	6 060
29	C05_691－786_12－12－00. fsa	321	321. 17	186	2 039	6 317
30	C06_691－786_12－12－00. fsa	288	288. 48	831	8 605	6 031
31	C07_691－786_12－52－12. fsa	280	280. 76	665	6 805	5 702
32	C08_691－786_12－52－12. fsa	323	323. 06	321	1 700	5 851
33	C09_691－786_13－32－23. fsa	323	323. 04	60	600	6 226
34	C10_691－786_13－32－23. fsa	295	295. 89	1 912	21 159	6 026
35	C11_691－786_14－12－32. fsa	284	284. 79	1 652	19 564	5 748
36	C12_691－786_14－12－32. fsa	290	290. 1	1 101	12 137	5 923
37	D01_691－786_10－38－48. fsa	288	288. 75	800	9 533	6 291
38	D02_691－786_10－38－48. fsa	288	288. 75	846	10 161	6 343
39	D03_691－786_11－31－44. fsa	325	325. 36	213	2 132	5 731
40	D04_691－786_11－31－44. fsa	325	325. 38	618	6 976	6 627
41	D05_691－786_12－12－00. fsa	295	295. 96	211	2 268	6 096
42	D06_691－786_12－12－00. fsa	325	325. 3	148	1 588	6 527
43	D07_691－786_12－12－01. fsa	295	295. 7	163	2 033	5 620
44	D08_691－786_12－52－12. fsa	295	295. 9	1 456	15 904	6 047

（续）

资源序号	样本名（sample file name）	等位基因位点（allele，bp）	大小（size，bp）	高度（height，RFU）	面积（area，RFU）	数据取值点（data point，RFU）
45	D09 _691 - 786 _13 - 32 - 23. fsa	321	320. 96	42	421	6 305
46	D10 _691 - 786 _13 - 32 - 23. fsa	306	306. 15	407	4 178	6 158
47	D11 _691 - 786 _14 - 12 - 32. fsa	284	284. 41	2 226	23 815	5 802
48	D12 _691 - 786 _14 - 12 - 32. fsa	288	288. 07	4 146	38 625	4 744
49	E01 _691 - 786 _10 - 38 - 48. fsa	284	285. 02	1 899	21 858	6 223
50	E02 _691 - 786 _10 - 38 - 48. fsa	300	300. 07	414	5 041	6 508
51	E03 _691 - 786 _11 - 31 - 44. fsa	306	306. 45	511	5 646	6 286
52	E04 _691 - 786 _11 - 31 - 44. fsa	295	296. 05	642	7 475	6 214
53	E05 _691 - 786 _12 - 12 - 00. fsa	325	325. 16	5 004	46 558	4 547
54	E06 _691 - 786 _12 - 12 - 00. fsa	290	290. 24	214	2 480	6 039
55	E07 _691 - 786 _12 - 12 - 01. fsa	290	290. 18	31	408	5 614
56	E08 _691 - 786 _12 - 52 - 12. fsa	325	325. 22	562	6 186	6 428
57	E09 _691 - 786 _12 - 52 - 13. fsa	284	284. 37	284	4 039	5 602
58	E10 _691 - 786 _12 - 52 - 13. fsa	325	325. 24	1 792	16 920	4 238
59	E11 _691 - 786 _14 - 12 - 32. fsa	325	325. 19	6 928	70 602	4 799
60	E12 _691 - 786 _14 - 12 - 32. fsa	284	284. 46	6 793	70 733	4 779
	E12 _691 - 786 _14 - 12 - 32. fsa	325	325. 18	6 373	62 944	4 770
61	F01 _691 - 786 _12 - 12 - 02. fsa	290	290. 17	6 724	60 678	4 716
62	F02 _691 - 786 _12 - 12 - 02. fsa	321	320. 86	58	782	5 923
63	F03 _691 - 786 _12 - 12 - 01. fsa	325	324. 58	161	2 134	6 049
64	F04 _691 - 786 _12 - 12 - 01. fsa	295	295. 84	7 156	63 568	4 809
	F04 _691 - 786 _12 - 12 - 01. fsa	325	325. 08	7 230	68 105	4 818
65	F05 _691 - 786 _12 - 12 - 00. fsa	284	284. 57	1 436	15 938	5 904
66	F06 _691 - 786 _12 - 12 - 00. fsa	319	319. 09	56	637	6 406

（续）

资源序号	样本名（sample file name）	等位基因位点（allele，bp）	大小（size，bp）	高度（height，RFU）	面积（area，RFU）	数据取值点（data point，RFU）
67	F07_691-786_12-52-12. fsa	295	295. 92	686	7 396	5 987
68	F08_691-786_12-52-12. fsa	284	283. 31	119	2 415	5 839
69	F09_691-786_12-52-13. fsa	295	295. 69	165	2 329	5 670
70	F10_691-786_13-32-23. fsa	321	320. 1	91	825	5 556
71	F11_691-786_14-12-32. fsa	327	327. 22	570	6 319	6 331
72	F12_691-786_14-12-32. fsa	286	286. 35	166	2 020	5 834
73	G01_691-786_10-38-48. fsa	334	334. 05	209	2 481	6 888
74	G02_691-786_10-38-48. fsa	290	290. 15	7 622	59 162	4 432
	G02_691-786_10-38-48. fsa	325	325. 09	7 085	69 309	4 637
75	G03_691-786_10-38-49. fsa	306	306. 06	7 097	76 487	4 548
	G03_691-786_10-38-49. fsa	325	325. 13	6 643	48 370	4 503
76	G04_691-786_10-38-49. fsa	278	278. 59	205	2 808	5 473
77	G05_691-786_10-38-50. fsa	325	325. 04	6 925	107 890	4 604
78	G06_691-786_10-38-50. fsa	327	326. 62	97	1 313	6 067
79	G07_691-786_12-52-12. fsa	290	290. 28	707	7 633	5 901
80	G08_691-786_12-52-12. fsa	295	295. 95	96	1 096	6 017
81	G09_691-786_12-52-13. fsa	306	305. 71	202	2 595	5 814
82	G10_691-786_13-32-23. fsa	306	306. 25	97	1 140	6 121
83	G11_691-786_14-12-32. fsa	284	284. 37	617	6 994	5 774
84	G12_691-786_14-12-32. fsa	327	327. 12	6 704	60 356	4 535
85	H01_691-786_12-12-02. fsa	325	325. 18	6 550	44 451	4 595
86	H02_691-786_12-12-02. fsa	297	297. 59	54	763	5 788
87	H03_691-786_12-12-01. fsa	290	289. 89	44	541	5 664
88	H04_691-786_12-12-01. fsa	999				

（续）

资源序号	样本名 （sample file name）	等位基因位点 （allele，bp）	大小 （size，bp）	高度 （height，RFU）	面积 （area，RFU）	数据取值点 （data point，RFU）
89	H05 _691 - 786 _12 - 12 - 00. fsa	999				
90	H06 _691 - 786 _12 - 12 - 00. fsa	325	325. 46	124	1 440	6 626
91	H07 _691 - 786 _12 - 52 - 12. fsa	325	325. 21	248	2 946	6 450
92	H08 _691 - 786 _12 - 52 - 12. fsa	999				
93	H09 _691 - 786 _13 - 32 - 23. fsa	323	323. 16	381	4 232	6 372
94	H10 _691 - 786 _13 - 32 - 23. fsa	306	306. 24	482	5 517	6 259
95	H11 _691 - 786 _14 - 12 - 32. fsa	306	306. 2	549	5 942	6 138
96	H12 _691 - 786 _14 - 12 - 32. fsa	284	284. 61	706	7 852	5 936
97	A01 _787 - 882 _14 - 52 - 41. fsa	288	288. 11	7 111	126 506	4 686
98	A02 _787 - 882 _14 - 52 - 41. fsa	325	325. 05	402	3 949	6 362
99	A03 _787 - 882 _15 - 32 - 46. fsa	310	310. 24	1 061	10 283	6 025
100	A04 _787 - 882 _15 - 32 - 46. fsa	264	263. 82	4 981	54 998	5 524
101	A05 _787 - 882 _16 - 12 - 52. fsa	264	263. 84	3 420	36 105	5 414
	A05 _787 - 882 _16 - 12 - 52. fsa	290	290. 19	1 205	11 280	5 774
102	A06 _787 - 882 _16 - 12 - 52. fsa	300	301. 77	444	3 769	6 071
	A06 _787 - 882 _16 - 12 - 52. fsa	325	324. 97	150	1 407	6 365
103	A07 _787 - 882 _16 - 52 - 59. fsa	297	297. 72	1 545	15 680	5 903
104	A08 _787 - 882 _16 - 52 - 59. fsa	297	297. 82	884	8 536	6 046
	A08 _787 - 882 _16 - 52 - 59. fsa	329	329. 13	571	5 899	6 447
105	A09 _787 - 882 _17 - 33 - 30. fsa	319	318. 68	277	3 396	6 237
106	A10 _787 - 882 _17 - 33 - 30. fsa	323	323. 02	614	6 225	6 395
107	A11 _787 - 882 _18 - 13 - 38. fsa	295	296. 12	442	5 165	5 970
108	A12 _787 - 882 _18 - 13 - 38. fsa	295	295. 83	1 223	12 399	6 066
109	B01 _787 - 882 _14 - 52 - 41. fsa	325	325. 01	301	3 440	6 242

（续）

资源序号	样本名（sample file name）	等位基因位点（allele，bp）	大小（size，bp）	高度（height，RFU）	面积（area，RFU）	数据取值点（data point，RFU）
110	B02_787-882_14-52-41.fsa	331	331.31	246	2 804	6 452
111	B03_787-882_15-32-46.fsa	295	295.86	1 374	12 347	5 857
112	B04_787-882_15-32-46.fsa	999				
113	B05_787-882_16-12-52.fsa	319	318.63	106	971	6 137
114	B06_787-882_16-12-52.fsa	288	288.24	1 322	12 473	5 878
115	B07_787-882_16-52-59.fsa	325	325.02	486	3 912	6 252
116	B08_787-882_16-52-59.fsa	999				
117	B09_787-882_17-33-30.fsa	284	284.35	2 220	21 404	5 755
118	B10_787-882_17-33-30.fsa	288	288.24	2 021	20 117	5 942
119	B11_787-882_18-13-38.fsa	284	284.29	2 145	21 423	5 771
120	B12_787-882_18-13-38.fsa	284	284.29	327	3 965	5 903
121	C01_787-882_14-52-41.fsa	295	295.9	979	10 261	5 855
122	C02_787-882_14-52-41.fsa	295	295.72	452	5 654	5 989
123	C03_787-882_15-32-46.fsa	325	324.91	157	1 535	6 202
124	C04_787-882_15-32-46.fsa	306	306.11	371	3 446	6 117
125	C05_787-882_16-12-52.fsa	999				
126	C06_787-882_16-12-52.fsa	297	297.78	892	8 388	6 015
127	C07_787-882_16-52-59.fsa	327	326.99	202	1 736	6 298
128	C08_787-882_16-52-59.fsa	325	325.07	4 834	44 728	4 481
129	C09_787-882_17-33-30.fsa	297	297.91	205	2 688	5 977
130	C10_787-882_17-33-30.fsa	323	322.92	341	3 071	6 408
131	C11_787-882_18-13-38.fsa	284	283.72	1 059	9 914	5 102
132	C12_787-882_18-13-38.fsa	295	295.85	1 715	18 056	6 071
133	D01_787-882_14-52-41.fsa	325	325	56	560	6 314

（续）

资源序号	样本名（sample file name）	等位基因位点（allele，bp）	大小（size，bp）	高度（height，RFU）	面积（area，RFU）	数据取值点（data point，RFU）
134	D02_787－882_14－52－41. fsa	284	284. 32	987	10 240	5 818
135	D03_787－882_15－32－46. fsa	295	295. 91	1 421	14 420	5 935
136	D04_787－882_15－32－46. fsa	323	322. 98	61	595	6 326
137	D05_787－882_16－12－52. fsa	295	295. 84	629	5 792	5 938
138	D06_787－882_16－12－52. fsa	284	284. 3	1 440	14 734	5 811
139	D07_787－882_16－52－59. fsa	325	325. 1	257	2 647	6 356
140	D08_787－882_16－52－59. fsa	284	284. 42	1 713	18 047	5 856
141	D09_787－882_17－33－30. fsa	323	322. 91	294	2 650	6 343
142	D10_787－882_17－33－30. fsa	325	325. 04	212	1 552	6 370
143	D11_787－882_18－13－38. fsa	288	288. 1	467	4 369	5 897
	D11_787－882_18－13－38. fsa	323	323. 07	218	1 920	6 353
144	D12_787－882_18－13－38. fsa	325	325. 08	373	3 880	6 439
145	E01_787－882_14－52－41. fsa	327	327. 13	320	3 369	6 308
146	E02_787－882_14－52－41. fsa	999				
147	E03_787－882_15－32－46. fsa	327	327. 09	318	2 673	6 307
148	E04_787－882_15－32－46. fsa	286				
149	E05_787－882_16－12－52. fsa	288	288. 31	1 172	11 723	5 812
150	E06_787－882_16－12－52. fsa	999				
151	E07_787－882_16－52－59. fsa	288	288. 14	536	5 059	5 837
152	E08_787－882_16－52－59. fsa	316	316. 72	358	3 562	6 277
153	E09_787－882_17－33－30. fsa	999				
154	E10_787－882_17－33－30. fsa	284	284. 3	504	4 459	5 867
	E10_787－882_17－33－30. fsa	286	286. 23	428	3 773	5 895
155	E11_787－882_18－13－38. fsa	288	288. 17	828	7 793	5 884

（续）

资源序号	样本名（sample file name）	等位基因位点（allele，bp）	大小（size，bp）	高度（height，RFU）	面积（area，RFU）	数据取值点（data point，RFU）
156	E12_787-882_18-13-38. fsa	295	295. 82	1 066	12 047	6 051
157	F01_787-882_14-52-41. fsa	288	288. 21	665	7 114	5 814
158	F02_787-882_14-52-41. fsa	325	325. 23	143	1 462	6 329
159	F03_787-882_15-32-46. fsa	284	284. 48	645	6 991	5 751
160	F04_787-882_15-32-46. fsa	295	295. 85	456	3 906	5 923
161	F05_787-882_16-12-52. fsa	284	284. 49	707	6 855	5 759
162	F06_787-882_16-12-52. fsa	284	284. 37	368	3 538	5 791
	F06_787-882_16-12-52. fsa	286	286. 34	265	2 142	5 819
163	F07_787-882_16-52-59. fsa	329	329. 22	382	3 607	6 377
164	F08_787-882_16-52-59. fsa	284	284. 39	462	5 782	5 812
165	F09_787-882_17-33-30. fsa	284	284. 42	1 130	11 649	5 814
166	F10_787-882_17-33-30. fsa	288	288. 09	1 059	11 234	5 716
	F10_787-882_17-33-30. fsa	325	325. 13	987	10 223	5 643
167	F11_787-882_18-13-38. fsa	284	284. 45	972	10 342	5 621
	F11_787-882_18-13-38. fsa	321	320. 95	453	8 769	5 238
168	F12_787-882_18-13-38. fsa	325	325. 06	64	711	6 392
169	G01_787-882_14-52-41. fsa	327	327. 14	228	2 429	6 308
170	G02_787-882_14-52-41. fsa	327	327. 2	130	1 309	6 349
171	G03_787-882_15-32-46. fsa	290	290. 05	709	7 175	5 828
172	G04_787-882_15-32-46. fsa	323	323. 1	252	2 426	6 282
	G04_787-882_15-32-46. fsa	325	325. 23	163	1 311	6 309
173	G05_787-882_16-12-52. fsa	323	322. 92	63	556	6 248
	G05_787-882_16-12-52. fsa	325	325. 02	49	363	6 274
174	G06_787-882_16-12-52. fsa	295	295. 95	508	5 080	5 945

（续）

资源序号	样本名（sample file name）	等位基因位点（allele，bp）	大小（size，bp）	高度（height，RFU）	面积（area，RFU）	数据取值点（data point，RFU）
175	G07_787-882_16-52-59. fsa	284	286. 23	632	6 294	5 803
176	G08_787-882_16-52-59. fsa	325	325. 07	129	1 251	6 367
177	G09_787-882_17-33-30. fsa	321	320. 94	292	2 724	6 285
178	G10_787-882_17-33-30. fsa	325	325. 15	140	1 349	6 378
179	G11_787-882_18-13-38. fsa	293	293. 97	695	7 012	5 953
180	G12_787-882_18-13-38. fsa	295	295. 87	534	5 802	6 013
181	H01_787-882_14-52-41. fsa	284	284. 55	500	5 438	5 830
182	H02_787-882_14-52-41. fsa	297	297. 91	568	6 548	6 111
183	H03_787-882_15-32-46. fsa	323	323. 18	210	2 113	6 322
184	H04_787-882_15-32-46. fsa	295	295. 95	364	4 226	6 069
185	H05_787-882_16-12-52. fsa	280	280. 75	796	9 349	5 770
186	H06_787-882_16-12-52. fsa	260	260. 22	223	2 593	5 559
187	H07_787-882_16-52-59. fsa	297	297. 86	398	4 098	6 026
188	H08_787-882_16-52-59. fsa	284	284. 68	543	5 957	5 935
189	H09_787-882_17-33-30. fsa	282	282. 61	889	9 692	5 849
190	H10_787-882_17-33-30. fsa	295	295. 98	227	2 557	6 134
191	H11_787-882_18-13-38. fsa	288	288. 9	254	3 729	5 981
192	H12_787-882_18-13-38. fsa	286	286. 56	556	6 676	6 029

13 Satt239

资源序号	样本名 (sample file name)	等位基因位点 (allele, bp)	大小 (size, bp)	高度 (height, RFU)	面积 (area, RFU)	数据取值点 (data point, RFU)
1	A01_691_10-11-35. fsa	185	185. 37	1 772	18 519	4 554
2	A02_691_10-11-35. fsa	191	191. 27	207	2 228	4 770
3	A03_691_11-03-38. fsa	191	191. 23	470	4 759	4 434
4	A04_691_11-03-38. fsa	191	191. 24	235	2 662	4 554
5	A05_691_11-43-49. fsa	155	155. 38	1 402	13 519	3 907
6	A06_691_11-43-49. fsa	173	173. 48	1 610	17 609	4 265
7	A07_691_12-23-56. fsa	191	191. 12	1 636	16 812	4 379
8	A08_691_12-23-56. fsa	173	173. 33	1 227	13 531	4 239
9	A09_691_13-04-02. fsa	191	191. 07	3 992	40 711	4 359
10	A10_691_13-04-02. fsa	173	173. 29	2 110	22 580	4 219
	A10_691_13-04-02. fsa	194	194. 1	1 163	12 513	4 518
11	A11_691_13-44-08. fsa	179	179. 34	739	7 547	4 184
12	A12_691_13-44-08. fsa	182	182. 34	1 385	14 636	4 329
13	B01_691_10-11-35. fsa	191	191. 29	153	1 727	4 636
14	B02_691_10-11-35. fsa	176	176. 33	1 012	10 535	4 257
15	B03_691_11-03-38. fsa	173	173. 44	3 045	31 624	4 216
16	B04_691_11-03-38. fsa	173	173. 34	1 461	15 633	4 273
17	B05_691_11-43-49. fsa	173	173. 42	417	4 273	4 189
18	B06_691_11-43-49. fsa	188	188. 23	1 026	11 672	4 450
19	B07_691_12-23-56. fsa	173	173. 32	222	2 342	4 168
	B07_691_12-23-56. fsa	179	179. 39	348	3 639	4 252
20	B08_691_12-23-56. fsa	173	173. 45	1 515	16 322	4 207

（续）

资源序号	样本名（sample file name）	等位基因位点（allele，bp）	大小（size，bp）	高度（height，RFU）	面积（area，RFU）	数据取值点（data point，RFU）
21	B09_691_13-04-02.fsa	185	185.17	489	4 737	4 314
22	B10_691_13-04-02.fsa	176	176.36	1 113	12 693	4 239
23	B11_691_13-44-08.fsa	191	191.1	1 830	19 397	4 378
24	B12_691_13-44-08.fsa	173	173.26	3 689	40 706	4 175
25	C01_691_10-11-35.fsa	188	188.34	903	9 873	4 549
26	C02_691_10-11-35.fsa	173	173.39	252	2 860	4 475
27	C03_691_11-03-38.fsa	179	179.49	1 369	13 928	4 224
	C03_691_11-03-38.fsa	188	188.32	716	7 653	4 346
28	C04_691_11-03-38.fsa	188	188.27	35	370	4 455
29	C05_691_11-43-49.fsa	173	173.39	824	8 315	4 133
30	C06_691_11-43-49.fsa	188	188.26	1 506	17 203	4 420
31	C07_691_12-23-56.fsa	173	173.37	1 186	12 397	4 121
32	C08_691_12-23-56.fsa	173	173.32	823	9 196	4 186
33	C09_691_13-04-02.fsa	999				
34	C10_691_13-04-02.fsa	173	173.34	2 912	31 874	4 175
35	C11_691_13-44-08.fsa	173	173.32	578	6 051	4 095
36	C12_691_13-44-08.fsa	173	173.27	173	1 829	4 157
37	D01_691_10-11-35.fsa	173	173.47	101	1 157	4 421
38	D02_691_10-11-35.fsa	194	194.27	701	8 115	4 739
39	D03_691_11-03-38.fsa	173	173.41	847	9 008	4 220
40	D04_691_11-03-38.fsa	188	188.18	629	6 790	4 420
41	D05_691_11-43-49.fsa	191	191.12	2 030	22 470	4 468
42	D06_691_11-43-49.fsa	191	191.21	55	633	4 455
43	D07_691_12-23-56.fsa	173	173.4	233	2 619	4 201

（续）

资源序号	样本名（sample file name）	等位基因位点（allele，bp）	大小（size，bp）	高度（height，RFU）	面积（area，RFU）	数据取值点（data point，RFU）
44	D08_691_12-23-56.fsa	191	191.09	2 075	22 788	4 438
45	D09_691_13-04-02.fsa	185	185.27	335	3 441	4 354
46	D10_691_13-04-02.fsa	185	185.16	692	7 490	4 343
47	D11_691_13-44-08.fsa	188	188.2	663	7 278	4 372
48	D12_691_13-44-08.fsa	185	185.17	229	2 481	4 324
49	E01_691_10-11-35.fsa	185	185.4	163	1 830	4 656
50	E02_691_10-11-35.fsa	188	188.41	348	4 045	4 657
51	E03_691_11-03-38.fsa	188	188.24	99	993	4 500
52	E04_691_11-03-38.fsa	173	173.55	382	3 991	4 207
53	E05_691_11-43-49.fsa	173	173.41	1 185	12 921	4 252
54	E06_691_11-43-49.fsa	194	194.16	1 483	16 042	4 486
55	E07_691_12-23-56.fsa	185	185.23	167	1 766	4 390
56	E08_691_12-23-56.fsa	188	188.12	663	7 227	4 384
57	E09_691_13-04-02.fsa	173	172.85	492	4 251	3 686
	E09_691_13-04-02.fsa	188	187.76	1 368	11 682	3 866
58	E10_691_13-04-02.fsa	194	194.02	1 357	15 335	4 458
59	E11_691_13-44-08.fsa	173	173.31	962	10 692	4 183
60	E12_691_13-44-08.fsa	173	173.35	272	2 839	4 149
61	F01_691_10-11-35.fsa	194	194.37	183	2 061	4 684
62	F02_691_10-11-35.fsa	194	194.27	129	1 477	4 722
63	F03_691_11-03-38.fsa	191	191.15	400	4 135	4 418
64	F04_691_11-03-38.fsa	176	176.44	704	7 256	4 233
65	F05_691_11-43-49.fsa	188	188.22	894	9 529	4 370
66	F06_691_11-43-49.fsa	191	191.24	843	9 204	4 426

（续）

资源序号	样本名（sample file name）	等位基因位点（allele，bp）	大小（size，bp）	高度（height，RFU）	面积（area，RFU）	数据取值点（data point，RFU）
67	F07_691_12-23-56. fsa	194	194. 16	310	3 274	4 440
68	F08_691_12-23-56. fsa	185	185. 2	181	1 940	4 327
69	F09_691_13-04-02. fsa	173	173. 35	1 814	18 906	4 145
70	F10_691_13-04-02. fsa	188	188. 18	179	1 907	4 360
71	F11_691_13-44-08. fsa	191	191. 23	3 101	33 438	4 371
72	F12_691_13-44-08. fsa	176	176. 29	522	5 626	4 181
73	G01_691_10-11-35. fsa	188	188. 43	320	3 630	4 665
74	G02_691_10-11-35. fsa	194	194. 34	82	940	4 688
75	G03_691_11-03-38. fsa	999				
76	G04_691_11-03-38. fsa	173	173. 5	82	825	4 197
77	G05_691_11-43-49. fsa	150	149. 92	180	1 861	3 872
78	G06_691_11-43-49. fsa	182	182. 36	1 126	12 369	4 319
79	G07_691_12-23-56. fsa	188	188. 27	552	5 919	4 381
80	G08_691_12-23-56. fsa	173	173. 43	149	1 548	4 180
81	G09_691_13-04-02. fsa	179	179. 29	57	596	4 245
82	G10_691_13-04-02. fsa	179	179. 55	871	9 336	4 259
83	G11_691_13-44-08. fsa	179	179. 42	414	4 488	4 226
84	G12_691_13-44-08. fsa	173	173. 39	139	1 542	4 152
85	H01_691_10-11-35. fsa	188	188. 57	112	1 251	4 722
86	H02_691_10-11-35. fsa	173	173. 59	171	2 110	4 563
87	H03_691_11-03-38. fsa	194	194. 22	258	2 824	4 551
88	H04_691_11-03-38. fsa	194	194. 23	321	3 577	4 633
89	H05_691_11-43-49. fsa	188	188. 24	103	1 165	4 437
90	H06_691_11-43-49. fsa	176	176. 32	1 152	9 875	4 458

（续）

资源序号	样本名 （sample file name）	等位基因位点 （allele，bp）	大小 （size，bp）	高度 （height，RFU）	面积 （area，RFU）	数据取值点 （data point，RFU）
91	H07_691_12-23-56. fsa	188	188. 32	836	9 449	4 419
92	H08_691_12-23-56. fsa	188	188. 26	124	1 428	4 501
93	H09_691_13-04-02. fsa	191	191. 25	162	1 796	4 449
94	H10_691_13-04-02. fsa	188	188. 32	369	4 095	4 486
95	H11_691_13-44-08. fsa	185	185. 34	191	1 921	4 347
96	H12_691_13-44-08. fsa	173	173. 43	217	2 345	4 251
97	A01_787_14-24-12. fsa	173	173. 35	1 564	10 426	4 318
98	A02_787_14-24-12. fsa	185	185. 2	330	3 769	4 319
99	A03_787_15-04-14. fsa	188	188. 25	7 130	106 820	4 282
100	A04_787_15-04-14. fsa	194	193. 97	313	3 222	4 427
101	A05_787_15-44-17. fsa	185	185. 11	1 983	26 078	4 259
102	A06_787_15-44-17. fsa	173	173. 29	174	1 668	4 150
103	A07_787_16-24-21. fsa	173	173. 17	184	1 975	4 100
104	A08_787_16-24-21. fsa	173	173. 27	2 120	23 954	4 129
105	A09_787_17-04-50. fsa	173	173. 25	746	7 401	4 054
106	A10_787_17-04-50. fsa	194	194. 08	277	2 664	4 383
107	A11_787_17-44-53. fsa	173	173. 35	1 747	18 620	4 027
108	A12_787_17-44-53. fsa	173	173. 34	1 584	17 031	4 079
109	B01_787_14-24-12. fsa	173	173. 28	5 230	63 070	4 104
	B01_787_14-24-12. fsa	191	191	2 203	26 367	4 337
110	B02_787_14-24-12. fsa	194	193. 11	3 344	35 549	4 417
111	B03_787_15-04-14. fsa	173	173. 29	3 811	42 964	4 096
112	B04_787_15-04-14. fsa	999				
113	B05_787_15-44-17. fsa	188	187. 15	7 796	91 928	4 277

（续）

资源序号	样本名（sample file name）	等位基因位点（allele，bp）	大小（size，bp）	高度（height，RFU）	面积（area，RFU）	数据取值点（data point，RFU）
114	B06_787_15-44-17.fsa	173	173.27	1 241	13 811	4 138
115	B07_787_16-24-21.fsa	173	173.29	603	6 312	4 071
116	B08_787_16-24-21.fsa	999				
117	B09_787_17-04-50.fsa	188	188.14	1 038	10 877	4 248
118	B10_787_17-04-50.fsa	173	173.21	5 940	62 594	4 101
119	B11_787_17-44-53.fsa	188	187.27	3 157	32 765	4 212
120	B12_787_17-44-53.fsa	155	155.12	1 768	17 036	4 223
121	C01_787_14-24-12.fsa	173	173.18	6 573	74 913	4 077
122	C02_787_14-24-12.fsa	173	173.25	632	7 023	4 132
123	C03_787_15-04-14.fsa	191	190.19	1 762	25 804	4 298
124	C04_787_15-04-14.fsa	185	184.26	1 837	19 870	4 277
125	C05_787_15-44-17.fsa	188	187.15	7 570	97 746	4 256
126	C06_787_15-44-17.fsa	173	173.23	603	6 416	4 126
127	C07_787_16-24-21.fsa	191	190.17	7 576	81 975	4 262
128	C08_787_16-24-21.fsa	173	173.11	5 688	69 582	4 231
129	C09_787_17-04-50.fsa	173	172.37	3 972	37 571	3 996
130	C10_787_17-04-50.fsa	173	172.38	8 066	86 170	4 069
131	C11_787_17-44-53.fsa	173	172.43	6 931	70 252	3 988
132	C12_787_17-44-53.fsa	173	173.78	7 197	80 031	4 056
133	D01_787_14-24-12.fsa	185	184.23	1 364	17 835	4 282
134	D02_787_14-24-12.fsa	188	188	1 310	14 712	4 333
135	D03_787_15-04-14.fsa	173	172.94	7 084	59 983	4 124
136	D04_787_15-04-14.fsa	173	172.32	2 390	29 315	4 113
137	D05_787_15-44-17.fsa	173	173.23	2 351	28 107	4 127

（续）

资源序号	样本名（sample file name）	等位基因位点（allele，bp）	大小（size，bp）	高度（height，RFU）	面积（area，RFU）	数据取值点（data point，RFU）
138	D06_787_15-44-17. fsa	185	185.06	1 992	22 391	4 285
139	D07_787_16-24-21. fsa	188	187.23	764	7 583	4 273
140	D08_787_16-24-21. fsa	173	173.28	852	10 440	4 092
141	D09_787_17-04-50. fsa	173	172.44	4 451	44 128	4 047
142	D10_787_17-04-51. fsa	164	163.63	1 628	16 890	4 637
143	D11_787_17-44-53. fsa	173	172.33	4 115	40 832	4 038
144	D12_787_17-44-53. fsa	173	173.09	7 532	122 465	4 036
145	E01_787_14-24-12. fsa	173	173.33	3 752	39 101	4 134
146	E02_787_14-24-12. fsa	173	173.27	547	6 012	4 129
	E02_787_14-24-12. fsa	188	188.1	838	9 523	4 333
147	E03_787_15-04-14. fsa	173	173.28	1 054	11 042	4 117
148	E04_787_15-04-14. fsa	176	176.17	370	4 041	4 163
149	E05_787_15-44-17. fsa	188	188	6 807	75 525	4 316
150	E06_787_15-44-17. fsa	191	191.02	1 398	14 465	4 364
151	E07_787_16-24-21. fsa	191	191.13	1 537	16 193	4 341
152	E08_787_16-24-21. fsa	173	173.28	675	7 013	4 105
153	E09_787_17-04-50. fsa	188	188.08	6 153	61 864	4 282
154	E10_787_17-04-50. fsa	188	188.21	2 478	27 220	4 263
155	E11_787_17-44-53. fsa	188	188.17	6 665	78 043	4 253
156	E12_787_17-44-53. fsa	182	182.13	1 900	20 338	4 161
157	F01_787_14-24-12. fsa	182	182.21	1 326	15 011	4 243
158	F02_787_14-24-12. fsa	173	173.26	2 018	21 113	4 120
159	F03_787_15-04-14. fsa	188	188.14	693	7 474	4 304
160	F04_787_15-04-14. fsa	194	194.07	6 478	68 440	4 395

（续）

资源序号	样本名（sample file name）	等位基因位点（allele，bp）	大小（size，bp）	高度（height，RFU）	面积（area，RFU）	数据取值点（data point，RFU）
161	F05_787_15-44-17.fsa	173	173.31	2 945	35 228	4 104
162	F06_787_15-44-17.fsa	173	173.3	2 221	23 054	4 112
163	F07_787_16-24-21.fsa	185	185.17	1 732	17 629	4 230
164	F08_787_16-24-21.fsa	179	179.31	479	4 928	4 179
	F08_787_16-24-21.fsa	188	188.15	241	2 503	4 297
165	F09_787_17-04-50.fsa	188	188.11	1 680	16 986	4 227
166	F10_787_17-04-50.fsa	173	173.37	1 634	18 884	4 055
167	F11_787_17-44-53.fsa	185	185.16	6 041	63 981	4 181
168	F12_787_17-44-53.fsa	173	173.37	3 263	39 122	4 035
169	G01_787_14-24-12.fsa	173	173.31	385	4 079	4 122
	G01_787_14-24-12.fsa	188	188.15	561	5 777	4 319
170	G02_787_14-24-12.fsa	173	173.34	846	8 877	4 125
171	G03_787_15-04-14.fsa	188	188.11	743	7 773	4 312
172	G04_787_15-04-14.fsa	191	191.18	2 130	22 294	4 360
173	G05_787_15-44-17.fsa	191	191.06	936	9 432	4 351
174	G06_787_15-44-17.fsa	191	191.14	565	6 053	4 364
175	G07_787_16-24-21.fsa	173	173.3	971	10 361	4 107
176	G08_787_16-24-21.fsa	185	185.28	1 497	15 915	4 241
177	G09_787_17-04-50.fsa	185	185.19	743	7 986	4 230
	G09_787_17-04-50.fsa	194	194.16	364	4 003	4 347
178	G10_787_17-04-50.fsa	191	191.2	1 740	19 746	4 283
179	G11_787_17-44-53.fsa	191	191.12	765	9 276	4 281
180	G12_787_17-44-53.fsa	176	176.35	3 171	36 147	4 082
181	H01_787_14-24-12.fsa	173	173.37	501	6 133	4 158

（续）

资源序号	样本名（sample file name）	等位基因位点（allele，bp）	大小（size，bp）	高度（height，RFU）	面积（area，RFU）	数据取值点（data point，RFU）
182	H02_787_14-24-12.fsa	191	191.21	4 670	60 034	4 460
183	H03_787_15-04-14.fsa	173	173.29	1 139	12 457	4 153
184	H04_787_15-04-14.fsa	176	176.37	2 831	31 162	4 248
185	H05_787_15-44-17.fsa	188	188.19	1 712	19 987	4 349
186	H06_787_15-44-17.fsa	185	185.26	456	5 190	4 367
187	H07_787_16-24-21.fsa	173	173.4	2 510	26 677	4 145
188	H08_787_16-24-21.fsa	185	185.26	3 362	38 339	4 352
189	H09_787_17-04-50.fsa	185	185.25	627	6 325	4 262
190	H10_787_17-04-50.fsa	191	191.21	1 098	12 097	4 392
191	H11_787_17-44-53.fsa	173	173.36	2 254	25 789	4 078
192	H12_787_17-44-53.fsa	185	185.27	3 125	36 468	4 284

14 Satt380

资源序号	样本名（sample file name）	等位基因位点（allele，bp）	大小（size，bp）	高度（height，RFU）	面积（area，RFU）	数据取值点（data point，RFU）
1	A01_691-786_10-52-20.fsa	127	127.45	6 448	69 669	3 595
2	A02_691-786_10-52-20.fsa	127	127.3	3 267	30 218	3 633
3	A03_691-786_11-43-58.fsa	127	127.29	1 195	10 291	3 468
4	A04_691-786_11-43-58.fsa	127	127.19	1 714	12 235	3 472
	A04_691-786_11-43-58.fsa	135	135.34	4 422	43 521	3 416
5	A05_691-786_12-24-07.fsa	127	127.1	6 911	72 646	3 427
6	A06_691-786_12-24-07.fsa	125	124.28	4 428	41 168	3 427
7	A07_691-786_13-04-12.fsa	127	127.04	4 682	39 661	3 156
8	A08_691-786_13-04-12.fsa	127	127.28	6 384	54 619	3 449
9	A09_691-786_13-44-16.fsa	127	127.26	6 998	62 724	3 396
10	A10_691-786_13-44-16.fsa	127	127.25	2 786	25 036	3 430
	A10_691-786_13-44-16.fsa	135	135.27	2 042	17 970	3 535
11	A11_691-786_14-24-19.fsa	135	135.27	5 390	46 813	3 492
12	A12_691-786_14-24-19.fsa	125	125.11	6 791	78 730	3 398
13	B01_691-786_10-52-20.fsa	135	135.37	865	8 208	3 712
14	B02_691-786_10-52-20.fsa	125	125.37	1 937	17 691	3 591
15	B03_691-786_11-43-58.fsa	125	125.25	2 040	17 581	3 450
16	B04_691-786_11-43-58.fsa	125	125.32	6 359	62 186	3 461
17	B05_691-786_12-24-07.fsa	132	132.19	6 969	72 448	3 502
18	B06_691-786_12-24-07.fsa	135	135.32	4 533	42 425	3 553
19	B07_691-786_13-04-12.fsa	125	125.31	4 579	40 719	3 395
	B07_691-786_13-04-12.fsa	132	132.25	2 018	17 104	3 485

（续）

资源序号	样本名（sample file name）	等位基因位点（allele，bp）	大小（size，bp）	高度（height，RFU）	面积（area，RFU）	数据取值点（data point，RFU）
20	B08 _691 - 786 _13 - 04 - 12. fsa	125	125. 33	2 830	25 374	3 403
21	B09 _691 - 786 _13 - 44 - 16. fsa	127	127. 4	7 189	76 139	3 404
22	B10 _691 - 786 _13 - 44 - 16. fsa	127	127. 24	3 840	33 707	3 414
23	B11 _691 - 786 _14 - 24 - 19. fsa	127	127. 23	7 005	60 586	3 399
24	B12 _691 - 786 _14 - 24 - 19. fsa	135	136. 21	6 322	56 429	3 524
25	C01 _691 - 786 _10 - 52 - 20. fsa	125	125. 41	3 810	35 376	3 553
	C01 _691 - 786 _10 - 52 - 20. fsa	135	135. 39	3 708	33 866	3 688
26	C02 _691 - 786 _10 - 52 - 20. fsa	135	135. 4	2 083	19 525	3 713
27	C03 _691 - 786 _11 - 43 - 58. fsa	125	125. 27	5 894	54 154	3 425
28	C04 _691 - 786 _11 - 43 - 58. fsa	135	135. 27	7 045	80 555	3 581
29	C05 _691 - 786 _12 - 24 - 07. fsa	135	136. 57	6 642	76 127	3 530
30	C06 _691 - 786 _12 - 24 - 07. fsa	127	127. 3	4 649	47 351	3 434
31	C07 _691 - 786 _13 - 04 - 12. fsa	127	127. 27	1 020	9 287	3 394
32	C08 _691 - 786 _13 - 04 - 12. fsa	127	127. 26	2 349	20 454	3 417
33	C09 _691 - 786 _13 - 44 - 16. fsa	999				
34	C10 _691 - 786 _13 - 44 - 16. fsa	125	125. 39	6 798	71 517	3 377
35	C11 _691 - 786 _14 - 24 - 19. fsa	127	127. 18	6 323	56 852	3 372
36	C12 _691 - 786 _14 - 24 - 19. fsa	135	136. 36	5 125	47 538	3 513
37	D01 _691 - 786 _10 - 52 - 20. fsa	135	136. 48	2 453	23 568	3 753
38	D02 _691 - 786 _10 - 52 - 20. fsa	127	127. 27	4 523	43 254	3 601
39	D03 _691 - 786 _11 - 43 - 58. fsa	125	125. 68	6 641	89 127	3 472
40	D04 _691 - 786 _11 - 43 - 58. fsa	127	127. 23	5 742	52 468	3 473
41	D05 _691 - 786 _12 - 24 - 07. fsa	127	127. 72	6 025	49 535	3 457
42	D06 _691 - 786 _12 - 24 - 07. fsa	127	127. 25	3 176	28 939	3 430

（续）

资源序号	样本名 （sample file name）	等位基因位点 （allele，bp）	大小 （size，bp）	高度 （height，RFU）	面积 （area，RFU）	数据取值点 （data point，RFU）
43	D07_691-786_13-04-12.fsa	125	125.27	7 465	71 426	3 407
44	D08_691-786_13-04-12.fsa	127	127.29	7 375	74 319	3 414
45	D09_691-786_13-44-16.fsa	125	125.58	5 845	48 790	3 396
46	D10_691-786_13-44-16.fsa	127	127.41	7 111	79 811	3 401
47	D11_691-786_14-24-19.fsa	135	135.26	5 354	49 313	3 523
48	D12_691-786_14-24-19.fsa	135	136.36	6 199	52 844	3 511
49	E01_691-786_10-52-20.fsa	132	132.38	5 751	52 339	3 699
50	E02_691-786_10-52-20.fsa	135	135.38	3 004	28 346	3 711
51	E03_691-786_11-43-58.fsa	135	136.52	7 156	90 482	3 619
52	E04_691-786_11-43-58.fsa	135	135.34	4 662	42 171	3 582
53	E05_691-786_12-24-07.fsa	135	135.87	6 026	43 872	3 571
54	E06_691-786_12-24-07.fsa	127	127.48	5 266	57 767	3 439
55	E07_691-786_13-04-12.fsa	125	125.21	2 814	21 512	3 417
56	E08_691-786_13-04-12.fsa	125	125.32	6 751	62 274	3 393
57	E09_691-786_13-44-16.fsa	135	136.63	6 758	83 600	3 542
58	E10_691-786_13-44-16.fsa	127	127.26	7 317	79 598	3 408
59	E11_691-786_14-24-19.fsa	135	136.08	6 979	80 277	3 534
60	E12_691-786_14-24-19.fsa	127	127.39	7 448	89 394	3 403
61	F01_691-786_10-52-20.fsa	125	124.62	5 918	69 895	3 569
62	F02_691-786_10-52-20.fsa	125	125.32	5 971	50 378	3 569
63	F03_691-786_11-43-58.fsa	125	125.25	4 046	31 664	3 446
64	F04_691-786_11-43-58.fsa	127	127.39	7 377	75 818	3 474
65	F05_691-786_12-24-07.fsa	132	131.86	6 076	91 259	3 492
66	F06_691-786_12-24-07.fsa	135	135.51	6 697	86 048	3 541

（续）

资源序号	样本名 （sample file name）	等位基因位点 （allele，bp）	大小 （size，bp）	高度 （height，RFU）	面积 （area，RFU）	数据取值点 （data point，RFU）
67	F07_691-786_13-04-12.fsa	135	134.95	6 429	88 083	3 521
68	F08_691-786_13-04-12.fsa	127	127.37	7 222	75 675	3 418
69	F09_691-786_13-44-16.fsa	125	125.24	7 406	73 838	3 383
70	F10_691-786_13-44-16.fsa	125	125.29	2 715	24 420	3 375
71	F11_691-786_14-24-19.fsa	127	126.94	6 541	92 833	3 396
72	F12_691-786_14-24-19.fsa	115	115.43	7 342	74 988	3 237
73	G01_691-786_10-52-20.fsa	135	136.15	6 254	83 461	3 750
74	G02_691-786_10-52-20.fsa	127	127.57	6 974	86 562	3 614
75	G03_691-786_11-43-58.fsa	125	125.3	3 804	35 926	3 468
76	G04_691-786_11-43-58.fsa	125	125.4	1 254	11 688	3 459
77	G05_691-786_12-24-07.fsa	135	136.35	140	1 113	3 571
78	G06_691-786_12-24-07.fsa	127	127.6	6 880	95 214	3 450
79	G07_691-786_13-04-12.fsa	135	135.48	7 096	79 425	3 542
80	G08_691-786_13-04-12.fsa	127	127.23	4 379	40 875	3 427
81	G09_691-786_13-44-16.fsa	125	125.21	3 970	33 352	3 395
82	G10_691-786_13-44-16.fsa	125	125.28	7 184	68 126	3 385
83	G11_691-786_14-24-19.fsa	125	125.2	7 257	70 531	3 386
84	G12_691-786_14-24-19.fsa	135	136.57	6 832	80 980	3 524
85	H01_691-786_10-52-20.fsa	125	125.74	6 574	88 226	3 632
86	H02_691-786_10-52-20.fsa	125	125.49	6 964	70 364	3 661
87	H03_691-786_11-43-58.fsa	125	124.81	6 968	83 768	3 141
88	H04_691-786_11-43-58.fsa	125	125.63	6 712	84 473	3 535
89	H05_691-786_12-24-07.fsa	127	127.39	2 391	24 009	3 486
90	H06_691-786_12-24-07.fsa	135	136.43	759	7 981	3 649

（续）

资源序号	样本名（sample file name）	等位基因位点（allele，bp）	大小（size，bp）	高度（height，RFU）	面积（area，RFU）	数据取值点（data point，RFU）
91	H07_691－786_13－04－12. fsa	135	136. 37	4 560	44 380	3 585
92	H08_691－786_13－04－12. fsa	135	135. 34	1 798	17 103	3 600
93	H09_691－786_13－44－16. fsa	125	125. 46	7 252	84 014	3 424
94	H10_691－786_13－44－16. fsa	127	127. 37	6 896	65 550	3 476
95	H11_691－786_14－24－19. fsa	127	127. 26	6 461	71 590	3 450
96	H12_691－786_14－24－19. fsa	125	125. 29	2 970	27 924	3 441
97	A01_787－882_15－04－22. fsa	155	155. 06	3 420	22 520	3 552
98	A02_787－882_15－04－22. fsa	125	125. 23	3 104	27 687	3 388
99	A03_787－882_15－44－22. fsa	127	127. 29	59	479	3 364
100	A04_787－882_15－44－22. fsa	127	127. 25	3 053	27 579	3 409
101	A05_787－882_16－24－23. fsa	125	124. 96	6 547	83 904	3 357
102	A06_787－882_16－24－23. fsa	125	125. 3	1 811	15 547	3 396
103	A07_787－882_17－04－26. fsa	127	127. 3	1 256	11 198	3 364
104	A08_787－882_17－04－26. fsa	135	136. 33	6 108	52 620	3 516
105	A09_787－882_17－44－51. fsa	129	129. 17	3 672	31 144	3 385
106	A10_787－882_17－44－51. fsa	125	125. 25	1 973	17 273	3 367
107	A11_787－882_18－24－53. fsa	135	135. 16	627	5 503	3 455
108	A12_787－882_18－24－53. fsa	135	135. 08	7 342	80 719	3 491
109	B01_787－882_15－04－22. fsa	135	136. 29	5 907	50 693	3 502
110	B02_787－882_15－04－22. fsa	125	125. 27	7 019	60 635	3 369
	B02_787－882_15－04－22. fsa	135	136. 12	7 050	76 530	3 511
111	B03_787－882_15－44－22. fsa	125	125. 23	2 837	24 872	3 357
112	B04_787－882_15－44－22. fsa	135	136. 27	3 056	26 789	3 511
113	B05_787－882_16－24－23. fsa	125	125. 25	226	1 967	3 371
	B05_787－882_16－24－23. fsa	135	135. 17	282	2 504	3 498

（续）

资源序号	样本名（sample file name）	等位基因位点（allele，bp）	大小（size，bp）	高度（height，RFU）	面积（area，RFU）	数据取值点（data point，RFU）
114	B06_787-882_16-24-23.fsa	135	135.27	5 848	49 047	3 507
115	B07_787-882_17-04-26.fsa	125	125.37	7 444	76 649	3 349
116	B08_787-882_17-04-26.fsa	135	136.34	125	1 110	3 496
117	B09_787-882_17-44-51.fsa	132	132.24	467	4 104	3 430
118	B10_787-882_17-44-51.fsa	135	135.25	466	4 000	3 478
119	B11_787-882_18-24-53.fsa	999				
120	B12_787-882_18-24-53.fsa	135	135.16	124	1 015	3 471
121	C01_787-882_15-04-22.fsa	125	125.3	1 797	15 717	3 338
122	C02_787-882_15-04-22.fsa	125	125.31	7 648	75 970	3 358
123	C03_787-882_15-44-22.fsa	135	136.21	5 806	48 698	3 475
124	C04_787-882_15-44-22.fsa	127	127.22	3 270	28 459	3 381
125	C05_787-882_16-24-23.fsa	127	127.18	3 321	29 981	3 378
126	C06_787-882_16-24-23.fsa	125	124.28	1 117	9 729	3 351
127	C07_787-882_17-04-26.fsa	125	125.14	577	5 077	3 335
128	C08_787-882_17-04-26.fsa	125	125.17	63	531	3 340
129	C09_787-882_17-44-51.fsa	135	136.19	1 834	15 725	3 459
130	C10_787-882_17-44-51.fsa	125	125.34	1 246	10 779	3 337
	C10_787-882_17-44-51.fsa	135	136.34	408	3 459	3 480
131	C11_787-882_18-24-53.fsa	132	132.25	87	809	3 406
132	C12_787-882_18-24-53.fsa	125	125.2	5 063	45 306	3 329
133	D01_787-882_15-04-22.fsa	125	125.21	2 249	19 974	3 374
134	D02_787-882_15-04-22.fsa	135	135.26	196	1 652	3 486
135	D03_787-882_15-44-22.fsa	125	125.38	52	460	3 372
136	D04_787-882_15-44-22.fsa	125	124.15	221	1 493	3 339

（续）

资源序号	样本名（sample file name）	等位基因位点（allele，bp）	大小（size，bp）	高度（height，RFU）	面积（area，RFU）	数据取值点（data point，RFU）
137	D05_787-882_16-24-23.fsa	125	125.23	568	4 698	3 380
138	D06_787-882_16-24-23.fsa	132	132.19	238	2 139	3 455
139	D07_1_17-27-13.fsa	127	127.28	1 995	19 097	4 160
140	D08_787-882_17-04-26.fsa	135	136.41	156	1 245	3 489
141	D09_1_17-27-13.fsa	125	125.41	2 555	22 667	3 778
142	D10_1_17-27-14.fsa	125	125.4	649	5 317	3 790
143	D11_787-882_18-24-53.fsa	135	136.31	1 037	8 311	3 485
144	D12_787-882_18-24-53.fsa	135	135.22	198	1 561	3 455
145	E01_787-882_15-04-22.fsa	125	125.32	57	441	3 380
146	E02_787-882_15-04-22.fsa	125	125.26	2 139	18 979	3 364
	E02_787-882_15-04-22.fsa	135	136.33	4 642	40 164	3 595
147	E03_787-882_15-44-22.fsa	125	125.78	5 954	48 190	3 585
	E03_787-882_15-44-22.fsa	135	135.29	151	1 324	3 376
148	E04_787-882_15-44-22.fsa	115	115.11	2 435	22 501	3 541
149	E05_787-882_16-24-23.fsa	135	135.28	3 957	33 179	3 516
150	E06_787-882_16-24-23.fsa	135	136.39	1 078	9 389	3 526
151	E07_787-882_17-04-26.fsa	135	135.29	168	915	3 351
152	E08_787-882_17-04-26.fsa	127	127.21	3 823	32 704	3 371
153	E09_787-882_17-44-51.fsa	135	135.18	4 013	44 156	3 468
154	E10_787-882_17-44-51.fsa	135	135.22	209	1 733	3 468
155	E11_787-882_18-24-53.fsa	135	135.25	3 337	27 983	3 484
156	E12_787-882_18-24-53.fsa	127	127.25	3 392	29 741	3 357
157	F01_787-882_15-04-22.fsa	127	127.24	64	586	3 388
158	F02_787-882_15-04-22.fsa	127	127.3	1 413	12 714	3 429

（续）

资源序号	样本名（sample file name）	等位基因位点（allele，bp）	大小（size，bp）	高度（height，RFU）	面积（area，RFU）	数据取值点（data point，RFU）
159	F03_787-882_15-44-22.fsa	125	124.35	216	1 879	3 346
160	F04_787-882_15-44-22.fsa	127	127.33	2 312	23 050	3 413
161	F05_787-882_16-24-23.fsa	125	125.27	1 270	11 314	3 370
162	F06_787-882_16-24-23.fsa	125	125.33	126	1 002	3 365
163	F07_787-882_17-04-26.fsa	125	125.3	143	1 262	3 346
164	F08_787_21-52-55.fsa	135	136.43	381	3 586	4 269
165	F09_787-882_17-44-51.fsa	132	132.14	1 021	9 048	3 436
166	F10_787-882_17-44-51.fsa	127	127.29	2 110	18 464	3 362
167	F11_787_23-22-49.fsa	135	136.45	1 806	18 000	4 379
168	F12_787_23-22-50.fsa	127	127.33	1 043	9 088	3 812
169	G01_787-882_15-04-22.fsa	127	127.22	63	505	3 402
170	G02_787-882_15-04-22.fsa	127	127.3	796	7 172	3 394
171	G03_787_24-02-60.fsa	127	127.33	579	5 446	3 831
172	G04_787-882_15-44-22.fsa	127	127.28	1 478	13 350	3 391
173	G05_787-882_16-24-23.fsa	135	135.29	534	4 624	3 512
174	G06_787-882_16-24-23.fsa	127	127.3	1 647	15 228	3 401
175	G07_787-882_17-04-26.fsa	135	136.37	1 016	9 140	3 504
176	G08_787-882_17-04-26.fsa	125	125.33	1 382	12 229	3 361
177	G09_787-882_17-44-51.fsa	127	127.3	211	1 964	3 384
178	G10_787-882_17-44-51.fsa	135	136.31	2 108	18 972	3 490
179	G11_787-882_18-24-53.fsa	125	125.27	2 196	19 385	3 349
180	G12_787-882_18-24-53.fsa	125	125.29	2 345	21 046	3 338
181	H01_787-882_15-04-22.fsa	135	136.43	121	1 114	3 548
182	H02_787-882_15-04-22.fsa	135	136.38	1 430	13 143	3 576

（续）

资源序号	样本名 （sample file name）	等位基因位点 （allele，bp）	大小 （size，bp）	高度 （height，RFU）	面积 （area，RFU）	数据取值点 （data point，RFU）
183	H03_787-882_15-44-22.fsa	125	125.3	1 373	12 233	3 401
184	H04_787-882_15-44-22.fsa	125	124.26	741	6 626	3 415
185	H05_787-882_16-24-23.fsa	125	124.28	1 246	11 678	3 399
186	H06_787-882_16-24-23.fsa	125	125.32	34	275	3 438
187	H07_787-882_17-04-26.fsa	125	125.32	894	8 306	3 386
188	H08_787-882_17-04-26.fsa	127	127.3	147	1 368	3 439
189	H09_787-882_17-44-51.fsa	132	132.28	159	1 725	3 466
190	H10_787-882_17-44-51.fsa	125	125.3	1 692	15 577	3 416
191	H11_787-882_18-24-53.fsa	132	132.26	1 217	11 805	3 462
192	H12_787-882_18-24-53.fsa	155	155.71	1 201	11 071	3 782

15 Satt588

资源序号	样本名（sample file name）	等位基因位点（allele，bp）	大小（size，bp）	高度（height，RFU）	面积（area，RFU）	数据取值点（data point，RFU）
1	A01 _691 - 786 _12 - 05 - 57. fsa	164	164. 87	520	4 381	4 041
2	A02 _691 - 786 _12 - 05 - 57. fsa	167	167. 87	1 527	16 976	4 125
3	A03 _691 - 786 _12 - 57 - 30. fsa	167	167. 77	1 824	15 239	4 563
4	A04 _691 - 786 _12 - 57 - 30. fsa	167	167. 81	1 533	14 623	4 721
5	A05 _691 - 786 _13 - 37 - 41. fsa	136	136. 14	2 386	21 708	3 607
6	A06 _691 - 786 _13 - 37 - 41. fsa	164	164. 59	976	15 228	4 886
7	A07 _691 - 786 _14 - 17 - 47. fsa	164	164. 66	558	4 569	3 960
8	A08 _691 - 786 _14 - 17 - 47. fsa	164	164. 63	764	6 238	4 007
9	A09 _691 - 786 _14 - 57 - 53. fsa	140	140. 24	524	4 524	3 658
	A09 _691 - 786 _14 - 57 - 53. fsa	167	168. 28	96	911	4 009
10	A10 _691 - 786 _14 - 57 - 53. fsa	164	165. 53	6 653	65 907	4 020
11	A11 _691 - 786 _15 - 37 - 58. fsa	170	170. 59	1 248	10 136	4 049
12	A12 _691 - 786 _15 - 37 - 58. fsa	164	164. 7	550	3 441	3 879
13	B01 _691 - 786 _12 - 05 - 57. fsa	167	167. 77	218	2 746	4 084
14	B02 _691 - 786 _12 - 05 - 57. fsa	164	164. 73	2 864	27 429	4 077
15	B03 _691 - 786 _12 - 57 - 30. fsa	167	167. 65	615	5 542	4 013
16	B04 _691 - 786 _12 - 57 - 30. fsa	139	139. 16	4 924	47 806	3 679
17	B05 _691 - 786 _13 - 37 - 41. fsa	139	139. 17	748	6 531	3 657
18	B06 _691 - 786 _13 - 37 - 41. fsa	164	165. 55	642	5 760	4 009
19	B07 _691 - 786 _14 - 17 - 47. fsa	164	164. 6	340	2 905	3 965
20	B08 _691 - 786 _14 - 17 - 47. fsa	164	164. 68	496	4 078	3 994
21	B09 _691 - 786 _14 - 57 - 53. fsa	170	170. 59	1 324	10 750	4 045

（续）

资源序号	样本名（sample file name）	等位基因位点（allele，bp）	大小（size，bp）	高度（height，RFU）	面积（area，RFU）	数据取值点（data point，RFU）
22	B10_691-786_14-57-53.fsa	164	164.59	360	3 211	3 997
23	B11_691-786_15-37-58.fsa	167	167.55	5 866	56 343	4 019
24	B12_691-786_15-37-58.fsa	167	167.69	4 275	54 027	4 047
25	C01_691-786_12-05-57.fsa	167	167.8	202	2 523	4 066
26	C02_691-786_12-05-57.fsa	164	164.81	201	1 965	4 062
27	C03_691-786_12-57-30.fsa	164	165.63	4 769	43 128	3 964
28	C04_691-786_12-57-30.fsa	164	165.62	2 228	21 431	4 005
29	C05_691-786_13-37-41.fsa	162	162.59	427	3 634	3 915
30	C06_691-786_13-37-41.fsa	170	170.68	1 035	8 345	4 065
31	C07_691-786_14-17-47.fsa	140	140.25	878	8 458	3 640
32	C08_691-786_14-17-47.fsa	164	164.53	323	2 613	3 982
33	C09_691-786_14-57-53.fsa	164	164.55	724	7 751	4 061
34	C10_691-786_14-57-53.fsa	140	140.14	2 181	20 012	3 672
35	C11_691-786_15-37-58.fsa	164	164.64	595	5 072	3 954
36	C12_691-786_15-37-58.fsa	140	140.2	2 083	18 818	3 682
37	D01_691-786_12-05-57.fsa	162	162.8	1 006	9 486	4 056
38	D02_691-786_12-05-57.fsa	167	167.73	1 790	23 258	4 103
39	D03_691-786_12-57-30.fsa	140	140.23	4 399	40 190	3 695
40	D04_691-786_12-57-30.fsa	164	164.67	1 178	10 833	3 991
41	D05_691-786_13-37-41.fsa	164	165.63	157	1 423	4 008
42	D06_691-786_13-37-41.fsa	167	167.82	1 825	15 423	3 856
43	D07_691-786_14-17-47.fsa	130	130.89	1 026	9 146	3 566
44	D08_691-786_14-17-47.fsa	167	167.6	3 380	39 906	4 019
45	D09_691-786_14-57-53.fsa	164	165.63	2 692	24 222	4 010

（续）

资源序号	样本名（sample file name）	等位基因位点（allele，bp）	大小（size，bp）	高度（height，RFU）	面积（area，RFU）	数据取值点（data point，RFU）
46	D10_691-786_14-57-53. fsa	170	170. 63	503	4 085	4 063
47	D11_691-786_15-37-58. fsa	164	165. 7	501	4 505	4 020
48	D12_691-786_15-37-58. fsa	147	147. 98	1 648	14 864	3 777
49	E01_691-786_12-05-57. fsa	139	139. 24	642	5 969	3 755
50	E02_691-786_12-05-57. fsa	164	164. 76	4 324	41 169	4 061
51	E03_691-786_12-57-30. fsa	170	170. 7	4 587	39 762	4 082
52	E04_691-786_12-57-30. fsa	164	164. 69	618	6 099	3 994
53	E05_691-786_13-37-41. fsa	164	164. 69	416	3 679	4 007
54	E06_691-786_13-37-41. fsa	164	165. 67	2 353	21 602	3 998
55	E07_691-786_14-17-47. fsa	999				
56	E08_691-786_14-17-47. fsa	164	165. 67	5 605	51 306	3 996
57	E09_691-786_14-57-53. fsa	140	140. 24	1 118	10 459	3 691
58	E10_691-786_14-57-53. fsa	167	167. 52	7 328	75 673	4 025
59	E11_691-786_15-37-58. fsa	140	140. 24	4 393	40 028	3 706
60	E12_691-786_15-37-58. fsa	164	164. 69	434	4 151	3 997
61	F01_691-786_12-05-57. fsa	167	167. 78	1 370	13 180	4 106
62	F02_691-786_12-05-57. fsa	164	164. 71	2 151	22 543	3 981
63	F03_691-786_12-57-30. fsa	999				
64	F04_691-786_12-57-30. fsa	167	167. 63	6 008	56 792	4 027
65	F05_691-786_13-37-41. fsa	147	148. 03	3 996	36 832	3 762
66	F06_691-786_13-37-41. fsa	140	140. 3	3 386	30 785	3 671
67	F07_691-786_14-17-47. fsa	170	170. 64	196	1 744	4 054
68	F08_691-786_14-17-47. fsa	147	148. 11	1 718	15 254	3 766
69	F09_691-786_14-57-53. fsa	164	164. 68	5 404	47 310	3 978

（续）

资源序号	样本名（sample file name）	等位基因位点（allele，bp）	大小（size，bp）	高度（height，RFU）	面积（area，RFU）	数据取值点（data point，RFU）
70	F10_691-786_14-57-53.fsa	140	140.3	325	2 977	3 673
71	F11_691-786_15-37-58.fsa	164	164.66	2 804	24 382	3 985
72	F12_691-786_15-37-58.fsa	139	139.24	1 956	17 828	3 669
73	G01_691-786_12-05-57.fsa	167	167	180	2 268	4 507
74	G02_691-786_12-05-57.fsa	164	165.84	332	3 436	4 082
75	G03_691-786_12-57-30.fsa	999				
76	G04_691-786_12-57-30.fsa	130	130.49	125	2 251	4 408
77	G05_691-786_13-37-41.fsa	999				
78	G06_691-786_13-37-41.fsa	164	165.62	1 406	13 035	4 003
79	G07_691-786_14-17-47.fsa	167	167.73	1 089	10 556	4 033
80	G08_691-786_14-17-47.fsa	164	164.8	472	4 306	3 990
81	G09_691-786_14-57-53.fsa	999				
82	G10_691-786_14-57-53.fsa	164	165.72	1 857	16 453	4 005
83	G11_691-786_15-37-58.fsa	170	170.75	609	5 288	4 083
84	G12_691-786_15-37-58.fsa	164	164	127	1 728	4 836
85	H01_691-786_12-05-57.fsa	167	167.86	201	1 863	4 152
86	H02_691-786_12-05-57.fsa	167	167.9	232	2 518	4 191
87	H03_691-786_12-57-30.fsa	167	167.77	328	3 144	4 069
88	H04_691-786_12-57-30.fsa	164	165.72	151	1 462	4 091
89	H05_691-786_13-37-41.fsa	167	167.79	165	1 512	4 065
90	H06_691-786_13-37-41.fsa	999				
91	H07_691-786_14-17-47.fsa	164	164.72	94	817	4 021
92	H08_691-786_14-17-48.fsa	164	165.81	53	479	4 192
93	H09_691-786_14-57-53.fsa	164	164.47	103	1 323	4 449

（续）

资源序号	样本名（sample file name）	等位基因位点（allele，bp）	大小（size，bp）	高度（height，RFU）	面积（area，RFU）	数据取值点（data point，RFU）
94	H10_691-786_14-57-53.fsa	167	167.6	164	2 601	4 463
95	H11_691-786_15-37-58.fsa	170	170.68	243	2 185	4 113
96	H12_691-786_15-37-58.fsa	164	164.39	156	2 334	4 485
97	A01_787-882_16-18-02.fsa	999				
98	A02_787-882_16-18-02.fsa	999				
99	A03_787-882_16-58-05.fsa	167	167.63	708	6 791	4 019
100	A04_787-882_16-58-05.fsa	164	165.58	831	7 024	4 040
101	A05_787-882_17-38-08.fsa	170	169.64	861	6 561	4 042
102	A06_787-882_17-38-08.fsa	167	167.55	291	3 191	4 064
103	A07_787-882_18-18-13.fsa	167	167.63	330	3 433	4 013
104	A08_787-882_18-18-13.fsa	140	140.21	1 286	10 962	3 717
105	A09_787-882_18-58-41.fsa	130	130.89	101	1 086	4 123
106	A10_787-882_18-58-41.fsa	164	165.55	89	707	4 059
107	A11_787-882_19-38-45.fsa	167	168.16	214	2 145	4 053
108	A12_787-882_19-38-45.fsa	167	167.53	337	3 661	4 100
109	B01_787-882_16-18-02.fsa	167	167.58	532	5 558	4 023
110	B02_787-882_16-18-02.fsa	139	139.08	1 176	10 140	3 686
	B02_787-882_16-18-02.fsa	164	164.66	1 385	11 847	4 013
111	B03_787-882_16-58-05.fsa	164	164.59	646	5 197	3 985
112	B04_787-882_16-58-05.fsa	999				
113	B05_787-882_17-38-08.fsa	170	170.54	3 886	31 526	4 105
114	B06_787-882_17-38-08.fsa	139	139.08	732	5 925	3 684
115	B07_787-882_18-18-13.fsa	130	130.84	2 379	20 697	3 564
116	B08_787-882_18-18-13.fsa	147	147.98	556	4 663	3 792

（续）

资源序号	样本名 （sample file name）	等位基因位点 （allele，bp）	大小 （size，bp）	高度 （height，RFU）	面积 （area，RFU）	数据取值点 （data point，RFU）
117	B09_787-882_18-58-41.fsa	164	164.57	547	4 479	4 000
118	B10_787-882_18-58-41.fsa	164	164.63	1 472	11 985	4 035
119	B11_787-882_19-38-45.fsa	164	164.63	2 843	22 970	4 016
120	B12_787-882_19-38-45.fsa	164	164.61	894	7 438	4 044
121	C01_787-882_16-18-02.fsa	164	164.64	442	3 627	3 961
122	C02_787-882_16-18-02.fsa	140	140.2	1 735	15 024	3 689
123	C03_787-882_16-58-05.fsa	164	164.63	328	2 609	3 964
124	C04_787-882_16-58-05.fsa	170	170.6	3 882	29 521	4 032
125	C05_787-882_17-38-08.fsa	167	167.71	607	5 327	3 998
126	C06_787-882_17-38-08.fsa	167	167.62	330	3 807	4 040
127	C07_787-882_18-18-13.fsa	167	167.59	271	2 416	4 009
128	C08_787-882_18-18-13.fsa	999				
129	C09_787-882_18-58-41.fsa	167	167.65	755	6 654	4 023
130	C10_787-882_18-58-41.fsa	167	167.57	201	1 672	4 065
131	C11_787-882_19-38-45.fsa	147	148.01	219	1 851	3 773
132	C12_787-882_19-38-45.fsa	164	164.54	207	1 699	4 031
133	D01_787-882_16-18-02.fsa	170	170.55	3 996	33 820	4 092
134	D02_787-882_16-18-02.fsa	164	164.68	408	3 426	4 001
135	D03_787-882_16-58-05.fsa	164	164.72	2 648	21 955	4 016
136	D04_787-882_16-58-05.fsa	164	164.66	2 819	24 688	4 005
137	D05_787-882_17-38-08.fsa	139	139.16	241	1 939	3 687
138	D06_787-882_17-38-08.fsa	139	139.08	67	525	3 671
139	D07_787-882_18-18-13.fsa	164	164.64	641	5 304	4 021
140	D08_787-882_18-18-13.fsa	140	140.2	621	5 325	3 693

（续）

资源序号	样本名（sample file name）	等位基因位点（allele，bp）	大小（size，bp）	高度（height，RFU）	面积（area，RFU）	数据取值点（data point，RFU）
141	D09_787-882_18-58-41. fsa	130	130. 81	1 745	15 082	3 600
142	D10_787-882_18-58-41. fsa	130	129. 87	289	2 349	3 572
143	D11_787-882_19-38-45. fsa	130	130. 92	1 480	12 726	3 602
144	D12_787-882_19-38-45. fsa	164	164. 56	264	2 262	4 026
145	E01_787-882_16-18-02. fsa	140	140. 24	403	3 417	3 709
146	E02_787-882_16-18-02. fsa	167	167. 76	2 809	26 357	4 546
147	E03_787-882_16-58-05. fsa	164	164. 61	867	7 199	4 012
148	E04_787-882_16-58-06. fsa	167	167. 63	1 131	10 909	4 388
149	E05_787-882_17-38-08. fsa	164	164. 76	559	4 556	4 014
150	E06_787-882_17-38-09. fsa	167	167. 5	725	6 970	4 375
151	E07_787-882_18-18-13. fsa	164	164. 62	632	5 449	4 014
152	E08_787-882_18-18-13. fsa	140	140. 21	1 139	10 034	3 689
153	E09_787-882_18-18-14. fsa	140	140. 06	187	1 809	4 005
	E09_787-882_18-18-15. fsa	164	164. 53	165	1 575	4 338
154	E10_787-882_18-58-41. fsa	164	164. 65	302	2 524	4 025
155	E11_787-882_19-38-45. fsa	164	164. 59	395	3 241	4 047
156	E12_787-882_19-38-46. fsa	164	164. 81	289	2 504	4 307
157	F01_787-882_16-18-02. fsa	164	164. 66	557	4 555	3 993
158	F02_787-882_16-18-02. fsa	167	167. 69	1 226	11 095	4 039
159	F03_787-882_16-58-05. fsa	147	147. 82	882	7 859	3 585
160	F04_787-882_16-58-05. fsa	167	167. 68	1 312	11 712	4 042
161	F05_787-882_17-38-08. fsa	162	162. 63	388	3 307	3 963
162	F06_787-882_17-38-08. fsa	140	140. 22	1 355	11 784	3 685
163	F07_787-882_18-18-13. fsa	164	165. 55	115	981	4 009

（续）

资源序号	样本名（sample file name）	等位基因位点（allele，bp）	大小（size，bp）	高度（height，RFU）	面积（area，RFU）	数据取值点（data point，RFU）
164	F08_787-882_18-18-13. fsa	147	148. 03	390	3 140	3 780
	F08_787-882_18-18-13. fsa	170	170. 63	833	7 121	4 074
165	F09_787-882_18-58-41. fsa	147	148. 04	239	1 969	3 799
166	F10_787-882_18-58-41. fsa	164	164. 69	61	521	4 017
167	F11_787-882_19-38-45. fsa	164	164. 46	2 131	19 242	4 400
168	F12_787-882_19-38-45. fsa	164	164. 67	176	1 446	4 023
169	G01_787-882_16-18-02. fsa	164	165. 67	669	5 687	4 025
170	G02_787-882_16-18-02. fsa	164	164. 79	693	5 869	4 008
171	G03_787-882_16-58-05. fsa	164	164. 67	1 343	11 252	4 014
172	G04_787-882_16-58-05. fsa	167	167. 69	1 128	10 292	4 051
173	G05_787-882_17-38-08. fsa	167	167. 72	165	1 378	4 048
174	G06_787-882_17-38-08. fsa	167	167. 64	166	1 594	4 044
175	G07_787-882_18-18-13. fsa	999				
176	G08_787-882_18-18-13. fsa	170	170. 68	424	3 560	4 095
177	G09_787-882_18-58-41. fsa	164	165. 72	67	538	4 045
178	G10_787-882_18-58-41. fsa	164	164. 76	302	2 612	4 029
179	G11_787-882_19-38-45. fsa	164	164. 65	46	382	4 037
180	G12_787-882_19-38-45. fsa	140	140. 29	587	5 085	3 720
181	H01_787-882_16-18-02. fsa	140	140. 3	371	3 303	3 731
182	H02_787-882_16-18-02. fsa	167	167. 69	246	2 314	4 128
183	H03_787-882_16-58-05. fsa	130	130. 98	212	1 893	3 610
184	H04_787-882_16-58-05. fsa	999				
185	H05_787-882_17-38-08. fsa	140	140. 29	110	1 031	3 737
186	H06_787-882_17-38-08. fsa	170	171. 67	40	337	4 178

（续）

资源序号	样本名（sample file name）	等位基因位点（allele，bp）	大小（size，bp）	高度（height，RFU）	面积（area，RFU）	数据取值点（data point，RFU）
187	H07_787-882_18-18-13. fsa	167	167. 7	160	1 489	4 073
188	H08_787-882_18-18-13. fsa	147	148. 08	61	515	3 863
189	H09_787-882_18-58-41. fsa	167	167. 66	66	599	4 099
190	H10_787-882_18-58-41. fsa	147	148	54	464	3 888
191	H11_787-882_19-38-45. fsa	167	167. 63	86	814	4 105
192	H12_787-882_19-38-45. fsa	170	169. 78	46	375	4 181

16 Satt462

资源序号	样本名（sample file name）	等位基因位点（allele，bp）	大小（size，bp）	高度（height，RFU）	面积（area，RFU）	数据取值点（data point，RFU）
1	A01_691-786_20-59-21. fsa	280	280. 03	668	6 089	5 739
2	A02_691-786_20-59-21. fsa	248	248. 93	2 451	24 100	5 407
3	A03_691-786_21-51-08. fsa	280	280. 01	996	10 532	5 639
4	A04_691-786_21-51-08. fsa	248	248. 76	2 713	25 163	5 309
5	A05_691-786_22-31-16. fsa	248	248. 63	1 334	12 129	5 218
6	A06_691-786_22-31-16. fsa	266	265. 92	1 707	15 245	5 567
7	A07_691-786_23-11-23. fsa	250	250. 72	4 004	35 066	5 260
8	A08_691-786_23-11-23. fsa	202	202. 02	3 194	37 520	5 526
9	A09_691-786_23-51-28. fsa	231	231. 68	7 458	77 075	5 041
	A09_691-786_23-51-28. fsa	240	240. 16	6 056	54 652	5 147
10	A10_691-786_23-51-28. fsa	240	240. 27	1 578	14 965	5 252
	A10_691-786_23-51-28. fsa	250	250. 82	775	7 169	5 391
11	A11_691-786_24-31-34. fsa	231	231. 72	499	5 090	5 054
12	A12_691-786_24-31-34. fsa	252	252. 67	3 998	37 296	5 430
13	B01_691-786_20-59-21. fsa	266	266. 08	1 694	15 222	5 556
14	B02_691-786_20-59-21. fsa	212	212. 53	4 898	57 979	4 939
15	B03_691-786_21-51-08. fsa	224	224. 13	486	5 021	5 119
16	B04_691-786_21-51-08. fsa	234	234. 85	2 226	24 729	5 135
17	B05_691-786_22-31-16. fsa	234	234. 84	6 058	66 825	5 055
18	B06_691-786_22-31-16. fsa	231	230. 59	2 344	21 390	5 087
	B06_691-786_22-31-16. fsa	240	240. 22	3 411	31 331	5 213
19	B07_691-786_23-11-23. fsa	212	212. 29	7 961	102 444	4 790
	B07_691-786_23-11-23. fsa	234	234. 83	5 162	52 420	5 071

（续）

资源序号	样本名 (sample file name)	等位基因位点 (allele, bp)	大小 (size, bp)	高度 (height, RFU)	面积 (area, RFU)	数据取值点 (data point, RFU)
20	B08_691-786_23-11-23.fsa	250	250.75	6 273	57 119	5 370
21	B09_691-786_23-51-28.fsa	999				
22	B10_691-786_23-51-28.fsa	231	231.67	462	5 437	5 143
23	B11_691-786_24-31-34.fsa	248	248.72	1 062	9 642	5 277
24	B12_691-786_24-31-34.fsa	240	240.23	6 514	62 711	5 273
25	C01_691-786_20-59-21.fsa	248	248.82	3 041	28 146	5 293
26	C02_691-786_20-59-21.fsa	248	248.81	3 047	30 593	5 415
27	C03_691-786_21-51-08.fsa	234	234.81	8 299	120 553	5 031
28	C04_691-786_21-51-08.fsa	248	248.71	1 231	11 823	5 310
29	C05_691-786_22-31-16.fsa	248	248.64	2 161	18 668	5 220
30	C06_691-786_22-31-16.fsa	246	246.51	4 985	45 930	5 291
31	C07_691-786_23-11-23.fsa	231	231.62	4 055	58 051	5 016
32	C08_691-786_23-11-23.fsa	224	224.11	737	7 360	4 517
33	C09_691-786_23-51-28.fsa	250	250.71	1 070	9 146	5 270
34	C10_691-786_23-51-28.fsa	248	248.72	416	3 999	5 364
35	C11_691-786_24-31-34.fsa	240	241.4	177	1 883	5 182
36	C12_691-786_24-31-34.fsa	234	234.89	6 644	73 285	5 197
37	D01_691-786_20-59-21.fsa	248	248.99	60	616	5 382
38	D02_691-786_20-59-21.fsa	276	276.36	1 126	10 665	5 807
39	D03_691-786_21-51-08.fsa	231	231.66	807	9 629	5 070
40	D04_691-786_21-51-08.fsa	231	231.64	6 073	67 809	5 081
41	D05_691-786_22-31-16.fsa	248	248.67	684	6 023	5 290
42	D06_691-786_22-31-16.fsa	231	231.67	280	3 235	5 089
43	D07_691-786_23-11-23.fsa	224	224.15	1 149	10 557	5 688

（续）

资源序号	样本名（sample file name）	等位基因位点（allele，bp）	大小（size，bp）	高度（height，RFU）	面积（area，RFU）	数据取值点（data point，RFU）
44	D08_691－786_23－11－23. fsa	240	240. 22	104	923	5 216
45	D09_691－786_23－51－28. fsa	231	231. 8	6 977	75 831	5 111
46	D10_691－786_23－51－28. fsa	240	241. 33	107	986	5 256
47	D11_691－786_24－31－34. fsa	234	235. 01	167	1 751	5 166
48	D12_691－786_24－31－35. fsa	999				
49	E01_691－786_20－59－21. fsa	212	212. 64	3 114	33 593	4 913
50	E02_691－786_20－59－21. fsa	234	234. 99	2 770	34 394	5 216
51	E03_691－786_21－51－08. fsa	240	240. 29	148	1 370	5 165
52	E04_691－786_21－51－08. fsa	248	248. 77	359	3 599	5 300
53	E05_691－786_22－31－16. fsa	250	250. 85	135	1 278	5 310
54	E06_691－786_22－31－16. fsa	268	267. 83	744	7 097	5 586
55	E07_691－786_23－11－23. fsa	999				
56	E08_691－786_23－11－23. fsa	250	250. 75	92	837	5 354
57	E09_691－786_23－51－28. fsa	999				
58	E10_691－786_23－51－28. fsa	202	201. 61	49	674	4 732
59	E11_691－786_24－31－34. fsa	999				
60	E12_691－786_24－31－35. fsa	999				
61	F01_691－786_20－59－21. fsa	231	231. 77	1 921	20 596	5 396
62	F02_691－786_20－59－21. fsa	234	234. 65	1 685	18 623	5 211
63	F03_691－786_21－51－08. fsa	231	231. 75	1 197	13 545	5 069
64	F04_691－786_21－51－08. fsa	204	204. 95	71	963	4 716
65	F05_691－786_22－31－16. fsa	234	234. 88	1 091	11 979	5 089
66	F06_691－786_22－31－16. fsa	231	231. 74	239	2 722	5 066
67	F07_691－786_23－11－23. fsa	248	248. 83	1 666	14 984	5 282

（续）

资源序号	样本名（sample file name）	等位基因位点（allele，bp）	大小（size，bp）	高度（height，RFU）	面积（area，RFU）	数据取值点（data point，RFU）
68	F08_691-786_23-11-23. fsa	212	212. 51	196	2 247	4 833
69	F09_691-786_23-51-28. fsa	202	201. 35	1 047	12 534	5 363
70	F10_691-786_23-51-28. fsa	248	248. 85	52	532	5 326
71	F11_691-786_24-31-34. fsa	202	201. 02	93	1 061	4 705
	F11_691-786_24-31-34. fsa	266	265. 97	103	989	5 565
72	F12_691-786_24-31-34. fsa	212	212. 57	1 169	11 575	4 869
73	G01_691-786_20-59-21. fsa	248	249. 06	203	2 031	5 380
74	G02_691-786_20-59-21. fsa	246	246. 9	122	1 156	5 340
75	G03_691-786_21-51-08. fsa	999				
76	G04_691-786_21-51-08. fsa	999				
77	G05_691-786_22-31-16. fsa	999				
78	G06_691-786_22-31-16. fsa	234	234. 75	56	546	4 554
79	G07_691-786_23-11-23. fsa	250	250. 85	253	2 452	5 319
80	G08_691-786_23-11-23. fsa	248	248. 84	363	3 515	5 307
81	G09_691-786_23-51-28. fsa	999				
82	G10_691-786_23-51-28. fsa	250	250. 44	330	3 417	5 918
83	G11_691-786_24-31-34. fsa	234	234. 92	57	580	5 152
84	G12_691-786_24-31-34. fsa	256	256. 63	1 191	11 258	5 457
85	H01_691-786_20-59-21. fsa	224	224. 13	452	4 692	5 517
86	H02_691-786_20-59-21. fsa	999				
87	H03_691-786_21-51-08. fsa	231	231. 85	148	1 671	5 108
88	H04_691-786_21-51-08. fsa	999				
89	H05_691-786_22-31-16. fsa	234	234. 65	893	9 124	5 541
90	H06_691-786_22-31-16. fsa	248	248. 76	667	7 025	5 476

（续）

资源序号	样本名 （sample file name）	等位基因位点 （allele，bp）	大小 （size，bp）	高度 （height，RFU）	面积 （area，RFU）	数据取值点 （data point，RFU）
91	H07_691－786_23－11－23. fsa	248	248. 91	914	8 884	5 347
92	H08_691－786_23－11－23. fsa	999				
93	H09_691－786_23－51－28. fsa	250	250. 96	153	1 702	5 411
94	H10_691－786_23－51－28. fsa	231	231. 94	523	6 036	5 226
95	H11_691－786_24－31－34. fsa	276	276. 48	285	2 886	5 803
96	H12_691－786_24－31－34. fsa	196	195. 15	38	360	4 752
97	A01_787－882_01－11－43. fsa	204	204. 47	892	9 146	5 347
98	A02_787－882_01－11－43. fsa	234	234. 97	778	7 898	5 214
	A02_787－882_01－11－43. fsa	246	246. 72	320	3 000	5 368
99	A03_787－882_01－11－15. fsa	248	248. 12	614	7 269	5 144
100	A04_787－882_01－52－15. fsa	266	266. 01	1 568	12 453	5 277
101	A05_787－882_01－11－46. fsa	246	245. 95	118	1 260	5 069
	A05_787－882_01－11－46. fsa	266	267. 35	129	1 437	5 347
102	A06_787－882_01－11－46. fsa	212	212. 55	960	11 545	5 197
	A06_787－882_01－11－46. fsa	248	248. 63	1 426	13 562	5 236
103	A07_787－882_03－12－27. fsa	250	250. 85	66	619	5 326
104	A08_787－882_03－12－27. fsa	204	204. 81	2 038	17 693	4 838
	A08_787－882_03－12－27. fsa	248	248. 86	6 341	66 866	5 418
105	A09_787－882_03－52－30. fsa	250	250. 85	76	679	5 342
106	A10_787－882_03－52－30. fsa	231	231. 61	7 864	105 083	5 204
107	A11_787－882_03－52－31. fsa	240	239. 53	194	2 099	5 019
108	A12_787－882_03－52－32. fsa	250	250. 15	77	970	5 157
109	B01_787－882_01－11－43. fsa	248	248. 88	1 937	15 486	5 274
110	B02_787－882_01－11－43. fsa	231	231. 73	1 068	11 210	5 177

（续）

资源序号	样本名（sample file name）	等位基因位点（allele，bp）	大小（size，bp）	高度（height，RFU）	面积（area，RFU）	数据取值点（data point，RFU）
111	B03_787-882_01-52-15. fsa	204	204. 71	399	3 262	4 734
	B03_787-882_01-52-15. fsa	248	248. 81	1 920	17 449	5 288
112	B04_787-882_01-52-15. fsa	212	212. 51	2 742	28 874	4 919
113	B05_787-882_02-32-21. fsa	234	234. 99	1 074	9 932	5 129
	B05_787-882_02-32-21. fsa	248	248. 81	1 367	12 936	5 303
114	B06_787-882_02-32-21. fsa	248	248. 8	826	7 472	5 413
115	B07_787-882_03-12-27. fsa	266	265. 91	1 776	21 457	5 328
116	B08_787-882_03-12-27. fsa	234	234. 93	2 909	31 567	5 239
117	B09_787-882_03-52-30. fsa	234	236. 13	7 916	93 718	5 144
118	B10_787-882_03-52-30. fsa	248	249. 05	101	977	5 447
119	B11_787-882_04-32-34. fsa	999				
120	B12_787-882_04-32-34. fsa	234	234. 99	5 489	71 340	5 275
121	C01_787-882_01-11-43. fsa	204	204. 61	215	1 745	4 708
	C01_787-882_01-11-43. fsa	248	248. 73	1 231	11 087	5 264
122	C02_787-882_01-11-43. fsa	212	212. 45	2 234	25 649	4 861
	C02_787-882_01-11-43. fsa	248	248. 69	2 539	34 695	4 796
123	C03_787-882_01-11-15. fsa	999				
124	C04_787-882_01-52-15. fsa	276	276. 43	1 653	22 504	4 967
125	C05_787-882_02-32-21. fsa	240	240. 29	1 019	9 361	5 170
	C05_787-882_02-32-21. fsa	248	248. 82	1 340	12 704	5 278
126	C06_787-882_02-32-21. fsa	204	204. 73	598	5 404	4 815
	C06_787-882_02-32-21. fsa	248	248. 81	3 017	29 733	5 406
127	C07_787-882_03-12-27. fsa	204	206. 88	2 072	17 409	4 758
	C07_787-882_03-12-27. fsa	250	250. 84	6 194	59 578	5 317

（续）

资源序号	样本名（sample file name）	等位基因位点（allele，bp）	大小（size，bp）	高度（height，RFU）	面积（area，RFU）	数据取值点（data point，RFU）
128	C08_787-882_03-12-27.fsa	231	231.69	512	5 638	5 189
	C08_787-882_03-12-27.fsa	248	248.82	75	719	5 420
129	C09_787-882_03-52-30.fsa	248	248.82	170	1 586	5 305
130	C10_787-882_03-52-30.fsa	266	265.96	366	3 526	5 698
131	C11_787-882_04-32-34.fsa	234	235.08	428	4 621	5 145
132	C12_787-882_04-32-34.fsa	204	204.75	865	8 662	4 858
	C12_787-882_04-32-34.fsa	248	248.9	3 400	34 351	5 457
133	D01_787-882_01-11-43.fsa	234	234.47	1 296	15 466	4 978
134	D02_787-882_01-11-43.fsa	234	234.66	1 157	12 437	4 615
135	D03_787-882_01-52-15.fsa	246	246.82	351	3 278	5 320
136	D04_787-882_01-52-15.fsa	248	248.77	3 558	45 967	5 143
137	D05_787-882_02-32-21.fsa	248	248.92	2 933	36 491	5 231
138	D06_787-882_02-32-21.fsa	212	212.45	8 228	145 528	4 909
139	D07_787-882_03-12-27.fsa	266	266.04	328	3 095	5 628
140	D08_787-882_03-12-27.fsa	234	234.93	305	3 348	5 222
141	D09_787-882_03-52-30.fsa	250	250.99	544	4 935	5 072
	D09_787-882_03-52-30.fsa	266	266	2 054	19 933	5 642
142	D10_787-882_03-52-30.fsa	266	266.02	652	6 947	5 688
143	D11_787-882_04-32-34.fsa	999				
144	D12_787-882_04-32-34.fsa	248	248.96	283	2 695	5 447
145	E01_787-882_01-11-43.fsa	202	202.59	1 290	11 243	4 768
	E01_787-882_01-11-43.fsa	246	246.71	4 005	38 837	5 331
146	E02_787-882_01-11-43.fsa	250	250.81	995	10 331	5 408
147	E03_787-882_01-52-15.fsa	231	231.76	6 040	69 609	5 132

（续）

资源序号	样本名（sample file name）	等位基因位点（allele，bp）	大小（size，bp）	高度（height，RFU）	面积（area，RFU）	数据取值点（data point，RFU）
148	E04_787-882_01-52-15.fsa	212	212.46	32	346	4 893
149	E05_787-882_02-32-21.fsa	250	250.84	637	6 012	5 395
150	E06_787-882_02-32-21.fsa	248	248.72	634	7 265	5 390
151	E07_787-882_03-12-27.fsa	204	204.86	1 018	8 942	4 809
	E07_787-882_03-12-27.fsa	248	248.91	3 697	35 197	5 373
152	E08_787-882_03-12-27.fsa	250	250.87	64	577	5 434
153	E09_787-882_03-52-30.fsa	250	250.97	635	5 821	5 414
154	E10_787-882_03-52-30.fsa	234	235.01	381	4 318	5 239
155	E11_787-882_04-32-34.fsa	234	235.06	8 207	130 252	5 225
156	E12_787-882_04-32-34.fsa	202	202.55	229	2 077	4 819
	E12_787-882_04-32-34.fsa	246	246.81	1 195	11 806	5 413
157	F01_787-882_01-11-43.fsa	250	250.83	3 222	31 384	5 364
158	F02_787-882_01-11-43.fsa	204	204.71	603	5 804	4 779
	F02_787-882_01-11-43.fsa	248	248.85	1 574	15 550	5 354
159	F03_787-882_01-52-15.fsa	196	197.5	1 005	8 872	4 657
	F03_787-882_01-52-15.fsa	240	241.44	3 867	37 759	5 223
160	F04_787-882_01-52-15.fsa	231	231.78	2 527	31 966	5 122
161	F05_787-882_02-32-21.fsa	287	287.59	436	4 244	5 892
162	F06_787-882_02-32-21.fsa	202	202.62	1 091	9 934	4 756
	F06_787-882_02-32-21.fsa	246	246.71	3 942	38 619	5 331
163	F07_787-882_03-12-27.fsa	204	204.83	1 301	11 652	4 780
	F07_787-882_03-12-27.fsa	248	248.92	5 513	52 825	5 349
164	F08_787-882_03-12-27.fsa	196	196.92	2 103	19 110	4 689
	F08_787-882_03-12-27.fsa	234	234.99	1 896	24 396	5 190

（续）

资源序号	样本名 (sample file name)	等位基因位点 (allele，bp)	大小 (size，bp)	高度 (height，RFU)	面积 (area，RFU)	数据取值点 (data point，RFU)
165	F09_787-882_03-52-30.fsa	234	234.8	7 883	114 433	5 182
166	F10_787-882_03-52-30.fsa	250	250.88	4 944	48 946	5 420
167	F11_787-882_04-32-34.fsa	248	249	107	1 049	5 382
168	F12_787-882_04-32-34.fsa	196	196.53	1 696	15 615	4 712
	F12_787-882_04-32-34.fsa	240	240.34	3 609	39 666	5 294
169	G01_787-882_01-11-43.fsa	196	196.49	765	6 674	4 671
	G01_787-882_01-11-43.fsa	240	240.42	3 011	28 890	5 234
170	G02_787-882_01-11-43.fsa	196	196.53	138	1 239	4 670
	G02_787-882_01-11-43.fsa	240	240.44	780	7 643	5 242
171	G03_787-882_01-52-15.fsa	231	231.89	303	3 285	5 124
172	G04_787-882_01-52-15.fsa	231	231.64	7 339	107 037	5 124
173	G05_787-882_02-32-21.fsa	248	248.83	5 166	58 449	5 148
174	G06_787-882_02-32-21.fsa	240	240.39	2 019	21 194	5 255
	G06_787-882_02-32-21.fsa	250	250.96	1 687	17 311	5 394
175	G07_787-882_03-12-27.fsa	999				
176	G08_787-882_03-12-27.fsa	246	246.94	1 034	10 151	5 355
177	G09_787-882_03-52-30.fsa	231	231.93	5 239	59 977	5 161
178	G10_787-882_03-52-30.fsa	240	240.43	139	1 413	5 283
179	G11_787-882_04-32-34.fsa	250	250.88	886	1 947	5 126
180	G12_787-882_04-32-34.fsa	250	251.08	421	3 942	5 442
181	H01_787-882_01-11-43.fsa	287	287	530	5 528	5 993
182	H02_787-882_01-11-43.fsa	196	196.49	1 195	11 089	4 784
	H02_787-882_01-11-43.fsa	240	240.48	4 029	40 919	5 370
183	H03_787-882_01-52-15.fsa	266	266.18	1 601	15 432	5 644

（续）

资源序号	样本名（sample file name）	等位基因位点（allele，bp）	大小（size，bp）	高度（height，RFU）	面积（area，RFU）	数据取值点（data point，RFU）
184	H04_787-882_01-52-15. fsa	250	251. 08	759	7 101	5 508
185	H05_787-882_02-32-21. fsa	234	235. 17	5 452	70 313	5 246
186	H06_787-882_02-32-21. fsa	196	196. 98	1 708	15 115	4 799
	H06_787-882_02-32-21. fsa	212	212. 64	4 578	60 306	5 010
187	H07_787-882_03-12-27. fsa	248	249. 08	205	1 980	5 419
188	H08_787-882_03-12-27. fsa	287	287. 9	101	1 032	6 111
189	H09_787-882_03-52-30. fsa	212	212. 5	7 759	114 607	4 982
190	H10_787-882_03-52-30. fsa	250	251. 13	1 214	12 444	5 555
191	H11_787-882_04-32-34. fsa	250	251. 15	2 207	22 176	5 486
192	H12_787-882_04-32-34. fsa	202	202. 78	38	318	4 921
	H12_787-882_04-32-34. fsa	246	247. 02	198	1 961	5 513

17 Satt567

资源序号	样本名 (sample file name)	等位基因位点 (allele, bp)	大小 (size, bp)	高度 (height, RFU)	面积 (area, RFU)	数据取值点 (data point, RFU)
1	A01 _691 _10 - 11 - 35. fsa	101	100. 9	897	8 704	3 339
2	A02 _691 _10 - 11 - 35. fsa	106	106. 56	7 904	101 815	3 483
3	A03 _691 _11 - 03 - 38. fsa	106	106	2 005	16 046	3 239
4	A04 _691 _11 - 03 - 38. fsa	106	106. 73	2 501	25 945	3 337
5	A05 _691 _11 - 43 - 49. fsa	109	109. 4	7 973	95 147	3 290
6	A06 _691 _11 - 43 - 49. fsa	106	106. 7	7 856	93 278	3 315
7	A07 _691 _12 - 23 - 56. fsa	109	109. 59	1 070	10 152	3 282
8	A08 _691 _12 - 23 - 56. fsa	109	109. 61	6 008	58 994	3 342
9	A09 _691 _13 - 04 - 02. fsa	109	109. 55	5 213	49 121	3 268
10	A10 _691 _13 - 04 - 02. fsa	106	106. 69	7 962	106 293	3 285
11	A11 _691 _13 - 44 - 08. fsa	106	106. 64	750	6 799	3 216
12	A12 _691 _13 - 44 - 08. fsa	103	103. 67	7 140	71 439	3 233
13	B01 _691 _10 - 11 - 35. fsa	106	106. 71	3 881	39 337	3 415
14	B02 _691 _10 - 11 - 35. fsa	109	109. 56	8 585	126 462	3 540
15	B03 _691 _11 - 03 - 38. fsa	106	106. 75	6 725	65 171	3 300
16	B04 _691 _11 - 03 - 38. fsa	103	103. 73	8 523	121 584	3 276
17	B05 _691 _11 - 43 - 49. fsa	103	103. 79	222	2 192	3 236
18	B06 _691 _11 - 43 - 49. fsa	106	106. 71	6 245	62 185	3 288
19	B07 _691 _12 - 23 - 56. fsa	999				
20	B08 _691 _12 - 23 - 56. fsa	103	103. 76	2 507	24 572	3 225
21	B09 _691 _13 - 04 - 02. fsa	106	106. 63	8 415	129 602	3 251
22	B10 _691 _13 - 04 - 02. fsa	109	109. 62	975	9 451	3 305

（续）

资源序号	样本名（sample file name）	等位基因位点（allele，bp）	大小（size，bp）	高度（height，RFU）	面积（area，RFU）	数据取值点（data point，RFU）
23	B11_691_13-44-08. fsa	106	106. 67	8 465	135 373	3 243
24	B12_691_13-44-08. fsa	109	109. 59	347	3 699	3 292
25	C01_691_10-11-35. fsa	106	106. 73	3 543	36 003	3 385
26	C02_691_10-11-35. fsa	106	106. 6	7 921	98 016	3 473
27	C03_691_11-03-38. fsa	109	109. 97	87	1 001	3 283
28	C04_691_11-03-38. fsa	106	106. 65	2 072	21 308	3 296
29	C05_691_11-43-49. fsa	106	106. 68	8 531	117 437	3 230
30	C06_691_11-43-49. fsa	106	106. 71	7 081	71 307	3 269
31	C07_691_12-23-56. fsa	109	109. 58	7 054	66 708	3 264
32	C08_691_12-23-56. fsa	103	103. 72	8 071	97 831	3 210
33	C09_691_13-04-02. fsa	106	106. 54	979	11 528	3 327
34	C10_691_13-04-02. fsa	109	109. 63	8 233	118 073	3 290
35	C11_691_13-44-08. fsa	106	106. 69	8 489	117 343	3 205
36	C12_691_13-44-08. fsa	106	106. 61	5 062	50 072	3 235
37	D01_691_10-11-35. fsa	106	106. 71	173	1 760	3 443
38	D02_691_10-11-35. fsa	109	109. 3	8 084	114 807	3 476
39	D03_691_11-03-38. fsa	109	109. 61	8 663	126 696	3 333
40	D04_691_11-03-38. fsa	103	103. 84	3 135	31 780	3 229
41	D05_691_11-43-49. fsa	109	109. 48	8 100	104 393	3 327
42	D06_691_11-43-49. fsa	109	109. 62	5 910	58 969	3 308
43	D07_691_12-23-56. fsa	109	109. 41	8 172	104 450	3 317
44	D08_691_12-23-56. fsa	109	109. 5	8 084	95 051	3 297
45	D09_691_13-04-02. fsa	106	106. 65	8 266	111 254	3 268
46	D10_691_13-04-02. fsa	106	106. 63	8 456	118 362	3 249

（续）

资源序号	样本名（sample file name）	等位基因位点（allele，bp）	大小（size，bp）	高度（height，RFU）	面积（area，RFU）	数据取值点（data point，RFU）
47	D11_691_13-44-08.fsa	106	106.49	8 021	103 142	3 252
48	D12_691_13-44-08.fsa	106	106.48	8 151	102 576	3 235
49	E01_691_10-11-35.fsa	109	109.59	4 180	44 403	3 533
50	E02_691_10-11-35.fsa	106	106.63	7 881	92 413	3 449
51	E03_691_11-03-38.fsa	106	106.74	4 816	49 912	3 350
52	E04_691_11-03-38.fsa	103	103.79	7 783	84 015	3 236
53	E05_691_11-43-49.fsa	103	103.77	7 786	83 361	3 279
54	E06_691_11-43-49.fsa	106	106.7	7 732	84 072	3 264
55	E07_691_12-23-56.fsa	106	106.64	8 192	93 933	3 300
56	E08_691_12-23-56.fsa	106	106.71	1 446	14 525	3 253
57	E09_691_13-04-02.fsa	103	103.69	8 598	109 809	2 846
58	E10_691_13-04-02.fsa	106	106.53	7 985	105 287	3 245
59	E11_691_13-44-08.fsa	103	103.72	7 842	86 199	3 234
60	E12_691_13-44-08.fsa	106	106.71	5 429	53 901	3 235
61	F01_691_10-11-35.fsa	106	106.73	3 220	34 133	3 423
62	F02_691_10-11-35.fsa	106	106.71	4 469	46 541	3 441
63	F03_691_11-03-38.fsa	109	109.65	8 607	118 432	3 305
64	F04_691_11-03-38.fsa	106	106.74	6 081	59 010	3 273
	F04_691_11-03-38.fsa	109	109.61	3 138	29 562	3 315
65	F05_691_11-43-49.fsa	103	103.77	1 236	12 031	3 214
66	F06_691_11-43-49.fsa	106	106.72	6 758	67 599	3 258
67	F07_691_12-23-56.fsa	109	109.53	3 746	37 336	3 290
68	F08_691_12-23-57.fsa	109	109.57	2 841	27 867	3 601
69	F09_691_13-04-02.fsa	106	106.67	2 652	26 046	3 243

（续）

资源序号	样本名（sample file name）	等位基因位点（allele，bp）	大小（size，bp）	高度（height，RFU）	面积（area，RFU）	数据取值点（data point，RFU）
70	F10_691_13-04-02.fsa	103	103.85	4 317	44 369	3 200
71	F11_691_13-44-08.fsa	103	103.75	810	7 984	3 188
72	F12_691_13-44-08.fsa	109	109.57	963	9 411	3 275
73	G01_691_10-11-35.fsa	109	109.6	3 616	38 024	3 518
74	G02_691_10-11-35.fsa	106	106.76	3 626	37 428	3 416
75	G03_691_11-03-38.fsa	106	106.76	3 469	35 050	3 300
76	G04_691_11-03-38.fsa	106	106.65	8 038	92 111	3 274
77	G05_691_11-43-49.fsa	999				
78	G06_691_11-43-49.fsa	109	109.65	6 327	63 239	3 315
79	G07_691_12-23-56.fsa	106	106.72	2 196	21 942	3 266
80	G08_691_12-23-56.fsa	106	106.66	4 962	50 618	3 263
81	G09_691_13-04-02.fsa	106	106.71	7 909	82 062	3 258
82	G10_691_13-04-02.fsa	106	106.7	7 709	82 619	3 260
83	G11_691_13-44-08.fsa	106	106.71	4 435	44 634	3 246
84	G12_691_13-44-08.fsa	109	109.59	2 240	22 105	3 286
85	H01_691_10-11-35.fsa	109	109.63	1 337	13 886	3 564
86	H02_691_10-11-35.fsa	109	109.59	1 725	18 652	3 601
87	H03_691_11-03-38.fsa	106	106.71	4 044	41 371	3 329
88	H04_691_11-03-38.fsa	106	106.82	5 045	51 272	3 372
89	H05_691_11-43-49.fsa	103	103.86	1 207	12 265	3 263
90	H06_691_11-43-49.fsa	109	109.68	59	586	3 398
91	H07_691_12-23-56.fsa	106	106.75	907	8 933	3 293
	H07_691_12-23-56.fsa	109	109.66	449	4 249	3 336
92	H08_691_12-23-56.fsa	106	106.74	670	6 831	3 341

（续）

资源序号	样本名 （sample file name）	等位基因位点 （allele，bp）	大小 （size，bp）	高度 （height，RFU）	面积 （area，RFU）	数据取值点 （data point，RFU）
93	H09 _691 _13 - 04 - 02. fsa	999				
94	H10 _691 _13 - 04 - 02. fsa	106	106. 69	93	943	3 331
95	H11 _691 _13 - 44 - 08. fsa	106	106. 69	3 331	33 463	3 273
96	H12 _691 _13 - 44 - 08. fsa	103	103. 88	1 896	19 577	3 275
97	A01 _787 _10 - 11 - 35. fsa	999				
98	A02 _787 _10 - 11 - 35. fsa	999				
99	A03 _787 _11 - 03 - 38. fsa	106	106. 6	5 957	54 846	4 396
	A03 _787 _11 - 03 - 38. fsa	109	109. 97	7 866	74 723	3 979
100	A04 _787 _11 - 03 - 38. fsa	106	106	8 212	86 844	3 986
101	A05 _787 _11 - 43 - 49. fsa	999				
102	A06 _787 _11 - 43 - 49. fsa	109	109. 87	7 718	89 926	3 995
103	A07 _787 _12 - 23 - 56. fsa	109	109. 83	7 540	68 797	4 302
104	A08 _787 _12 - 23 - 56. fsa	103	103. 79	7 901	89 701	4 007
105	A09 _787 _13 - 04 - 02. fsa	103	103. 18	8 164	88 419	4 011
106	A10 _787 _13 - 04 - 02. fsa	106	106. 75	7 784	85 130	4 392
107	A11 _787 _13 - 44 - 08. fsa	109	109. 72	7 935	98 833	4 306
108	A12 _787 _13 - 44 - 08. fsa	109	109. 95	7 844	82 442	4 054
109	B01 _787 _10 - 11 - 35. fsa	106	106. 94	8 186	91 920	4 079
110	B02 _787 _10 - 11 - 35. fsa	103	103. 87	4 642	42 497	3 984
111	B03 _787 _11 - 03 - 38. fsa	106	106. 65	2 059	19 153	4 283
112	B04 _787 _11 - 03 - 38. fsa	106	106. 94	8 293	76 229	4 044
113	B05 _787 _11 - 43 - 49. fsa	106	106. 79	4 574	42 397	4 277
114	B06 _787 _11 - 43 - 49. fsa	106	106. 86	5 791	54 101	4 320
115	B07 _787 _12 - 23 - 56. fsa	109	109. 88	3 944	38 552	4 439

（续）

资源序号	样本名（sample file name）	等位基因位点（allele，bp）	大小（size，bp）	高度（height，RFU）	面积（area，RFU）	数据取值点（data point，RFU）
116	B08 _787 _12 - 23 - 56. fsa	109	109. 72	7 626	104 460	4 035
117	B09 _787 _13 - 04 - 02. fsa	109	109. 12	6 114	58 727	4 106
118	B10 _787 _13 - 04 - 02. fsa	103	103. 85	7 419	69 014	4 349
119	B11 _787 _13 - 44 - 08. fsa	106	106. 81	7 492	79 841	4 420
120	B12 _787 _13 - 44 - 08. fsa	106	106. 82	8 102	76 535	4 387
121	C01 _787 _10 - 11 - 35. fsa	106	106. 82	7 530	89 679	4 461
122	C02 _787 _10 - 11 - 35. fsa	109	109. 74	8 167	81 174	4 418
123	C03 _787 _11 - 03 - 38. fsa	103	103. 35	7 651	78 824	3 741
124	C04 _787 _11 - 03 - 38. fsa	106	106. 32	8 008	104 296	3 619
125	C05 _787 _11 - 43 - 49. fsa	106	106. 94	3 110	29 826	4 147
	C05 _787 _11 - 43 - 49. fsa	109	109. 48	7 711	123 928	4 778
126	C06 _787 _11 - 43 - 49. fsa	109	109. 41	2 976	30 941	4 727
127	C07 _787 _12 - 23 - 56. fsa	106	106. 29	4 211	46 850	5 414
128	C08 _787 _12 - 23 - 56. fsa	106	106. 28	6 976	111 823	5 499
129	C09 _787 _13 - 04 - 02. fsa	109	109. 38	5 601	63 158	5 484
130	C10 _787 _13 - 04 - 02. fsa	109	109. 28	7 251	87 670	5 389
131	C11 _787 _13 - 44 - 08. fsa	103	103. 19	7 116	98 240	5 094
	C11 _787 _13 - 44 - 08. fsa	106	106. 23	1 463	15 478	5 224
132	C12 _787 _13 - 44 - 08. fsa	106	106. 41	2 833	31 453	5 497
133	D01 _787 _10 - 11 - 35. fsa	106	106. 33	5 093	59 809	5 559
134	D02 _787 _10 - 11 - 35. fsa	103	103. 55	4 355	48 053	5 472
135	D03 _787 _11 - 03 - 38. fsa	106	106. 54	6 892	78 202	5 496
136	D04 _787 _11 - 03 - 38. fsa	103	103. 32	7 188	92 534	5 538
137	D05 _787 _11 - 43 - 49. fsa	109	109. 41	4 049	45 760	5 503

（续）

资源序号	样本名（sample file name）	等位基因位点（allele，bp）	大小（size，bp）	高度（height，RFU）	面积（area，RFU）	数据取值点（data point，RFU）
138	D06_787_11-43-49. fsa	109	109. 47	7 145	116 271	5 564
139	D07_787_12-23-56. fsa	109	109. 47	6 244	73 798	5 550
140	D08_787_12-23-56. fsa	109	109. 54	2 652	28 766	5 202
141	D09_787_13-04-02. fsa	109	109. 53	7 011	95 529	5 273
142	D10_787_13-04-02. fsa	109	109. 39	7 055	85 947	5 464
143	D11_787_13-44-08. fsa	103	103. 34	6 368	105 845	5 494
	D11_787_13-44-08. fsa	109	109. 53	4 764	55 856	5 573
144	D12_787_13-44-08. fsa	109	109. 7	2 487	24 781	5 561
145	E01_787_10-11-35. fsa	106	106. 4	7 054	89 059	5 512
146	E02_787_10-11-35. fsa	103	103. 48	7 134	94 459	5 450
	E02_787_10-11-35. fsa	109	109. 38	5 734	63 632	5 545
147	E03_787_11-03-38. fsa	106	106. 38	6 996	89 607	5 554
148	E04_787_11-03-38. fsa	109	109. 42	7 156	88 846	5 498
149	E05_787_11-43-49. fsa	106	106. 27	7 106	97 356	5 240
150	E06_787_11-43-49. fsa	106	106. 44	6 816	78 805	5 424
151	E07_787_12-23-56. fsa	106	106. 21	6 573	99 866	5 431
152	E08_787_12-23-56. fsa	106	106. 54	6 851	93 006	5 530
153	E09_787_13-04-02. fsa	109	109. 68	6 933	82 999	5 529
154	E10_787_13-04-02. fsa	103	103. 35	6 915	100 009	5 471
	E10_787_13-04-02. fsa	106	106. 52	6 887	91 172	5 572
155	E11_787_13-44-08. fsa	103	103. 81	5 009	60 073	5 582
	E11_787_13-44-08. fsa	106	106. 46	6 749	106 368	5 711
156	E12_787_13-44-08. fsa	103	103. 59	6 296	117 504	5 740
157	F01_787_10-11-35. fsa	106	106. 75	2 894	29 165	5 497

（续）

资源序号	样本名（sample file name）	等位基因位点（allele，bp）	大小（size，bp）	高度（height，RFU）	面积（area，RFU）	数据取值点（data point，RFU）
158	F02_787_10-11-35.fsa	103	103.62	1 007	9 654	5 694
159	F03_787_11-03-38.fsa	109	109.54	3 195	31 772	5 557
160	F04_787_11-03-38.fsa	109	109.59	2 502	35 832	5 680
161	F05_787_11-43-49.fsa	103	103.13	3 880	41 258	5 242
162	F06_787_11-43-49.fsa	999				
163	F07_787_12-23-56.fsa	106	106.71	2 688	26 632	5 583
164	F08_787_12-23-57.fsa	103	103.76	2 274	22 732	5 760
	F08_787_12-23-57.fsa	109	109.77	3 319	35 427	5 627
165	F09_787_13-04-02.fsa	106	106.88	2 938	30 581	5 822
166	F10_787_13-04-02.fsa	103	103.62	2 379	23 528	5 576
167	F11_787_13-44-08.fsa	109	109.12	1 731	18 296	5 601
168	F12_787_13-44-08.fsa	109	109.77	857	8 590	5 732
169	G01_787_10-11-35.fsa	103	103.16	4 456	49 372	5 238
	G01_787_10-11-35.fsa	109	109.6	1 734	17 229	5 666
170	G02_787_10-11-35.fsa	109	109.51	1 861	17 960	5 589
171	G03_787_11-03-38.fsa	103	103.5	3 568	38 112	5 693
172	G04_787_11-03-38.fsa	109	109.05	4 081	44 175	5 361
173	G05_787_11-43-49.fsa	106	106.1	5 431	61 292	5 320
	G05_787_11-43-49.fsa	109	109.63	3 131	33 593	5 535
174	G06_787_11-43-49.fsa	103	103.71	3 654	37 616	5 465
175	G07_787_12-23-56.fsa	106	106.78	2 503	27 087	5 742
176	G08_787_12-23-56.fsa	106	106.75	2 431	24 511	5 555
177	G09_787_13-04-02.fsa	106	106.77	1 947	19 363	5 636
	G09_787_13-04-02.fsa	109	109.55	1 663	16 698	5 553

（续）

资源序号	样本名（sample file name）	等位基因位点（allele，bp）	大小（size，bp）	高度（height，RFU）	面积（area，RFU）	数据取值点（data point，RFU）
178	G10_787_13-04-02.fsa	109	109.72	1 383	13 327	5 582
179	G11_787_13-44-08.fsa	106	106.73	1 424	13 892	5 536
180	G12_787_13-44-08.fsa	106	106.69	1 930	19 605	5 601
181	H01_787_10-11-35.fsa	106	106.61	1 186	11 081	5 550
182	H02_787_10-11-35.fsa	109	109.62	1 724	17 271	5 610
183	H03_787_11-03-38.fsa	109	109	3 602	37 637	5 478
184	H04_787_11-03-38.fsa	106	106.88	1 066	10 995	5 539
185	H05_787_11-43-49.fsa	109	109.59	1 939	20 340	5 668
186	H06_787_11-43-49.fsa	109	109.17	4 793	56 540	5 328
187	H07_787_12-23-56.fsa	109	109.11	2 262	24 246	5 600
	H07_787_12-23-56.fsa	109	109.14	1 813	17 815	5 403
188	H08_787_12-23-56.fsa	109	109.03	2 745	28 956	5 555
189	H09_787_13-04-02.fsa	106	106.24	375	4 141	5 286
190	H10_787_13-04-02.fsa	106	106.07	783	7 122	5 452
191	H11_787_13-44-08.fsa	106	106.69	1 078	10 192	5 580
192	H12_787_13-44-08.fsa	109	109.08	2 994	30 621	5 476

18 Satt022

资源序号	样本名 (sample file name)	等位基因位点 (allele, bp)	大小 (size, bp)	高度 (height, RFU)	面积 (area, RFU)	数据取值点 (data point, RFU)
1	A01_691_10-25-26. fsa	216	216	2 319	24 491	5 196
2	A02_691_10-25-26. fsa	206	207. 46	8 306	173 503	5 252
3	A03_691_11-19-02. fsa	194	194. 82	4 817	51 779	4 739
4	A04_691_11-19-02. fsa	206	207. 26	1 945	24 585	5 024
	A04_691_11-19-02. fsa	216	216. 87	2 660	33 267	5 154
5	A05_691_11-59-19. fsa	206	207. 1	5 628	104 795	4 854
	A05_691_11-59-19. fsa	216	216. 78	7 567	136 563	4 977
6	A06_691_11-59-19. fsa	216	216. 82	8 146	150 978	5 100
7	A07_691_12-39-31. fsa	206	207. 02	7 936	173 515	4 832
8	A08_691_12-39-31. fsa	206	207. 14	6 661	72 952	4 950
9	A09_691_13-19-41. fsa	216	216	3 761	36 329	4 895
10	A10_691_13-19-41. fsa	206	207. 11	6 081	67 504	4 923
	A10_691_13-19-41. fsa	216	216. 76	7 382	81 562	5 051
11	A11_691_13-59-51. fsa	194	194. 71	8 077	112 458	4 637
12	A12_691_13-59-51. fsa	206	206. 91	7 752	111 845	4 901
13	B01_691_10-25-26. fsa	206	207. 56	2 946	35 183	5 138
14	B02_691_10-25-26. fsa	194	194. 97	5 267	69 891	5 077
15	B03_691_11-19-02. fsa	206	207. 16	7 962	129 092	4 921
16	B04_0_20-12-15. fsa	194	194	8 031	90 138	3 942
17	B05_691_11-59-19. fsa	216	216. 76	8 215	153 201	4 993
18	B06_0_20-12-15. fsa	206	206. 32	2 018	17 590	4 077
19	B07_691_12-39-31. fsa	194	194. 47	6 650	175 328	4 685

（续）

资源序号	样本名（sample file name）	等位基因位点（allele，bp）	大小（size，bp）	高度（height，RFU）	面积（area，RFU）	数据取值点（data point，RFU）
20	B08_691_12-39-31.fsa	206	207.08	7 907	97 708	4 951
21	B09_691_13-19-41.fsa	216	216.7	8 297	137 277	4 950
22	B10_691_13-19-41.fsa	194	194.73	7 744	90 763	4 754
23	B11_0_20-12-15.fsa	216	215.48	7 704	81 424	4 179
24	B12_0_20-12-15.fsa	206	206.24	7 254	117 247	4 081
25	C01_691_10-25-26.fsa	206	207	1 647	17 349	5 091
26	C02_691_10-25-26.fsa	206	207.25	7 850	146 005	5 257
27	C03_691_11-19-02.fsa	194	194.71	8 049	190 466	4 745
28	C04_691_11-19-02.fsa	206	207.27	8 120	179 801	5 028
29	C05_691_11-59-19.fsa	216	216	3 285	35 416	4 944
30	C06_691_11-59-19.fsa	206	206.94	6 898	183 152	4 968
31	C07_691_12-39-31.fsa	216	216.79	8 217	131 371	4 961
32	C08_691_12-39-31.fsa	206	207.17	43	457	4 946
33	C09_691_13-19-41.fsa	206	207.11	2 155	22 510	4 817
34	C10_691_13-19-41.fsa	206	207.13	8 236	166 324	4 923
35	C11_691_13-59-51.fsa	213	213.49	8 384	134 308	4 884
36	C12_691_13-59-51.fsa	203	203.92	7 947	185 268	4 863
37	D01_691_10-25-26.fsa	216	217.29	1 020	12 750	5 361
38	D02_691_10-25-26.fsa	216	217.16	8 317	194 441	5 385
39	D03_691_11-19-02.fsa	206	207.25	8 197	173 421	4 993
40	D04_691_11-19-02.fsa	216	216.86	7 936	178 480	5 146
41	D05_691_11-59-19.fsa	216	216	2 146	23 781	5 018
42	D06_691_11-59-19.fsa	216	216.78	8 071	176 279	5 087
43	D07_691_12-39-31.fsa	206	207.14	5 427	59 583	4 909

（续）

资源序号	样本名 （sample file name）	等位基因位点 （allele，bp）	大小 （size，bp）	高度 （height，RFU）	面积 （area，RFU）	数据取值点 （data point，RFU）
44	D08_691_12-39-31.fsa	206	207.11	8 042	131 301	4 928
45	D09_691_13-19-41.fsa	200	200.69	8 375	158 459	4 803
46	D10_691_13-19-41.fsa	216	216.72	8 038	140 473	5 036
47	D11_691_13-59-51.fsa	206	206.97	7 974	121 390	4 869
48	D12_691_13-59-51.fsa	216	216.74	1 964	21 477	5 021
49	E01_691_10-25-26.fsa	216	217.25	5 205	66 865	5 348
50	E02_691_10-25-26.fsa	216	217.11	7 915	174 710	5 362
51	E03_691_11-19-02.fsa	216	216.95	7 227	86 165	5 105
52	E04_691_11-19-02.fsa	206	207.2	7 800	176 239	4 997
53	E05_691_11-59-19.fsa	206	207.22	5 723	67 885	4 922
54	E06_691_11-59-19.fsa	206	207	1 283	13 949	4 898
55	E07_691_12-39-31.fsa	206	206.95	1 776	12 558	4 877
56	E08_691_12-39-31.fsa	206	207.16	5 695	68 258	4 917
57	E09_691_13-19-41.fsa	206	207.13	1 474	15 200	4 879
58	E10_691_13-19-41.fsa	216	216.7	1 995	21 917	5 023
59	E11_691_13-59-51.fsa	194	194.75	6 022	64 066	4 695
60	E12_691_13-59-51.fsa	213	213.53	4 784	54 156	4 966
61	F01_691_10-25-26.fsa	206	207.52	1 497	17 627	5 176
62	F02_691_10-25-26.fsa	200	201.01	395	4 842	5 068
63	F03_691_11-19-02.fsa	216	216.8	5 524	54 431	4 969
64	F04_691_11-19-02.fsa	216	216.9	7 305	101 728	5 087
65	F05_691_11-59-19.fsa	194	194.55	6 253	101 566	4 716
	F05_691_11-59-19.fsa	216	216.8	6 737	108 255	5 012
66	F06_691_11-59-19.fsa	197	197.44	7 842	134 345	4 774

（续）

资源序号	样本名（sample file name）	等位基因位点（allele，bp）	大小（size，bp）	高度（height，RFU）	面积（area，RFU）	数据取值点（data point，RFU）
67	F07_691_12-39-31.fsa	194	194.74	8 204	148 455	4 694
68	F08_691_12-39-31.fsa	216	216.76	7 376	90 717	5 007
69	F09_691_13-19-41.fsa	216	216.79	2 385	25 689	4 965
70	F10_691_13-19-41.fsa	206	207.14	6 260	76 540	4 860
71	F11_691_13-59-51.fsa	194	194.62	7 896	107 283	4 658
72	F12_691_13-59-51.fsa	216	216.81	6 708	80 603	4 972
73	G01_691_10-25-26.fsa	194	195.1	6 322	80 520	4 998
74	G02_691_10-25-26.fsa	206	207.59	5 524	77 209	5 169
75	G03_691_11-19-02.fsa	194	194.79	5 291	68 102	4 773
76	G04_691_11-19-03.fsa	206	206.75	7 330	71 903	4 790
77	G05_691_11-59-19.fsa	206	207.37	290	3 132	4 889
78	G06_691_11-59-19.fsa	216	216.9	1 506	17 839	5 028
79	G07_691_12-39-31.fsa	216	216.82	7 381	84 763	4 987
80	G08_691_12-39-31.fsa	216	216.85	4 027	48 251	5 002
81	G09_691_12-39-32.fsa	194	194.43	2 109	21 122	4 609
82	G10_691_13-19-41.fsa	216	216.82	7 473	87 555	4 980
83	G11_691_13-59-51.fsa	194	194.74	7 560	90 008	4 665
84	G12_691_13-59-51.fsa	216	216.76	7 632	95 413	4 964
85	H01_691_10-25-26.fsa	194	195.15	1 579	18 587	5 057
86	H02_691_10-25-26.fsa	206	207.58	1 947	24 383	5 312
87	H03_691_11-19-02.fsa	206	207.26	2 241	27 309	4 993
	H03_691_11-19-02.fsa	216	216.95	5 669	71 589	5 120
88	H04_691_11-19-02.fsa	200	200.89	1 242	13 769	4 993
89	H05_691_11-59-19.fsa	216	216.95	605	7 175	5 065

（续）

资源序号	样本名（sample file name）	等位基因位点（allele，bp）	大小（size，bp）	高度（height，RFU）	面积（area，RFU）	数据取值点（data point，RFU）
90	H06_691_11-59-19.fsa	206	207.35	1 484	18 492	5 024
91	H07_691_12-39-31.fsa	206	207.28	5 365	62 710	4 915
92	H08_691_12-39-31.fsa	216	216.96	1 630	20 678	5 125
93	H09_691_13-19-41.fsa	216	216.88	5 838	68 015	5 019
94	H10_691_13-19-41.fsa	197	197.81	3 227	36 660	4 847
95	H11_691_13-59-51.fsa	216	216.9	3 451	39 548	5 004
96	H12_691_13-59-51.fsa	194	194.77	6 749	76 495	4 787
97	A01_787_14-39-59.fsa	203	203.58	1 943	19 511	4 632
98	A02_787_14-39-59.fsa	206	206.88	7 405	104 095	4 882
99	A03_787_15-20-05.fsa	213	213.5	8 038	109 369	4 854
100	A04_787_15-20-05.fsa	203	203.42	8 678	141 579	4 612
101	A05_787_16-00-10.fsa	206	207.03	8 245	120 606	4 778
102	A06_787_16-00-10.fsa	206	206.41	7 146	58 652	4 214
103	A07_787_16-40-18.fsa	206	207.09	748	7 023	4 794
104	A08_787_16-40-18.fsa	206	207.07	7 009	69 084	4 889
105	A09_787_17-20-48.fsa	206	207.2	1 192	13 191	4 820
106	A10_787_17-20-48.fsa	216	215.61	3 740	37 476	5 035
107	A11_787_18-00-56.fsa	206	206.63	8 508	122 506	4 684
108	A12_787_18-00-56.fsa	206	207.05	1 812	18 340	4 903
109	B01_787_14-39-59.fsa	206	207.02	8 345	122 834	4 795
110	B02_787_14-39-59.fsa	216	216.63	6 005	64 934	5 018
111	B03_787_15-20-05.fsa	216	215.73	7 473	66 318	4 304
112	B04_787_15-20-05.fsa	203	203.83	3 092	31 253	4 835
113	B05_787_16-00-10.fsa	206	207.04	3 772	36 884	4 779

（续）

资源序号	样本名（sample file name）	等位基因位点（allele，bp）	大小（size，bp）	高度（height，RFU）	面积（area，RFU）	数据取值点（data point，RFU）
114	B06_787_16-00-10.fsa	194	194.65	7 960	122 459	4 711
115	B07_787_16-40-18.fsa	206	206.98	4 843	53 409	4 831
116	B08_787_16-40-18.fsa	216	215.48	3 211	33 452	5 011
117	B09_787_17-20-48.fsa	206	207.05	656	7 331	4 828
118	B10_787_17-20-48.fsa	203	203.87	389	3 923	4 884
119	B11_787_18-00-56.fsa	206	206.99	1 870	18 247	4 810
120	B12_787_18-00-56.fsa	203	203.82	308	3 130	4 848
121	C01_787_14-39-59.fsa	216	216.65	285	2 898	4 910
122	C02_787_14-39-59.fsa	216	216.66	5 234	58 981	5 016
123	C03_787_15-20-05.fsa	206	207.03	4 149	42 794	4 777
124	C04_787_15-20-06.fsa	216	216.05	6 900	69 705	4 768
125	C05_787_16-00-10.fsa	200	200.63	1 397	14 818	4 700
	C05_787_16-00-10.fsa	206	207.02	1 768	17 806	4 781
126	C06_787_16-00-10.fsa	206	207.01	2 445	24 984	4 862
127	C07_787_16-40-18.fsa	194	194.6	3 155	33 515	4 886
128	C08_787_16-40-18.fsa	194	194.65	2 481	30 250	4 722
	C08_787_16-40-18.fsa	206	207	2 689	35 269	4 895
129	C09_787_17-20-48.fsa	206	207.06	2 619	26 331	4 808
130	C10_787_17-20-48.fsa	206	207.02	6 760	77 159	4 920
131	C11_787_18-00-56.fsa	216	216.63	2 377	23 753	4 915
132	C12_787_18-00-56.fsa	216	216.59	7 817	99 441	5 027
133	D01_787_14-39-59.fsa	206	207.22	2 406	24 607	4 856
134	D02_787_14-39-59.fsa	216	216.6	7 699	92 440	5 001
135	D03_787_15-20-05.fsa	194	194.7	7 609	80 678	4 678

（续）

资源序号	样本名 （sample file name）	等位基因位点 （allele，bp）	大小 （size，bp）	高度 （height，RFU）	面积 （area，RFU）	数据取值点 （data point，RFU）
136	D04 _787 _15 - 20 - 05. fsa	206	207. 08	2 448	26 957	4 861
137	D05 _787 _16 - 00 - 10. fsa	206	207. 1	7 513	83 659	4 847
138	D06 _787 _16 - 00 - 10. fsa	216	216. 63	4 056	43 459	4 992
139	D07 _787 _16 - 40 - 18. fsa	206	207. 11	5 411	66 315	4 819
140	D08 _787 _16 - 40 - 18. fsa	203	203. 67	7 356	103 591	4 854
141	D09 _787 _17 - 20 - 48. fsa	206	207. 05	3 686	39 312	4 871
142	D10 _787 _17 - 20 - 48. fsa	206	207. 13	1 000	10 413	4 880
143	D11 _787 _18 - 00 - 56. fsa	206	207. 13	4 580	45 384	4 859
144	D12 _787 _18 - 00 - 56. fsa	206	206. 99	339	3 599	4 876
145	E01 _787 _14 - 39 - 59. fsa	206	207. 12	2 014	20 230	4 841
146	E02 _787 _14 - 39 - 59. fsa	194	194. 69	1 047	10 675	4 677
147	E03 _787 _15 - 20 - 05. fsa	216	216. 75	6 162	65 334	4 958
148	E04 _787 _15 - 20 - 06. fsa	216	216. 08	1 914	17 948	4 643
149	E05 _787 _15 - 20 - 07. fsa	206	206. 53	8 347	116 627	4 525
150	E06 _787 _15 - 20 - 07. fsa	216	216. 05	4 561	24 588	4 832
151	E07 _787 _16 - 40 - 18. fsa	206	206. 92	7 800	109 383	4 855
152	E08 _787 _16 - 40 - 18. fsa	206	207. 02	7 059	81 435	4 875
153	E09 _787 _16 - 40 - 19. fsa	206	206. 75	7 909	112 427	4 656
154	E10 _787 _17 - 20 - 48. fsa	203	203. 84	327	3 316	4 847
155	E11 _787 _18 - 00 - 56. fsa	203	203. 85	844	8 717	4 820
156	E12 _787 _18 - 00 - 56. fsa	206	207. 1	7 302	81 291	4 869
157	F01 _787 _14 - 39 - 59. fsa	206	207. 05	5 210	56 014	4 813
158	F02 _787 _14 - 39 - 60. fsa	206	206. 6	8 698	130 651	4 430
159	F03 _787 _15 - 20 - 05. fsa	206	207. 14	1 829	19 308	4 802

（续）

资源序号	样本名 （sample file name）	等位基因位点 （allele，bp）	大小 （size，bp）	高度 （height，RFU）	面积 （area，RFU）	数据取值点 （data point，RFU）
160	F04_787_15-20-05.fsa	216	215.54	2 500	26 412	4 930
161	F05_787_16-00-10.fsa	194	194.74	1 060	10 012	4 628
162	F06_787_16-00-10.fsa	203	203.87	2 454	26 824	4 782
163	F07_787_16-40-18.fsa	206	207.09	2 631	26 791	4 837
164	F08_787_16-40-18.fsa	216	216.64	1 829	19 313	4 968
165	F09_787_17-20-48.fsa	216	216.67	1 351	13 567	4 949
166	F10_787_17-20-48.fsa	206	207.07	210	2 130	4 853
167	F11_787_18-00-56.fsa	206	207.03	1 229	12 102	4 797
168	F12_787_18-00-56.fsa	216	216.73	727	7 423	4 957
169	G01_787_14-39-59.fsa	206	207.16	5 869	62 232	4 816
170	G02_787_14-39-59.fsa	206	207.19	5 799	66 388	4 828
171	G03_787_15-20-05.fsa	194	194.73	3 045	34 162	4 642
172	G04_787_15-20-05.fsa	194	194.76	548	5 853	4 652
	G04_787_15-20-05.fsa	216	216.81	745	7 939	4 941
173	G05_787_16-00-10.fsa	194	194.73	2 215	23 349	4 646
	G05_787_16-00-10.fsa	206	207.09	872	9 109	4 808
174	G06_787_16-00-10.fsa	216	216.8	509	5 394	4 946
175	G07_787_16-40-18.fsa	206	207.14	333	3 368	4 829
176	G08_787_16-40-18.fsa	206	207.13	1 251	12 995	4 857
177	G09_787_17-20-48.fsa	194	194.77	1 425	14 891	4 682
	G09_787_17-20-48.fsa	216	216.73	583	6 135	4 967
178	G10_787_17-20-48.fsa	216	216	76	1 738	5 125
179	G11_787_18-00-56.fsa	216	216.71	702	7 298	4 944
180	G12_787_18-00-56.fsa	206	207.17	253	2 650	4 831

（续）

资源序号	样本名（sample file name）	等位基因位点（allele，bp）	大小（size，bp）	高度（height，RFU）	面积（area，RFU）	数据取值点（data point，RFU）
181	H01_787_14-39-59.fsa	203	203.99	7 321	78 773	4 824
182	H02_787_14-39-59.fsa	216	216.89	5 011	59 436	5 067
183	H03_787_15-20-05.fsa	206	207.21	4 949	56 415	4 853
184	H04_787_15-20-05.fsa	206	207.2	346	3 301	4 915
185	H05_787_16-00-10.fsa	213	213.57	1 713	18 234	4 938
186	H06_787_16-00-10.fsa	209	209.27	576	6 019	4 959
187	H07_787_16-40-18.fsa	206	207.12	1 572	16 875	4 873
188	H08_787_16-40-18.fsa	216	216.86	1 543	18 312	5 078
189	H09_787_17-20-48.fsa	216	216.87	2 472	28 583	5 016
190	H10_787_17-20-48.fsa	206	207.16	1 492	16 610	4 967
191	H11_787_18-00-56.fsa	194	194.78	3 431	36 538	4 703
192	H12_787_18-00-56.fsa	206	207.18	5 579	59 794	4 944

19 Satt487

资源序号	样本名（sample file name）	等位基因位点（allele，bp）	大小（size，bp）	高度（height，RFU）	面积（area，RFU）	数据取值点（data point，RFU）
1	A01_691-786_10-52-20.fsa	201	201.32	456	4 525	4 560
2	A02_691-786_10-52-20.fsa	198	198.01	2 101	20 125	4 323
3	A03_691-786_10-52-21.fsa	195	195.13	321	3 458	5 100
4	A04_691-786_11-43-58.fsa	201	201.15	193	1 957	4 468
5	A05_691-786_11-43-59.fsa	201	201.12	1 198	15 710	5 283
6	A06_691-786_12-24-07.fsa	192	192.15	210	2 080	4 303
7	A07_691-786_12-24-08.fsa	999				
8	A08_691-786_12-24-08.fsa	204	204.19	534	5 707	5 166
9	A09_691-786_13-44-16.fsa	201	201.03	1 953	18 431	4 319
10	A10_691-786_13-44-16.fsa	198	198	2 210	21 521	4 336
	A10_691-786_13-44-16.fsa	201	201.08	1 563	14 296	4 375
11	A11_691-786_14-24-19.fsa	198	198.03	4 469	44 426	4 274
12	A12_691-786_14-24-19.fsa	195	195.07	1 132	11 337	4 293
13	B01_691-786_10-52-20.fsa	195	195.35	769	7 476	4 494
14	B02_691-786_10-52-21.fsa	192	192.15	361	4 065	5 073
15	B03_691-786_11-43-58.fsa	195	195.2	215	2 072	4 340
16	B04_691-786_11-43-58.fsa	201	201.14	7 735	78 939	4 457
17	B05_691-786_12-24-07.fsa	204	204.25	2 100	20 826	4 405
18	B06_691-786_12-24-07.fsa	201	201.15	1 856	18 427	4 405
19	B07_691-786_13-04-12.fsa	192	192.24	1 581	15 632	4 235
20	B08_691-786_13-04-12.fsa	198	198.02	5 974	58 083	4 345
21	B09_691-786_13-44-16.fsa	201	200.85	8 150	101 366	4 323

（续）

资源序号	样本名（sample file name）	等位基因位点（allele，bp）	大小（size，bp）	高度（height，RFU）	面积（area，RFU）	数据取值点（data point，RFU）
22	B10_691-786_13-44-16.fsa	195	195.12	4 815	49 116	4 287
23	B11_691-786_14-24-19.fsa	198	197.87	7 825	87 431	4 281
	B11_691-786_14-24-19.fsa	201	201.03	7 482	71 509	4 320
24	B12_691-786_14-24-19.fsa	195	195.05	6 461	62 510	4 277
25	C01_691-786_10-52-20.fsa	198	198.28	7 652	78 398	4 514
26	C02_691-786_10-52-20.fsa	198	198.2	1 376	14 530	4 564
27	C03_691-786_11-43-58.fsa	204	204.36	6 108	57 604	4 432
28	C04_691-786_11-43-58.fsa	192	192.18	1 414	14 346	4 323
29	C05_691-786_12-24-07.fsa	204	204.31	2 822	26 388	4 380
30	C06_691-786_12-24-07.fsa	204	204.18	5 014	50 108	4 429
31	C07_691-786_13-04-12.fsa	201	201.1	4 702	45 488	4 323
32	C08_691-786_13-04-13.fsa	198	197.99	531	5 871	5 103
33	C09_691-786_13-44-16.fsa	999				
34	C10_691-786_13-44-16.fsa	198	198.02	7 091	69 445	4 312
35	C11_691-786_14-24-19.fsa	201	201.02	8 008	83 074	4 296
36	C12_691-786_14-24-19.fsa	201	201.07	3 522	34 486	4 341
37	D01_691-786_10-52-20.fsa	204	204.34	8 143	102 365	4 655
38	D02_691-786_10-52-20.fsa	198	198.2	8 583	127 158	4 560
39	D03_691-786_11-43-58.fsa	198	198.1	8 365	108 058	4 410
40	D04_691-786_11-43-58.fsa	198	198.12	1 184	12 043	4 400
41	D05_691-786_12-24-07.fsa	198	198.07	5 458	53 249	4 358
42	D06_691-786_12-24-07.fsa	198	198.1	1 412	14 131	4 346
43	D07_691-786_13-04-12.fsa	198	198.07	4 145	40 339	4 337
44	D08_691-786_13-04-12.fsa	204	204.13	8 105	96 364	4 401

（续）

资源序号	样本名（sample file name）	等位基因位点（allele，bp）	大小（size，bp）	高度（height，RFU）	面积（area，RFU）	数据取值点（data point，RFU）
45	D09_691-786_13-44-16. fsa	198	198. 05	2 973	28 915	4 317
46	D10_691-786_13-44-16. fsa	201	201. 08	7 709	80 193	4 345
	D10_691-786_13-44-16. fsa	204	204. 23	7 125	69 473	4 383
47	D11_691-786_14-24-19. fsa	192	192. 09	8 020	100 274	4 242
48	D12_691-786_14-24-19. fsa	204	204. 24	4 763	46 000	4 375
49	E01_691-786_10-52-20. fsa	204	204. 56	1 118	12 476	4 648
50	E02_691-786_10-52-21. fsa	192	192. 15	3 155	34 399	5 044
51	E03_691-786_11-43-58. fsa	201	201. 17	345	4 220	4 445
52	E04_691-786_11-43-58. fsa	198	198. 12	491	5 047	4 398
53	E05_691-786_12-24-07. fsa	198	198. 06	229	2 156	4 357
54	E06_691-786_12-24-07. fsa	198	198. 02	383	3 765	4 349
55	E07_691-786_13-04-12. fsa	999				
56	E08_691-786_13-04-12. fsa	192	192. 13	2 299	23 606	4 252
	E08_691-786_13-04-12. fsa	201	200. 99	983	10 216	4 367
57	E09_691-786_13-04-13. fsa	204	203. 19	108	1 185	5 150
58	E10_691-786_13-04-13. fsa	999				
59	E11_691-786_14-24-19. fsa	198	198. 1	1 156	8 842	4 933
60	E12_691-786_14-24-19. fsa	201	201. 12	1 235	7 764	4 399
61	F01_691-786_10-52-20. fsa	198	198. 31	1 145	12 141	4 552
62	F02_691-786_10-52-20. fsa	198	198. 13	1 546	14 537	4 427
63	F03_691-786_11-43-58. fsa	999				
64	F04_691-786_11-43-58. fsa	201	201. 07	515	5 155	4 427
65	F05_691-786_12-24-07. fsa	204	204. 36	3 234	33 648	4 413
66	F06_691-786_12-24-07. fsa	198	198. 08	716	8 209	4 340

（续）

资源序号	样本名（sample file name）	等位基因位点（allele，bp）	大小（size，bp）	高度（height，RFU）	面积（area，RFU）	数据取值点（data point，RFU）
67	F07_691-786_13-04-12. fsa	198	198. 15	2 385	27 622	4 323
68	F08_691-786_13-04-12. fsa	201	201. 09	3 335	33 612	4 359
69	F09_691-786_13-44-16. fsa	198	198. 05	4 047	47 047	4 307
70	F10_691-786_13-44-16. fsa	198	198. 14	2 481	24 853	4 302
71	F11_691-786_14-24-19. fsa	198	198. 05	6 096	64 291	4 298
72	F12_691-786_14-24-19. fsa	198	198. 06	3 328	33 655	4 293
73	G01_691-786_10-52-20. fsa	198	198. 37	3 842	42 403	4 571
74	G02_691-786_10-52-20. fsa	198	198. 24	5 239	56 086	4 557
75	G03_691-786_11-43-58. fsa	198	198. 16	121	1 287	4 404
76	G04_691-786_11-43-58. fsa	195	194. 23	207	1 962	4 350
77	G05_691-786_12-24-07. fsa	999				
78	G06_691-786_12-24-07. fsa	198	198. 16	1 906	19 345	4 355
79	G07_691-786_13-04-12. fsa	195	195. 16	2 309	22 821	4 295
80	G08_691-786_13-04-12. fsa	198	198. 16	629	6 428	4 332
81	G09_691-786_13-44-16. fsa	204	204. 33	4 116	40 707	4 391
82	G10_691-786_13-44-16. fsa	204	204. 29	1 958	19 810	4 387
83	G11_691-786_14-24-19. fsa	204	204. 33	2 082	20 457	4 380
84	G12_691-786_14-24-19. fsa	201	201. 18	797	7 884	4 341
85	H01_691-786_10-52-20. fsa	204	204. 58	2 378	25 287	4 687
86	H02_691-786_10-52-20. fsa	198	198. 35	2 511	27 465	4 654
87	H03_691-786_11-43-58. fsa	198	197. 77	7 905	81 754	4 019
88	H04_691-786_11-43-58. fsa	198	198. 21	484	5 177	4 496
89	H05_691-786_12-24-07. fsa	192	192. 2	411	4 327	4 321
90	H06_691-786_12-24-07. fsa	999				

（续）

资源序号	样本名（sample file name）	等位基因位点（allele，bp）	大小（size，bp）	高度（height，RFU）	面积（area，RFU）	数据取值点（data point，RFU）
91	H07_691-786_13-04-12. fsa	201	201. 17	508	5 479	4 414
92	H08_691-786_13-04-13. fsa	201	201. 02	582	6 518	5 145
93	H09_691-786_13-44-16. fsa	198	198. 08	761	9 065	4 355
94	H10_691-786_13-44-16. fsa	201	201. 16	471	4 912	4 433
95	H11_691-786_13-44-17. fsa	201	200. 98	455	5 301	5 194
96	H12_691-786_14-24-19. fsa	204	204. 31	558	5 810	4 460
97	A01_787-882_15-04-22. fsa	999				
98	A02_787-882_15-04-22. fsa	201	201. 09	1 393	12 914	4 354
99	A03_787-882_15-44-22. fsa	195	195. 09	3 063	26 854	4 221
100	A04_787-882_15-44-22. fsa	204	204. 19	8 467	106 163	4 385
101	A05_787-882_16-24-23. fsa	204	204. 13	8 519	103 182	4 342
102	A06_787-882_16-24-23. fsa	198	197. 99	7 764	76 718	4 323
103	A07_787-882_17-04-26. fsa	198	198	172	1 589	4 241
104	A08_787-882_17-04-26. fsa	198	198. 06	745	6 768	4 296
105	A09_787-882_17-44-51. fsa	198	198	1 552	13 740	4 238
106	A10_787-882_17-44-51. fsa	204	204. 2	3 596	32 592	4 365
107	A11_787-882_18-24-53. fsa	201	200. 95	8 034	80 280	4 267
108	A12_787-882_18-24-53. fsa	198	197. 98	321	2 858	4 285
109	B01_787-882_15-04-22. fsa	201	201. 12	3 093	27 922	4 305
110	B02_787-882_15-04-22. fsa	198	198. 01	8 947	140 042	4 301
	B02_787-882_15-04-22. fsa	204	204. 23	8 634	110 502	4 378
111	B03_787-882_15-44-22. fsa	198	198. 01	1 937	17 194	4 263
112	B04_787-882_15-44-22. fsa	192	192. 06	420	3 837	4 221
113	B05_787-882_16-24-23. fsa	204	204. 22	3 799	35 263	4 351

（续）

资源序号	样本名（sample file name）	等位基因位点（allele，bp）	大小（size，bp）	高度（height，RFU）	面积（area，RFU）	数据取值点（data point，RFU）
114	B06_787-882_16-24-23. fsa	192	192. 11	3 426	29 808	4 232
115	B07_787-882_17-04-26. fsa	195	194. 96	8 138	88 615	4 212
116	B08_787-882_17-04-26. fsa	201	201. 13	2 897	10 229	4 252
	B08_787-882_17-04-26. fsa	204	204. 2	3 152	33 529	4 311
117	B09_787-882_17-44-51. fsa	204	204. 22	2 436	21 528	4 317
118	B10_787-882_17-44-51. fsa	201	201	6 921	62 930	4 312
119	B11_787-882_18-24-53. fsa	192	192. 06	2 411	21 303	4 164
120	B12_787-882_18-24-53. fsa	201	201	8 826	116 566	4 304
121	C01_787-882_15-04-22. fsa	198	198. 03	7 769	70 981	4 247
122	C02_787-882_15-04-22. fsa	198	197. 86	8 125	97 404	4 286
123	C03_787-882_15-44-22. fsa	198	198. 01	5 932	53 319	4 243
124	C04_787-882_15-44-22. fsa	201	200. 83	8 172	98 288	4 322
125	C05_787-882_16-24-23. fsa	192	192. 1	994	9 433	4 190
126	C06_787-882_16-24-23. fsa	204	204. 15	634	6 040	4 372
127	C07_787-882_17-04-26. fsa	204	204. 27	8 878	77 444	4 321
128	C08_787-882_17-04-26. fsa	198	198. 05	7 724	76 514	4 334
129	C09_787-882_17-44-51. fsa	201	200. 94	8 288	87 101	4 259
130	C10_787-882_17-44-51. fsa	195	194. 99	6 732	63 136	4 222
131	C11_787-882_18-24-53. fsa	201	200. 94	119	1 542	4 260
132	C12_787-882_18-24-53. fsa	198	197. 91	8 128	101 315	4 252
133	D01_787-882_15-04-22. fsa	201	200. 85	8 264	96 196	4 330
134	D02_787-882_15-04-22. fsa	201	201	8 180	88 305	4 322
135	D03_787-882_15-44-22. fsa	198	197. 97	7 860	75 859	4 290
136	D04_787-882_15-44-22. fsa	204	204. 17	1 530	14 573	4 358

（续）

资源序号	样本名（sample file name）	等位基因位点（allele，bp）	大小（size，bp）	高度（height，RFU）	面积（area，RFU）	数据取值点（data point，RFU）
137	D05_787-882_16-24-23. fsa	195	195. 09	2 758	25 217	4 262
138	D06_787-882_16-24-23. fsa	204	204. 24	3 625	36 958	4 372
139	D07_787-882_17-04-26. fsa	198	197. 96	8 156	84 583	4 283
140	D08_787-882_17-04-26. fsa	192	197. 94	7 441	66 552	4 411
	D08_787-882_17-04-26. fsa	201	201. 01	6 325	70 589	4 213
141	D09_787-882_17-44-51. fsa	195	195. 05	7 808	78 193	4 243
142	D10_787-882_17-44-51. fsa	195	195. 03	8 374	106 790	4 218
143	D11_787-882_18-24-53. fsa	195	195. 04	7 865	74 310	4 219
144	D12_787-882_18-24-53. fsa	198	197. 97	8 693	111 247	4 247
145	E01_787-882_15-04-22. fsa	198	198. 02	8 536	109 054	4 291
146	E02_787-882_15-04-22. fsa	198	198. 07	5 808	54 405	4 287
147	E03_787-882_15-44-22. fsa	201	201. 11	1 089	9 836	4 321
148	E04_787-882_15-44-22. fsa	198	198	381	4 126	4 292
149	E05_787-882_16-24-23. fsa	201	201. 03	890	8 314	4 337
150	E06_787-882_16-24-23. fsa	201	201	715	6 892	4 332
151	E07_787-882_17-04-26. fsa	201	201. 03	8 704	112 082	4 308
152	E08_787-882_17-04-26. fsa	198	198. 05	3 131	29 688	4 267
153	E09_787-882_17-44-51. fsa	198	198. 02	3 380	31 589	4 265
154	E10_787-882_17-44-51. fsa	201	201. 09	2 480	23 301	4 297
155	E11_787-882_18-24-53. fsa	201	201. 03	8 074	84 452	4 299
156	E12_787-882_18-24-53. fsa	198	197. 98	7 943	83 472	4 250
157	F01_787-882_15-04-22. fsa	201	201. 1	3 755	37 971	4 319
158	F02_787-882_15-04-22. fsa	195	195. 09	3 532	33 365	4 242
159	F03_787-882_15-44-22. fsa	201	201. 1	3 424	32 007	4 315

（续）

资源序号	样本名 (sample file name)	等位基因位点 (allele, bp)	大小 (size, bp)	高度 (height, RFU)	面积 (area, RFU)	数据取值点 (data point, RFU)
160	F04_787-882_15-44-22.fsa	198	197.97	1 201	11 532	4 277
161	F05_787-882_16-24-23.fsa	204	204.23	4 560	43 343	4 365
162	F06_787-882_16-24-23.fsa	201	201.1	4 863	45 646	4 325
163	F07_787-882_17-04-26.fsa	192	192.17	7 913	82 061	4 184
164	F08_787-882_17-04-26.fsa	192	192.09	4 033	37 923	4 184
	F08_787-882_17-04-26.fsa	201	201.02	1 921	18 059	4 297
165	F09_787-882_17-44-51.fsa	192	192.13	4 143	42 209	4 187
166	F10_787-882_17-44-51.fsa	198	198.04	4 937	46 611	4 251
167	F11_787-882_18-24-53.fsa	201	201.02	6 374	69 113	4 281
168	F12_787-882_18-24-53.fsa	198	197.79	8 263	95 160	4 241
169	G01_787-882_15-04-22.fsa	198	198.03	5 505	51 592	4 291
170	G02_787-882_15-04-22.fsa	201	201.1	2 244	21 082	4 328
171	G03_787-882_15-44-22.fsa	201	201.11	3 111	32 866	4 337
172	G04_787-882_15-44-22.fsa	198	198.05	2 471	23 461	4 286
173	G05_787-882_16-24-23.fsa	201	201.11	2 406	22 631	4 336
174	G06_787-882_16-24-23.fsa	201	201.1	1 852	17 851	4 334
175	G07_787-882_17-04-26.fsa	192	192.2	1 783	16 921	4 198
176	G08_787-882_17-04-26.fsa	201	201.02	6 148	57 795	4 316
177	G09_787-882_17-44-51.fsa	198	198.01	1 740	16 159	4 267
178	G10_787-882_17-44-51.fsa	198	198.04	2 295	21 576	4 264
179	G11_787-882_18-24-53.fsa	198	198.01	777	7 388	4 257
180	G12_787-882_18-24-53.fsa	195	195.12	1 549	14 420	4 215
181	H01_787-882_15-04-22.fsa	192	192.26	979	9 790	4 255
182	H02_787-882_15-04-22.fsa	201	201.16	2 198	21 118	4 407

（续）

资源序号	样本名（sample file name）	等位基因位点（allele，bp）	大小（size，bp）	高度（height，RFU）	面积（area，RFU）	数据取值点（data point，RFU）
183	H03_787-882_15-44-22.fsa	195	195.19	4 638	44 482	4 289
184	H04_787-882_15-44-22.fsa	195	195.09	7 793	77 667	4 327
185	H05_787-882_16-24-23.fsa	201	201.18	2 246	22 927	4 379
186	H06_787-882_16-24-23.fsa	192	192.26	946	9 071	4 299
187	H07_787-882_17-04-26.fsa	195	195.18	4 984	48 914	4 270
188	H08_787-882_17-04-26.fsa	204	204.26	879	8 524	4 422
189	H09_787-882_17-44-51.fsa	192	192.22	699	7 274	4 223
190	H10_787-882_17-44-51.fsa	204	204.26	3 271	31 913	4 425
191	H11_787-882_18-24-53.fsa	201	201.1	2 967	30 556	4 328
192	H12_787-882_18-24-53.fsa	198	198.07	4 652	44 277	4 331

20 Satt236

资源序号	样本名（sample file name）	等位基因位点（allele，bp）	大小（size，bp）	高度（height，RFU）	面积（area，RFU）	数据取值点（data point，RFU）
1	A01_691-786_10-52-20. fsa	226	226. 81	6 579	54 118	4 870
2	A02_691-786_10-52-20. fsa	214	214. 71	7 318	102 771	4 797
3	A03_691-786_11-43-58. fsa	214	214. 49	7 062	92 741	4 565
4	A04_691-786_11-43-58. fsa	226	227. 09	7 498	86 200	4 785
5	A05_691-786_12-24-07. fsa	214	213. 84	6 441	50 222	4 509
6	A06_691-786_12-24-07. fsa	226	226. 52	6 666	51 851	4 517
7	A07_691-786_13-04-12. fsa	226	226. 28	4 568	45 255	4 319
8	A08_691-786_13-04-12. fsa	223	223. 83	7 585	90 609	4 674
9	A09_691-786_13-44-16. fsa	214	214. 1	6 330	62 894	4 472
10	A10_691-786_13-44-16. fsa	214	213. 89	6 394	88 572	4 529
	A10_691-786_13-44-16. fsa	226	226. 78	6 443	63 197	4 684
11	A11_691-786_14-24-19. fsa	220	220. 49	4 722	47 501	4 538
12	A12_691-786_14-24-19. fsa	223	223. 77	7 266	93 234	4 642
13	B01_691-786_10-52-20. fsa	220	221. 11	6 791	93 841	4 813
14	B02_691-786_10-52-20. fsa	226	227. 43	7 468	102 427	4 956
15	B03_691-786_11-43-58. fsa	223	224. 1	7 286	99 053	4 688
16	B04_691-786_11-43-58. fsa	226	227. 17	7 225	94 961	4 778
17	B05_691-786_12-24-07. fsa	236	236. 54	6 989	90 217	4 785
18	B06_691-786_12-24-07. fsa	220	220. 72	7 274	92 243	4 644
19	B07_691-786_13-04-12. fsa	226	226. 8	6 436	63 731	4 649
	B07_691-786_13-04-12. fsa	236	236. 34	3 061	29 420	4 761
20	B08_691-786_13-04-12. fsa	214	214. 3	7 259	92 373	4 545

（续）

资源序号	样本名 （sample file name）	等位基因位点 （allele，bp）	大小 （size，bp）	高度 （height，RFU）	面积 （area，RFU）	数据取值点 （data point，RFU）
21	B09_691-786_13-44-16. fsa	236	236. 44	6 963	91 346	4 739
22	B10_691-786_13-44-16. fsa	214	214. 34	7 398	93 138	4 525
23	B11_691-786_14-24-19. fsa	214	214. 29	7 405	90 653	4 475
24	B12_691-786_14-24-19. fsa	220	220. 36	7 121	73 006	4 588
25	C01_691-786_10-52-20. fsa	214	214. 67	7 150	95 717	4 717
26	C02_691-786_10-52-20. fsa	226	227. 21	7 565	87 687	4 936
27	C03_691-786_11-43-58. fsa	226	227. 08	7 211	86 358	4 703
28	C04_691-786_11-43-58. fsa	226	227. 06	7 290	86 838	4 761
29	C05_691-786_12-24-07. fsa	223	223. 93	7 110	87 528	4 612
30	C06_691-786_12-24-07. fsa	236	236. 26	6 899	73 899	4 821
31	C07_691-786_13-04-12. fsa	226	226. 63	7 399	84 521	4 624
32	C08_691-786_13-04-12. fsa	214	214. 36	7 354	98 537	4 532
33	C09_691-786_13-44-16. fsa	223	223. 7	506	4 945	4 583
34	C10_691-786_13-44-16. fsa	220	220. 52	7 332	85 233	4 587
35	C11_691-786_14-24-19. fsa	226	226. 73	5 506	54 282	4 597
36	C12_691-786_14-24-19. fsa	220	220. 39	5 301	54 570	4 575
37	D01_691-786_10-52-20. fsa	223	224. 25	7 328	95 494	4 903
38	D02_691-786_10-52-20. fsa	226	227. 08	7 410	88 918	4 929
39	D03_691-786_11-43-58. fsa	220	220. 78	7 517	88 645	4 686
40	D04_691-786_11-43-58. fsa	226	226. 94	7 317	82 848	4 756
41	D05_691-786_12-24-07. fsa	220	220. 69	7 205	91 552	4 631
42	D06_691-786_12-24-07. fsa	214	214. 22	7 225	84 668	4 544
43	D07_691-786_13-04-12. fsa	223	223. 85	7 237	95 046	4 647
44	D08_691-786_13-04-12. fsa	223	223. 61	7 290	75 758	4 637

（续）

资源序号	样本名（sample file name）	等位基因位点（allele，bp）	大小（size，bp）	高度（height，RFU）	面积（area，RFU）	数据取值点（data point，RFU）
45	D09 _691 - 786 _13 - 44 - 16. fsa	226	226. 84	7 375	78 298	4 661
46	D10 _691 - 786 _13 - 44 - 16. fsa	226	226. 83	4 725	46 237	4 656
	D10 _691 - 786 _13 - 44 - 16. fsa	236	236. 26	4 158	41 954	4 770
47	D11 _691 - 786 _14 - 24 - 19. fsa	226	226. 79	6 497	70 606	4 663
48	D12 _691 - 786 _14 - 24 - 19. fsa	236	236. 21	4 781	48 177	4 760
49	E01 _691 - 786 _10 - 52 - 20. fsa	233	233. 27	382	4 369	5 273
50	E02 _691 - 786 _10 - 52 - 21. fsa	223	223. 79	1 318	14 573	5 218
51	E03 _691 - 786 _10 - 52 - 22. fsa	233	233. 24	141	1 690	5 351
52	E04 _691 - 786 _10 - 52 - 23. fsa	217	217. 45	437	4 876	5 193
53	E05 _691 - 786 _10 - 52 - 24. fsa	217	217. 46	208	2 623	5 213
54	E06 _691 - 786 _10 - 52 - 25. fsa	223	223. 76	970	11 292	5 356
55	E07 _691 - 786 _13 - 04 - 12. fsa	999				
56	E08 _691 - 786 _13 - 04 - 12. fsa	223	223. 85	3 251	45 758	5 488
57	E09 _691 - 786 _13 - 04 - 13. fsa	220	220. 54	76	788	5 397
58	E10 _691 - 786 _13 - 04 - 14. fsa	220	220. 62	109	1 178	5 017
59	E11 _691 - 786 _13 - 04 - 13. fsa	214	214. 26	135	1 329	4 850
60	E12 _691 - 786 _13 - 04 - 14. fsa	223	223. 8	33	333	4 772
61	F01 _691 - 786 _12 - 24 - 03. fsa	226	227. 28	84	1 351	5 749
62	F02 _691 - 786 _12 - 24 - 03. fsa	223	223. 74	5 889	69 049	4 524
63	F03 _691 - 786 _12 - 24 - 04. fsa	236	236. 28	6 154	67 653	4 468
64	F04 _691 - 786 _12 - 24 - 04. fsa	226	226. 72	5 991	77 709	4 503
65	F05 _691 - 786 _12 - 24 - 07. fsa	226	226. 96	1 326	19 358	4 683
66	F06 _691 - 786 _12 - 24 - 06. fsa	217	217. 66	40	415	5 581
67	F07 _691 - 786 _13 - 04 - 12. fsa	226	226. 87	683	7 942	4 668

（续）

资源序号	样本名 （sample file name）	等位基因位点 （allele，bp）	大小 （size，bp）	高度 （height，RFU）	面积 （area，RFU）	数据取值点 （data point，RFU）
68	F08_691-786_13-04-13.fsa	233	233.42	94	1 171	5 843
	F08_691-786_13-04-13.fsa	236	236.35	6 272	69 591	4 510
69	F09_691-786_13-04-14.fsa	220	220.73	271	3 192	5 500
70	F10_691-786_13-44-16.fsa	220	220.52	1 129	11 933	4 571
71	F11_691-786_14-24-19.fsa	226	226.85	2 224	29 057	4 641
72	F12_691-786_14-24-20.fsa	220	220.8	33	512	5 000
73	G01_691-786_12-24-03.fsa	223	223.66	2 149	22 682	4 696
74	G02_691-786_12-24-04.fsa	223	223.66	3 983	47 446	4 823
75	G03_691-786_12-24-05.fsa	211	211.02	949	9 587	4 567
	G03_691-786_12-24-06.fsa	217	217.37	833	8 879	4 643
76	G04_691-786_12-24-07.fsa	217	217.55	7 080	97 510	4 701
77	G05_691-786_12-24-07.fsa	223	223.79	79	920	4 660
78	G06_691-786_12-24-08.fsa	211	211.01	2 360	26 689	4 644
	G06_691-786_12-24-09.fsa	223	223.69	5 067	55 364	4 802
79	G07_691-786_13-04-12.fsa	211	210.99	1 130	13 255	4 656
80	G08_691-786_13-04-13.fsa	223	223.66	2 499	27 646	4 854
81	G09_691-786_13-04-13.fsa	223	223.85	6 908	84 922	4 865
82	G10_691-786_13-04-14.fsa	223	223.85	7 246	97 109	4 906
83	G11_691-786_13-04-15.fsa	223	223.71	640	7 635	4 931
84	G12_691-786_14-24-19.fsa	214	214.16	2 506	26 363	4 495
85	H01_691-786_13-04-8.fsa	220	220.82	6 764	95 807	4 719
86	H02_691-786_13-04-9.fsa	217	217.3	6 355	64 337	4 671
87	. H03_691-786_13-04-10.fsa	223	223.92	6 824	94 569	4 783
88	H04_691-786_13-04-11.fsa	223	233.04	7 302	79 417	4 884

（续）

资源序号	样本名（sample file name）	等位基因位点（allele，bp）	大小（size，bp）	高度（height，RFU）	面积（area，RFU）	数据取值点（data point，RFU）
89	H05_691-786_13-04-12.fsa	223	223.77	2 007	20 356	4 821
90	H06_691-786_13-04-13.fsa	223	223.65	57	780	4 807
91	H07_691-786_13-04-12.fsa	223	223.75	655	7 908	4 879
92	H08_691-786_13-04-13.fsa	223	233.19	3 111	32 770	4 985
93	H09_691-786_13-44-16.fsa	220	220.53	2 348	28 941	4 895
94	H10_691-786_13-44-16.fsa	211	211.01	6 022	67 602	4 760
95	H11_691-786_14-24-19.fsa	233	233.27	2 463	29 850	5 128
96	H12_691-786_14-24-19.fsa	223	223.75	1 147	14 202	4 994
97	A01_787-882_15-04-22.fsa	999				
98	A02_787-882_15-04-22.fsa	223	223.69	4 181	41 093	4 624
99	A03_787-882_15-44-22.fsa	220	220.74	5 772	45 553	4 479
100	A04_787-882_15-44-22.fsa	223	223.9	6 799	84 334	4 620
101	A05_787-882_16-24-23.fsa	223	223.92	6 309	82 782	4 572
102	A06_787-882_16-24-23.fsa	220	220.08	6 111	43 082	4 589
103	A07_787-882_17-04-26.fsa	220	220.59	6 825	77 852	4 505
104	A08_787-882_17-04-26.fsa	220	220.69	6 945	85 227	4 567
105	A09_787-882_17-44-51.fsa	220	220.42	6 615	61 898	4 463
106	A10_787-882_17-44-51.fsa	223	223.88	6 489	85 748	4 599
107	A11_787-882_18-24-53.fsa	220	220.11	6 179	80 905	4 459
108	A12_787-882_18-24-53.fsa	220	220.21	7 037	71 681	4 551
109	B01_787-882_15-04-22.fsa	220	220.44	1 893	17 549	4 530
110	B02_787-882_15-04-22.fsa	223	223.63	3 967	33 850	4 599
111	B03_787-882_15-44-22.fsa	220	220.44	6 883	76 789	4 491
112	B04_787-882_15-44-22.fsa	223	223.26	5 609	40 451	4 604

（续）

资源序号	样本名 （sample file name）	等位基因位点 （allele，bp）	大小 （size，bp）	高度 （height，RFU）	面积 （area，RFU）	数据取值点 （data point，RFU）
113	B05_787 - 882_16 - 24 - 23. fsa	214	214. 28	6 035	72 519	4 432
114	B06_787 - 882_16 - 24 - 23. fsa	223	223. 62	7 198	75 993	4 619
115	B07_787 - 882_17 - 04 - 26. fsa	220	220. 61	6 797	82 388	4 514
116	B08_787 - 882_17 - 04 - 26. fsa	223	223. 65	5 984	65 480	4 588
117	B09_787 - 882_17 - 44 - 51. fsa	223	223. 8	6 741	83 460	4 544
118	B10_787 - 882_17 - 44 - 51. fsa	220	220. 56	6 490	84 818	4 509
119	B11_787 - 882_18 - 24 - 53. fsa	220	220. 72	6 062	47 243	4 467
120	B12_787 - 882_18 - 24 - 53. fsa	223	223. 5	6 962	67 446	4 573
121	C01_787 - 882_15 - 04 - 22. fsa	220	220. 35	6 289	80 787	4 478
122	C02_787 - 882_15 - 04 - 22. fsa	220	220. 45	4 089	39 399	4 523
123	C03_787 - 882_15 - 44 - 22. fsa	223	223. 77	6 456	70 926	4 546
124	C04_787 - 882_15 - 44 - 22. fsa	236	236. 13	6 698	76 463	4 747
125	C05_787 - 882_16 - 24 - 23. fsa	220	220. 4	6 561	65 583	4 529
126	C06_787 - 882_16 - 24 - 23. fsa	220	220. 4	5 343	53 365	4 530
127	C07_787 - 882_17 - 04 - 26. fsa	220	220. 34	7 044	67 383	4 509
128	C08_787 - 882_17 - 04 - 26. fsa	220	220. 41	46	416	4 537
129	C09_787 - 882_17 - 44 - 51. fsa	220	220. 53	6 692	76 987	4 487
130	C10_787 - 882_17 - 44 - 51. fsa	220	220. 06	6 309	80 839	4 527
131	C11_787 - 882_18 - 24 - 53. fsa	236	236. 04	3 928	43 599	4 633
132	C12_787 - 882_18 - 24 - 53. fsa	220	220. 31	6 639	69 225	4 522
133	D01_787 - 882_15 - 04 - 22. fsa	226	226. 76	6 505	66 185	4 636
134	D02_787 - 882_15 - 04 - 22. fsa	220	220. 47	5 010	50 260	4 556
135	D03_787 - 882_15 - 44 - 22. fsa	220	220. 48	6 618	71 282	4 558
136	D04_787 - 882_15 - 44 - 22. fsa	223	223. 58	6 591	67 435	4 591

（续）

资源序号	样本名（sample file name）	等位基因位点（allele，bp）	大小（size，bp）	高度（height，RFU）	面积（area，RFU）	数据取值点（data point，RFU）
137	D05 _787 - 882 _16 - 24 - 23. fsa	223	223. 66	5 841	62 516	4 605
138	D06 _787 - 882 _16 - 24 - 23. fsa	236	236. 21	4 812	58 318	4 757
139	D07 _787 - 882 _17 - 04 - 26. fsa	223	223. 69	6 908	83 144	4 588
140	D08 _787 - 882 _17 - 04 - 26. fsa	211	211. 12	6 894	102 553	4 428
141	D09 _787 - 882 _17 - 44 - 51. fsa	223	223. 66	6 573	88 179	4 585
142	D10 _787 - 882 _17 - 44 - 51. fsa	223	223. 77	6 498	97 814	4 566
143	D11 _787 - 882 _18 - 24 - 53. fsa	223	224. 08	5 614	83 143	4 565
144	D12 _787 - 882 _18 - 24 - 53. fsa	223	223. 65	7 025	98 942	4 555
145	E01 _787 - 882 _15 - 04 - 22. fsa	214	214. 19	5 160	50 758	4 482
146	E02 _787 - 882 _15 - 04 - 22. fsa	223	223. 62	1 169	10 845	4 595
147	E03 _787 - 882 _15 - 44 - 22. fsa	220	220. 53	4 539	42 088	4 548
148	E04 _787 - 882 _15 - 44 - 22. fsa	223	223. 55	3 922	38 013	4 561
149	E05 _787 - 882 _16 - 24 - 23. fsa	214	214	6 419	61 153	4 452
150	E06 _787 - 882 _16 - 24 - 23. fsa	999				
151	E07 _787 - 882 _17 - 04 - 26. fsa	223	223. 63	1 305	10 903	4 559
152	E08 _787 - 882 _17 - 04 - 26. fsa	220	220. 42	3 211	30 315	4 535
153	E09 _787 - 882 _17 - 44 - 51. fsa	999				
154	E10 _787 - 882 _17 - 44 - 51. fsa	223	223. 56	4 233	41 012	4 564
155	E11 _787 - 882 _18 - 24 - 53. fsa	220	220. 36	7 003	73 196	4 524
156	E12 _787 - 882 _18 - 24 - 53. fsa	220	220. 33	7 278	76 163	4 481
157	F01 _787 - 882 _15 - 04 - 22. fsa	220	220. 48	3 077	31 278	4 548
158	F02 _787 - 882 _15 - 04 - 22. fsa	220	220. 45	3 261	30 054	4 548
159	F03 _787 - 882 _15 - 44 - 22. fsa	223	223. 62	3 783	37 552	4 581
160	F04 _787 - 882 _15 - 44 - 22. fsa	220	220. 4	4 590	43 376	4 545

（续）

资源序号	样本名 （sample file name）	等位基因位点 （allele，bp）	大小 （size，bp）	高度 （height，RFU）	面积 （area，RFU）	数据取值点 （data point，RFU）
161	F05_787－882_16－24－23. fsa	223	223. 62	5 319	53 853	4 594
162	F06_787－882_16－24－23. fsa	223	223. 6	5 998	57 042	4 592
163	F07_787－882_17－04－26. fsa	223	223. 47	6 013	59 787	4 560
164	F08_787－882_17－04－26. fsa	226	226. 76	2 708	26 535	4 601
165	F09_787－882_17－44－51. fsa	236	236. 14	3 543	38 075	4 676
166	F10_787－882_17－44－51. fsa	220	220. 45	3 583	35 768	4 517
167	F11_787－882_18－24－53. fsa	236	236. 15	3 272	34 872	4 693
168	F12_787－882_18－24－53. fsa	214	214. 02	5 385	48 578	4 434
169	G01_787－882_15－04－22. fsa	214	214. 17	6 540	66 582	4 445
170	G02_787－882_15－04－22. fsa	214	214	1 839	18 207	4 445
171	G03_787－882_15－44－22. fsa	220	220. 53	3 958	42 705	4 527
172	G04_787－882_15－44－22. fsa	220	220. 45	2 677	27 934	4 553
173	G05_787－882_16－24－23. fsa	223	223. 6	5 133	50 963	4 599
174	G06_787－882_16－24－23. fsa	220	220. 54	3 118	33 019	4 564
175	G07_787－882_17－04－26. fsa	223	223. 58	4 940	50 597	4 572
176	G08_787－882_17－04－26. fsa	223	223. 66	3 611	35 847	4 583
177	G09_787－882_17－44－51. fsa	236	236. 2	4 597	50 275	4 677
178	G10_787－882_17－44－51. fsa	214	214	3 804	38 120	4 418
179	G11_787－882_18－24－53. fsa	220	220. 41	4 596	45 717	4 483
180	G12_787－882_18－24－53. fsa	220	220. 48	3 691	35 751	4 480
181	H01_787－882_15－04－22. fsa	220	220. 64	3 002	31 431	4 562
182	H02_787－882_15－04－22. fsa	214	214. 27	2 320	23 782	4 565
183	H03_787－882_15－44－22. fsa	220	220. 55	2 323	23 896	4 595
184	H04_787－882_15－44－22. fsa	220	220. 56	5 703	58 823	4 600

（续）

资源序号	样本名 （sample file name）	等位基因位点 （allele，bp）	大小 （size，bp）	高度 （height，RFU）	面积 （area，RFU）	数据取值点 （data point，RFU）
185	H05_787-882_16-24-23.fsa	226	227.03	1 597	17 877	4 686
186	H06_787-882_16-24-23.fsa	223	223.81	4 227	44 281	4 686
187	H07_787-882_17-04-26.fsa	223	223.7	2 613	28 917	4 612
188	H08_787-882_17-04-26.fsa	236	236.32	3 368	38 393	4 805
189	H09_787-882_17-44-51.fsa	223	223.7	2 840	37 391	4 604
190	H10_787-882_17-44-51.fsa	223	223.72	3 606	49 466	4 658
191	H11_787-882_18-24-53.fsa	223	223.7	3 483	41 529	4 595
192	H12_787-882_18-24-53.fsa	214	214.24	2 106	30 475	4 526

21 Satt453

资源序号	样本名 (sample file name)	等位基因位点 (allele, bp)	大小 (size, bp)	高度 (height, RFU)	面积 (area, RFU)	数据取值点 (data point, RFU)
1	A01_1_17-27-12.fsa	258	258.35	2 405	23 720	5 147
2	A02_1_17-27-12.fsa	245	245.18	3 585	35 639	5 073
3	A03_1_18-16-07.fsa	258	257.06	671	6 461	5 069
4	A04_1_18-16-07.fsa	237	236.6	298	2 855	4 905
	A04_1_18-16-07.fsa	258	257.99	414	3 851	5 188
5	A05_1_18-56-14.fsa	261	260.84	2 185	21 580	5 117
6	A06_1_18-56-14.fsa	258	258.1	2 139	20 423	5 200
7	A07_1_19-36-20.fsa	237	236.55	1 667	14 980	4 845
8	A08_1_19-36-20.fsa	237	236.65	1 821	15 887	4 945
9	A09_1_20-16-24.fsa	237	236.58	6 046	56 007	4 853
10	A10_1_20-16-24.fsa	237	236.5	2 284	21 791	4 942
	A10_1_20-16-24.fsa	258	258	2 445	22 471	5 226
11	A11_1_20-56-27.fsa	237	236.57	3 065	26 634	4 836
12	A12_1_20-56-27.fsa	261	260.78	6 182	57 050	5 188
13	B01_1_17-27-12.fsa	245	245.16	1 612	14 500	5 014
14	B02_1_17-27-12.fsa	258	257.16	3 479	33 785	5 259
15	B03_1_18-16-07.fsa	237	236.49	2 684	23 078	4 836
16	B04_1_18-16-07.fsa	258	258	1 932	17 948	5 192
17	B05_1_18-56-14.fsa	258	258.01	1 412	12 716	5 115
18	B06_1_18-56-14.fsa	261	260.82	453	4 209	5 249
19	B07_1_19-36-20.fsa	258	258.03	2 814	25 307	5 140
20	B08_1_19-36-20.fsa	261	260.79	583	5 534	5 285

（续）

资源序号	样本名（sample file name）	等位基因位点（allele，bp）	大小（size，bp）	高度（height，RFU）	面积（area，RFU）	数据取值点（data point，RFU）
21	B09_1_20-16-24. fsa	258	258	4 046	37 788	5 139
22	B10_1_20-16-24. fsa	261	260. 89	690	6 171	5 299
23	B11_1_20-56-27. fsa	258	257. 87	3 312	29 473	5 085
24	B12_1_20-56-27. fsa	261	260. 07	1 430	11 749	4 762
25	C01_1_17-27-12. fsa	258	258. 19	3 012	28 493	5 143
26	C02_1_17-27-12. fsa	249	249. 46	716	6 770	5 145
27	C03_1_18-16-07. fsa	258	257. 95	1 491	14 957	5 073
28	C04_1_18-16-07. fsa	258	258. 69	687	7 142	5 698
29	C05_1_18-56-14. fsa	258	258. 8	285	2 820	5 695
30	C06_1_18-56-14. fsa	258	258. 02	1 699	16 427	5 206
31	C07_1_19-36-20. fsa	261	260. 8	1 864	16 641	5 133
32	C08_1_19-36-20. fsa	261	260. 84	2 154	18 672	5 129
33	C09_1_20-16-24. fsa	999				
34	C10_1_20-16-24. fsa	237	236. 6	2 949	29 230	4 969
35	C11_1_20-56-27. fsa	261	260. 19	233	1 970	4 796
36	C12_1_20-56-27. fsa	258	257. 23	89	772	4 743
37	D01_1_17-27-12. fsa	258	258. 06	3 236	29 568	5 272
38	D02_1_17-27-12. fsa	245	244. 83	991	9 534	5 098
39	D03_1_18-16-07. fsa	237	236. 66	760	6 656	4 900
40	D04_1_18-16-07. fsa	233	233. 18	4 154	38 398	5 086
41	D05_1_18-56-14. fsa	261	261. 01	493	4 582	5 226
42	D06_1_18-56-14. fsa	233	233. 18	100	843	5 062
43	D07_1_19-36-20. fsa	261	260. 99	477	4 195	5 254
44	D08_1_19-36-20. fsa	258	258. 07	1 522	14 850	5 240

（续）

资源序号	样本名（sample file name）	等位基因位点（allele，bp）	大小（size，bp）	高度（height，RFU）	面积（area，RFU）	数据取值点（data point，RFU）
45	D09_1_20-16-24.fsa	237	236.65	688	5 180	4 929
46	D10_1_20-16-24.fsa	258	258.04	1 900	17 750	5 243
47	D11_1_20-56-27.fsa	258	258.57	433	5 164	5 168
48	D12_1_20-56-27.fsa	258	257.19	1 125	9 692	4 770
49	E01_1_17-27-12.fsa	258	257.07	169	1 407	4 754
50	E02_1_17-27-12.fsa	258	258.2	1 246	12 698	5 274
51	E03_1_18-16-07.fsa	258	258	2 434	23 911	5 194
52	E04_1_18-16-07.fsa	261	260.93	1 560	15 815	5 234
53	E05_1_18-56-14.fsa	261	261.04	1 855	17 808	5 243
54	E06_1_18-56-14.fsa	258	258.31	1 546	15 271	5 226
55	E07_1_19-36-20.fsa	245	244.15	154	1 455	5 049
56	E08_1_19-36-20.fsa	261	260.92	2 793	29 024	5 283
57	E09_1_20-16-24.fsa	237	236.6	3 656	32 715	4 955
58	E10_1_20-16-24.fsa	237	236.64	1 432	14 403	4 953
59	E11_1_20-56-27.fsa	261	260.01	1 183	10 326	4 780
60	E12_1_20-56-27.fsa	261	260.93	2 169	19 837	5 253
61	F01_1_17-27-12.fsa	245	245.16	1 049	27 669	5 039
62	F02_1_17-27-12.fsa	245	245.23	1 189	10 930	5 058
63	F03_1_18-16-07.fsa	258	258.13	1 829	16 235	5 127
64	F04_1_18-16-07.fsa	258	258.06	1 261	12 132	5 152
65	F05_1_18-56-14.fsa	258	258.12	1 142	11 181	5 132
66	F06_1_18-56-14.fsa	245	245.09	918	8 963	4 983
67	F07_1_19-36-20.fsa	261	261.65	451	4 884	5 781
68	F08_1_19-36-20.fsa	261	261.04	545	5 426	5 245

(续)

资源序号	样本名 (sample file name)	等位基因位点 (allele, bp)	大小 (size, bp)	高度 (height, RFU)	面积 (area, RFU)	数据取值点 (data point, RFU)
69	F09_1_20-16-24.fsa	258	258.14	1 234	11 302	5 169
70	F10_1_20-16-24.fsa	237	236.83	200	2 118	4 936
71	F11_1_20-56-27.fsa	237	236.56	1 754	16 641	4 872
72	F12_1_20-56-27.fsa	258	258.14	189	1 795	5 180
73	G01_1_17-27-12.fsa	237	236.8	1 354	13 365	4 966
74	G02_1_17-27-12.fsa	245	245.41	3 299	33 754	5 084
75	G03_1_18-16-07.fsa	261	260.1	200	1 786	4 777
76	G04_1_18-16-07.fsa	249	249.61	385	3 334	5 067
	G04_1_18-16-07.fsa	261	261.1	1 022	9 616	5 229
77	G05_1_18-56-14.fsa	261	261.64	1 453	13 679	4 967
78	G06_1_18-56-14.fsa	261	261.1	448	4 273	5 228
79	G07_1_19-36-20.fsa	237	236.71	1 376	13 612	4 911
80	G08_1_19-36-20.fsa	245	245.2	2 702	27 068	5 035
81	G09_1_20-16-24.fsa	258	258.16	431	3 970	5 198
82	G10_1_20-16-24.fsa	258	258.2	2 448	25 086	5 219
83	G11_1_20-56-27.fsa	258	258.13	521	4 828	5 151
84	G12_1_20-56-27.fsa	261	260.99	1 186	11 434	5 212
85	H01_1_17-27-12.fsa	261	261.29	221	2 520	5 333
86	H02_1_17-27-12.fsa	261	261.27	1 192	11 811	5 425
87	H03_1_18-16-07.fsa	245	244.19	277	2 472	4 599
88	H04_1_18-16-07.fsa	245	245.4	2 033	20 926	5 120
89	H05_1_18-56-14.fsa	258	258.27	1 380	16 023	5 220
90	H06_1_18-56-14.fsa	231	231.09	1 229	12 165	4 996
	H06_1_18-56-14.fsa	258	258.45	4 116	39 936	5 016

（续）

资源序号	样本名（sample file name）	等位基因位点（allele，bp）	大小（size，bp）	高度（height，RFU）	面积（area，RFU）	数据取值点（data point，RFU）
91	H07_1_19-36-20. fsa	258	257.88	405	4 162	6 007
92	H08_1_19-36-20. fsa	237	236.94	93	953	5 058
93	H09_1_20-16-24. fsa	258	258.35	962	11 758	5 264
94	H10_1_20-16-24. fsa	237	236.88	970	10 254	5 066
	H10_1_20-16-24. fsa	258	258.28	919	9 802	5 356
95	H11_1_20-56-27. fsa	258	258.24	1 063	10 349	5 211
96	H12_1_20-56-27. fsa	258	258.3	801	8 542	5 294
97	A01_787_21-52-56. fsa	999				
98	A02_787_21-52-56. fsa	258	258.13	537	4 838	5 216
99	A03_787_22-42-19. fsa	237	236.52	3 914	35 759	4 836
	A03_787_22-42-19. fsa	249	249.32	2 478	22 624	4 987
100	A04_787_22-42-19. fsa	245	244.95	2 532	22 697	4 995
101	A05_787_23-22-51. fsa	258	258.21	2 247	19 712	5 148
102	A06_787_23-22-51. fsa	258	258	2 614	23 846	5 197
103	A07_787_24-02-59. fsa	258	257.98	1 777	15 716	5 125
104	A08_787_24-02-59. fsa	258	258.07	1 076	10 151	5 194
105	A09_787_24-43-03. fsa	237	235.91	3 631	60 619	4 848
106	A10_787_24-43-03. fsa	237	236.55	560	5 310	4 916
	A10_787_24-43-03. fsa	245	244.96	1 035	9 203	5 018
107	A11_787_01-23-07. fsa	237	236.56	3 038	27 838	4 859
108	A12_787_01-23-07. fsa	258	259.07	125	1 364	5 931
109	B01_787_21-52-56. fsa	258	258.21	2 265	20 346	5 155
110	B02_787_21-52-56. fsa	245	245.14	1 678	14 506	5 098
111	B03_787_22-42-19. fsa	258	257.85	438	3 897	5 103

（续）

资源序号	样本名（sample file name）	等位基因位点（allele，bp）	大小（size，bp）	高度（height，RFU）	面积（area，RFU）	数据取值点（data point，RFU）
112	B04_787_22-42-19.fsa	258	258	1 276	11 672	5 183
113	B05_787_23-22-51.fsa	258	258.19	126	1 216	5 129
114	B06_787_23-22-51.fsa	258	258.03	887	8 299	5 228
115	B07_787_24-02-59.fsa	249	249	724	6 041	5 197
116	B08_787_24-02-59.fsa	261	260.78	588	5 235	5 655
117	B09_787_24-43-03.fsa	237	236.6	937	8 350	4 857
118	B10_787_24-43-03.fsa	237	236.55	2 232	20 537	4 939
119	B11_787_01-23-07.fsa	261	260.87	4 211	39 562	5 148
120	B12_787_01-23-07.fsa	258	258.87	4 385	40 311	5 160
121	C01_787_21-52-56.fsa	258	258.12	343	3 084	5 151
122	C02_787_21-52-56.fsa	258	258.02	1 813	16 921	5 286
123	C03_787_22-42-19.fsa	261	260.82	3 185	28 430	5 148
124	C04_787_22-42-19.fsa	258	257.99	1 704	14 984	5 206
125	C05_787_23-22-51.fsa	261	260.96	953	8 612	5 160
126	C06_787_23-22-51.fsa	261	260.81	725	6 753	5 277
127	C07_787_24-02-59.fsa	245	244.98	799	7 055	4 950
128	C08_787_24-02-59.fsa	999				
129	C09_787_24-43-03.fsa	261	260.89	362	3 116	5 155
130	C10_787_24-43-03.fsa	237	236.56	3 647	32 495	4 946
131	C11_787_01-23-07.fsa	258	258.02	61	530	5 119
132	C12_787_01-23-07.fsa	258	257.84	2 168	19 982	5 228
133	D01_787_21-52-56.fsa	258	258.3	1 691	15 074	5 255
134	D02_787_21-52-56.fsa	258	258.8	329	3 239	5 764
135	D03_787_22-42-19.fsa	258	257.86	3 628	33 203	5 200

（续）

资源序号	样本名（sample file name）	等位基因位点（allele，bp）	大小（size，bp）	高度（height，RFU）	面积（area，RFU）	数据取值点（data point，RFU）
136	D04_787_22-42-19.fsa	245	245	482	4 261	5 053
137	D05_787_23-22-51.fsa	258	258.07	1 143	10 689	5 207
138	D06_787_23-22-51.fsa	258	258.09	2 071	19 326	5 243
139	D07_787_24-02-59.fsa	261	261	1 491	13 021	5 248
140	D08_787_24-02-59.fsa	258	258.08	1 456	13 536	5 234
141	D09_787_24-43-03.fsa	249	249.42	465	4 038	5 092
142	D10_787_24-43-03.fsa	249	249.19	66	506	5 141
143	D11_787_01-23-07.fsa	237	236.55	449	4 021	4 938
144	D12_787_01-23-07.fsa	261	260.72	1 250	10 949	5 275
145	E01_787_21-52-56.fsa	237	236.78	1 560	13 745	4 950
146	E02_787_21-52-56.fsa	249	248.5	242	2 626	5 159
	E02_787_21-52-56.fsa	261	260.13	353	3 349	5 321
147	E03_787_22-42-19.fsa	237	236.47	2 008	18 109	4 892
148	E04_787_22-42-19.fsa	258	257.11	739	7 208	5 209
149	E05_787_23-22-51.fsa	239	239.92	2 341	21 825	4 963
150	E06_787_23-22-51.fsa	237	236.66	1 507	12 398	4 971
151	E07_787_24-02-59.fsa	237	236.82	700	6 053	4 925
152	E08_787_24-02-59.fsa	258	258.15	1 736	16 437	5 243
153	E09_787_24-43-03.fsa	237	235.53	424	3 875	4 901
154	E10_787_24-43-03.fsa	258	258.08	1 647	14 983	5 241
155	E11_787_01-23-07.fsa	258	258.11	2 102	19 059	5 182
156	E12_787_01-23-07.fsa	237	236.69	133	1 207	4 965
157	F01_787_21-52-56.fsa	261	260.9	90	877	5 790
158	F02_787_21-52-56.fsa	249	248.56	754	7 681	5 134

（续）

资源序号	样本名（sample file name）	等位基因位点（allele，bp）	大小（size，bp）	高度（height，RFU）	面积（area，RFU）	数据取值点（data point，RFU）
159	F03_787_22-42-19.fsa	261	259.85	633	5 214	4 663
160	F04_787_22-42-19.fsa	261	261.02	1 704	17 171	5 229
161	F05_787_23-22-51.fsa	258	258.13	1 288	12 036	5 197
162	F06_787_23-22-51.fsa	258	258.16	1 134	10 140	5 226
163	F07_787_24-02-59.fsa	258	258.21	321	2 935	5 194
164	F08_787_24-02-59.fsa	258	258.17	949	8 439	5 220
165	F09_787_24-43-03.fsa	258	258.08	323	2 999	5 194
166	F10_787_24-43-03.fsa	261	260.99	281	2 646	5 259
167	F11_787_01-23-07.fsa	258	257.18	1 023	9 792	5 185
168	F12_787_01-23-07.fsa	258	258.13	719	6 405	5 198
169	G01_787_21-52-56.fsa	237	236.8	1 572	15 062	4 974
170	G02_787_21-52-56.fsa	258	258.37	44	480	5 272
171	G03_787_22-42-19.fsa	249	249.5	1 071	10 022	5 062
172	G04_787_22-42-19.fsa	261	261.12	466	4 366	5 260
173	G05_787_23-22-51.fsa	237	236.73	741	7 243	4 933
	G05_787_23-22-51.fsa	249	249.58	380	3 814	5 088
174	G06_787_23-22-51.fsa	237	237.11	674	5 982	5 223
	G06_787_23-22-51.fsa	249	249.68	696	6 223	5 148
175	G07_787_24-02-59.fsa	258	258.18	1 262	11 814	5 200
176	G08_787_24-02-59.fsa	258	258.28	818	7 693	5 230
177	G09_787_24-43-03.fsa	245	245.19	251	2 262	5 033
	G09_787_24-43-03.fsa	258	258.19	452	4 193	5 201
178	G10_787_24-43-03.fsa	261	260.97	740	6 950	5 270
179	G11_787_01-23-07.fsa	245	245.19	659	6 218	5 036
	G11_787_01-23-07.fsa	258	258.26	263	2 494	5 205

（续）

资源序号	样本名（sample file name）	等位基因位点（allele，bp）	大小（size，bp）	高度（height，RFU）	面积（area，RFU）	数据取值点（data point，RFU）
180	G12_787_01-23-07.fsa	258	258.22	66	539	5 236
181	H01_787_21-52-56.fsa	258	258.44	905	9 275	5 308
182	H02_787_21-52-56.fsa	237	236.92	739	7 446	5 098
183	H03_787_22-42-19.fsa	249	249.75	79	805	5 803
184	H04_787_22-42-19.fsa	258	258.34	665	6 544	5 315
185	H05_787_23-22-51.fsa	258	258.23	52	532	5 266
186	H06_787_23-22-51.fsa	245	244.88	55	533	5 606
187	H07_787_24-02-59.fsa	261	261.07	2 887	27 198	5 292
188	H08_787_24-02-59.fsa	258	258.1	2 167	21 243	5 278
189	H09_787_24-43-03.fsa	258	257.75	41	744	5 232
190	H10_787_24-43-03.fsa	245	243.9	1 066	8 850	4 489
191	H11_787_01-23-07.fsa	245	246.23	123	1 372	5 763
192	H12_787_01-23-07.fsa	258	258.59	460	4 506	5 360

22 Satt168

资源序号	样本名（sample file name）	等位基因位点（allele，bp）	大小（size，bp）	高度（height，RFU）	面积（area，RFU）	数据取值点（data point，RFU）
1	A01_691-786_12-05-57.fsa	200	199.01	6 739	108 553	4 490
2	A02_691-786_12-05-57.fsa	200	200.4	6 794	56 806	4 564
3	A03_691-786_12-57-30.fsa	227	226.27	7 475	78 483	4 746
4	A04_691-786_12-57-30.fsa	233	233.02	7 298	86 052	4 900
5	A05_691-786_13-37-41.fsa	233	232.14	6 484	94 467	4 808
6	A06_691-786_13-37-41.fsa	218	218.08	7 339	58 734	4 710
	A06_691-786_13-37-41.fsa	233	233.47	3 856	42 386	4 900
7	A07_691-786_14-17-47.fsa	230	229.84	6 868	82 534	4 777
8	A08_691-786_14-17-47.fsa	230	229.76	7 239	89 742	4 846
9	A09_691-786_14-57-53.fsa	233	233.84	7 058	52 830	4 827
10	A10_691-786_14-57-53.fsa	200	199.63	7 509	83 846	4 476
	A10_691-786_14-57-53.fsa	233	233.36	7 643	90 453	4 892
11	A11_691-786_15-37-58.fsa	230	230.74	6 991	57 024	4 801
12	A12_691-786_15-37-58.fsa	233	233.82	7 309	56 823	4 916
13	B01_691-786_12-05-57.fsa	230	230.81	7 313	57 934	4 884
14	B02_691-786_12-05-57.fsa	227	227.63	7 382	61 566	4 912
15	B03_691-786_12-57-30.fsa	230	230.7	7 030	56 053	4 803
16	B04_691-786_12-57-30.fsa	227	227.51	7 469	62 481	4 826
17	B05_691-786_13-37-41.fsa	227	227.53	7 164	58 372	4 762
18	B06_691-786_13-37-41.fsa	233	233.89	7 222	59 772	4 895
19	B07_691-786_14-17-47.fsa	227	227.44	7 398	59 650	4 753
20	B08_691-786_14-17-47.fsa	233	233.83	7 274	60 882	4 891

（续）

资源序号	样本名 (sample file name)	等位基因位点 (allele, bp)	大小 (size, bp)	高度 (height, RFU)	面积 (area, RFU)	数据取值点 (data point, RFU)
21	B09_691-786_14-57-53. fsa	227	227. 54	7 476	55 797	4 756
22	B10_691-786_14-57-53. fsa	233	233. 73	7 496	125 675	4 894
23	B11_691-786_15-37-58. fsa	233	233. 84	7 061	56 016	4 847
24	B12_691-786_15-37-58. fsa	233	233. 77	7 439	61 650	4 907
25	C01_691-786_12-05-57. fsa	227	227. 58	7 490	109 551	4 831
26	C02_691-786_12-05-57. fsa	227	226. 96	7 591	112 825	4 889
27	C03_691-786_12-57-30. fsa	227	227. 47	7 392	55 215	4 745
28	C04_691-786_12-57-30. fsa	227	226. 87	7 587	107 005	4 806
29	C05_691-786_13-37-41. fsa	227	227. 32	7 492	102 276	4 731
30	C06_691-786_13-37-41. fsa	227	227. 39	7 542	113 624	4 803
31	C07_691-786_14-17-47. fsa	233	233. 76	7 544	111 718	4 809
32	C08_691-786_14-17-47. fsa	233	233. 44	4 669	49 163	4 877
33	C09_691-786_14-57-53. fsa	211	211. 31	51	495	4 543
34	C10_691-786_14-57-53. fsa	230	230. 63	7 206	59 156	4 845
35	C11_691-786_15-37-58. fsa	227	227. 56	7 321	58 829	4 749
36	C12_691-786_15-37-58. fsa	227	226. 67	7 258	73 477	4 808
37	D01_691-786_12-05-57. fsa	227	227. 63	7 461	60 740	4 902
38	D02_691-786_12-05-57. fsa	227	227. 56	7 478	61 192	4 895
39	D03_691-786_12-57-30. fsa	230	230. 4	2 276	24 371	4 845
40	D04_691-786_12-57-30. fsa	233	233. 25	7 607	107 740	4 882
	D05_691-786_13-37-41. fsa	227	227. 12	4 514	51 111	4 795
41	D05_691-786_13-37-41. fsa	233	233. 45	2 588	29 304	4 872
42	D06_691-786_13-37-41. fsa	200	199. 56	5 469	56 415	4 451
43	D07_691-786_14-17-47. fsa	233	233. 62	7 527	92 755	4 875

（续）

资源序号	样本名（sample file name）	等位基因位点（allele，bp）	大小（size，bp）	高度（height，RFU）	面积（area，RFU）	数据取值点（data point，RFU）
44	D08 _691 - 786 _14 - 17 - 47. fsa	233	233. 11	7 581	112 935	4 866
45	D09 _691 - 786 _14 - 57 - 53. fsa	233	233. 48	3 449	38 163	4 875
46	D10 _691 - 786 _14 - 57 - 53. fsa	227	227. 35	7 578	115 439	4 799
47	D11 _691 - 786 _15 - 37 - 58. fsa	227	227. 49	7 397	61 390	4 813
48	D12 _691 - 786 _15 - 37 - 58. fsa	227	227. 06	6 302	64 444	4 809
49	E01 _691 - 786 _12 - 05 - 57. fsa	233	233. 65	5 734	61 977	4 963
50	E02 _691 - 786 _12 - 05 - 57. fsa	227	227. 62	7 623	61 933	4 890
51	E03 _691 - 786 _12 - 57 - 30. fsa	227	227. 38	7 621	103 505	4 800
52	E04 _691 - 786 _12 - 57 - 30. fsa	233	233. 48	5 418	61 006	4 885
53	E05 _691 - 786 _13 - 37 - 41. fsa	233	233. 57	7 746	92 188	4 876
54	E06 _691 - 786 _13 - 37 - 41. fsa	211	211. 07	7 643	108 788	4 596
55	E07 _691 - 786 _14 - 17 - 47. fsa	211	210. 37	640	6 274	4 586
56	E08 _691 - 786 _14 - 17 - 47. fsa	227	226. 87	7 692	101 696	4 790
57	E09 _691 - 786 _14 - 57 - 53. fsa	227	227. 15	6 417	63 428	4 788
58	E10 _691 - 786 _14 - 57 - 53. fsa	200	199. 55	6 835	70 204	4 456
59	E11 _691 - 786 _15 - 37 - 58. fsa	233	233. 43	7 747	88 628	4 882
60	E12 _691 - 786 _15 - 37 - 58. fsa	227	227. 11	7 556	83 670	4 810
61	F01 _691 - 786 _12 - 05 - 57. fsa	233	233. 75	7 833	93 592	4 959
62	F02 _691 - 786 _12 - 05 - 57. fsa	233	232. 74	878	9 151	4 938
63	F03 _691 - 786 _12 - 57 - 30. fsa	233	232. 59	1 269	12 885	4 850
64	F04 _691 - 786 _12 - 57 - 30. fsa	233	233. 54	2 857	32 108	4 870
65	F05 _691 - 786 _13 - 37 - 41. fsa	227	227. 1	7 704	85 216	4 772
66	F06 _691 - 786 _13 - 37 - 41. fsa	227	227. 13	7 723	91 370	4 783
67	F07 _691 - 786 _14 - 17 - 47. fsa	233	233. 47	7 422	85 213	4 849

（续）

资源序号	样本名（sample file name）	等位基因位点（allele，bp）	大小（size，bp）	高度（height，RFU）	面积（area，RFU）	数据取值点（data point，RFU）
68	F08_691-786_14-17-47.fsa	227	227.18	1 628	17 978	4 782
69	F09_691-786_14-57-53.fsa	233	233.47	7 453	77 653	4 852
70	F10_691-786_14-57-53.fsa	227	227.12	4 370	49 049	4 786
71	F11_691-786_15-37-58.fsa	230	230.37	7 669	99 842	4 825
72	F12_691-786_15-37-58.fsa	227	227.34	7 712	96 525	4 800
73	G01_691-786_12-05-57.fsa	200	199.63	4 589	58 360	4 549
74	G02_691-786_12-05-57.fsa	211	211.49	7 166	78 750	4 686
75	G03_691-786_12-57-30.fsa	233	233.6	3 299	36 871	4 873
76	G04_691-786_12-57-30.fsa	233	233.55	2 543	25 840	4 878
77	G05_691-786_13-37-41.fsa	233	233.48	403	4 260	4 862
78	G06_691-786_13-37-41.fsa	233	233.5	7 832	92 222	4 868
79	G07_691-786_14-17-47.fsa	233	233.45	3 152	34 018	4 861
80	G08_691-786_14-17-47.fsa	227	227.12	6 960	76 982	4 790
81	G09_691-786_14-57-53.fsa	227	226.23	4 013	39 551	4 778
82	G10_691-786_14-57-53.fsa	227	227.29	7 851	99 425	4 795
83	G11_691-786_15-37-58.fsa	227	227.22	4 712	50 641	4 798
84	G12_691-786_15-37-58.fsa	230	230.31	6 184	68 681	4 843
85	H01_691-786_12-05-57.fsa	233	233.79	4 683	55 014	5 009
86	H02_691-786_12-05-57.fsa	233	233.81	2 280	26 595	5 060
87	H03_691-786_12-57-30.fsa	233	233.62	2 183	24 363	4 912
88	H04_691-786_12-57-30.fsa	233	233.59	4 813	54 929	4 976
89	H05_691-786_13-37-41.fsa	227	227.33	3 641	40 476	4 829
90	H06_691-786_13-37-41.fsa	227	227.37	119	1 393	4 888
91	H07_691-786_14-17-47.fsa	227	227.28	2 136	23 553	4 825

（续）

资源序号	样本名（sample file name）	等位基因位点（allele，bp）	大小（size，bp）	高度（height，RFU）	面积（area，RFU）	数据取值点（data point，RFU）
92	H08_691－786_14－17－47. fsa	227	227. 29	1 105	12 303	4 886
93	H09_691－786_14－57－53. fsa	233	233. 55	4 414	49 232	4 906
94	H10_691－786_14－57－53. fsa	227	227. 24	2 510	28 340	4 889
95	H11_691－786_15－37－58. fsa	227	227. 24	7 345	82 690	4 839
96	H12_691－786_15－37－58. fsa	227	227. 29	2 586	29 253	4 901
97	A01_787－882_16－18－02. fsa	999				
98	A02_787－882_16－18－02. fsa	227	227. 23	7 710	95 882	4 838
99	A03_787－882_16－58－05. fsa	230	230. 61	6 965	50 834	4 810
100	A04_787－882_16－58－05. fsa	211	210. 84	7 463	83 892	4 637
101	A05_787－882_17－38－08. fsa	211	211. 36	5 773	62 900	4 574
102	A06_787－882_17－38－08. fsa	233	233. 46	1 450	14 541	4 911
103	A07_787－882_18－18－13. fsa	230	230. 18	3 633	36 452	4 799
104	A08_787－882_18－18－13. fsa	200	199. 63	7 495	78 043	4 498
105	A09_787－882_18－58－41. fsa	233	233. 45	904	9 150	4 866
106	A10_787－882_18－58－41. fsa	233	233. 41	2 145	22 021	4 939
107	A11_787－882_19－38－45. fsa	230	230. 49	7 210	94 368	4 840
108	A12_787－882_19－38－45. fsa	230	230. 33	154	1 657	4 918
109	B01_787－882_16－18－02. fsa	233	233. 45	6 337	70 695	4 847
110	B02_787－882_16－18－02. fsa	233	233. 44	7 520	61 298	4 913
111	B03_787－882_16－58－05. fsa	233	233. 62	7 444	99 168	4 850
112	B04_787－882_17－38－05. fsa	227	227. 10	6 718	96 776	4 925
113	B05_787－882_17－38－08. fsa	227	227. 11	6 639	90 581	4 863
114	B06_787－882_17－18－08. fsa	233	233. 39	5 203	53 658	4 905
115	B07_787－882_18－18－13. fsa	233	233. 64	7 417	127 527	4 855

（续）

资源序号	样本名（sample file name）	等位基因位点（allele，bp）	大小（size，bp）	高度（height，RFU）	面积（area，RFU）	数据取值点（data point，RFU）
116	B08_787-882_18-18-13. fsa	227	227. 14	5 513	96 508	4 637
117	B09_787-882_18-58-41. fsa	233	233. 56	7 588	92 904	4 869
118	B10_787-882_18-58-41. fsa	233	233. 48	7 658	88 157	4 938
119	B11_787-882_19-38-45. fsa	233	233. 4	6 848	67 696	4 884
120	B12_787-882_19-38-45. fsa	233	233. 54	7 677	95 203	4 923
121	C01_787-882_16-18-02. fsa	233	233. 7	7 114	57 085	4 832
122	C02_787-882_16-18-02. fsa	233	233. 59	7 669	114 568	4 903
123	C03_787-882_16-58-05. fsa	233	233. 37	2 150	24 409	4 831
124	C04_787-882_16-58-05. fsa	227	226. 14	212	2 013	4 814
125	C05_787-882_17-38-08. fsa	230	230. 26	1 289	12 625	4 785
126	C06_787-882_17-38-08. fsa	233	233. 11	7 544	102 861	4 891
127	C07_787-882_18-18-13. fsa	230	230. 28	5 030	54 181	4 801
128	C08_787-882_18-18-13. fsa	230	230. 22	105	1 156	4 855
129	C09_787-882_18-58-41. fsa	233	233. 4	2 772	27 968	4 855
130	C10_787-882_18-58-41. fsa	230	230. 35	1 476	15 123	4 889
131	C11_787-882_19-38-45. fsa	227	227. 04	6 495	71 956	4 781
132	C12_787-882_19-38-45. fsa	233	233. 73	7 332	62 056	4 941
133	D01_787-882_16-18-02. fsa	227	227. 12	87	1 071	4 815
134	D02_787-882_16-18-02. fsa	227	227. 06	6 299	67 919	4 817
135	D03_787-882_16-58-05. fsa	233	233. 13	7 467	96 338	4 891
136	D04_787-882_16-58-05. fsa	233	233. 46	191	2 031	4 901
137	D05_787-882_17-38-08. fsa	233	233. 64	7 505	123 530	4 888
138	D06_787-882_17-38-08. fsa	233	233. 4	3 765	43 456	4 890
139	D07_787-882_18-18-13. fsa	230	230. 25	5 439	53 779	4 864

（续）

资源序号	样本名（sample file name）	等位基因位点（allele，bp）	大小（size，bp）	高度（height，RFU）	面积（area，RFU）	数据取值点（data point，RFU）
140	D08_787-882_18-18-13.fsa	227	227.06	7 520	80 009	4 824
141	D09_787-882_18-58-41.fsa	233	233.45	551	5 579	4 919
142	D10_787-882_18-58-41.fsa	230	230.33	3 711	40 410	4 454
143	D11_787-882_19-38-45.fsa	230	230.32	3 570	37 465	4 883
144	D12_787-882_19-38-45.fsa	230	230.23	3 527	35 937	4 889
145	E01_787-882_16-18-02.fsa	233	233.73	7 728	101 276	4 888
146	E02_787-882_16-18-02.fsa	233	233.7	7 639	101 761	4 899
147	E03_787-882_16-58-05.fsa	233	233.73	7 536	63 085	4 885
148	E04_787-882_16-58-05.fsa	227	227.2	6 325	67 084	4 823
149	E05_787-882_17-38-08.fsa	200	199.54	7 049	91 144	4 466
150	E06_787-882_17-38-08.fsa	227	226.83	6 772	56 793	4 307
151	E07_787-882_18-18-13.fsa	227	227.42	7 574	61 802	4 813
152	E08_787-882_18-18-13.fsa	200	200.32	7 138	63 210	4 475
153	E09_787-882_18-58-41.fsa	230	230.58	7 662	114 358	4 866
154	E10_787-882_18-58-41.fsa	227	227.1	7 685	84 418	4 843
155	E11_787-882_19-38-45.fsa	227	227.29	7 604	99 005	4 849
	E11_787-882_19-38-45.fsa	233	233.46	5 027	52 378	4 924
156	E12_787-882_19-38-45.fsa	233	233.38	3 951	44 388	4 931
157	F01_787-882_16-18-02.fsa	233	233.52	947	10 232	4 872
158	F02_787-882_16-18-02.fsa	233	233.75	7 570	103 858	4 886
159	F03_787-882_16-58-05.fsa	227	226.85	6 398	54 947	4 305
160	F04_787-882_16-58-05.fsa	233	233.62	7 789	98 074	4 889
161	F05_787-882_17-38-08.fsa	227	227.33	7 654	110 491	4 792
162	F06_787-882_17-38-08.fsa	227	227.29	7 714	104 383	4 802

（续）

资源序号	样本名 （sample file name）	等位基因位点 （allele，bp）	大小 （size，bp）	高度 （height，RFU）	面积 （area，RFU）	数据取值点 （data point，RFU）
163	F07_787-882_18-18-13. fsa	227	227. 33	7 805	106 520	4 801
164	F08_787-882_18-18-13. fsa	227	226. 85	7 664	105 551	4 796
165	F09_787-882_18-58-41. fsa	227	227. 41	7 780	110 149	4 821
166	F10_787-882_18-58-41. fsa	233	233. 45	7 754	90 661	4 906
167	F11_787-882_19-38-45. fsa	227	227. 28	7 861	96 071	4 823
168	F12_787-882_19-38-45. fsa	227	227. 1	3 075	33 031	4 835
169	G01_787-882_16-18-02. fsa	233	233. 62	7 818	102 521	4 886
170	G02_787-882_16-18-02. fsa	227	227. 28	7 819	98 837	4 813
171	G03_787-882_16-58-05. fsa	230	230. 53	7 671	110 199	4 850
172	G04_787-882_16-58-05. fsa	233	233. 44	6 522	71 423	4 893
173	G05_787-882_17-38-08. fsa	200	199. 54	6 273	67 168	4 468
	G05_787-882_17-38-08. fsa	233	233. 48	3 404	36 269	4 878
174	G06_787-882_17-38-08. fsa	233	233. 46	7 823	94 530	4 884
175	G07_787-882_18-18-13. fsa	227	227. 17	7 846	91 730	4 802
176	G08_787-882_18-18-13. fsa	227	227. 11	7 773	87 087	4 820
177	G09_787-882_18-58-41. fsa	233	233. 45	4 800	50 413	4 907
178	G10_787-882_18-58-41. fsa	233	233. 44	5 877	64 695	4 915
179	G11_787-882_19-38-45. fsa	233	233. 44	5 484	59 596	4 915
180	G12_787-882_19-38-45. fsa	230	230. 35	262	2 875	4 880
181	H01_787-882_16-18-02. fsa	200	199. 63	4 654	51 801	4 509
182	H02_787-882_16-18-02. fsa	233	233. 62	662	7 657	4 988
183	H03_787-882_16-58-05. fsa	233	233. 59	308	3 468	4 929
184	H04_787-882_16-58-05. fsa	230	230. 52	176	1 982	4 954
185	H05_787-882_17-38-08. fsa	227	227. 26	346	4 005	4 857

（续）

资源序号	样本名（sample file name）	等位基因位点（allele，bp）	大小（size，bp）	高度（height，RFU）	面积（area，RFU）	数据取值点（data point，RFU）
186	H06_787-882_17-38-08. fsa	230	230. 51	735	7 948	4 942
187	H07_787-882_18-18-13. fsa	233	233. 48	7 802	89 168	4 916
188	H08_787-882_18-18-13. fsa	227	227. 23	2 142	24 122	4 900
189	H09_787-882_18-58-41. fsa	227	227. 23	5 276	57 674	4 869
190	H10_787-882_18-58-41. fsa	230	230. 42	3 575	40 038	4 972
191	H11_787-882_19-38-45. fsa	211	211. 43	3 172	34 588	4 682
192	H12_787-882_19-38-45. fsa	230	230. 53	1 306	14 558	4 979

23 Satt180

资源序号	样本名 (sample file name)	等位基因位点 (allele，bp)	大小 (size，bp)	高度 (height，RFU)	面积 (area，RFU)	数据取值点 (data point，RFU)
1	A01_691-786_11-20-32.fsa	258	258.82	4 287	70 445	6 024
2	A02_691-786_11-20-33.fsa	261	261.73	2 863	29 853	5 580
3	A03_691-786_11-20-34.fsa	243	244.22	1 332	14 195	5 404
4	A04_691-786_12-13-11.fsa	258	258.54	3 540	43 073	5 855
5	A05_691-786_12-53-27.fsa	212	212.85	8 651	131 226	4 935
6	A06_691-786_12-53-27.fsa	212	212.86	8 864	160 785	5 112
	A06_691-786_12-53-27.fsa	258	258.39	619	7 167	5 789
7	A07_691-786_13-33-39.fsa	258	258.38	114	1 188	5 537
8	A08_691-786_13-33-39.fsa	258	258.37	6 043	69 430	5 769
9	A09_691-786_14-13-50.fsa	267	266.72	7 786	95 620	5 664
10	A10_691-786_14-13-51.fsa	258	258.41	7 836	109 598	5 286
11	A11_691-786_14-54-00.fsa	264	263.96	2 467	25 254	5 623
	A11_691-786_14-54-00.fsa	267	266.82	3 532	36 353	5 665
12	A12_691-786_14-54-00.fsa	267	267.45	7 835	123 899	5 885
13	B01_691-786_11-20-32.fsa	258	258.64	7 265	128 536	6 004
14	B02_691-786_11-20-33.fsa	264	264.27	7 546	82 662	5 442
15	B03_691-786_12-13-11.fsa	258	258.49	4 721	69 070	5 683
16	B04_691-786_12-13-11.fsa	258	258.45	8 737	148 412	5 834
17	B05_691-786_12-53-27.fsa	264	264.94	6 680	73 448	5 725
18	B06_691-786_12-53-27.fsa	258	258.39	6 959	82 016	5 741
19	B07_691-786_13-33-39.fsa	264	264.98	6 848	75 315	5 700
20	B08_691-786_13-33-39.fsa	258	258.4	1 325	14 647	5 721

（续）

资源序号	样本名 （sample file name）	等位基因位点 （allele，bp）	大小 （size，bp）	高度 （height，RFU）	面积 （area，RFU）	数据取值点 （data point，RFU）
21	B09 _691 - 786 _14 - 13 - 50. fsa	264	263. 95	8 047	130 832	5 685
22	B10 _691 - 786 _14 - 13 - 50. fsa	258	258. 35	7 944	99 225	5 722
23	B11 _691 - 786 _14 - 54 - 00. fsa	258	258. 23	7 876	91 606	5 584
24	B12 _691 - 786 _14 - 54 - 00. fsa	258	258. 22	7 799	105 402	5 718
25	C01 _691 - 786 _11 - 20 - 32. fsa	243	243. 97	8 526	128 629	5 610
26	C02 _691 - 786 _11 - 20 - 33. fsa	243	243. 77	1 176	12 113	5 031
27	C03 _691 - 786 _12 - 13 - 11. fsa	264	264. 14	5 134	57 831	5 647
28	C04 _691 - 786 _12 - 13 - 11. fsa	264	264. 04	6 782	81 454	5 864
29	C05 _691 - 786 _12 - 53 - 27. fsa	258	258. 43	6 871	74 517	5 549
30	C06 _691 - 786 _12 - 53 - 27. fsa	264	264. 03	3 168	37 415	5 791
31	C07 _691 - 786 _13 - 33 - 39. fsa	276	276. 04	7 854	104 651	5 817
32	C08 _691 - 786 _13 - 33 - 39. fsa	258	258. 33	521	6 049	5 690
33	C09 _691 - 786 _14 - 13 - 50. fsa	258	258. 31	1 044	9 961	5 125
34	C10 _691 - 786 _14 - 13 - 50. fsa	267	266. 77	6 797	78 993	5 834
35	C11 _691 - 786 _14 - 54 - 00. fsa	276	275. 97	6 662	79 618	5 831
36	C12 _691 - 786 _14 - 54 - 00. fsa	264	263. 85	6 972	81 222	5 795
37	D01 _691 - 786 _11 - 20 - 32. fsa	264	264. 52	7 325	92 739	6 082
38	D02 _691 - 786 _11 - 20 - 32. fsa	212	213. 1	9 016	193 898	5 319
39	D03 _691 - 786 _12 - 13 - 11. fsa	258	258. 59	6 803	78 442	5 708
40	D04 _691 - 786 _12 - 13 - 11. fsa	258	258. 5	7 777	96 375	5 710
41	D05 _691 - 786 _12 - 53 - 27. fsa	258	258. 36	8 142	113 580	5 692
42	D06 _691 - 786 _12 - 53 - 27. fsa	258	258. 44	1 763	20 087	5 693
	D06 _691 - 786 _12 - 53 - 27. fsa	267	266. 91	714	8 431	5 830
43	D07 _691 - 786 _13 - 33 - 39. fsa	261	261. 18	5 292	59 313	5 737

（续）

资源序号	样本名 (sample file name)	等位基因位点 (allele, bp)	大小 (size, bp)	高度 (height, RFU)	面积 (area, RFU)	数据取值点 (data point, RFU)
44	D08 _691 - 786 _13 - 33 - 39. fsa	258	258. 21	8 043	119 183	5 693
45	D09 _691 - 786 _14 - 13 - 50. fsa	243	243. 54	8 440	119 352	5 478
46	D10 _691 - 786 _14 - 13 - 50. fsa	264	264. 86	7 628	93 998	5 809
47	D11 _691 - 786 _14 - 54 - 00. fsa	264	263. 94	2 239	24 918	5 782
48	D12 _691 - 786 _14 - 54 - 00. fsa	999				
49	E01 _691 - 786 _11 - 20 - 31. fsa	247	246. 78	1 351	12 446	5 812
	E01 _691 - 786 _11 - 20 - 31. fsa	264	264. 21	567	5 869	5 379
50	E02 _691 - 786 _11 - 20 - 32. fsa	264	264. 36	4 911	63 638	6 218
51	E03 _691 - 786 _12 - 13 - 11. fsa	264	264. 26	7 931	108 844	5 932
52	E04 _691 - 786 _12 - 13 - 11. fsa	267	266. 89	7 939	108 017	5 846
53	E05 _691 - 786 _12 - 53 - 27. fsa	258	258. 51	7 506	87 058	5 749
54	E06 _691 - 786 _12 - 53 - 27. fsa	258	258. 45	6 649	76 730	5 670
55	E07 _691 - 786 _13 - 33 - 39. fsa	258	258. 22	7 717	112 543	5 842
56	E08 _691 - 786 _13 - 33 - 39. fsa	264	264. 01	6 735	78 475	5 760
57	E09 _691 - 786 _13 - 33 - 40. fsa	243	242. 69	7 162	70 767	5 094
58	E10 _691 - 786 _13 - 33 - 41. fsa	258	258. 45	7 845	86 747	5 223
59	E11 _691 - 786 _14 - 54 - 00. fsa	258	258. 31	4 135	44 833	5 680
60	E12 _691 - 786 _14 - 54 - 01. fsa	276	275. 46	5 899	60 205	5 542
61	F01 _691 - 786 _11 - 20 - 32. fsa	258	258. 8	5 010	60 433	5 907
62	F02 _691 - 786 _11 - 20 - 33. fsa	258	257. 5	671	6 152	5 197
63	F03 _691 - 786 _12 - 13 - 11. fsa	258	258. 81	4 438	47 258	5 624
64	F04 _691 - 786 _12 - 13 - 11. fsa	258	258. 55	1 220	14 294	5 666
65	F05 _691 - 786 _12 - 53 - 27. fsa	258	258. 42	7 539	85 002	5 600
66	F06 _691 - 786 _12 - 53 - 27. fsa	258	258. 49	3 256	37 974	5 634

（续）

资源序号	样本名（sample file name）	等位基因位点（allele，bp）	大小（size，bp）	高度（height，RFU）	面积（area，RFU）	数据取值点（data point，RFU）
67	F07_691-786_13-33-39.fsa	258	258.42	1 474	16 583	5 611
68	F08_691-786_13-33-39.fsa	264	264.11	4 457	51 124	5 728
69	F09_691-786_14-13-50.fsa	999				
70	F10_691-786_14-13-50.fsa	267	266.83	5 338	61 893	5 786
71	F11_691-786_14-54-00.fsa	258	258.38	5 829	65 121	5 637
72	F12_691-786_14-54-00.fsa	264	263.97	8 036	107 070	5 754
73	G01_691-786_11-20-32.fsa	258	258.94	4 390	56 254	6 105
74	G02_691-786_11-20-32.fsa	258	258.88	50	613	5 921
75	G03_691-786_12-13-11.fsa	261	261.44	2 666	30 908	5 745
76	G04_691-786_12-13-12.fsa	261	261.4	5 305	53 417	5 328
77	G05_691-786_12-53-27.fsa	258	258.61	923	10 582	5 642
	G05_691-786_12-53-27.fsa	267	267.01	2 632	30 067	5 772
78	G06_691-786_12-53-27.fsa	258	258.55	7 189	85 967	5 667
79	G07_691-786_13-33-39.fsa	258	258.48	7 593	91 545	5 628
	G07_691-786_13-33-39.fsa	267	266.94	3 326	37 657	5 758
80	G08_691-786_13-33-39.fsa	258	258.52	1 494	17 131	5 670
81	G09_691-786_13-33-40.fsa	258	258.44	7 949	105 967	5 351
82	G10_691-786_14-13-50.fsa	264	264.17	4 031	47 603	5 769
83	G11_691-786_14-54-00.fsa	264	263.99	3 088	33 832	5 716
84	G12_691-786_14-54-00.fsa	258	258.48	5 622	64 794	5 683
85	H01_691-786_12-13-9.fsa	258	258.28	8 000	107 961	5 228
86	H02_691-786_12-13-10.fsa	258	258.49	6 107	62 868	5 279
87	H03_691-786_12-13-11.fsa	258	258.73	1 968	23 301	5 761
88	H04_691-786_12-13-11.fsa	258	258.82	642	8 122	5 890

（续）

资源序号	样本名 （sample file name）	等位基因位点 （allele，bp）	大小 （size，bp）	高度 （height，RFU）	面积 （area，RFU）	数据取值点 （data point，RFU）
89	H05_691－786_12－53－27. fsa	258	258. 71	772	8 956	5 697
90	H06_691－786_12－53－27. fsa	258	258. 67	1 232	14 978	5 837
91	H07_691－786_13－33－39. fsa	258	258. 56	7 432	87 851	5 691
92	H08_691－786_13－33－39. fsa	264	264. 32	128	1 586	5 925
93	H09_691－786_14－13－50. fsa	258	258. 58	2 707	31 295	5 703
94	H10_691－786_14－13－50. fsa	243	243. 9	446	6 645	5 648
95	H11_691－786_14－54－00. fsa	264	264. 12	3 094	34 621	5 792
96	H12_691－786_14－54－00. fsa	258	258. 58	1 780	23 173	5 853
97	A01_787－882_15－34－08. fsa	247	246. 66	1 014	17 527	5 775
98	A02_787－882_15－34－08. fsa	258	258. 22	1 235	12 855	5 666
99	A03_787－882_16－14－14. fsa	215	215. 93	5 088	52 314	4 989
100	A04_787－882_16－14－14. fsa	212	212. 75	470	4 913	5 065
101	A05_787－882_16－54－19. fsa	212	212. 76	2 910	33 399	4 987
102	A06_787－882_16－54－20. fsa	253	252. 35	4 433	43 436	5 229
103	A07_787－882_17－34－27. fsa	258	258. 22	3 000	29 811	5 587
104	A08_787－882_17－34－27. fsa	258	258. 26	2 250	27 154	5 602
105	A09_787－882_18－14－58. fsa	258	258. 01	257	4 900	5 525
106	A10_787－882_18－14－58. fsa	258	258. 28	4 209	43 674	5 598
107	A11_787－882_18－55－07. fsa	258	258. 2	540	5 280	5 411
108	A12_787－882_18－55－07. fsa	258	258. 29	1 195	11 954	5 538
109	B01_787－882_16－14－11. fsa	258	258. 5	8 583	127 570	5 278
110	B02_787－882_16－14－12. fsa	243	243. 7	8 615	122 553	5 051
	B02_787－882_16－14－13. fsa	258	258. 37	7 824	91 514	5 238
111	B03_787－882_16－14－14. fsa	258	258. 28	225	2 226	5 569

（续）

资源序号	样本名（sample file name）	等位基因位点（allele，bp）	大小（size，bp）	高度（height，RFU）	面积（area，RFU）	数据取值点（data point，RFU）
112	B04_787-882_16-14-15.fsa	264	264.18	2 378	22 343	5 363
113	B05_787-882_16-14-16.fsa	258	258.41	1 296	12 540	5 222
114	B06_787-882_16-54-19.fsa	243	243.33	1 659	18 029	5 495
115	B07_787-882_17-34-27.fsa	258	258.12	3 357	63 131	5 595
116	B08_787-882_17-34-28.fsa	264	264.11	221	2 101	5 358
117	B09_787-882_18-14-58.fsa	243	243.38	457	5 052	5 283
118	B10_787-882_18-14-58.fsa	243	243.44	369	3 872	5 420
119	B11_787-882_18-14-59.fsa	243	244.12	8 016	111 292	5 249
120	B12_787-882_18-14-60.fsa	243	244.1	1 446	15 434	5 408
121	C01_787-882_15-34-08.fsa	258	258.18	101	1 092	5 547
122	C02_787-882_15-34-09.fsa	267	267.06	7 720	93 767	5 450
123	C03_787-882_15-34-10.fsa	258	258.5	7 653	85 735	5 195
124	C04_787-882_15-34-11.fsa	264	264.16	853	9 889	5 342
125	C05_787-882_15-34-12.fsa	212	212.28	8 119	92 179	4 634
126	C06_787-882_16-54-19.fsa	258	258.22	4 780	52 946	5 715
127	C07_787-882_17-34-27.fsa	258	258.42	7 996	137 714	5 274
128	C08_787-882_17-34-27.fsa	258	258.61	3 328	44 510	5 576
129	C09_787-882_18-14-58.fsa	258	258.23	437	4 515	5 380
130	C10_787-882_18-14-59.fsa	258	258.41	7 783	91 605	5 273
131	C11_787-882_18-55-07.fsa	264	263.87	1 207	14 919	5 452
132	C12_787-882_18-55-07.fsa	258	258.2	3 283	35 564	5 525
133	D01_787-882_15-34-07.fsa	258	258.39	7 856	85 333	5 203
134	D02_787-882_15-34-08.fsa	264	263.89	158	1 786	5 761
135	D03_787-882_16-14-14.fsa	258	258.26	876	8 973	5 672

（续）

资源序号	样本名 (sample file name)	等位基因位点 (allele，bp)	大小 (size，bp)	高度 (height，RFU)	面积 (area，RFU)	数据取值点 (data point，RFU)
136	D04_787-882_16-14-15.fsa	258	258.39	5 676	58 756	5 259
137	D05_787-882_16-54-19.fsa	258	258.15	478	5 241	5 680
138	D06_787-882_16-54-19.fsa	264	263.87	1 870	20 683	5 805
139	D07_787-882_16-54-20.fsa	258	259.04	3 576	38 291	5 521
140	D08_787-882_17-34-27.fsa	264	264.6	1 243	13 950	5 620
141	D09_787-882_17-34-28.fsa	258	258.68	1 873	19 101	5 296
142	D10_787-882_17-34-29.fsa	258	257.66	3 328	32 887	5 284
143	D11_787-882_18-55-07.fsa	258	258.25	1 300	13 346	5 452
144	D12_787-882_18-55-08.fsa	258	258.57	6 769	79 148	5 265
145	E01_787-882_16-14-10.fsa	258	258.51	126	1 332	5 259
146	E02_787-882_16-14-11.fsa	258	258.56	5 256	56 979	5 278
147	E03_787-882_16-14-12.fsa	258	258.51	5 624	61 032	5 269
148	E04_787-882_16-14-13.fsa	264	263.33	520	5 141	5 353
149	E05_787-882_16-54-19.fsa	243	243.43	229	2 344	5 438
150	E06_787-882_16-54-20.fsa	243	242.72	1 866	18 091	5 071
151	E07_787-882_16-54-21.fsa	264	264.13	4 284	43 737	5 348
152	E08_787-882_17-34-27.fsa	258	258.23	926	10 371	5 696
153	E09_787-882_17-34-28.fsa	212	212.3	2 263	22 812	4 679
154	E10_787-882_18-14-58.fsa	264	263.88	2 518	27 119	5 619
155	E11_787-882_18-55-07.fsa	264	264.94	115	1 250	5 589
156	E12_787-882_18-55-07.fsa	258	258.25	140	1 513	5 495
157	F01_787-882_15-34-08.fsa	258	259	338	3 898	5 598
158	F02_787-882_15-34-09.fsa	258	258.98	437	4 627	5 583
159	F03_787-882_16-14-14.fsa	212	212.81	209	2 257	5 026

（续）

资源序号	样本名 （sample file name）	等位基因位点 （allele，bp）	大小 （size，bp）	高度 （height，RFU）	面积 （area，RFU）	数据取值点 （data point，RFU）
160	F04_787－882_16－14－15. fsa	212	212. 45	533	5 282	4 766
161	F05_787－882_16－54－19. fsa	258	258. 32	4 787	51 771	5 656
162	F06_787－882_16－54－19. fsa	999				
163	F07_787－882_17－34－27. fsa	264	263. 88	2 528	26 903	5 660
164	F08_787－882_18－14－57. fsa	264	263. 35	1 303	13 479	5 379
165	F09_787－882_18－14－58. fsa	264	264. 2	1 395	14 613	5 350
166	F10_787－882_18－14－58. fsa	258	258. 28	1 629	18 299	5 528
167	F11_787－882_18－14－59. fsa	264	264. 23	434	4 270	5 341
168	F12_787－882_18－55－07. fsa	258	259. 3	212	5 398	5 471
169	G01_787－882_15－34－08. fsa	258	258. 35	2 863	30 692	5 600
170	G02_787－882_15－34－08. fsa	258	258. 37	1 613	18 074	5 653
171	G03_787－882_16－14－14. fsa	267	266. 74	2 257	24 407	5 746
172	G04_787－882_16－14－14. fsa	212	212. 88	948	10 515	5 051
173	G05_787－882_16－54－19. fsa	258	258. 37	490	5 323	5 640
174	G06_787－882_16－54－19. fsa	258	258. 34	1 390	15 190	5 685
175	G07_787－882_17－34－27. fsa	264	263. 95	347	3 827	5 724
176	G08_787－882_18－14－57. fsa	258	258. 52	1 445	14 308	5 270
177	G09_787－882_18－14－58. fsa	243	243. 03	1 965	44 866	5 096
178	G10_787－882_18－14－58. fsa	267	266. 81	3 620	39 887	5 576
179	G11_787－882_18－55－07. fsa	258	258. 33	4 202	44 162	5 448
180	G12_787－882_18－55－08. fsa	258	257. 59	930	9 276	5 265
181	H01_787－882_15－34－08. fsa	264	264. 05	6 376	69 840	5 762
182	H02_787－882_15－34－08. fsa	258	258. 56	85	1 065	5 801
183	H03_787－882_16－14－14. fsa	258	258. 45	1 677	18 410	5 697

（续）

资源序号	样本名 （sample file name）	等位基因位点 （allele，bp）	大小 （size，bp）	高度 （height，RFU）	面积 （area，RFU）	数据取值点 （data point，RFU）
184	H04_787-882_16-14-15.fsa	258	258.48	4 224	42 260	5 259
185	H05_787-882_16-54-19.fsa	276	275.11	357	3 896	5 962
186	H06_787-882_16-54-19.fsa	258	258.71	1 469	16 342	5 657
187	H07_787-882_17-34-27.fsa	258	258.5	1 446	15 944	5 722
188	H08_787-882_17-34-27.fsa	264	264.11	246	2 737	5 893
189	H09_787-882_18-14-58.fsa	264	264.07	1 688	18 178	5 675
190	H10_787-882_18-14-59.fsa	258	259	1 330	14 008	5 501
191	H11_787-882_18-55-07.fsa	258	258.49	1 051	11 500	5 512
192	H12_787-882_18-55-07.fsa	264	264.13	149	1 591	5 682

24 Sat_130

资源序号	样本名（sample file name）	等位基因位点（allele，bp）	大小（size，bp）	高度（height，RFU）	面积（area，RFU）	数据取值点（data point，RFU）
1	A01_691－786_11－20－32. fsa	306	306. 77	306	4 541	6 805
2	A02_691－786_11－20－33. fsa	310	309. 03	42	1 198	6 967
3	A03_691－786_11－20－34. fsa	308	307. 69	634	7 954	6 707
4	A04_691－786_12－13－11. fsa	308	308. 6	645	7 413	6 679
5	A05_691－786_12－53－27. fsa	302	302. 02	1 894	22 876	6 207
6	A06_691－786_12－53－27. fsa	298	297. 95	1 899	22 310	6 443
7	A07_691－786_13－33－39. fsa	308	308. 46	1 005	11 253	6 268
8	A08_691－786_13－33－39. fsa	298	297. 98	1 366	15 654	6 416
9	A09_691－786_14－13－50. fsa	302	301. 96	761	8 405	6 183
10	A10_691－786_14－13－50. fsa	308	308. 58	450	4 919	6 553
11	A11_691－786_14－54－00. fsa	306	306. 26	1 266	14 021	6 232
12	A12_691－786_14－54－00. fsa	304	304. 16	394	4 326	6 457
13	B01_691－786_11－20－32. fsa	310	311. 19	595	6 958	6 857
14	B02_691－786_11－20－33. fsa	306	305. 59	144	2 299	6 831
15	B03_691－786_12－13－11. fsa	310	310. 74	338	4 453	6 477
16	B04_691－786_12－13－11. fsa	310	310. 74	1 066	12 295	6 688
17	B05_691－786_12－53－27. fsa	296	296. 11	484	6 412	6 206
18	B06_691－786_12－53－27. fsa	294	294. 16	2 243	25 525	6 328
19	B07_691－786_13－33－39. fsa	306	306. 29	913	10 057	6 315
20	B08_691－786_13－33－39. fsa	304	304. 2	876	9 693	6 457
21	B09_691－786_14－13－50. fsa	294	294. 13	1 152	15 268	6 577
22	B10_691－786_14－13－50. fsa	308	308. 48	685	7 592	6 513

（续）

资源序号	样本名（sample file name）	等位基因位点（allele，bp）	大小（size，bp）	高度（height，RFU）	面积（area，RFU）	数据取值点（data point，RFU）
23	B11_691-786_14-54-00.fsa	312	312.61	610	6 629	6 367
24	B12_691-786_14-54-00.fsa	310	310.51	1 434	15 728	6 531
25	C01_691-786_11-20-32.fsa	304	304.54	1 267	14 948	6 572
26	C02_691-786_11-20-33.fsa	304	303.37	760	8 612	6 617
27	C03_691-786_12-13-11.fsa	294	294.26	766	8 516	6 109
28	C04_691-786_12-13-11.fsa	315	315.01	363	4 121	6 675
29	C05_691-786_12-53-27.fsa	300	299.8	728	8 273	6 179
30	C06_691-786_12-53-27.fsa	310	310.68	395	4 424	6 527
31	C07_691-786_13-33-39.fsa	310	310.59	1 039	11 869	6 319
32	C08_691-786_13-33-39.fsa	304	304.07	265	3 041	6 421
33	C09_691-786_14-13-50.fsa	999				
34	C10_691-786_14-13-50.fsa	306	306.32	551	6 015	6 457
35	C11_691-786_14-54-00.fsa	310	310.55	216	2 559	6 341
36	C12_691-786_14-54-00.fsa	304	304.14	1 171	13 387	6 430
37	D01_691-786_11-20-32.fsa	304	304.6	554	6 637	6 747
38	D02_691-786_11-20-32.fsa	315	315.3	449	5 446	6 980
39	D03_691-786_12-13-11.fsa	306	306.47	751	8 705	6 460
40	D04_691-786_12-13-11.fsa	304	304.27	1 093	12 220	6 448
41	D05_691-786_12-53-27.fsa	296	296.02	1 752	20 316	6 289
42	D06_691-786_12-53-27.fsa	302	302.09	482	5 503	6 396
43	D07_691-786_13-33-39.fsa	300	299.81	653	7 404	6 346
44	D08_691-786_13-33-39.fsa	298	297.9	844	9 619	6 334
45	D09_691-786_14-13-50.fsa	312	312.81	401	4 333	6 527
46	D10_691-786_14-13-50.fsa	294	294.09	363	4 183	6 279
	D10_691-786_14-13-50.fsa	310	310.73	333	3 620	6 524

（续）

资源序号	样本名 (sample file name)	等位基因位点 (allele, bp)	大小 (size, bp)	高度 (height, RFU)	面积 (area, RFU)	数据取值点 (data point, RFU)
47	D11_691-786_14-54-00. fsa	315	314.79	1 088	11 988	6 539
48	D12_691-786_14-54-00. fsa	296	295.98	269	3 173	6 311
49	E01_691-786_11-20-32. fsa	999				
50	E02_691-786_11-20-32. fsa	315	315.31	330	4 156	7 059
51	E03_691-786_12-13-11. fsa	294	294.37	764	8 965	6 424
52	E04_691-786_12-13-11. fsa	308	308.58	31	329	6 502
53	E05_691-786_12-53-27. fsa	294	294.15	301	3 515	6 316
	E05_691-786_12-53-27. fsa	304	304.34	385	4 314	6 468
54	E06_691-786_12-53-27. fsa	298	298	902	10 589	6 301
55	E07_691-786_13-33-39. fsa	999				
56	E08_691-786_13-33-39. fsa	315	314.97	869	9 529	6 542
57	E09_691-786_13-33-40. fsa	306	305.54	223	2 483	6 706
58	E10_691-786_14-13-50. fsa	310	310.62	211	2 462	6 490
59	E11_691-786_14-54-00. fsa	304	304.11	607	6 930	6 371
60	E12_691-786_14-54-00. fsa	310	310.6	251	2 912	6 500
61	F01_691-786_11-20-32. fsa	304	304.66	373	4 523	6 649
62	F02_691-786_11-20-32. fsa	315	314.99	588	6 152	6 421
63	F03_691-786_11-20-33. fsa	306	305.57	866	10 775	6 703
64	F04_691-786_12-13-11. fsa	308	308.69	384	4 542	6 444
65	F05_691-786_12-53-27. fsa	294	294.15	983	11 490	6 150
66	F06_691-786_12-53-27. fsa	294	294.17	731	8 720	6 196
67	F07_691-786_13-33-39. fsa	319	319.19	676	7 482	6 509
68	F08_691-786_13-33-39. fsa	312	312.84	220	2 430	6 469
69	F09_691-786_14-13-50. fsa	312	312.8	201	2 394	6 438

（续）

资源序号	样本名 （sample file name）	等位基因位点 （allele，bp）	大小 （size，bp）	高度 （height，RFU）	面积 （area，RFU）	数据取值点 （data point，RFU）
70	F10_691-786_14-13-51. fsa	306	305. 57	146	2 815	6 854
71	F11_691-786_14-54-00. fsa	292	292. 29	1 650	19 382	6 156
72	F12_691-786_14-54-00. fsa	302	302. 01	827	9 397	6 345
73	G01_691-786_11-20-32. fsa	294	294. 56	682	8 458	6 714
74	G02_691-786_11-20-32. fsa	298	298. 28	401	4 925	6 583
75	G03_691-786_11-20-33. fsa	298	298. 18	557	6 639	6 517
76	G04_691-786_11-20-33. fsa	298	297. 43	229	2 652	6 652
77	G05_691-786_12-53-27. fsa	308	308. 56	478	5 244	6 522
78	G06_691-786_12-53-27. fsa	308	308. 6	442	5 106	6 444
79	G07_691-786_13-33-39. fsa	302	302. 05	292	3 211	6 294
80	G08_691-786_13-33-39. fsa	298	297. 98	431	4 991	6 294
81	G09_691-786_13-33-40. fsa	294	293. 57	359	4 003	6 518
82	G10_691-786_14-13-50. fsa	294	294. 16	720	8 383	6 241
83	G11_691-786_14-54-00. fsa	294	294. 15	1 140	13 368	6 171
84	G12_691-786_14-54-00. fsa	308	308. 52	480	5 435	6 446
85	H01_691-786_11-20-32. fsa	302	302. 57	305	3 851	6 925
86	H02_691-786_11-20-33. fsa	302	301. 32	144	1 776	6 739
87	H03_691-786_12-13-11. fsa	304	304. 43	132	1 538	6 476
88	H04_691-786_12-13-12. fsa	315	313. 69	5 917	68 586	6 797
89	H05_691-786_12-53-27. fsa	306	306. 59	170	1 982	6 432
90	H06_691-786_12-53-27. fsa	308	308. 64	1 741	22 548	6 219
91	H07_691-786_13-33-39. fsa	312	313. 05	282	3 261	6 511
92	H08_691-786_13-33-40. fsa	312	311. 82	402	4 373	6 794
93	H09_691-786_14-13-50. fsa	310	310. 83	233	2 469	6 491

（续）

资源序号	样本名（sample file name）	等位基因位点（allele，bp）	大小（size，bp）	高度（height，RFU）	面积（area，RFU）	数据取值点（data point，RFU）
94	H10 _691 - 786 _14 - 13 - 51. fsa	312	311. 68	3 565	39 679	6 884
95	H11 _691 - 786 _14 - 54 - 00. fsa	294	294. 22	540	6 476	6 257
96	H12 _691 - 786 _14 - 54 - 00. fsa	306	306. 43	205	2 431	6 602
97	A01 _787 - 882 _15 - 34 - 08. fsa	999				
98	A02 _787 - 882 _15 - 34 - 08. fsa	312	312. 66	293	3 199	6 459
99	A03 _787 - 882 _16 - 14 - 14. fsa	296	295. 92	590	6 037	6 083
	A03 _787 - 882 _16 - 14 - 14. fsa	300	299. 72	575	5 935	6 137
100	A04 _787 - 882 _16 - 14 - 14. fsa	290	290. 34	2 307	25 937	6 176
101	A05 _787 - 882 _16 - 54 - 19. fsa	298	297. 84	725	9 871	6 161
102	A06 _787 - 882 _16 - 54 - 19. fsa	304	304. 04	1 615	16 436	6 398
103	A07 _787 - 882 _17 - 34 - 27. fsa	304	304. 02	1 590	18 843	6 239
104	A08 _787 - 882 _17 - 34 - 27. fsa	302	301. 86	1 172	13 648	6 372
105	A09 _787 - 882 _18 - 14 - 58. fsa	296	296. 6	351	5 717	5 983
106	A10 _787 - 882 _18 - 14 - 58. fsa	304	303. 99	1 382	15 533	6 267
107	A11 _787 - 882 _18 - 55 - 07. fsa	306	306. 22	1 125	12 733	6 069
108	A12 _787 - 882 _18 - 55 - 07. fsa	310	310. 5	1 065	12 037	6 284
109	B01 _787 - 882 _15 - 34 - 08. fsa	308	308. 31	800	12 467	6 255
110	B02 _787 - 882 _15 - 34 - 09. fsa	304	303. 44	613	6 679	6 715
	B02 _787 - 882 _15 - 34 - 10. fsa	310	309. 72	740	8 132	6 803
111	B03 _787 - 882 _16 - 14 - 14. fsa	312	312. 56	837	9 181	6 323
112	B04 _787 - 882 _16 - 14 - 15. fsa	298	297. 39	338	3 894	6 716
113	B05 _787 - 882 _16 - 14 - 16. fsa	312	311. 79	1 140	13 378	6 820
114	B06 _787 - 882 _16 - 54 - 19. fsa	296	295. 95	1 356	16 769	6 294
115	B07 _787 - 882 _17 - 34 - 27. fsa	310	310. 41	805	12 012	6 330

（续）

资源序号	样本名（sample file name）	等位基因位点（allele，bp）	大小（size，bp）	高度（height，RFU）	面积（area，RFU）	数据取值点（data point，RFU）
116	B08_787-882_17-34-28.fsa	294	293.53	608	7 257	6 650
	B08_787-882_17-34-28.fsa	310	309.72	660	7 412	6 893
117	B09_787-882_18-14-58.fsa	298	297.79	948	11 643	6 042
118	B10_787-882_18-14-59.fsa	298	297.46	718	8 381	6 722
119	B11_787-882_18-55-07.fsa	304	303.97	203	2 379	6 061
120	B12_787-882_18-55-07.fsa	308	308.44	1 359	16 525	6 357
121	C01_787-882_15-34-08.fsa	312	312.63	871	10 948	6 312
122	C02_787-882_15-34-08.fsa	312	312.56	617	7 271	6 488
123	C03_787-882_16-14-14.fsa	298	297.8	94	1 268	6 158
124	C04_787-882_16-14-14.fsa	294	294.1	649	8 180	6 247
125	C05_787-882_16-54-19.fsa	308	308.31	301	3 306	6 305
126	C06_787-882_16-54-19.fsa	310	310.51	513	5 943	6 507
127	C07_787-882_17-34-27.fsa	300	299.65	663	7 906	6 115
128	C08_787-882_17-34-28.fsa	308	307.55	56	1 574	6 672
129	C09_787-882_18-14-58.fsa	302	301.75	1 202	14 980	5 987
130	C10_787-882_18-14-58.fsa	298	297.88	470	5 602	6 204
131	C11_787-882_18-55-07.fsa	312	312.6	469	6 232	6 112
132	C12_787-882_18-55-07.fsa	312	312.63	1 093	12 608	6 316
133	D01_787-882_15-34-07.fsa	312	311.75	1 270	14 920	6 867
134	D02_787-882_15-34-08.fsa	298	297.84	730	9 292	6 283
135	D03_787-882_16-14-14.fsa	312	312.74	731	8 383	6 455
136	D04_787-882_16-14-15.fsa	302	301.23	366	4 268	6 575
137	D05_787-882_16-54-19.fsa	298	297.84	1 741	19 815	6 272
138	D06_787-882_16-54-19.fsa	304	304.03	612	7 348	6 418

（续）

资源序号	样本名（sample file name）	等位基因位点（allele，bp）	大小（size，bp）	高度（height，RFU）	面积（area，RFU）	数据取值点（data point，RFU）
139	D07_787－882_16－54－20. fsa	298	297. 28	191	2 300	6 624
140	D08_787－882_17－34－27. fsa	308	308. 4	765	8 702	6 392
141	D09_787－882_18－14－58. fsa	302	301. 79	127	1 223	6 071
142	D10_787－882_18－14－59. fsa	302	301. 23	523	6 297	6 598
143	D11_787－882_18－55－07. fsa	304	304. 07	1 075	11 894	6 097
144	D12_787－882_18－55－08. fsa	302	301. 24	4 525	53 335	6 712
145	E01_787－882_15－34－08. fsa	308	308. 32	320	3 769	6 318
146	E02_787－882_15－34－09. fsa	308	307. 48	131	1 881	6 722
147	E03_787－882_16－14－14. fsa	306	306. 22	321	3 312	6 314
148	E04_787－882_16－14－15. fsa	302	301. 24	1 368	15 655	6 758
149	E05_787－882_16－54－19. fsa	312	312. 72	470	5 426	6 415
150	E06_787－882_16－54－19. fsa	310	310. 55	1 411	16 855	6 693
151	E07_787－882_17－34－27. fsa	296	295. 97	655	8 126	6 227
152	E08_787－882_17－34－27. fsa	310	310. 54	440	5 114	6 481
153	E09_787－882_18－14－58. fsa	999				
154	E10_787－882_18－14－58. fsa	298	297. 85	315	3 559	6 125
155	E11_787－882_18－55－07. fsa	298	297. 81	348	3 732	6 056
156	E12_787－882_18－55－07. fsa	306	306. 3	602	7 146	6 192
157	F01_787－882_15－34－08. fsa	300	299. 81	382	5 431	6 312
158	F02_787－882_15－34－08. fsa	302	301. 91	251	2 955	6 305
159	F03_787－882_16－14－14. fsa	296	296. 04	359	4 418	6 211
160	F04_787－882_16－14－14. fsa	296	296. 05	788	8 697	6 315
161	F05_787－882_16－54－19. fsa	306	306. 19	817	9 945	6 361
162	F06_787－882_16－54－19. fsa	315	314. 76	207	2 488	6 512

（续）

资源序号	样本名（sample file name）	等位基因位点（allele，bp）	大小（size，bp）	高度（height，RFU）	面积（area，RFU）	数据取值点（data point，RFU）
163	F07_787-882_17-34-27.fsa	296	295.98	1 025	13 101	6 133
164	F08_787-882_17-34-27.fsa	306	306.33	72	793	6 379
165	F09_787-882_18-14-58.fsa	294	294.03	745	8 762	5 942
166	F10_787-882_18-14-58.fsa	302	301.9	417	5 238	6 166
167	F11_787-882_18-14-59.fsa	310	309.67	1 380	16 268	6 810
168	F12_787-882_18-14-60.fsa	296	295.45	595	7 385	6 605
169	G01_787-882_15-34-08.fsa	308	308.37	399	4 701	6 311
170	G02_787-882_15-34-08.fsa	308	308.42	617	7 689	6 387
171	G03_787-882_16-14-14.fsa	312	312.72	283	3 266	6 390
172	G04_787-882_16-14-14.fsa	294	294.2	191	2 359	6 215
	G04_787-882_16-14-14.fsa	310	310.66	159	1 822	6 441
173	G05_787-882_16-54-19.fsa	304	304.07	115	1 139	6 300
174	G06_787-882_16-54-19.fsa	302	301.93	371	4 428	6 338
175	G07_787-882_17-34-27.fsa	294	294.16	151	1 718	6 166
176	G08_787-882_17-34-27.fsa	312	312.73	230	2 857	6 369
177	G09_787-882_18-14-58.fsa	308	308.44	104	942	6 210
178	G10_787-882_18-14-58.fsa	308	308.36	246	2 890	6 158
179	G11_787-882_18-55-07.fsa	312	312.74	352	3 589	6 192
180	G12_787-882_18-55-07.fsa	304	304.09	253	3 067	6 100
181	H01_787-882_15-34-08.fsa	302	301.96	510	6 255	6 325
182	H02_787-882_15-34-08.fsa	308	308.5	149	1 987	6 549
183	H03_787-882_16-14-14.fsa	302	302.05	396	4 788	6 345
184	H04_787-882_16-14-14.fsa	304	304.28	57	870	6 518
185	H05_787-882_16-54-19.fsa	308	308.55	294	3 480	6 444

（续）

资源序号	样本名（sample file name）	等位基因位点（allele，bp）	大小（size，bp）	高度（height，RFU）	面积（area，RFU）	数据取值点（data point，RFU）
186	H06_787-882_16-54-20.fsa	300	299.24	47	573	6 655
	H06_787-882_16-54-21.fsa	308	307.53	77	1 078	6 775
187	H07_787-882_17-34-27.fsa	302	302.03	319	3 458	6 371
188	H08_787-882_17-34-27.fsa	315	314.93	170	2 022	6 639
189	H09_787-882_18-14-58.fsa	312	312.76	220	2 518	6 362
190	H10_787-882_18-14-58.fsa	298	297.97	244	3 078	6 251
191	H11_787-882_18-55-07.fsa	294	294.15	580	7 250	6 027
192	H12_787-882_18-55-07.fsa	306	306.41	521	6 172	6 291

25 Sat_092

资源序号	样本名 (sample file name)	等位基因位点 (allele, bp)	大小 (size, bp)	高度 (height, RFU)	面积 (area, RFU)	数据取值点 (data point, RFU)
1	A01_691-786_20-59-21.fsa	225	225.32	5 048	48 262	5 008
2	A02_691-786_20-59-21.fsa	236	236.01	1 943	19 366	5 238
3	A03_691-786_21-51-08.fsa	238	237.94	1 307	12 245	5 077
4	A04_691-786_21-51-08.fsa	238	237.95	1 669	16 136	5 170
5	A05_691-786_22-31-16.fsa	231	231.53	2 600	24 044	5 006
6	A06_691-786_22-31-16.fsa	181	181.24	8 263	106 372	4 429
7	A07_691-786_23-11-23.fsa	212	212.47	5 946	55 786	4 783
8	A08_691-786_23-11-23.fsa	231	231.54	1 033	9 714	5 119
9	A09_691-786_23-51-28.fsa	238	237.92	1 357	12 560	5 119
10	A10_691-786_23-51-28.fsa	156	156.77	6 734	67 747	4 117
	A10_691-786_23-51-28.fsa	240	240.12	1 054	9 880	5 250
11	A11_691-786_24-31-34.fsa	251	250.64	1 153	10 514	5 292
12	A12_691-786_24-31-34.fsa	212	212.08	1 015	12 578	5 213
13	B01_691-786_20-59-21.fsa	236	235.99	4 127	39 351	5 154
14	B02_691-786_20-59-21.fsa	236	235.98	1 941	19 367	5 251
15	B03_691-786_21-51-08.fsa	236	235.78	875	8 251	5 056
	B03_691-786_21-51-08.fsa	246	246.28	1 475	13 718	5 186
16	B04_691-786_21-51-08.fsa	234	233.63	2 818	27 666	5 119
17	B05_691-786_22-31-16.fsa	244	244.27	1 368	12 788	5 172
18	B06_691-786_22-31-16.fsa	236	235.79	1 500	14 509	5 155
19	B07_691-786_23-11-23.fsa	236	235.8	2 569	24 001	5 083
20	B08_691-786_23-11-23.fsa	229	229.59	491	4 762	5 090

（续）

资源序号	样本名（sample file name）	等位基因位点（allele，bp）	大小（size，bp）	高度（height，RFU）	面积（area，RFU）	数据取值点（data point，RFU）
21	B09_691-786_23-51-28. fsa	231	231. 55	1 075	9 989	5 049
22	B10_691-786_23-51-28. fsa	231	231. 59	3 051	29 853	5 142
23	B11_691-786_24-31-34. fsa	240	240. 03	509	4 647	5 168
24	B12_691-786_24-31-34. fsa	236	235. 86	2 512	24 307	5 215
25	C01_691-786_20-59-21. fsa	248	248. 66	2 094	20 012	5 291
26	C02_691-786_20-59-21. fsa	248	248. 66	829	8 329	5 413
27	C03_691-786_21-51-08. fsa	234	233. 69	2 156	20 275	5 017
28	C04_691-786_21-51-08. fsa	246	246. 42	1 107	11 056	5 280
29	C05_691-786_22-31-16. fsa	229	229. 45	813	7 901	4 980
30	C06_691-786_22-31-16. fsa	231	231. 57	2 698	26 522	5 094
31	C07_691-786_23-11-23. fsa	234	233. 69	1 280	14 493	5 042
32	C08_691-786_23-11-24. fsa	229	228. 99	6 647	58 756	4 809
33	C09_691-786_23-51-28. fsa	238	237. 98	3 054	33 154	5 123
34	C10_691-786_23-51-28. fsa	212	212. 4	6 933	69 748	4 881
35	C11_691-786_24-31-34. fsa	234	233. 75	2 657	29 325	5 085
36	C12_691-786_24-31-34. fsa	246	246. 49	831	8 127	5 352
37	D01_691-786_20-59-21. fsa	229	229. 63	3 986	39 909	5 132
38	D02_691-786_20-59-21. fsa	229	229. 61	2 335	23 711	5 144
39	D03_691-786_21-51-08. fsa	212	212. 46	5 731	56 531	4 826
40	D04_691-786_21-51-08. fsa	248	248. 47	1 024	10 094	5 301
41	D05_691-786_22-31-16. fsa	246	246. 39	384	3 661	5 261
42	D06_691-786_22-31-16. fsa	240	240. 11	1 541	16 537	5 016
43	D07_691-786_23-11-23. fsa	212	212. 45	5 121	49 819	4 843
44	D08_691-786_23-11-23. fsa	212	212. 46	5 595	55 977	4 851

（续）

资源序号	样本名（sample file name）	等位基因位点（allele，bp）	大小（size，bp）	高度（height，RFU）	面积（area，RFU）	数据取值点（data point，RFU）
45	D09_691-786_23-51-28. fsa	212	212. 49	1 801	17 612	4 863
46	D10_691-786_23-51-28. fsa	231	231. 59	95	873	5 127
47	D11_691-786_24-31-34. fsa	246	246. 5	1 338	13 084	5 314
48	D12_691-786_24-31-34. fsa	244	244. 36	828	8 215	5 312
49	E01_691-786_20-59-21. fsa	234	233. 95	2 350	23 302	5 185
50	E02_691-786_20-59-21. fsa	236	236. 05	1 046	10 522	5 230
51	E03_691-786_21-51-08. fsa	210	210. 28	7 436	74 654	4 788
52	E04_691-786_21-51-08. fsa	240	240. 16	1 322	13 043	5 188
53	E05_691-786_22-31-16. fsa	212	212. 5	4 779	46 870	4 826
54	E06_691-786_22-31-16. fsa	246	246. 4	904	8 975	5 279
55	E07_691-786_23-11-23. fsa	999				
56	E08_691-786_23-11-23. fsa	246	246. 42	1 127	11 225	5 296
57	E09_691-786_23-51-28. fsa	227	227. 38	684	6 578	5 049
58	E10_691-786_23-51-28. fsa	240	240. 14	479	4 830	5 238
59	E11_691-786_24-31-34. fsa	240	240. 17	1 442	13 643	5 222
60	E12_691-786_24-31-34. fsa	234	233. 76	865	8 732	5 170
61	F01_691-786_20-59-21. fsa	236	236	352	3 529	5 190
62	F02_691-786_20-59-21. fsa	236	236. 01	899	8 469	5 245
63	F03_691-786_21-51-08. fsa	999				
64	F04_691-786_21-51-08. fsa	238	238	601	6 016	5 139
65	F05_691-786_22-31-16. fsa	234	233. 78	1 113	10 836	5 075
66	F06_691-786_22-31-16. fsa	240	240. 05	851	8 374	5 173
67	F07_691-786_23-11-23. fsa	246	246. 48	1 038	10 097	5 252
68	F08_691-786_23-11-23. fsa	210	210. 34	3 214	32 473	4 805

（续）

资源序号	样本名（sample file name）	等位基因位点（allele，bp）	大小（size，bp）	高度（height，RFU）	面积（area，RFU）	数据取值点（data point，RFU）
69	F09_691－786_23－51－28. fsa	231	231. 67	728	7 197	5 085
70	F10_691－786_23－51－28. fsa	248	248. 69	41	436	5 324
71	F11_691－786_24－31－34. fsa	212	212. 48	3 753	37 136	4 852
72	F12_691－786_24－31－34. fsa	246	246. 56	967	9 755	5 312
73	G01_691－786_20－59－21. fsa	231	231. 86	1 317	13 128	5 160
74	G02_691－786_20－59－21. fsa	246	246. 83	202	2 034	5 339
75	G03_691－786_21－51－08. fsa	248	248. 64	273	2 647	5 272
76	G04_691－786_21－51－09. fsa	212	211. 94	7 567	85 878	4 561
	G04_691－786_21－51－10. fsa	248	247. 63	3 437	30 789	4 984
77	G05_691－786_22－31－16. fsa	212	212. 52	183	1 825	4 823
78	G06_691－786_22－31－16. fsa	240	240. 16	764	7 660	5 179
79	G07_691－786_23－11－23. fsa	251	250. 64	642	6 245	5 316
80	G08_691－786_23－11－23. fsa	240	240. 22	519	5 182	5 196
81	G09_691－786_23－51－28. fsa	999				
82	G10_691－786_23－51－28. fsa	234	233. 91	2 843	28 964	5 137
83	G11_691－786_24－31－34. fsa	234	233. 82	1 585	15 594	5 138
84	G12_691－786_24－31－34. fsa	240	240. 26	709	6 906	5 235
85	H01_691－786_20－59－21. fsa	229	229. 93	503	5 319	5 180
86	H02_691－786_20－59－21. fsa	212	212. 79	193	2 238	5 017
87	H03_691－786_21－51－08. fsa	236	236. 01	1 343	13 458	5 161
88	H04_691－786_21－51－09. fsa	236	235. 14	1 795	15 030	4 847
89	H05_691－786_22－31－16. fsa	240	240. 32	153	2 488	5 234
90	H06_691－786_22－31－16. fsa	248	248. 85	120	1 268	5 408
91	H07_691－786_23－11－23. fsa	248	248. 75	576	5 946	5 345

（续）

资源序号	样本名 （sample file name）	等位基因位点 （allele，bp）	大小 （size，bp）	高度 （height，RFU）	面积 （area，RFU）	数据取值点 （data point，RFU）
92	H08_691-786_23-11-23.fsa	210	210.5	1 555	16 131	4 923
93	H09_691-786_23-51-28.fsa	212	212.64	2 271	27 281	4 914
94	H10_691-786_23-51-28.fsa	231	231.86	495	5 081	5 225
95	H11_691-786_24-31-34.fsa	231	231.89	980	10 402	5 182
96	H12_691-786_24-31-34.fsa	234	234.01	335	3 427	5 270
97	A01_787-882_01-11-43.fsa	248	248.53	5 216	55 419	5 157
98	A02_787-882_01-11-43.fsa	234	233.75	5 011	48 394	5 198
99	A03_787-882_01-52-15.fsa	225	225.25	5 040	46 820	4 986
100	A04_787-882_01-52-15.fsa	248	248.55	2 364	22 772	5 389
101	A05_787-882_02-32-21.fsa	246	246.42	2 665	24 805	5 260
102	A06_787-882_02-32-21.fsa	212	212.36	7 245	90 284	4 929
103	A07_787-882_03-12-27.fsa	212	212.74	7 651	104 849	4 845
104	A08_787-882_03-12-27.fsa	212	212.1	332	2 932	4 644
105	A09_787-882_03-52-30.fsa	236	235.93	7 349	73 983	5 152
106	A10_787-882_03-52-30.fsa	236	235.91	1 199	11 665	5 261
107	A11_787-882_04-32-34.fsa	248	248.66	3 096	28 850	5 327
108	A12_787-882_04-32-34.fsa	212	212.7	7 879	102 066	4 971
109	B01_787-882_01-11-43.fsa	215	215.18	6 208	59 577	4 838
	B01_787-882_01-11-43.fsa	238	238.97	533	5 007	5 158
110	B02_787-882_01-11-43.fsa	212	212.44	6 987	68 700	4 920
111	B03_787-882_01-52-15.fsa	231	231.7	2 874	27 355	5 073
112	B04_787-882_01-52-15.fsa	248	248.5	2 623	25 768	5 399
113	B05_787-882_02-32-21.fsa	225	225.38	1 329	12 493	5 008
	B05_787-882_02-32-21.fsa	240	240.23	708	6 593	5 195

（续）

资源序号	样本名 (sample file name)	等位基因位点 (allele, bp)	大小 (size, bp)	高度 (height, RFU)	面积 (area, RFU)	数据取值点 (data point, RFU)
114	B06_787-882_02-32-21.fsa	238	237.97	5 505	53 409	5 268
115	B07_787-882_03-12-27.fsa	212	212.39	7 316	82 358	4 852
116	B08_787-882_03-12-27.fsa	234	233.81	2 124	20 500	5 224
117	B09_787-882_03-52-30.fsa	229	229.16	6 411	60 970	5 049
118	B10_787-882_03-52-30.fsa	246	246.81	1 402	13 800	5 414
119	B11_787-882_04-32-34.fsa	251	250.7	1 727	16 270	5 366
120	B12_787-882_04-32-34.fsa	227	227.51	4 153	40 946	5 174
121	C01_787-882_01-11-43.fsa	231	231.68	1 432	13 668	5 049
122	C02_787-882_01-11-43.fsa	212	212.39	7 596	85 024	4 910
123	C03_787-882_01-52-15.fsa	240	240.12	1 013	10 728	5 153
124	C04_787-882_01-52-15.fsa	231	231.65	2 867	28 346	5 163
125	C05_787-882_02-32-21.fsa	260	260.03	849	7 921	5 435
126	C06_787-882_02-32-21.fsa	231	231.53	1 213	14 516	5 247
127	C07_787-882_03-12-27.fsa	236	235.98	2 770	26 321	5 127
128	C08_787-882_03-12-27.fsa	212	212.49	2 069	20 799	4 931
129	C09_787-882_03-52-30.fsa	238	238.06	376	3 467	5 168
130	C10_787-882_03-52-30.fsa	212	212.43	7 720	84 474	4 948
131	C11_787-882_04-32-34.fsa	236	235.94	486	4 639	5 156
132	C12_787-882_04-32-34.fsa	231	231.71	4 245	42 579	5 223
133	D01_787-882_01-11-43.fsa	234	233.79	3 722	35 884	5 156
134	D02_787-882_01-11-43.fsa	246	246.41	755	7 445	5 349
135	D03_787-882_01-52-15.fsa	229	229.58	4 142	40 098	5 098
136	D04_787-882_01-52-15.fsa	215	214.62	6 379	63 627	4 919
137	D05_787-882_02-32-21.fsa	229	229.59	855	8 177	5 117

（续）

资源序号	样本名（sample file name）	等位基因位点（allele，bp）	大小（size，bp）	高度（height，RFU）	面积（area，RFU）	数据取值点（data point，RFU）
138	D06_787-882_02-32-21.fsa	234	233.88	78	760	5 194
139	D07_787-882_03-12-27.fsa	231	231.66	5 171	50 241	5 157
140	D08_787-882_03-12-27.fsa	231	231.71	56	545	5 179
141	D09_787-882_03-52-30.fsa	212	212.49	7 811	81 769	4 921
142	D10_787-882_03-52-30.fsa	212	212.56	1 914	19 134	4 942
143	D11_787-882_04-32-34.fsa	212	212.51	7 710	82 380	4 938
144	D12_787-882_04-32-34.fsa	229	229.63	4 250	42 705	5 186
145	E01_787-882_01-11-43.fsa	229	229.57	3 571	34 540	5 112
146	E02_787-882_01-11-43.fsa	212	212.44	7 943	88 867	4 898
147	E03_787-882_01-52-15.fsa	238	238.1	1 232	11 924	5 213
148	E04_787-882_01-52-15.fsa	210	210.41	3 151	30 973	4 866
149	E05_787-882_02-32-21.fsa	238	238.06	3 035	29 620	5 230
150	E06_787-882_02-32-21.fsa	240	240.17	687	6 879	5 276
151	E07_787-882_03-12-27.fsa	251	252.65	994	9 720	5 425
152	E08_787-882_03-12-27.fsa	238	238.04	1 841	18 079	5 261
153	E09_787-882_03-52-30.fsa	999				
154	E10_787-882_03-52-30.fsa	248	248.73	1 372	13 747	5 423
155	E11_787-882_04-32-34.fsa	246	246.59	113	1 102	5 374
156	E12_787-882_04-32-34.fsa	212	212.51	6 647	66 718	4 952
157	F01_787-882_01-11-43.fsa	236	235.92	683	6 750	5 171
158	F02_787-882_01-11-43.fsa	231	231.69	2 906	28 950	5 130
159	F03_787-882_01-52-15.fsa	234	233.8	2 828	27 805	5 125
160	F04_787-882_01-52-15.fsa	234	233.85	1 288	12 677	5 149
161	F05_787-882_02-32-21.fsa	234	233.85	3 170	31 413	5 142

（续）

资源序号	样本名（sample file name）	等位基因位点（allele，bp）	大小（size，bp）	高度（height，RFU）	面积（area，RFU）	数据取值点（data point，RFU）
162	F06_787-882_02-32-21.fsa	234	233.86	1 795	17 802	5 163
163	F07_787-882_03-12-27.fsa	234	233.91	2 807	27 705	5 155
164	F08_787-882_03-12-27.fsa	227	227.51	627	6 143	5 092
	F08_787-882_03-12-27.fsa	236	236.05	755	7 406	5 204
165	F09_787-882_03-52-30.fsa	227	227.47	3 480	34 453	5 087
166	F10_787-882_03-52-30.fsa	240	240.22	515	5 186	5 278
167	F11_787-882_04-32-34.fsa	210	210.5	2 814	27 612	4 881
168	F12_787-882_04-32-34.fsa	246	246.61	863	8 627	5 377
169	G01_787-882_01-11-43.fsa	238	238.14	1 540	15 130	5 205
170	G02_787-882_01-11-43.fsa	238	238.12	1 420	14 244	5 212
171	G03_787-882_01-52-15.fsa	240	240.28	2 058	20 393	5 231
172	G04_787-882_01-52-15.fsa	229	229.64	1 106	11 014	5 098
173	G05_787-882_02-32-21.fsa	231	231.89	519	4 989	5 132
	G05_787-882_02-32-21.fsa	238	238.24	591	5 715	5 213
174	G06_787-882_02-32-21.fsa	238	238.16	2 032	20 300	5 226
175	G07_787-882_03-12-27.fsa	210	210.41	7 580	77 581	4 872
176	G08_787-882_03-12-27.fsa	234	233.98	1 069	10 319	5 186
177	G09_787-882_03-52-30.fsa	212	212.59	2 836	28 114	4 913
	G09_787-882_03-52-30.fsa	229	229.74	419	4 042	5 133
177	G10_787-882_03-52-30.fsa	240	240.36	900	9 140	5 282
178	G11_787-882_04-32-34.fsa	231	231.86	1 825	18 012	5 174
179	G12_787-882_04-32-34.fsa	236	236.14	1 342	13 332	5 244
180	H01_787-882_01-11-43.fsa	234	234.02	786	7 898	5 211
	H01_787-882_01-11-43.fsa	246	246.76	212	2 105	5 376

（续）

资源序号	样本名（sample file name）	等位基因位点（allele，bp）	大小（size，bp）	高度（height，RFU）	面积（area，RFU）	数据取值点（data point，RFU）
182	H02_787-882_01-11-43.fsa	238	238.21	1 320	13 300	5 340
183	H03_787-882_01-52-15.fsa	212	212.56	3 939	39 790	4 925
184	H04_787-882_01-52-15.fsa	236	236.16	1 111	11 379	5 309
185	H05_787-882_02-32-21.fsa	246	245.85	328	3 601	5 385
186	H06_787-882_02-32-21.fsa	227	227.67	1 332	13 557	5 209
187	H07_787-882_03-12-27.fsa	212	212.59	6 337	63 950	4 945
188	H08_787-882_03-12-27.fsa	234	234.02	393	5 161	5 330
189	H09_787-882_03-52-30.fsa	234	234.07	1 343	13 896	5 266
190	H10_787-882_03-52-30.fsa	212	212.71	1 112	11 212	5 041
191	H11_787-882_03-52-31.fsa	240	239.26	620	5 467	4 866
192	H12_787-882_04-32-34.fsa	248	249.03	785	8 059	5 540

26 Sat_112

资源序号	样本名 (sample file name)	等位基因位点 (allele, bp)	大小 (size, bp)	高度 (height, RFU)	面积 (area, RFU)	数据取值点 (data point, RFU)
1	A01_691-786_13-57-19.fsa	323	324.74	7 634	101 601	5 785
2	A02_691-786_13-57-19.fsa	311	311.6	1 521	21 504	6 914
3	A03_691-786_13-57-20.fsa	346	345.76	5 686	62 519	5 983
4	A04_691-786_13-57-20.fsa	335	335.14	290	3 657	6 877
5	A05_691-786_13-57-21.fsa	339	339.57	5 522	56 539	6 010
6	A06_691-786_13-57-21.fsa	335	335.23	647	6 689	5 561
7	A07_691-786_13-57-22.fsa	342	342.18	334	4 456	6 352
8	A08_691-786_13-57-22.fsa	342	342.19	4 775	40 613	5 961
9	A09_691-786_13-57-23.fsa	344	343.88	5 155	52 949	6 041
10	A10_691-786_13-57-23.fsa	335	335.2	140	1 691	7 063
11	A11_691-786_13-57-24.fsa	325	325.75	5 306	49 611	5 857
12	A12_691-786_13-57-24.fsa	342	342.17	2 517	26 754	5 631
13	B01_691-786_11-03-56.fsa	311	311.7	1 392	19 010	6 860
14	B02_691-786_11-03-56.fsa	323	323.89	350	3 645	5 922
15	B03_691-786_11-03-57.fsa	350	349.41	4 410	37 159	6 020
16	B04_691-786_11-56-40.fsa	330	330.21	200	2 672	7 149
17	B05_691-786_12-36-56.fsa	330	330.1	298	4 152	6 835
18	B06_691-786_12-36-56.fsa	335	335.21	235	2 796	7 147
19	B07_691-786_13-17-12.fsa	323	323.83	832	11 610	6 708
20	B08_691-786_13-17-12.fsa	346	346.44	203	1 524	6 458
21	B09_691-786_13-17-12.fsa	323	324.44	2 404	24 487	5 550
22	B10_691-786_13-17-12.fsa	342	342.11	1 644	19 587	6 123

（续）

资源序号	样本名（sample file name）	等位基因位点（allele，bp）	大小（size，bp）	高度（height，RFU）	面积（area，RFU）	数据取值点（data point，RFU）
23	B11_691-786_13-17-13.fsa	332	333.88	4 011	45 162	5 974
24	B12_691-786_13-17-13.fsa	346	345.59	6 632	88 308	6 025
25	C01_691-786_11-03-56.fsa	323	324.37	344	4 724	7 029
26	C02_691-786_11-03-57.fsa	346	346.57	5 251	53 606	6 127
27	C03_691-786_11-56-40.fsa	323	323.97	444	5 624	6 759
28	C04_691-786_11-56-40.fsa	346	346.43	101	1 364	7 379
29	C05_691-786_12-36-56.fsa	346	346.44	116	1 344	7 025
30	C06_691-786_12-36-56.fsa	325	326.04	665	8 775	6 971
31	C07_691-786_12-36-57.fsa	323	322.58	8 065	103 517	5 759
32	C08_691-786_13-17-12.fsa	346	346.43	1 011	7 564	6 921
33	C09_691-786_13-17-12.fsa	346	346.32	305	3 726	6 154
34	C10_691-786_13-17-12.fsa	342	342.17	335	3 859	6 021
35	C11_691-786_13-17-13.fsa	298	298.65	505	5 671	6 583
	C11_691-786_13-17-13.fsa	323	323.84	1 162	17 919	6 741
36	C12_691-786_14-37-35.fsa	325	325.86	260	3 296	6 855
37	D01_691-786_11-03-56.fsa	346	346.63	1 787	21 828	7 592
38	D02_691-786_11-03-56.fsa	323				
39	D03_691-786_11-56-40.fsa	323	324.29	569	6 678	6 942
	D03_691-786_11-56-40.fsa	346	347.33	2 534	36 657	7 307
40	D04_691-786_11-56-40.fsa	346	346.52	269	3 568	7 361
41	D05_691-786_11-56-41.fsa	339	339.38	4 472	48 907	5 923
42	D06_691-786_11-56-41.fsa	346	346.47	2 251	28 594	6 743
43	D07_691-786_13-17-12.fsa	342	342.92	511	5 700	7 092
44	D08_691-786_13-17-12.fsa	311	310.3	441	5 075	6 672
	D08_691-786_13-17-12.fsa	335	335.1	3 549	51 651	7 041

（续）

资源序号	样本名（sample file name）	等位基因位点（allele，bp）	大小（size，bp）	高度（height，RFU）	面积（area，RFU）	数据取值点（data point，RFU）
45	D09_691-786_13-57-23.fsa	300	300.59	757	8 158	6 448
	D09_691-786_13-57-23.fsa	325	325.88	2 186	27 988	6 802
46	D10_691-786_13-57-23.fsa	300	300.57	314	3 630	6 507
	D10_691-786_13-57-23.fsa	325	325.92	786	10 628	6 874
47	D11_691-786_14-37-35.fsa	300	300.45	254	2 737	6 390
	D11_691-786_14-37-35.fsa	325	325.77	1 006	12 248	6 734
48	D12_691-786_14-37-35.fsa	323	323.86	535	5 913	5 912
49	E01_691-786_11-03-56.fsa	323	324.47	314	4 381	7 202
50	E02_691-786_11-03-56.fsa	323	323.91	1 611	21 410	5 658
51	E03_691-786_11-56-40.fsa	325	326.14	152	2 391	6 983
52	E04_691-786_11-56-40.fsa	323	323.99	1 115	17 915	6 950
53	E05_691-786_12-36-56.fsa	346	346.33	744	11 535	6 584
54	E06_691-786_12-36-56.fsa	335	335.25	383	5 443	7 052
55	E07_691-786_13-17-12.fsa	342	342.88	305	3 360	7 113
56	E08_691-786_13-17-12.fsa	298	298.66	400	4 896	6 477
	E08_691-786_13-17-12.fsa	323	323.92	1 380	18 782	6 844
57	E09_691-786_13-17-13.fsa	323	323.84	772	7 685	5 549
58	E10_691-786_13-17-13.fsa	339	340.08	1 481	14 769	5 906
59	E11_691-786_14-37-35.fsa	342	342.77	850	9 122	6 444
60	E12_691-786_14-37-35.fsa	323	323.86	1 059	12 356	6 432
61	F01_691-786_12-36-54.fsa	346	346.17	2 155	25 679	6 674
62	F02_691-786_12-36-54.fsa	323	324.71	1 745	22 220	5 773
63	F03_691-786_12-36-55.fsa	335	334.03	534	6 015	5 951
64	F04_691-786_12-36-55.fsa	332	332.99	654	7 521	6 624

（续）

资源序号	样本名（sample file name）	等位基因位点（allele，bp）	大小（size，bp）	高度（height，RFU）	面积（area，RFU）	数据取值点（data point，RFU）
65	F05_691-786_12-36-56.fsa	300	300.74	713	7 874	6 422
	F05_691-786_12-36-56.fsa	325	325.94	2 195	29 509	6 773
66	F06_691-786_12-36-56.fsa	342	342.98	148	2 047	7 112
67	F07_691-786_13-17-12.fsa	346	346.44	310	3 464	7 078
68	F08_691-786_13-17-12.fsa	328	328.13	367	4 566	6 923
69	F09_691-786_13-17-13.fsa	311	311.65	1 412	15 299	6 853
70	F10_691-786_13-57-23.fsa	346	346.45	285	3 474	7 102
71	F11_691-786_14-37-35.fsa	298	298.56	548	6 247	6 327
	F11_691-786_14-37-35.fsa	323	323.78	1 703	23 609	6 670
72	F12_691-786_14-37-35.fsa	300	300.59	322	3 672	6 421
	F12_691-786_14-37-35.fsa	325	325.93	1 082	17 522	6 776
73	G01_691-786_11-03-56.fsa	335	335.79	307	4 157	7 320
74	G02_691-786_11-03-56.fsa	323	323.67	1 544	16 845	6 714
75	G03_691-786_11-03-57.fsa	344	343.84	257	2 367	5 946
76	G04_691-786_11-03-58.fsa	346	346.48	5 817	78 970	6 046
77	G05_691-786_11-03-59.fsa	999				
78	G06_691-786_11-03-59.fsa	339	340	1 595	16 675	5 966
79	G07_691-786_13-17-12.fsa	342	342.75	545	5 788	5 924
	G07_691-786_13-17-12.fsa	346	346.44	302	3 558	6 844
80	G08_691-786_13-17-12.fsa	323	323.55	714	7 211	6 359
81	G09_691-786_11-03-60.fsa	298	298.04	3 474	31 730	5 531
	G09_691-786_11-03-61.fsa	323	322.58	7 740	145 609	5 817
82	G10_691-786_13-57-23.fsa	323	323.99	185	3 117	6 764
83	G11_691-786_14-37-35.fsa	323	323.71	1 440	23 133	6 649

（续）

资源序号	样本名 （sample file name）	等位基因位点 （allele，bp）	大小 （size，bp）	高度 （height，RFU）	面积 （area，RFU）	数据取值点 （data point，RFU）
84	G12_691-786_14-37-35.fsa	342	342.84	345	4 397	6 991
85	H01_691-786_11-56-38.fsa	342	341.86	5 474	59 395	6 033
86	H02_691-786_11-56-39.fsa	346	346.38	6 813	109 321	6 105
87	H03_691-786_11-56-40.fsa	346	345.75	43	619	7 268
88	H04_691-786_11-56-40.fsa	999				
89	H05_691-786_12-36-56.fsa	325	326.15	462	7 858	6 890
90	H06_691-786_12-36-56.fsa	346	346.33	5 574	59 241	5 915
91	H07_691-786_13-17-12.fsa	335	335.29	365	5 017	6 981
92	H08_691-786_13-17-12.fsa	999				
93	H09_691-786_13-57-23.fsa	287	287.43	791	8 930	6 262
	H09_691-786_13-57-23.fsa	311	311.35	2 858	51 580	6 614
94	H10_691-786_13-57-23.fsa	300	300.72	220	2 593	6 620
	H10_691-786_13-57-23.fsa	325	326.07	863	14 875	6 982
95	H11_691-786_14-37-35.fsa	323	323.67	1 169	26 580	6 872
96	H12_691-786_14-37-35.fsa	300	300.66	209	2 379	6 568
	H12_691-786_14-37-35.fsa	325	325.96	723	10 168	6 921
97	A01_787-882_15-17-44.fsa	323	323.57	556	14 253	6 872
98	A02_787-882_15-17-44.fsa	346	346.39	634	6 974	7 021
99	A03_787-882_15-57-51.fsa	311	311.12	196	2 414	6 345
100	A04_787-882_15-57-51.fsa	335	334.99	1 181	13 367	6 846
101	A05_787-882_15-17-44.fsa	335	333.63	4 101	44 803	5 623
102	A06_787-882_16-37-57.fsa	342	342.75	1 020	11 015	6 986
103	A07_787-882_17-18-06.fsa	346	347.2	840	11 497	6 867
104	A08_787-882_15-17-44.fsa	342	343.6	4 503	41 112	5 710

（续）

资源序号	样本名 (sample file name)	等位基因位点 (allele, bp)	大小 (size, bp)	高度 (height, RFU)	面积 (area, RFU)	数据取值点 (data point, RFU)
105	A09_787-882_17-58-40.fsa	342	342.86	128	1 745	6 866
106	A10_787-882_17-58-41.fsa	339	337.95	3 974	41 404	5 979
107	A11_787-882_18-38-49.fsa	346	347.23	1 344	15 293	6 880
108	A12_787-882_18-38-49.fsa	342	342.81	1 631	18 175	7 027
109	B01_787-882_15-17-44.fsa	346	347.04	146	2 139	6 847
110	B02_787-882_15-17-44.fsa	346	347.08	6 745	84 188	7 074
111	B03_787-882_15-57-51.fsa	311	310.99	8 246	123 443	6 349
112	B04_787-882_15-57-51.fsa	325	325.63	7 768	123 894	6 745
113	B05_787-882_16-37-57.fsa	323	323.84	7 065	86 938	6 499
114	B06_787-882_16-37-57.fsa	346	346.33	2 168	23 261	7 044
115	B07_787-882_16-37-58.fsa	346	346.48	6 862	72 112	6 048
116	B08_787-882_17-18-06.fsa	323	323.74	480	5 907	6 749
117	B09_787-882_17-58-40.fsa	325	325.69	7 457	108 724	6 593
118	B10_787-882_17-58-40.fsa	339	339.28	1 881	22 194	7 081
119	B11_787-882_18-38-49.fsa	325	325.71	348	4 593	6 595
	B11_787-882_18-38-49.fsa	346	347.17	56	653	6 893
120	B12_787-882_15-17-44.fsa	323	324.47	4 018	41 406	5 537
	B12_787-882_18-38-49.fsa	325	325.69	7 564	105 223	6 821
121	C01_787-882_15-17-44.fsa	311	311.1	8 149	75 138	6 349
122	C02_787-882_15-17-44.fsa	311	311.12	8 011	77 874	6 563
123	C03_787-882_15-57-51.fsa	346	347.17	1 420	16 194	6 831
124	C04_787-882_15-17-44.fsa	323	324.31	7 692	85 984	5 540
	C04_787-882_15-57-51.fsa	325	325.82	879	10 785	6 756
125	C05_787-882_16-37-57.fsa	342	343.55	2 074	23 595	6 772

（续）

资源序号	样本名（sample file name）	等位基因位点（allele，bp）	大小（size，bp）	高度（height，RFU）	面积（area，RFU）	数据取值点（data point，RFU）
126	C06_787-882_16-37-57. fsa	342	342. 73	1 192	13 054	7 027
127	C07_787-882_17-18-06. fsa	350	349. 8	976	11 889	6 918
128	C08_787-882_17-18-06. fsa	346	347. 19	1 069	12 178	7 108
129	C09_787-882_17-58-40. fsa	346	346. 31	2 864	31 688	6 866
130	C10_787-882_15-17-44. fsa	339	339. 11	1 938	22 255	7 034
	C10_787-882_17-58-40. fsa	342	340	1 213	11 916	5 757
131	C11_787-882_15-17-44. fsa	323	324. 11	7 869	111 452	5 577
	C11_787-882_18-38-49. fsa	325	325. 64	7 680	107 142	6 585
132	C12_787-882_15-17-44. fsa	311	310. 03	8 318	112 146	5 404
133	D01_787-882_15-17-44. fsa	346	345. 64	747	6 649	5 799
134	D02_787-882_15-17-44. fsa	325	325. 55	7 563	116 570	6 741
135	D03_787-882_15-57-51. fsa	342	342. 72	2 553	26 633	6 879
136	D04_787-882_15-57-51. fsa	335	335. 76	6 590	110 284	5 941
137	D05_787-882_16-37-57. fsa	342	342. 83	311	3 579	6 879
138	D06_787-882_16-37-57. fsa	323	323. 48	7 221	92 755	6 699
139	D07_787-882_17-18-06. fsa	342	342. 81	269	2 935	6 946
140	D08_787-882_17-18-06. fsa	325	325. 76	811	10 184	6 782
141	D09_787-882_17-58-40. fsa	346	347. 18	1 087	16 090	7 025
142	D10_787-882_17-58-40. fsa	346	346. 34	792	9 431	7 098
143	D11_787-882_18-38-49. fsa	339	339. 06	1 573	16 525	6 908
144	D12_787-882_18-38-49. fsa	348	348. 75	2 145	30 238	7 200
145	E01_787-882_15-17-44. fsa	348	349. 01	673	7 838	6 943
146	E02_787-882_15-17-44. fsa	342	342. 79	148	1 600	7 021

（续）

资源序号	样本名 （sample file name）	等位基因位点 （allele，bp）	大小 （size，bp）	高度 （height，RFU）	面积 （area，RFU）	数据取值点 （data point，RFU）
147	E03_787－882_15－57－51. fsa	346	347. 17	3 204	37 559	6 913
148	E04_787－882_15－57－51. fsa	325	325. 84	488	6 392	6 728
149	E05_787－882_16－37－57. fsa	335	334. 94	3 343	38 668	6 731
150	E06_787－882_16－37－57. fsa	346	346. 35	334	4 057	7 028
151	E07_787－882_17－18－06. fsa	339	339. 12	168	1 848	6 845
152	E08_787－882_17－18－06. fsa	346	347. 16	4 027	48 455	7 074
153	E09_787－882_17－58－40. fsa	348	348. 96	1 300	16 082	6 990
154	E10_787－882_17－58－40. fsa	325	325. 7	5 544	77 314	6 780
155	E11_787－882_18－38－49. fsa	325	325. 66	6 738	84 466	6 676
156	E12_787－882_18－38－49. fsa	342	342. 76	1 534	18 385	7 047
157	F01_787－882_15－17－44. fsa	346	346. 36	345	4 309	6 928
158	F02_787－882_15－17－44. fsa	350	350. 78	910	11 032	7 058
159	F03_787－882_15－57－51. fsa	323	323. 61	786	9 638	6 611
	F03_787－882_15－57－51. fsa	335	335. 04	350	4 471	6 766
160	F04_787－882_15－57－51. fsa	339	339. 22	155	1 815	6 889
161	F05_787－882_16－37－57. fsa	325	325. 65	4 695	59 116	6 615
162	F06_787－882_16－37－57. fsa	325	325. 81	1 648	20 949	6 671
163	F07_787－882_17－18－06. fsa	311	310. 96	7 776	103 505	6 453
164	F08_787－882_17－18－06. fsa	325	325. 75	2 777	31 396	6 701
165	F09_787－882_17－58－40. fsa	323	323. 53	7 153	94 325	6 670
166	F10_787－882_17－58－40. fsa	335	335. 98	52	749	6 892
	F10_787－882_17－58－40. fsa	346	347. 34	47	668	7 067
167	F11_787－882_18－38－49. fsa	328	327. 84	2 272	30 662	6 705

（续）

资源序号	样本名（sample file name）	等位基因位点（allele，bp）	大小（size，bp）	高度（height，RFU）	面积（area，RFU）	数据取值点（data point，RFU）
168	F12_787-882_18-38-49.fsa	323	323.7	1 595	19 772	6 706
	F12_787-882_18-38-49.fsa	335	335.08	536	6 533	6 866
169	G01_787-882_15-17-44.fsa	335	335.08	991	12 144	6 725
170	G02_787-882_15-17-44.fsa	332	332.87	1 016	13 511	6 673
171	G03_787-882_15-57-51.fsa	346	347.23	1 417	16 961	6 897
172	G04_787-882_15-57-51.fsa	335	335.07	316	3 784	6 783
173	G05_787-882_16-37-57.fsa	335	335.06	261	3 068	6 719
174	G06_787-882_16-37-58.fsa	342	341.67	7 230	86 665	6 042
175	G07_787-882_17-18-06.fsa	346	346.36	875	10 064	6 914
176	G08_787-882_17-18-06.fsa	346	346.35	1 486	17 613	6 992
177	G09_787-882_17-58-40.fsa	325	325.72	4 836	54 307	6 651
178	G10_787-882_17-58-40.fsa	335	335.13	198	2 356	6 842
179	G11_787-882_18-38-49.fsa	311	311.17	257	3 481	6 511
	G11_787-882_18-38-49.fsa	323	323.83	81	1 120	6 678
180	G12_787-882_18-38-49.fsa	348	349.06	1 177	14 570	7 058
181	H01_787-882_15-17-44.fsa	325	325.87	1 715	19 572	6 704
182	H02_787-882_15-17-44.fsa	339	339.29	183	2 016	7 002
183	H03_787-882_15-17-45.fsa	344	343.91	1 048	9 726	6 051
184	H04_787-882_15-57-51.fsa	348	349.06	1 119	14 071	7 150
185	H05_787-882_16-37-57.fsa	325	325.91	961	12 840	6 692
186	H06_787-882_16-37-57.fsa	323	323.88	183	2 675	6 778
	H06_787-882_16-37-57.fsa	342	342.03	280	3 697	7 033
187	H07_787-882_17-18-06.fsa	346	346.45	299	3 464	7 014

（续）

资源序号	样本名（sample file name）	等位基因位点（allele，bp）	大小（size，bp）	高度（height，RFU）	面积（area，RFU）	数据取值点（data point，RFU）
188	H08_787-882_17-18-06.fsa	325	325.81	3 594	48 714	6 837
189	H09_787-882_17-58-40.fsa	325	325.58	6 963	94 267	6 741
190	H10_787-882_17-58-40.fsa	342	342.92	335	4 450	7 142
191	H11_787-882_18-38-49.fsa	348	348.18	304	3 356	7 083
192	H12_787-882_18-38-49.fsa	325	326.1	535	6 829	6 885

27 Satt193

资源序号	样本名 (sample file name)	等位基因位点 (allele, bp)	大小 (size, bp)	高度 (height, RFU)	面积 (area, RFU)	数据取值点 (data point, RFU)
1	A01_691_11-19-00.fsa	213	213.11	1 012	5 877	5 521
2	A02_691_11-19-00.fsa	258	258.83	134	1 845	5 265
3	A03_691_11-19-01.fsa	230	229.89	133	1 482	5 134
4	A04_691_11-19-02.fsa	233	233.43	533	5 769	5 379
5	A05_691_11-59-19.fsa	233	233.44	1 126	7 768	5 276
6	A06_691_11-59-19.fsa	261	260.85	293	3 209	5 712
7	A07_691_11-59-20.fsa	258	259.13	49	717	5 302
8	A08_691_11-59-20.fsa	249	248.48	3 089	13 453	5 508
9	A09_691_13-19-41.fsa	233	233.41	87	846	5 146
10	A10_691_13-19-41.fsa	230	230.07	1 515	14 722	5 228
11	A11_691_13-59-51.fsa	236	236.52	906	8 664	5 170
12	A12_691_13-59-51.fsa	258	257.85	539	5 816	5 589
13	B01_691_11-19-00.fsa	252	252.02	1 454	7 923	5 307
14	B02_691_11-19-00.fsa	233	233.31	1 743	12 564	5 127
15	B03_691_11-19-01.fsa	999				
16	B04_691_11-19-02.fsa	999				
17	B05_691_11-59-19.fsa	236	235.81	105	1 663	5 284
18	B06_691_11-59-19.fsa	255	253.99	6 905	100 625	4 623
19	B07_691_12-39-31.fsa	258	257.87	1 753	17 900	5 512
20	B08_691_12-39-31.fsa	249	249.34	390	4 164	5 529
21	B09_691_12-39-32.fsa	236	235.74	149	1 516	4 974
	B09_691_12-39-33.fsa	258	259.09	135	2 013	5 277

（续）

资源序号	样本名 （sample file name）	等位基因位点 （allele，bp）	大小 （size，bp）	高度 （height，RFU）	面积 （area，RFU）	数据取值点 （data point，RFU）
22	B10 _691 _13 - 19 - 41. fsa	258	258. 01	7 592	105 166	5 634
23	B11 _691 _13 - 59 - 51. fsa	230	229. 14	6 748	90 073	4 334
24	B12 _691 _13 - 59 - 51. fsa	230	229. 19	7 406	85 598	4 342
25	C01 _691 _10 - 25 - 26. fsa	242	243. 46	4 633	55 879	5 636
26	C02 _691 _10 - 25 - 26. fsa	255	254. 06	4 153	12 580	5 587
27	C03 _691 _11 - 19 - 02. fsa	236	236. 69	1 117	11 529	5 301
28	C04 _691 _11 - 19 - 02. fsa	236	236. 68	2 355	26 447	5 440
29	C05 _691 _11 - 59 - 19. fsa	249	249. 38	389	4 006	5 408
30	C06 _691 _11 - 59 - 19. fsa	236	236. 59	631	7 699	5 377
31	C07 _691 _12 - 39 - 31. fsa	239	239. 72	2 193	21 043	5 257
	C07 _691 _12 - 39 - 31. fsa	258	258. 11	7 870	108 473	5 508
32	C08 _691 _12 - 39 - 32. fsa	249	248. 38	1 968	20 167	5 152
33	C09 _691 _13 - 19 - 41. fsa	230	230. 09	1 269	12 641	5 112
34	C10 _691 _13 - 19 - 41. fsa	230	230. 01	1 572	16 811	5 236
	C10 _691 _13 - 19 - 41. fsa	249	248. 91	7 912	112 575	5 496
35	C11 _691 _13 - 59 - 51. fsa	236	236. 41	6 771	69 160	5 177
36	C12 _691 _13 - 59 - 51. fsa	236	236. 48	1 440	15 774	5 306
37	D01 _691 _10 - 25 - 26. fsa	249	248. 88	3 356	34 501	5 512
38	D02 _691 _10 - 25 - 26. fsa	233	233. 79	1 422	17 509	5 626
39	D03 _691 _11 - 19 - 01. fsa	249	248. 29	633	6 559	5 137
40	D04 _691 _11 - 19 - 02. fsa	233	233. 54	374	4 844	5 377
	D04 _691 _11 - 19 - 02. fsa	249	249. 57	505	5 745	5 600
41	D05 _691 _11 - 59 - 19. fsa	233	233. 51	756	8 823	5 561
42	D06 _691 _11 - 59 - 19. fsa	213	213. 13	1 211	5 945	5 526
	D06 _691 _11 - 59 - 19. fsa	230	230. 04	1 722	15 453	5 344

（续）

资源序号	样本名（sample file name）	等位基因位点（allele，bp）	大小（size，bp）	高度（height，RFU）	面积（area，RFU）	数据取值点（data point，RFU）
43	D07_691_12-39-31.fsa	249	248.19	1 521	14 265	5 289
44	D08_691_12-39-31.fsa	249	249.34	762	8 435	5 503
45	D09_691_13-19-41.fsa	236	236.53	859	8 635	5 270
46	D10_691_13-19-41.fsa	236	236.53	589	6 494	5 304
47	D11_691_13-59-51.fsa	236	236.52	489	4 828	5 252
48	D12_691_13-59-52.fsa	252	251.77	105	1 178	5 477
49	E01_691_11-19-00.fsa	233	233.54	1 126	14 528	5 513
50	E02_691_11-19-00.fsa	236	235.9	177	1 802	5 056
51	E03_691_11-19-01.fsa	236	235.9	111	1 150	5 017
52	E04_691_11-19-02.fsa	249	249.49	4 740	54 773	5 578
53	E05_691_11-59-19.fsa	249	249.46	3 081	32 051	5 469
54	E06_691_11-59-19.fsa	236	235.87	458	5 874	5 547
55	E07_691_12-39-31.fsa	236	235.68	722	8 762	5 214
56	E08_691_12-39-31.fsa	236	236.74	7 871	115 936	5 316
57	E09_691_13-19-41.fsa	236	236.55	5 563	62 418	5 544
58	E10_691_13-19-41.fsa	999				
59	E11_691_13-59-51.fsa	258	257.79	167	1 802	5 520
60	E12_691_13-59-51.fsa	236	236.54	7 301	92 485	5 256
61	F01_691_10-25-26.fsa	230	230.62	1 369	15 972	5 494
62	F02_691_10-25-27.fsa	230	229.5	169	1 747	4 897
63	F03_691_11-19-02.fsa	233	233.54	2 104	22 503	5 176
64	F04_691_11-19-02.fsa	233	233.56	1 702	18 568	5 310
65	F05_691_11-59-19.fsa	236	236.59	7 400	83 003	5 270
66	F06_691_11-59-19.fsa	233	233.4	2 950	32 723	5 253

（续）

资源序号	样本名（sample file name）	等位基因位点（allele，bp）	大小（size，bp）	高度（height，RFU）	面积（area，RFU）	数据取值点（data point，RFU）
67	F07_691_12-39-31.fsa	230	229.98	7 785	106 575	5 157
68	F08_691_12-39-31.fsa	236	236.62	947	11 030	5 269
69	F09_691_13-19-41.fsa	230	230.12	2 206	23 197	5 137
70	F10_691_13-19-41.fsa	249	249.32	2 325	27 161	5 413
71	F11_691_13-59-51.fsa	249	249.61	7 670	119 148	5 372
72	F12_691_13-59-51.fsa	242	242.92	697	7 971	5 314
73	G01_691_10-25-26.fsa	233	233.97	3 324	40 550	5 529
	G01_691_10-25-26.fsa	249	250.07	1 099	13 344	5 747
74	G02_691_10-25-26.fsa	236	237.24	1 005	11 980	5 578
75	G03_691_11-19-02.fsa	230	230.34	1 710	18 559	5 238
76	G04_691_11-19-03.fsa	230	229.46	143	1 404	4 905
77	G05_691_11-59-19.fsa	230	230.26	1 466	16 518	5 182
78	G06_691_11-59-19.fsa	258	258.1	56	632	5 581
79	G07_691_12-39-31.fsa	230	230.39	7 879	107 061	5 160
80	G08_691_12-39-31.fsa	233	233.48	1 270	13 815	5 219
81	G09_691_12-39-32.fsa	236	235.72	591	6 344	4 973
82	G10_691_13-19-41.fsa	236	236.58	6 647	73 757	5 236
83	G11_691_13-59-51.fsa	236	236.56	7 952	92 736	5 200
84	G12_691_13-59-51.fsa	226	226.98	4 739	52 419	5 096
85	H01_691_11-19-01.fsa	233	232.55	119	1 229	4 932
86	H02_691_11-19-01.fsa	249	248.75	3 800	41 514	5 167
87	H03_691_11-19-02.fsa	230	230.36	7 042	81 334	5 296
88	H04_691_11-19-02.fsa	230	230.45	518	6 153	5 391
89	H05_691_11-59-19.fsa	230	230.33	3 289	36 157	5 239

（续）

资源序号	样本名（sample file name）	等位基因位点（allele，bp）	大小（size，bp）	高度（height，RFU）	面积（area，RFU）	数据取值点（data point，RFU）
90	H06_691_11-59-19.fsa	236	236.79	1 195	14 572	5 418
91	H07_691_12-39-31.fsa	236	236.82	8 203	106 166	5 298
92	H08_691_12-39-31.fsa	249	249.62	286	3 262	5 560
93	H09_691_13-19-41.fsa	230	230.3	1 544	18 163	5 192
94	H10_691_13-19-41.fsa	239	239.97	1 803	21 153	5 408
95	H11_691_13-59-51.fsa	236	236.64	3 140	35 213	5 258
96	H12_691_13-59-51.fsa	236	236.71	4 369	50 846	5 346
97	A01_787_14-39-59.fsa	230	230.11	636	6 620	5 073
98	A02_787_14-39-59.fsa	236	236.34	4 358	46 783	5 269
99	A03_787_15-20-05.fsa	239	239.56	7 496	76 911	5 181
100	A04_787_15-20-05.fsa	236	236.24	8 116	101 502	5 260
101	A05_787_16-00-10.fsa	236	236.37	3 182	31 556	5 146
102	A06_787_16-00-10.fsa	249	247.51	8 083	79 463	4 680
103	A07_787_16-40-18.fsa	249	249.13	780	7 822	5 323
104	A08_787_16-40-18.fsa	252	252.02	1 574	16 693	5 502
105	A09_787_17-20-48.fsa	249	248.89	1 307	14 161	5 348
106	A10_787_17-20-48.fsa	230	230.04	3 984	41 825	5 226
107	A11_787_18-00-56.fsa	246	245.71	82	813	5 288
108	A12_787_18-00-56.fsa	249	249.1	3 736	39 710	5 460
109	B01_787_14-39-59.fsa	233	233.21	3 422	34 339	5 124
110	B02_787_14-39-59.fsa	226	226.85	208	2 006	5 155
111	B03_787_15-20-05.fsa	230	228.7	7 911	80 866	4 452
112	B04_787_15-20-05.fsa	213	1 351	6 142	66 757	5 501
	B04_787_15-20-05.fsa	252	252.11	3 716	39 557	5 146

（续）

资源序号	样本名（sample file name）	等位基因位点（allele，bp）	大小（size，bp）	高度（height，RFU）	面积（area，RFU）	数据取值点（data point，RFU）
113	B05_787_16-00-10.fsa	236	235.89	190	2 051	4 999
114	B06_787_16-00-10.fsa	236	236.74	7 606	69 940	5 280
115	B07_787_16-40-18.fsa	246	245.89	7 706	94 210	5 323
116	B08_787_16-40-19.fsa	236	235.83	412	4 433	4 949
117	B09_787_17-20-48.fsa	236	236.32	1 585	15 887	5 198
118	B10_787_17-20-48.fsa	239	239.61	641	6 963	5 367
119	B11_787_18-00-56.fsa	252	251.99	3 865	38 041	5 380
120	B12_787_18-00-56.fsa	249	249.04	3 821	42 511	5 423
121	C01_787_14-39-59.fsa	230	229.95	3 537	34 181	5 079
122	C02_787_14-39-59.fsa	249	249.04	2 698	31 407	5 454
123	C03_787_15-20-05.fsa	233	233.26	3 924	39 685	5 110
124	C04_787_15-20-05.fsa	236	236.34	5 771	62 769	5 267
125	C05_787_16-00-10.fsa	239	239.62	943	9 602	5 195
126	C06_787_16-00-10.fsa	230	230.33	8 067	68 006	5 191
127	C07_787_16-40-18.fsa	249	248.91	7 585	86 620	5 354
128	C08_787_16-40-18.fsa	249	249.12	1 218	13 546	5 465
129	C09_787_17-20-48.fsa	230	229.92	7 953	93 764	5 100
130	C10_787_17-20-48.fsa	246	245.84	1 708	18 462	5 449
131	C11_787_18-00-56.fsa	258	257.73	5 852	59 050	5 451
132	C12_787_18-00-57.fsa	230	229.47	87	847	4 883
133	D01_787_14-39-59.fsa	236	236.33	1 014	12 527	5 561
134	D02_787_14-39-59.fsa	236	236.35	5 548	59 757	5 265
135	D03_787_15-20-05.fsa	249	249.22	892	9 152	5 386
136	D04_787_15-20-05.fsa	230	230.04	2 565	26 818	5 167

（续）

资源序号	样本名（sample file name）	等位基因位点（allele，bp）	大小（size，bp）	高度（height，RFU）	面积（area，RFU）	数据取值点（data point，RFU）
137	D05_787_16-00-10. fsa	236	236. 49	3 528	36 665	5 225
138	D06_787_16-00-10. fsa	242	242. 91	7 884	103 783	5 343
139	D07_787_16-40-18. fsa	226	226. 81	8 055	91 533	5 139
140	D08_787_16-40-18. fsa	236	236. 36	2 075	22 650	5 293
141	D09_787_17-20-48. fsa	246	245. 91	742	7 726	5 374
142	D10_787_17-20-49. fsa	246	245. 28	728	7 760	5 091
143	D11_787_18-00-56. fsa	230	230. 02	467	4 404	5 155
144	D12_787_18-00-56. fsa	249	249. 18	1 272	13 738	5 441
145	E01_787_14-39-59. fsa	258	257. 85	1 242	12 788	5 497
146	E02_787_14-39-59. fsa	246	246. 1	1 253	13 368	5 380
	E02_787_14-39-59. fsa	258	257. 89	1 744	19 058	5 550
147	E03_787_15-20-05. fsa	249	249. 21	7 153	74 221	5 370
148	E04_787_15-20-05. fsa	999				
149	E05_787_16-00-10. fsa	239	239. 66	787	8 072	5 251
150	E06_787_16-00-10. fsa	236	236. 44	5 111	54 275	5 242
151	E07_787_16-40-18. fsa	255	254. 9	2 109	21 444	5 474
152	E08_787_16-40-18. fsa	255	254. 88	2 177	24 519	5 521
153	E09_787_16-40-19. fsa	239	238. 97	230	2 388	5 002
154	E10_787_17-20-48. fsa	236	236. 35	892	9 792	5 281
155	E11_787_18-00-56. fsa	236	236. 38	3 754	38 111	5 235
156	E12_787_18-00-56. fsa	258	257. 75	5 913	66 360	5 557
157	F01_787_14-39-59. fsa	230	230. 03	2 826	28 960	5 107
158	F02_787_14-39-59. fsa	249	249. 31	2 440	26 153	5 378
159	F03_787_15-20-05. fsa	258	257. 79	1 118	11 577	5 462

（续）

资源序号	样本名（sample file name）	等位基因位点（allele，bp）	大小（size，bp）	高度（height，RFU）	面积（area，RFU）	数据取值点（data point，RFU）
160	F04_787_15-20-06. fsa	230	229. 4	281	2 884	4 888
161	F05_787_16-00-10. fsa	236	236. 35	5 060	53 071	5 181
162	F06_787_16-00-10. fsa	236	236. 34	1 210	12 850	5 204
163	F07_787_16-40-18. fsa	236	236. 44	772	8 088	5 215
164	F08_787_16-40-19. fsa	236	236. 32	76	865	5 284
165	F09_787_17-20-48. fsa	239	239. 52	1 781	18 515	5 243
166	F10_787_17-20-48. fsa	249	249. 16	3 105	33 722	5 404
167	F11_787_17-20-49. fsa	249	249. 06	43	489	5 355
168	F12_787_17-20-50. fsa	230	229. 65	82	763	4 947
169	G01_787_14-39-59. fsa	230	230. 13	2 524	26 539	5 105
170	G02_787_14-39-59. fsa	230	230. 1	4 728	50 735	5 122
171	G03_787_15-20-05. fsa	249	249. 2	633	6 591	5 333
172	G04_787_15-20-05. fsa	233	233. 33	395	4 023	5 153
	G04_787_15-20-05. fsa	255	254. 99	471	5 259	5 439
173	G05_787_16-00-10. fsa	233	233. 28	4 747	51 282	5 137
	G05_787_16-00-10. fsa	249	249. 2	1 827	18 848	5 337
174	G06_787_16-00-10. fsa	252	252. 15	2 179	23 751	5 403
175	G07_787_16-40-18. fsa	236	236. 45	3 789	39 308	5 199
176	G08_787_16-40-18. fsa	236	236. 42	796	8 499	5 236
177	G09_787_17-20-48. fsa	233	233. 29	857	8 366	5 177
	G09_787_17-20-48. fsa	255	254. 92	1 078	11 475	5 459
178	G10_787_17-20-48. fsa	230	230. 11	3 958	42 263	5 138
179	G11_787_18-00-56. fsa	230	230. 07	501	5 170	5 113
180	G12_787_18-00-56. fsa	230	230. 08	1 333	14 293	5 126

（续）

资源序号	样本名（sample file name）	等位基因位点（allele，bp）	大小（size，bp）	高度（height，RFU）	面积（area，RFU）	数据取值点（data point，RFU）
181	H01_787_14-39-59.fsa	236	236.65	2 444	26 478	5 242
182	H02_787_14-39-59.fsa	249	249.47	2 664	30 144	5 494
183	H03_787_15-20-05.fsa	246	246.09	3 560	38 974	5 350
184	H04_787_15-20-05.fsa	230	230.14	4 119	44 855	5 229
185	H05_787_16-00-10.fsa	236	236.6	907	9 379	5 232
186	H06_787_16-00-10.fsa	252	252.16	3 055	33 547	5 165
187	H07_787_16-40-18.fsa	249	249.37	511	5 578	5 414
188	H08_787_16-40-18.fsa	233	233.39	561	6 176	5 295
189	H09_787_17-20-48.fsa	236	236.5	295	3 316	5 269
190	H10_787_17-20-48.fsa	249	249.47	259	2 777	5 524
191	H11_787_18-00-56.fsa	230	230.11	2 399	25 483	5 163
192	H12_787_18-00-56.fsa	246	246.19	1 894	21 231	5 456

28 Satt288

资源序号	样本名 (sample file name)	等位基因位点 (allele, bp)	大小 (size, bp)	高度 (height, RFU)	面积 (area, RFU)	数据取值点 (data point, RFU)
1	A01_1_17-27-12.fsa	236	236.35	5 473	66 338	4 866
2	A02_1_17-27-12.fsa	228	228.33	4 644	48 691	4 774
3	A03_1_18-16-07.fsa	249	249.83	1 050	10 404	4 972
4	A04_1_18-16-07.fsa	246	246.53	7 542	116 249	5 031
5	A05_1_18-56-14.fsa	252	252	5 630	50 427	4 980
6	A06_1_18-56-14.fsa	233	232.77	7 306	128 518	4 866
	A06_1_18-56-14.fsa	249	249.92	4 822	51 506	5 084
7	A07_1_19-36-20.fsa	252	252	4 982	45 260	5 007
8	A08_1_19-36-20.fsa	195	195.24	4 722	46 696	4 412
9	A09_1_20-16-24.fsa	246	246.46	7 219	96 137	4 973
	A09_1_20-16-24.fsa	249	249.75	7 193	86 519	5 013
10	A10_1_20-16-24.fsa	246	246.61	5 974	66 625	5 070
11	A11_1_20-56-27.fsa	233	232.69	8 226	141 490	4 790
12	A12_1_20-56-27.fsa	223	223	5 735	58 356	4 718
13	B01_1_17-27-12.fsa	249	249.84	7 534	104 144	5 072
14	B02_1_17-27-12.fsa	236	236.03	487	5 525	4 973
15	B03_1_18-16-07.fsa	246	246.23	7 215	175 319	4 955
16	B04_1_18-16-07.fsa	246	246.57	7 913	150 026	5 034
17	B05_1_18-56-14.fsa	246	246.4	7 227	152 668	4 962
18	B06_1_18-56-14.fsa	246	246.58	3 548	38 954	5 050
19	B07_1_19-36-20.fsa	246	246.58	2 780	29 412	4 988
20	B08_1_19-36-20.fsa	249	249.54	5 080	137 555	5 123

（续）

资源序号	样本名 (sample file name)	等位基因位点 (allele, bp)	大小 (size, bp)	高度 (height, RFU)	面积 (area, RFU)	数据取值点 (data point, RFU)
21	B09 _1 _20 - 16 - 24. fsa	246	246. 22	6 869	175 173	4 985
22	B10 _1 _20 - 16 - 24. fsa	246	246. 53	8 389	146 923	5 097
23	B11 _1 _20 - 56 - 27. fsa	249	249. 32	6 760	155 838	4 975
24	B12 _1 _20 - 56 - 27. fsa	249	250. 65	2 282	27 425	5 596
25	C01 _1 _17 - 27 - 12. fsa	233	232. 99	5 589	91 550	4 820
26	C02 _1 _17 - 27 - 12. fsa	233	232. 8	8 085	136 978	4 928
27	C03 _1 _18 - 16 - 07. fsa	243	243. 2	6 520	162 580	4 882
28	C04 _1 _18 - 16 - 07. fsa	219	220. 42	3 640	42 593	5 164
29	C05 _1 _18 - 56 - 14. fsa	246	247. 52	1 051	12 408	5 530
30	C06 _1 _18 - 56 - 14. fsa	246	246. 59	4 994	57 171	5 047
31	C07 _1 _19 - 36 - 20. fsa	249	249. 59	7 833	165 040	4 981
32	C08 _1 _19 - 36 - 20. fsa	195	195. 11	5 013	115 482	4 897
	C08 _1 _19 - 36 - 20. fsa	246	246. 55	1 243	10 556	5 316
33	C09 _1 _20 - 16 - 24. fsa	246	246. 61	1 011	9 861	5 214
34	C10 _1 _20 - 16 - 24. fsa	252	252. 68	7 754	103 216	5 183
35	C11 _1 _20 - 56 - 27. fsa	246	247. 71	988	12 456	5 735
36	C12 _1 _20 - 56 - 27. fsa	233	234. 62	1 125	13 768	5 391
37	D01 _1 _17 - 27 - 12. fsa	246	245. 91	2 653	26 256	4 629
38	D02 _1 _17 - 27 - 12. fsa	249	249. 62	6 858	171 040	5 161
39	D03 _1 _18 - 16 - 07. fsa	252	252. 71	7 875	179 667	5 106
40	D04 _1 _18 - 16 - 07. fsa	233	232. 81	1 145	12 545	4 867
	D04 _1 _18 - 16 - 07. fsa	246	246. 53	322	4 516	4 139
41	D05 _1 _18 - 56 - 14. fsa	246	246	5 790	56 267	4 988
42	D06 _1 _18 - 56 - 14. fsa	246	246. 6	6 365	74 015	5 052

（续）

资源序号	样本名（sample file name）	等位基因位点（allele，bp）	大小（size，bp）	高度（height，RFU）	面积（area，RFU）	数据取值点（data point，RFU）
43	D07_1_19-36-20. fsa	246	246. 7	7 366	76 079	5 056
44	D08_1_19-36-20. fsa	252	252. 62	7 431	166 911	5 161
45	D09_1_20-16-24. fsa	236	235. 93	7 978	123 092	4 920
46	D10_1_20-16-24. fsa	233	232. 7	713	8 240	4 903
	D10_1_20-16-24. fsa	246	246. 6	1 213	13 460	5 083
47	D11_1_20-56-27. fsa	219	219. 35	3 061	40 373	4 694
48	D12_1_20-56-27. fsa	195	195. 02	285	2 378	4 050
49	E01_1_17-27-12. fsa	246	245. 73	540	5 030	4 617
50	E02_1_17-27-12. fsa	219	219. 94	8 147	154 876	4 765
51	E03_1_18-16-07. fsa	195	195. 02	7 827	105 264	4 388
52	E04_1_18-16-07. fsa	246	246. 64	7 506	117 165	5 035
53	E05_1_18-56-14. fsa	246	246. 66	7 751	169 340	5 046
54	E06_1_18-56-14. fsa	246	246. 5	7 823	116 868	5 049
55	E07_1_19-36-20. fsa	195	195. 08	776	8 113	4 854
	E07_1_19-36-20. fsa	252	252. 78	324	4 465	4 122
56	E08_1_19-36-20. fsa	195	195. 22	7 780	162 129	4 413
57	E09_1_20-16-24. fsa	233	232. 65	1 549	15 336	4 924
	E09_1_20-16-24. fsa	249	249. 56	1 144	14 693	4 857
58	E10_1_20-16-24. fsa	243	243. 31	1 667	21 543	4 769
59	E11_1_20-56-27. fsa	252	253. 69	678	7 908	5 715
60	E12_1_17-27-11. fsa	246	246. 42	166	1 615	5 381
61	F01_1_17-27-12. fsa	246	246. 59	7 100	94 532	5 057
62	F02_1_17-27-12. fsa	249	249. 63	1 012	13 441	4 916
63	F03_1_18-16-07. fsa	243	243. 37	886	8 565	4 622

（续）

资源序号	样本名 （sample file name）	等位基因位点 （allele，bp）	大小 （size，bp）	高度 （height，RFU）	面积 （area，RFU）	数据取值点 （data point，RFU）
64	F04 _1 _18 - 16 - 07. fsa	249	249. 84	6 228	66 820	5 037
65	F05 _1 _18 - 56 - 14. fsa	240	240. 2	5 692	103 397	4 899
	F05 _1 _18 - 56 - 14. fsa	246	246. 6	5 962	77 669	4 978
66	F06 _1 _18 - 56 - 14. fsa	195	195. 02	8 145	116 394	4 361
67	F07 _1 _19 - 36 - 20. fsa	249	250. 71	2 165	26 144	5 612
68	F08 _1 _19 - 36 - 20. fsa	195	195. 2	7 591	114 228	4 388
69	F09 _1 _20 - 16 - 24. fsa	249	249. 92	7 349	76 468	5 055
70	F10 _1 _20 - 16 - 24. fsa	246	246. 79	1 194	12 911	5 063
71	F11 _1 _20 - 56 - 27. fsa	195	195. 19	8 115	139 952	4 364
72	F12 _1 _20 - 56 - 27. fsa	243	243. 45	7 799	95 671	4 987
73	G01 _1 _17 - 27 - 12. fsa	246	246. 92	3 207	36 576	5 094
74	G02 _1 _17 - 27 - 12. fsa	246	246. 96	7 515	92 050	5 104
75	G03 _1 _18 - 16 - 07. fsa	246	247. 56	229	2 935	5 597
76	G04 _1 _18 - 16 - 07. fsa	249	250	1 909	20 220	5 072
77	G05 _1 _18 - 56 - 14. fsa	246	246. 77	764	8 921	5 019
78	G06 _1 _18 - 56 - 14. fsa	246	246. 75	7 593	96 579	5 030
79	G07 _1 _19 - 36 - 20. fsa	233	232. 87	2 393	25 844	4 863
	G07 _1 _19 - 36 - 20. fsa	246	246. 8	4 755	58 633	5 037
80	G08 _1 _19 - 36 - 20. fsa	246	246. 78	7 831	153 820	5 055
81	G09 _1 _20 - 16 - 24. fsa	243	243. 18	7 568	124 936	4 985
82	G10 _1 _20 - 16 - 24. fsa	243	243. 29	7 737	123 039	5 018
83	G11 _1 _20 - 56 - 27. fsa	243	243. 47	7 373	126 124	4 965
84	G12 _1 _20 - 56 - 27. fsa	249	249. 84	7 123	118 889	5 061
85	H01 _1 _17 - 27 - 12. fsa	249	250. 21	7 535	117 165	5 175

（续）

资源序号	样本名（sample file name）	等位基因位点（allele，bp）	大小（size，bp）	高度（height，RFU）	面积（area，RFU）	数据取值点（data point，RFU）
86	H02_1_17-27-12.fsa	246	246.93	7 717	110 872	5 220
87	H03_1_18-16-07.fsa	246	247.6	813	9 770	5 590
88	H04_1_18-16-07.fsa	249	250.14	7 169	128 362	5 181
89	H05_1_18-56-14.fsa	195	195.1	7 037	114 020	4 410
90	H06_1_18-56-14.fsa	219	220.49	2 537	31 711	5 264
91	H07_1_19-36-19.fsa	219	219.75	363	3 840	5 211
92	H08_1_19-36-20.fsa	195	195.35	5 064	55 974	4 513
93	H09_1_20-16-24.fsa	249	249.84	7 010	83 692	5 144
94	H10_1_20-16-24.fsa	261	261.59	7 416	91 973	5 404
95	H11_1_20-56-27.fsa	246	246.8	6 400	107 427	5 060
96	H12_1_20-56-27.fsa	246	246.85	7 026	142 174	5 140
97	A01_787_21-52-56.fsa	219	220.34	5 055	57 623	4 617
	A01_787_21-52-56.fsa	243	243.39	6 164	102 953	4 815
98	A02_787_21-52-56.fsa	219	219.95	2 889	30 619	4 740
	A02_787_21-52-56.fsa	236	236.03	1 575	16 619	4 936
99	A03_787_22-42-19.fsa	246	246.18	6 662	86 297	4 950
100	A04_787_22-42-19.fsa	246	246.27	7 446	160 614	5 011
101	A05_787_23-22-51.fsa	246	246.63	8 145	137 389	4 987
102	A06_787_23-22-51.fsa	233	233.57	6 517	136 286	4 889
	A06_787_23-22-51.fsa	252	252.66	6 873	111 591	5 125
103	A07_787_24-02-59.fsa	252	252.66	8 200	120 661	5 055
104	A08_787_24-02-59.fsa	246	246.33	7 758	135 268	5 044
105	A09_787_24-43-03.fsa	236	235.91	8 086	124 869	4 848
106	A10_787_24-43-03.fsa	246	246.53	7 708	124 650	5 037

（续）

资源序号	样本名（sample file name）	等位基因位点（allele，bp）	大小（size，bp）	高度（height，RFU）	面积（area，RFU）	数据取值点（data point，RFU）
107	A11_787_01-23-07.fsa	252	252.67	7 539	144 045	5 053
108	A12_787_01-23-07.fsa	246	247.79	525	6 550	5 756
109	B01_787_21-52-56.fsa	252	252.89	7 573	129 649	5 085
110	B02_787_21-52-56.fsa	246	246.65	1 367	13 652	5 117
111	B03_787_22-42-19.fsa	249	249.83	5 001	67 561	4 999
	B03_787_22-42-19.fsa	274	274.84	3 656	38 287	5 323
112	B04_787_22-42-19.fsa	246	246.29	4 018	57 891	4 892
113	B05_787_23-22-51.fsa	252	252.55	1 449	14 920	4 967
114	B06_787_23-22-51.fsa	246	246.63	7 171	132 856	5 075
115	B07_787_24-02-59.fsa	249	249.75	6 449	82 232	5 021
116	B08_787_24-02-59.fsa	243	243.44	6 015	63 251	5 149
117	B09_787_24-43-03.fsa	233	232.7	8 188	141 977	4 811
118	B10_787_24-43-04.fsa	233	233.03	5 200	57 620	5 442
119	B11_787_01-23-07.fsa	233	232.71	8 238	144 762	4 814
	B11_787_01-23-07.fsa	246	246.52	7 549	87 144	4 977
120	B12_787_01-23-07.fsa	233	232.63	8 077	88 664	4 893
121	C01_787_21-52-56.fsa	246	246.57	7 214	79 683	4 855
122	C02_787_21-52-56.fsa	249	249.76	8 039	137 452	5 170
123	C03_787_22-42-19.fsa	233	232.67	8 344	129 972	4 798
124	C04_787_22-42-19.fsa	246	246	6 817	64 949	5 011
125	C05_787_23-22-51.fsa	246	246.56	1 528	15 076	4 974
126	C06_787_23-22-51.fsa	249	249.68	6 929	140 523	5 122
127	C07_787_24-02-59.fsa	246	246.57	8 348	120 156	4 969
128	C08_787_24-02-59.fsa	246	246.65	809	8 465	5 072

（续）

资源序号	样本名（sample file name）	等位基因位点（allele，bp）	大小（size，bp）	高度（height，RFU）	面积（area，RFU）	数据取值点（data point，RFU）
129	C09 _787 _24 - 43 - 03. fsa	233	233.75	1 161	11 854	4 817
	C09 _787 _24 - 43 - 03. fsa	252	252.72	972	10 113	5 047
130	C10 _787 _24 - 43 - 03. fsa	249	249.76	4 932	53 083	5 112
131	C11 _787 _01 - 23 - 07. fsa	246	246.56	5 099	51 738	4 972
132	C12 _787 _01 - 23 - 07. fsa	249	249.13	4 787	80 273	5 108
	C12 _787 _01 - 23 - 07. fsa	274	274.79	3 744	42 811	5 463
133	D01 _787 _21 - 52 - 56. fsa	219	219.92	5 807	59 762	4 774
	D01 _787 _21 - 52 - 56. fsa	236	236.17	1 749	18 046	4 973
134	D02 _787 _21 - 52 - 56. fsa	233	233.55	2 424	28 465	5 401
135	D03 _787 _22 - 42 - 19. fsa	249	249.84	6 079	78 344	5 092
	D03 _787 _22 - 42 - 19. fsa	274	274.84	3 060	33 285	5 428
136	D04 _787 _22 - 42 - 19. fsa	246	246.58	6 040	64 259	5 073
137	D05 _787 _23 - 22 - 51. fsa	252	252.74	7 906	117 223	5 135
138	D06 _787 _23 - 22 - 51. fsa	246	246.66	8 071	158 989	5 088
139	D07 _787 _24 - 02 - 59. fsa	195	195	610	4 062	4 386
140	D08 _787 _24 - 02 - 59. fsa	246	246.58	7 875	158 648	5 078
141	D09 _787 _24 - 43 - 03. fsa	249	249.55	3 922	44 151	5 317
142	D10 _787 _24 - 43 - 03. fsa	246	246.51	2 413	28 655	5 399
143	D11 _787 _01 - 23 - 07. fsa	249	249.59	6 864	149 513	5 097
144	D12 _787 _01 - 23 - 07. fsa	249	249.76	6 253	70 531	5 123
145	E01 _787 _21 - 52 - 56. fsa	246	246.75	7 828	153 890	5 070
146	E02 _787 _21 - 52 - 56. fsa	195	195.23	8 086	104 578	4 478
	E02 _787 _21 - 52 - 56. fsa	249	249.84	7 691	101 650	5 176

（续）

资源序号	样本名 （sample file name）	等位基因位点 （allele，bp）	大小 （size，bp）	高度 （height，RFU）	面积 （area，RFU）	数据取值点 （data point，RFU）
147	E03_787_22-42-19.fsa	249	249.5	6 507	145 849	5 048
148	E04_787_22-42-19.fsa	246	246.58	7 019	154 961	4 834
149	E05_787_23-22-51.fsa	246	246.5	6 928	148 749	5 042
150	E06_787_23-22-51.fsa	243	243.44	3 729	43 528	5 011
	E06_787_23-22-51.fsa	246	246.66	7 437	135 243	4 976
151	E07_787_24-02-59.fsa	233	233.07	6 903	87 789	4 880
152	E08_787_24-02-59.fsa	246	246.74	7 553	143 788	5 088
153	E09_787_24-43-03.fsa	249	249.63	5 039	66 573	4 792
154	E10_787_24-43-03.fsa	233	232.83	4 297	45 044	4 912
155	E11_787_01-23-07.fsa	233	232.73	7 765	144 795	4 867
156	E12_787_01-23-07.fsa	219	219.8	7 110	165 570	4 793
157	F01_787_21-52-56.fsa	246	247.7	1 967	23 235	5 593
158	F02_787_21-52-56.fsa	252	252.94	6 287	70 242	5 193
159	F03_787_22-42-19.fsa	195	195.71	3 085	35 569	4 953
160	F04_787_22-42-19.fsa	246	246.73	6 332	152 239	5 128
161	F05_787_23-22-51.fsa	246	246.65	7 831	132 559	5 045
162	F06_787_23-22-51.fsa	246	246.53	7 522	158 494	5 070
163	F07_787_24-02-59.fsa	219	220.11	5 100	67 429	4 716
	F07_787_24-02-59.fsa	249	248.12	1 197	12 498	5 059
164	F08_787_24-02-59.fsa	236	236.01	7 564	125 175	4 933
	F08_787_24-02-59.fsa	249	249.92	7 280	85 895	5 106
165	F09_787_24-43-03.fsa	249	249.84	7 820	126 780	5 082
166	F10_787_24-43-03.fsa	249	249.84	7 426	125 440	5 105

（续）

资源序号	样本名 (sample file name)	等位基因位点 (allele，bp)	大小 (size，bp)	高度 (height，RFU)	面积 (area，RFU)	数据取值点 (data point，RFU)
167	F11_787_01-23-07. fsa	195	195. 16	8 617	163 641	4 410
168	F12_787_01-23-07. fsa	249	249. 77	6 915	108 375	4 914
169	G01_787_21-52-56. fsa	246	246. 78	6 559	141 497	5 095
170	G02_787_21-52-56. fsa	246	246. 77	7 636	108 317	5 116
171	G03_787_22-42-19. fsa	219	219. 83	8 116	145 798	4 705
172	G04_787_22-42-19. fsa	249	250	7 055	119 011	5 107
173	G05_787_23-22-51. fsa	233	233. 67	6 760	98 815	4 896
	G05_787_23-22-51. fsa	246	246. 76	7 420	119 160	5 054
174	G06_787_23-22-51. fsa	249	250. 29	6 961	142 883	5 114
175	G07_787_24-02-59. fsa	195	195. 24	7 959	158 785	4 422
176	G08_787_24-02-59. fsa	219	219. 95	5 807	60 196	4 745
	G08_787_24-02-59. fsa	236	236. 07	7 754	100 066	4 944
177	G09_787_24-43-03. fsa	246	246. 6	7 538	99 296	5 050
178	G10_787_24-43-03. fsa	249	249. 76	6 755	142 049	5 117
179	G11_787_01-23-07. fsa	249	249. 92	6 919	118 615	5 093
180	G12_787_01-23-07. fsa	246	246. 76	6 073	65 983	5 083
181	H01_787_21-52-56. fsa	195	195. 23	7 261	108 699	4 507
182	H02_787_21-52-56. fsa	249	250. 14	7 343	86 730	5 264
183	H03_787_22-42-19. fsa	249	249. 75	6 611	108 036	5 116
184	H04_787_22-42-19. fsa	246	246. 87	7 510	125 569	5 160
185	H05_787_23-22-51. fsa	195	195. 03	6 636	109 337	4 472
186	H06_787_23-22-51. fsa	219	220. 49	2 537	31 711	5 264
187	H07_787_24-02-58. fsa	252	252. 53	1 684	16 587	5 423

（续）

资源序号	样本名（sample file name）	等位基因位点（allele，bp）	大小（size，bp）	高度（height，RFU）	面积（area，RFU）	数据取值点（data point，RFU）
188	H08_787_24-02-59.fsa	246	246.88	7 283	98 482	5 181
189	H09_787_24-43-03.fsa	243	243.39	6 958	83 698	5 045
190	H10_787_24-43-03.fsa	233	233.66	745	9 055	5 440
191	H11_787_01-23-07.fsa	246	247.8	238	3 008	5 785
192	H12_787_01-23-07.fsa	195	195.28	7 588	96 977	4 536

29 Satt442

资源序号	样本名（sample file name）	等位基因位点（allele，bp）	大小（size，bp）	高度（height，RFU）	面积（area，RFU）	数据取值点（data point，RFU）
1	A01_691-786_11-20-32. fsa	245	245. 9	111	1 695	5 818
2	A02_691-786_11-20-33. fsa	248	248. 27	1 186	11 723	5 392
3	A03_691-786_12-13-11. fsa	999				
4	A04_691-786_12-13-11. fsa	245	245. 68	7 323	109 793	5 648
5	A05_691-786_12-53-27. fsa	245	245. 5	7 427	106 279	5 368
6	A06_691-786_12-53-27. fsa	245	245. 83	6 993	63 317	5 590
7	A07_691-786_13-33-39. fsa	245	245. 7	7 403	125 813	5 355
8	A08_691-786_13-33-39. fsa	248	248. 62	6 750	112 350	5 613
9	A09_691-786_14-13-50. fsa	257	257. 56	5 540	54 072	5 528
10	A10_691-786_14-13-50. fsa	245	245. 82	6 845	63 789	5 563
11	A11_691-786_14-54-00. fsa	251	251. 77	7 047	65 393	5 444
12	A12_691-786_14-54-00. fsa	248	248. 8	6 961	64 489	5 592
13	B01_691-786_11-20-32. fsa	257	257. 5	6 648	134 822	5 985
14	B02_691-786_11-20-33. fsa	254	254. 17	851	9 023	5 541
15	B03_691-786_12-13-11. fsa	257	257. 02	2 498	58 587	5 660
16	B04_691-786_12-13-11. fsa	257	257. 37	6 461	76 862	5 816
17	B05_691-786_12-53-27. fsa	248	248. 68	2 615	44 590	5 477
	B05_691-786_12-53-27. fsa	254	254. 55	3 744	63 672	5 565
18	B06_691-786_12-53-27. fsa	248	248. 9	6 865	73 790	5 588
	B06_691-786_12-53-27. fsa	254	254. 41	3 954	61 167	5 676
19	B07_691-786_13-33-39. fsa	248	249. 11	5 268	60 124	5 461
	B07_691-786_13-33-39. fsa	254	254. 36	6 215	100 552	5 539

（续）

资源序号	样本名（sample file name）	等位基因位点（allele，bp）	大小（size，bp）	高度（height，RFU）	面积（area，RFU）	数据取值点（data point，RFU）
20	B08_691-786_13-33-39.fsa	257	257.54	6 935	75 427	5 707
21	B09_691-786_14-13-50.fsa	248	248.81	7 075	77 550	5 458
22	B10_691-786_14-13-50.fsa	248	248.88	7 216	78 509	5 572
23	B11_691-786_14-54-00.fsa	248	248.57	7 461	74 101	5 443
24	B12_691-786_14-54-00.fsa	257	256.9	7 386	129 364	5 697
25	C01_691-786_11-20-32.fsa	248	249.23	7 681	118 247	5 685
26	C02_691-786_11-20-33.fsa	260	259.45	2 217	21 956	5 300
27	C03_691-786_12-13-11.fsa	251	251.97	6 252	64 820	5 461
	C03_691-786_12-13-11.fsa	257	257.27	4 106	62 747	5 542
28	C04_691-786_12-13-11.fsa	251	251.77	7 597	140 819	5 662
29	C05_691-786_12-53-27.fsa	245	245.77	6 932	80 811	5 364
30	C06_691-786_12-53-27.fsa	260	260.08	7 638	121 106	5 727
31	C07_691-786_13-33-39.fsa	251	251.52	6 303	103 132	5 446
32	C08_691-786_13-33-39.fsa	257	256.9	482	8 269	5 667
33	C09_691-786_14-13-50.fsa	248	248.22	1 566	30 950	5 448
	C09_691-786_14-13-50.fsa	260	259.67	868	17 700	5 619
34	C10_691-786_14-13-50.fsa	248	248.88	6 382	69 174	5 549
35	C11_691-786_14-54-00.fsa	251	251.67	6 692	66 145	5 479
36	C12_691-786_14-54-00.fsa	254	254.2	6 671	96 607	5 641
37	D01_691-786_11-20-32.fsa	245	246.01	6 225	102 048	5 779
38	D02_691-786_11-20-32.fsa	257	257.74	2 307	31 195	6 011
39	D03_691-786_12-13-11.fsa	248	248.72	6 515	124 213	5 553
40	D04_691-786_12-13-11.fsa	248	248.75	7 073	92 916	5 554
41	D05_691-786_12-53-27.fsa	257	257.22	7 575	136 724	5 674

（续）

资源序号	样本名 （sample file name）	等位基因位点 （allele，bp）	大小 （size，bp）	高度 （height，RFU）	面积 （area，RFU）	数据取值点 （data point，RFU）
42	D06_691-786_12-53-27.fsa	245	245.52	5 673	88 437	5 493
43	D07_691-786_13-33-39.fsa	248	248.57	4 269	79 294	5 541
44	D08_691-786_13-33-39.fsa	248	248.81	7 243	69 754	5 544
45	D09_691-786_14-13-50.fsa	257	256.97	7 418	130 970	5 677
46	D10_691-786_14-13-50.fsa	248	248.6	2 462	34 794	5 551
	D10_691-786_14-13-50.fsa	251	251.56	2 422	34 568	5 596
47	D11_691-786_14-54-00.fsa	251	251.61	3 397	39 512	5 591
48	D12_691-786_14-54-00.fsa	254	254.34	124	1 389	5 647
49	E01_691-786_11-20-32.fsa	999				
50	E02_691-786_11-20-32.fsa	251	252.07	3 078	49 140	5 987
	E02_691-786_11-20-32.fsa	254	254.89	1 407	21 489	6 036
51	E03_691-786_12-13-11.fsa	248	249.09	7 242	79 074	5 687
52	E04_691-786_12-13-11.fsa	248	248.81	4 745	64 051	5 557
53	E05_691-786_12-53-27.fsa	248	248.37	7 274	135 466	5 591
54	E06_691-786_12-53-27.fsa	248	248.58	7 602	124 695	5 516
55	E07_691-786_13-33-39.fsa	999				
56	E08_691-786_13-33-39.fsa	251	251.77	7 188	71 540	5 566
57	E09_691-786_13-33-40.fsa	254	254.88	1 511	20 146	5 229
58	E10_691-786_13-33-40.fsa	248	247.75	7 127	70 985	5 156
59	E11_691-786_14-54-00.fsa	245	245.46	883	16 474	5 491
60	E12_691-786_14-54-00.fsa	251	251.58	521	6 893	5 586
61	F01_691-786_11-20-32.fsa	257	257.71	3 000	52 346	5 889
62	F02_691-786_11-20-33.fsa	257	256.49	1 117	12 523	5 189
63	F03_691-786_11-20-34.fsa	245	244.62	375	5 287	5 118

（续）

资源序号	样本名（sample file name）	等位基因位点（allele，bp）	大小（size，bp）	高度（height，RFU）	面积（area，RFU）	数据取值点（data point，RFU）
64	F04_691-786_12-13-11.fsa	248	248.79	721	17 291	5 514
65	F05_691-786_12-53-27.fsa	257	257.24	7 217	108 996	5 582
66	F06_691-786_12-53-27.fsa	257	257.34	1 507	22 982	5 616
67	F07_691-786_13-33-39.fsa	257	257.32	6 458	86 817	5 594
68	F08_691-786_13-33-39.fsa	251	251.6	5 836	94 464	5 532
69	F09_691-786_14-13-50.fsa	999				
70	F10_691-786_14-13-50.fsa	248	248.7	3 605	52 174	5 504
71	F11_691-786_14-54-00.fsa	245	245.51	1 424	16 077	5 448
72	F12_691-786_14-54-00.fsa	229	229.43	6 380	99 346	5 251
73	G01_691-786_11-20-32.fsa	245	246.11	5 486	90 052	5 895
74	G02_691-786_11-20-32.fsa	248	249.11	1 491	31 211	5 760
75	G03_691-786_12-13-11.fsa	248	248.63	1 023	23 403	5 547
76	G04_691-786_12-13-12.fsa	248	247.67	74	756	5 164
77	G05_691-786_12-53-27.fsa	245	245.38	1 607	27 487	5 446
78	G06_691-786_12-53-27.fsa	245	245.64	1 763	36 904	5 471
79	G07_691-786_13-33-39.fsa	242	242.33	7 301	113 604	5 394
80	G08_691-786_13-33-39.fsa	257	257.44	3 442	54 339	5 653
81	G09_691-786_14-13-50.fsa	248	248.66	5 102	66 328	5 515
82	G10_691-786_14-13-50.fsa	251	251.79	3 235	44 786	5 575
83	G11_691-786_14-54-00.fsa	251	251.66	3 104	43 764	5 530
84	G12_691-786_14-54-00.fsa	248	248.77	4 785	66 701	5 534
85	H01_691-786_12-13-10.fsa	242	242.21	3 305	44 572	5 528
86	H02_691-786_12-13-10.fsa	251	251.28	5 937	61 618	5 411
87	H03_691-786_12-13-11.fsa	257	257.59	1 027	15 516	5 743

（续）

资源序号	样本名（sample file name）	等位基因位点（allele，bp）	大小（size，bp）	高度（height，RFU）	面积（area，RFU）	数据取值点（data point，RFU）
88	H04_691－786_12－13－11. fsa	257	257. 66	649	13 590	5 871
89	H05_691－786_12－53－27. fsa	251	251. 92	3 561	57 237	5 591
90	H06_691－786_12－53－27. fsa	260	260. 38	2 089	33 133	5 865
91	H07_691－786_13－33－39. fsa	260	260. 3	6 849	106 169	5 718
92	H08_691－786_13－33－39. fsa	251	251. 98	480	6 321	5 725
93	H09_691－786_14－13－50. fsa	245	245. 7	5 165	67 989	5 511
94	H10_691－786_14－13－50. fsa	245	245. 79	682	10 588	5 675
95	H11_691－786_14－54－00. fsa	248	248. 9	4 336	55 413	5 559
96	H12_691－786_14－54－00. fsa	239	239. 24	2 513	36 946	5 564
97	A01_787－882_15－34－08. fsa	245	246. 89	867	7 495	4 567
98	A02_787－882_15－34－08. fsa	254	254. 44	7 602	98 059	5 609
99	A03_787－882_16－14－14. fsa	248	248. 52	5 378	55 461	5 407
	A03_787－882_16－14－14. fsa	260	259. 97	6 042	61 181	5 569
100	A04_787－882_16－14－14. fsa	245	245. 33	7 013	76 649	5 504
	A04_787－882_16－14－14. fsa	248	248. 89	7 159	54 569	5 552
101	A05_787－882_16－54－19. fsa	248	248. 46	3 938	45 381	5 450
102	A06_787－882_16－54－19. fsa	245	244. 84	6 501	53 914	5 519
103	A07_787－882_17－34－27. fsa	257	257. 46	7 084	56 135	5 576
104	A08_787－882_17－34－27. fsa	257	257. 5	7 144	53 369	5 704
105	A09_787－882_18－14－58. fsa	229	228. 19	1 595	19 536	5 082
	A09_787－882_18－14－58. fsa	251	251. 49	2 216	30 335	5 389
106	A10_787－882_18－14－58. fsa	245	245. 7	6 952	52 232	5 418
107	A11_787－882_18－55－07. fsa	257	257. 13	7 487	76 712	5 396
108	A12_787－882_18－55－07. fsa	248	248. 78	7 561	101 158	5 400

（续）

资源序号	样本名（sample file name）	等位基因位点（allele，bp）	大小（size，bp）	高度（height，RFU）	面积（area，RFU）	数据取值点（data point，RFU）
109	B01_787-882_15-34-08.fsa	248	248.83	6 581	57 161	5 422
110	B02_787-882_15-34-08.fsa	248	248.68	7 966	101 901	5 523
111	B03_787-882_16-14-14.fsa	245	244.87	7 017	54 362	5 384
112	B04_787-882_16-14-14.fsa	251	251.82	7 266	64 135	5 597
113	B05_787-882_16-54-19.fsa	229	229.09	7 841	104 438	5 199
	B05_787-882_16-54-19.fsa	260	259.98	2 347	24 726	5 613
114	B06_787-882_16-54-19.fsa	260	260.31	6 537	53 804	5 746
115	B07_787-882_17-34-27.fsa	251	251.44	7 547	103 513	5 498
116	B08_787-882_17-34-27.fsa	251	251.55	7 778	85 053	5 636
117	B09_787-882_18-14-58.fsa	260	259.95	3 809	41 483	5 508
118	B10_787-882_18-14-58.fsa	260	259.94	4 601	49 923	5 660
119	B11_787-882_18-55-07.fsa	251	251.99	5 733	46 257	5 341
120	B12_787-882_18-55-07.fsa	254	254.27	6 193	66 063	5 486
121	C01_787-882_15-34-08.fsa	245	245.54	7 614	107 095	5 370
122	C02_787-882_15-34-08.fsa	248	248.84	7 434	64 643	5 528
123	C03_787-882_16-14-14.fsa	248	248.4	7 442	107 935	5 438
124	C04_787-882_16-14-14.fsa	248	248.77	7 776	59 002	5 547
125	C05_787-882_16-54-19.fsa	235	235.66	3 706	38 227	5 282
126	C06_787-882_16-54-19.fsa	251	251.54	2 331	26 320	5 611
127	C07_787-882_17-34-27.fsa	260	259.97	7 551	78 100	5 544
128	C08_787-882_17-34-27.fsa	248	248.56	2 705	31 186	5 583
129	C09_787-882_18-14-58.fsa	251	251.49	7 388	73 469	5 285
130	C10_787-882_18-14-58.fsa	251	251.45	259	2 949	5 499
131	C11_787-882_18-55-07.fsa	248	248.41	251	2 880	5 237

（续）

资源序号	样本名 （sample file name）	等位基因位点 （allele，bp）	大小 （size，bp）	高度 （height，RFU）	面积 （area，RFU）	数据取值点 （data point，RFU）
132	C12 _787 - 882 _18 - 55 - 07. fsa	245	245. 51	286	3 043	5 338
133	D01 _787 - 882 _15 - 34 - 08. fsa	254	254. 37	989	10 510	5 589
134	D02 _787 - 882 _15 - 34 - 08. fsa	260	259. 93	663	7 341	5 700
135	D03 _787 - 882 _16 - 14 - 14. fsa	245	245. 43	513	5 561	5 488
136	D04 _787 - 882 _16 - 14 - 14. fsa	248	248. 26	7 787	104 937	5 545
137	D05 _787 - 882 _16 - 54 - 19. fsa	248	248. 58	323	3 437	5 539
138	D06 _787 - 882 _16 - 54 - 19. fsa	251	251. 74	7 331	66 844	5 617
139	D07 _787 - 882 _17 - 34 - 27. fsa	245	245. 49	1 058	11 003	5 408
140	D08 _787 - 882 _17 - 34 - 27. fsa	254	254. 33	3 348	36 466	5 585
141	D09 _787 - 882 _18 - 14 - 58. fsa	251	251. 47	939	9 555	5 358
142	D10 _787 - 882 _18 - 14 - 58. fsa	251	251. 48	602	6 370	5 413
143	D11 _787 - 882 _18 - 55 - 07. fsa	251	251. 47	286	2 963	5 355
144	D12 _787 - 882 _18 - 55 - 07. fsa	248	248. 49	831	8 849	5 345
145	E01 _787 - 882 _15 - 34 - 08. fsa	245	245. 17	7 712	102 356	5 422
146	E02 _787 - 882 _15 - 34 - 08. fsa	248	248. 62	4 790	53 359	5 522
147	E03 _787 - 882 _16 - 14 - 14. fsa	248	248. 62	6 074	63 887	5 489
148	E04 _787 - 882 _16 - 14 - 14. fsa	229	229. 39	7 281	81 042	5 276
149	E05 _787 - 882 _16 - 54 - 19. fsa	260	259. 69	7 376	103 802	5 666
150	E06 _787 - 882 _16 - 54 - 19. fsa	242	242. 19	2 201	24 111	5 474
151	E07 _787 - 882 _17 - 34 - 27. fsa	260	260. 02	902	9 517	5 698
152	E08 _787 - 882 _17 - 34 - 27. fsa	248	248. 55	2 797	31 095	5 549
153	E09 _787 - 882 _18 - 14 - 58. fsa	260	260. 18	7 721	96 266	5 588
154	E10 _787 - 882 _18 - 14 - 58. fsa	260	260	256	2 695	5 561
155	E11 _787 - 882 _18 - 55 - 07. fsa	260	260. 03	1 706	17 716	5 519

（续）

资源序号	样本名（sample file name）	等位基因位点（allele，bp）	大小（size，bp）	高度（height，RFU）	面积（area，RFU）	数据取值点（data point，RFU）
156	E12_787-882_18-55-07. fsa	248	248. 64	256	2 559	5 353
157	F01_787-882_15-34-08. fsa	248	248. 54	2 284	31 708	5 524
158	F02_787-882_15-34-08. fsa	248	248. 6	347	3 788	5 500
159	F03_787-882_16-14-14. fsa	251	251. 6	193	2 145	5 546
160	F04_787-882_16-14-14. fsa	257	257. 3	405	4 568	5 648
161	F05_787-882_16-54-19. fsa	239	239. 24	7 630	104 917	5 387
162	F06_787-882_16-54-19. fsa	251	251. 64	143	1 612	5 579
163	F07_787-882_17-34-27. fsa	251	251. 63	2 925	31 543	5 479
164	F08_787-882_17-34-27. fsa	251	251. 58	364	4 015	5 561
165	F09_787-882_18-14-58. fsa	254	254. 39	7 767	89 362	5 375
166	F10_787-882_18-14-58. fsa	257	257. 19	3 606	40 691	5 512
167	F11_787-882_18-55-07. fsa	260	260. 07	2 747	28 243	5 444
168	F12_787-882_18-55-07. fsa	260	260. 13	4 109	43 130	5 483
169	G01_787-882_15-34-08. fsa	260	259. 37	51	899	5 615
170	G02_787-882_15-34-08. fsa	245	245. 22	7 951	106 158	5 463
171	G03_787-882_16-14-14. fsa	251	251. 5	369	3 991	5 523
172	G04_787-882_16-14-14. fsa	248	248. 73	347	3 832	5 532
173	G05_787-882_16-54-19. fsa	245	245. 49	209	2 179	5 458
	G05_787-882_16-54-19. fsa	257	257. 35	88	921	5 625
174	G06_787-882_16-54-19. fsa	257	257. 28	808	8 851	5 669
175	G07_787-882_17-34-27. fsa	260	260. 14	208	2 210	5 668
176	G08_787-882_17-34-27. fsa	254	254. 46	349	3 830	5 533
177	G09_787-882_18-14-58. fsa	257	257. 27	6 433	66 980	5 497
178	G10_787-882_18-14-58. fsa	242	242. 23	5 112	55 406	5 233

（续）

资源序号	样本名（sample file name）	等位基因位点（allele，bp）	大小（size，bp）	高度（height，RFU）	面积（area，RFU）	数据取值点（data point，RFU）
179	G11_787-882_18-55-07.fsa	245	245.5	179	1 815	5 273
180	G12_787-882_18-55-07.fsa	248	248.76	181	1 899	5 314
181	H01_787-882_15-34-08.fsa	245	245.57	7 312	80 475	5 492
182	H02_787-882_15-34-08.fsa	248	248.83	159	1 940	5 653
183	H03_787-882_16-14-14.fsa	251	251.8	98	1 128	5 597
184	H04_787-882_16-14-14.fsa	248	248.76	183	2 461	5 678
185	H05_787-882_16-54-19.fsa	254	254.53	336	3 778	5 653
186	H06_787-882_16-54-19.fsa	239	238.21	41	725	5 568
187	H07_787-882_17-34-27.fsa	251	251.79	325	3 636	5 621
188	H08_787-882_17-34-27.fsa	251	251.82	37	400	5 704
189	H09_787-882_18-14-58.fsa	251	251.77	111	1 212	5 494
190	H10_787-882_18-14-58.fsa	248	248.8	120	1 367	5 520
191	H11_787-882_18-55-07.fsa	257	257.39	153	1 669	5 496
192	H12_787-882_18-55-07.fsa	251	251.76	268	2 997	5 499

30 Satt330

资源序号	样本名（sample file name）	等位基因位点（allele，bp）	大小（size，bp）	高度（height，RFU）	面积（area，RFU）	数据取值点（data point，RFU）
1	A01_691-786_11-03-56.fsa	145	145.88	6 761	56 297	4 286
2	A02_691-786_11-03-57.fsa	145	145.04	5 304	45 974	3 784
3	A03_691-786_11-56-40.fsa	145	145.31	3 322	53 325	4 148
4	A04_691-786_11-56-40.fsa	145	145.66	6 839	53 159	4 258
5	A05_691-786_12-36-56.fsa	145	145.65	6 644	55 182	4 116
6	A06_691-786_12-36-56.fsa	145	145.2	1 708	18 019	4 213
7	A07_691-786_13-17-12.fsa	145	145.7	6 644	55 389	4 112
8	A08_691-786_13-17-13.fsa	145	144.95	7 863	77 074	3 794
9	A09_691-786_13-57-23.fsa	118	118.87	6 907	57 451	3 716
10	A10_691-786_13-57-23.fsa	145	145.61	6 964	49 820	4 181
11	A11_691-786_14-37-35.fsa	145	145.67	5 772	48 085	4 088
12	A12_691-786_14-37-35.fsa	145	145.77	5 394	31 704	4 163
13	B01_691-786_11-03-56.fsa	145	145.67	7 316	64 433	4 297
	B01_691-786_11-03-56.fsa	151	152	4 570	55 808	4 387
14	B02_691-786_11-03-57.fsa	145	144.71	7 632	98 169	3 767
15	B03_691-786_11-56-40.fsa	145	145.35	434	4 276	4 175
16	B04_691-786_11-56-40.fsa	145	145.66	6 953	61 417	4 233
17	B05_691-786_12-36-56.fsa	147	147.91	5 929	73 602	4 159
18	B06_691-786_12-36-56.fsa	147	147.75	5 918	52 204	4 241
19	B07_691-786_13-17-12.fsa	145	145.73	6 159	52 321	4 132
20	B08_691-786_13-17-12.fsa	145	145.53	7 421	62 380	4 169
21	B09_691-786_13-17-12.fsa	145	144.76	6 747	55 005	3 416

（续）

资源序号	样本名 （sample file name）	等位基因位点 （allele，bp）	大小 （size，bp）	高度 （height，RFU）	面积 （area，RFU）	数据取值点 （data point，RFU）
22	B10_691-786_13-57-23.fsa	145	145.48	7 743	65 423	4 156
23	B11_691-786_14-37-35.fsa	145	145.67	6 057	46 847	4 092
24	B12_691-786_14-37-35.fsa	145	145.68	6 203	53 179	4 146
25	C01_691-786_11-03-56.fsa	105	105.05	7 365	62 683	3 680
26	C02_691-786_11-03-57.fsa	105	105.51	7 124	65 806	3 282
27	C03_691-786_11-56-40.fsa	145	145.64	7 310	70 589	4 138
28	C04_691-786_11-56-40.fsa	145	145.46	7 998	71 066	4 209
29	C05_691-786_12-36-56.fsa	145	145.66	7 151	65 018	4 100
30	C06_691-786_12-36-56.fsa	145	145.17	380	4 294	4 166
31	C07_691-786_12-36-57.fsa	147	147.33	3 697	39 552	3 879
32	C08_691-786_13-17-12.fsa	145	145.24	4 679	50 895	4 146
33	C09_691-786_13-57-23.fsa	145	145.25	5 102	56 892	4 065
34	C10_691-786_13-57-23.fsa	145	145.69	7 049	59 326	4 141
35	C11_691-786_14-37-35.fsa	147	147.87	6 271	52 552	4 102
36	C12_691-786_14-37-35.fsa	145	145.07	2 619	30 410	4 124
37	D01_691-786_11-03-56.fsa	145	145.05	7 823	88 169	4 369
38	D02_691-786_11-03-57.fsa	145	145.11	2 478	22 636	3 803
39	D03_691-786_11-56-40.fsa	145	145.33	152	1 577	4 214
40	D04_691-786_11-56-40.fsa	145	145.62	7 426	68 637	4 208
41	D05_691-786_12-36-56.fsa	145	145.51	7 793	69 084	4 176
42	D06_691-786_12-36-56.fsa	118	118.42	3 076	35 143	3 760
43	D07_691-786_13-17-12.fsa	145	144.97	7 659	140 421	4 146
44	D08_691-786_13-17-12.fsa	118	118.44	1 058	10 619	3 742
45	D09_691-786_13-57-23.fsa	145	145.23	3 010	31 995	4 137

（续）

资源序号	样本名 （sample file name）	等位基因位点 （allele，bp）	大小 （size，bp）	高度 （height，RFU）	面积 （area，RFU）	数据取值点 （data point，RFU）
46	D10_691-786_13-57-23. fsa	145	145. 51	6 284	58 054	4 136
47	D11_691-786_14-37-35. fsa	145	145. 56	6 714	58 761	4 129
48	D12_691-786_14-37-35. fsa	147	147. 33	5 268	66 221	4 152
49	E01_691-786_11-03-56. fsa	147	147. 92	7 018	61 189	4 405
50	E02_691-786_11-03-56. fsa	145	145. 32	7 516	96 756	4 346
51	E03_691-786_11-56-40. fsa	145	145. 25	3 239	35 718	4 237
52	E04_691-786_11-56-40. fsa	145	145. 47	7 936	138 847	4 198
53	E05_691-786_12-36-56. fsa	151	151. 83	6 470	81 061	4 293
54	E06_691-786_12-36-56. fsa	145	145. 4	8 041	119 776	4 159
55	E07_691-786_13-17-12. fsa	999				
56	E08_691-786_13-17-12. fsa	145	145. 58	7 649	70 777	4 143
57	E09_691-786_13-57-23. fsa	145	145. 15	3 617	40 750	4 160
58	E10_691-786_13-57-23. fsa	145	145. 26	3 454	38 333	4 128
59	E11_691-786_14-37-35. fsa	145	145. 16	7 773	102 590	4 137
60	E12_691-786_14-37-35. fsa	147	147. 45	6 271	75 572	4 152
61	F01_691-786_11-03-56. fsa	118	118. 58	7 893	124 245	3 917
62	F02_691-786_11-03-57. fsa	145	145. 1	2 258	20 069	3 817
63	F03_691-786_11-03-58. fsa	145	145. 13	2 746	36 508	3 865
64	F04_691-786_11-56-40. fsa	118	118. 46	134	1 357	3 778
65	F05_691-786_12-36-56. fsa	145	145. 26	2 804	34 590	4 129
66	F06_691-786_12-36-56. fsa	145	145. 26	4 702	52 821	4 141
67	F07_691-786_13-17-12. fsa	145	145. 27	2 576	26 750	4 112
68	F08_691-786_13-17-12. fsa	147	147. 53	1 705	18 855	4 165
69	F09_691-786_13-57-23. fsa	145	145. 31	3 782	42 169	4 101

（续）

资源序号	样本名（sample file name）	等位基因位点（allele，bp）	大小（size，bp）	高度（height，RFU）	面积（area，RFU）	数据取值点（data point，RFU）
70	F10_691-786_13-57-23. fsa	145	145. 23	2 097	22 937	4 111
71	F11_691-786_14-37-35. fsa	145	145. 13	67	663	4 104
72	F12_691-786_14-37-35. fsa	147	147. 65	7 422	105 761	4 146
73	G01_691-786_11-03-56. fsa	145	145. 37	6 045	74 489	4 358
74	G02_691-786_11-03-56. fsa	145	145. 48	1 403	16 756	4 344
75	G03_691-786_11-56-40. fsa	145	145. 41	400	3 993	4 199
76	G04_691-786_11-56-41. fsa	145	145. 06	6 968	61 767	3 825
77	G05_691-786_12-36-56. fsa	145	145. 38	81	918	4 159
	G05_691-786_12-36-56. fsa	151	151. 93	206	2 054	4 249
78	G06_691-786_12-36-56. fsa	145	145. 33	3 828	43 214	4 158
79	G07_691-786_13-17-12. fsa	145	145. 26	163	1 675	4 137
80	G08_691-786_13-17-12. fsa	145	145. 3	151	1 740	4 135
81	G09_691-786_13-17-13. fsa	145	144. 99	3 847	34 230	3 800
82	G10_691-786_13-57-23. fsa	145	145. 22	5 223	66 809	4 125
83	G11_691-786_14-37-35. fsa	145	145. 2	557	5 567	4 112
84	G12_691-786_14-37-35. fsa	118	118. 53	127	1 267	3 725
85	H01_691-786_11-03-56. fsa	145	145. 54	2 562	32 458	4 409
86	H02_691-786_11-03-57. fsa	151	151. 57	7 931	73 474	3 873
87	H03_691-786_11-56-40. fsa	118	118. 54	5 951	69 087	3 841
88	H04_691-786_11-56-40. fsa	145	145. 47	834	9 272	4 318
89	H05_691-786_12-36-56. fsa	145	145. 29	3 765	43 784	4 202
90	H06_691-786_12-36-56. fsa	145	145. 34	524	6 038	4 274
91	H07_691-786_13-17-12. fsa	145	145. 33	127	1 287	4 180
	H07_691-786_13-17-12. fsa	151	152	198	2 073	4 272

（续）

资源序号	样本名 (sample file name)	等位基因位点 (allele，bp)	大小 (size，bp)	高度 (height，RFU)	面积 (area，RFU)	数据取值点 (data point，RFU)
92	H08_691-786_13-17-12.fsa	147	147.05	2 870	22 951	3 450
93	H09_691-786_13-57-23.fsa	145	145.25	95	1 000	4 168
94	H10_691-786_13-57-23.fsa	105	105.6	7 723	128 082	3 625
95	H11_691-786_14-37-35.fsa	145	145.27	3 729	41 066	4 158
96	H12_691-786_14-37-35.fsa	147	147.49	4 977	56 795	4 257
97	A01_787-882_15-17-43.fsa	145	145.06	203	1 699	3 796
98	A02_787-882_15-17-44.fsa	145	145.28	6 909	67 891	4 136
99	A03_787-882_15-57-51.fsa	145	144.53	4 538	57 380	4 055
	A03_787-882_15-57-51.fsa	147	148.15	5 312	44 983	4 111
100	A04_787-882_15-57-51.fsa	147	148.15	7 240	52 245	4 184
101	A05_787-882_15-17-44.fsa	145	144.46	7 256	102 650	3 426
102	A06_787-882_16-37-57.fsa	151	151.81	124	1 233	4 229
103	A07_787-882_17-18-06.fsa	145	145.23	728	9 350	4 088
104	A08_787-882_15-17-44.fsa	151	151.89	4 761	40 117	3 508
105	A09_787-882_17-58-40.fsa	151	151.77	114	1 248	4 191
106	A10_787-882_17-58-40.fsa	118	118.47	245	2 428	3 770
107	A11_787-882_18-38-49.fsa	145	145.18	476	4 683	4 094
108	A12_787-882_18-38-49.fsa	145	145.2	160	1 610	4 169
109	B01_787-882_15-17-44.fsa	118	118.43	5 575	77 268	3 697
	B01_787-882_15-17-44.fsa	145	145.22	4 270	60 016	4 073
110	B02_787-882_15-17-44.fsa	151	152.13	7 451	55 960	4 217
111	B03_787-882_15-57-51.fsa	145	145.07	7 749	86 927	4 072
112	B04_787-882_15-57-51.fsa	145	144.83	7 847	111 600	4 113
113	B05_787-882_16-37-57.fsa	145	145.19	7 798	74 260	4 077

（续）

资源序号	样本名（sample file name）	等位基因位点（allele，bp）	大小（size，bp）	高度（height，RFU）	面积（area，RFU）	数据取值点（data point，RFU）
114	B06_787-882_16-37-57.fsa	145	145.27	882	8 556	4 119
115	B07_787-882_17-18-06.fsa	151	151.8	6 609	62 670	4 176
116	B08_787-882_17-18-06.fsa	145	144.75	7 731	68 775	4 129
117	B09_787-882_17-58-40.fsa	145	145.26	1 480	16 575	4 103
118	B10_787-882_17-58-40.fsa	145	145.18	7 883	94 920	4 169
119	B11_787-882_15-17-44.fsa	147	146.65	5 561	41 626	3 452
120	B12_787-882_15-17-44.fsa	145	145.03	7 800	79 999	3 450
121	C01_787-882_15-17-44.fsa	145	145.38	7 592	90 214	4 052
122	C02_787-882_15-17-44.fsa	145	145.2	1 028	10 388	4 111
123	C03_787-882_15-57-51.fsa	145	144.84	7 701	104 564	4 043
124	C04_787-882_15-17-44.fsa	145	144.99	7 812	71 318	3 443
125	C05_787-882_16-37-57.fsa	105	105.66	1 225	11 538	3 479
126	C06_787-882_16-37-57.fsa	151	151.72	303	2 971	4 197
127	C07_787-882_17-18-06.fsa	145	145.18	2 538	24 751	4 075
128	C08_787-882_17-18-06.fsa	145	145.19	69	711	4 123
129	C09_787-882_17-58-40.fsa	118	118.39	1 544	14 536	3 691
130	C10_787-882_15-17-44.fsa	145	144.88	3 689	31 976	3 460
	C10_787-882_15-17-44.fsa	151	151.43	4 035	34 318	3 536
131	C11_787-882_15-17-44.fsa	145	145.2	7 087	44 449	3 461
132	C12_787-882_15-17-44.fsa	145	145.38	5 368	40 519	3 435
133	D01_787-882_15-17-44.fsa	145	145.17	7 877	84 413	4 110
134	D02_787-882_15-17-44.fsa	145	145.2	83	816	4 109
135	D03_787-882_15-57-51.fsa	145	145.28	3 805	36 791	4 110
136	D04_787-882_15-57-51.fsa	151	151.8	480	4 637	4 196

(续)

资源序号	样本名 (sample file name)	等位基因位点 (allele, bp)	大小 (size, bp)	高度 (height, RFU)	面积 (area, RFU)	数据取值点 (data point, RFU)
137	D05_787-882_16-37-57.fsa	145	145.24	192	1 902	4 111
138	D06_787-882_16-37-57.fsa	147	147.49	7 502	81 998	4 138
139	D07_787-882_17-18-06.fsa	145	145.25	484	4 505	4 131
140	D08_787-882_17-18-06.fsa	147	147.44	2 887	28 224	4 167
141	D09_787-882_17-58-40.fsa	151	151.88	314	3 986	4 232
142	D10_787-882_17-58-40.fsa	151	151.84	1 679	16 692	4 226
143	D11_787-882_18-38-49.fsa	151	151.81	5 231	51 785	4 228
144	D12_787-882_18-38-49.fsa	145	145.25	381	4 570	4 143
145	E01_787-882_15-17-44.fsa	145	145.18	7 782	82 312	4 111
146	E02_787-882_15-17-44.fsa	145	145.2	1 588	16 173	4 109
147	E03_787-882_15-57-51.fsa	118	118.43	2 913	27 813	3 734
148	E04_787-882_15-57-51.fsa	147	147.41	1 361	12 897	4 135
149	E05_787-882_16-37-57.fsa	145	145.23	5 223	49 826	4 117
150	E06_787-882_16-37-57.fsa	145	145.17	2 958	29 646	4 105
151	E07_787-882_17-18-06.fsa	145	145.24	158	1 505	4 128
152	E08_787-882_17-18-06.fsa	145	145.2	693	6 862	4 121
153	E09_787-882_17-58-40.fsa	145	145.21	4 608	44 989	4 138
154	E10_787-882_17-58-40.fsa	145	145.15	1 857	19 099	4 132
155	E11_787-882_18-38-49.fsa	145	145.17	3 221	32 320	4 148
156	E12_787-882_18-38-49.fsa	145	145.23	7 904	90 131	4 141
157	F01_787-882_15-17-44.fsa	145	145.25	2 563	25 352	4 092
158	F02_787-882_15-17-44.fsa	145	145.2	56	616	4 095
159	F03_787-882_15-57-51.fsa	147	147.51	3 000	28 688	4 126
160	F04_787-882_15-57-51.fsa	145	145.35	195	1 885	4 093

（续）

资源序号	样本名（sample file name）	等位基因位点（allele，bp）	大小（size，bp）	高度（height，RFU）	面积（area，RFU）	数据取值点（data point，RFU）
161	F05_787-882_16-37-57. fsa	147	147. 43	321	3 160	4 111
162	F06_787-882_16-37-57. fsa	147	147. 45	7 354	75 959	4 121
163	F07_787-882_17-18-06. fsa	145	145. 2	1 709	17 247	4 101
164	F08_787-882_17-18-06. fsa	145	145. 16	317	3 153	4 106
165	F09_787-882_17-58-40. fsa	145	145. 21	2 840	28 325	4 127
166	F10_787-882_17-58-40. fsa	145	145. 27	230	2 362	4 136
167	F11_787-882_18-38-49. fsa	147	147. 45	1 080	10 306	4 143
168	F12_787-882_18-38-49. fsa	145	145. 24	4 130	41 531	4 126
169	G01_787-882_15-17-44. fsa	145	145. 28	209	2 143	4 102
170	G02_787-882_15-17-44. fsa	145	145. 4	8 089	109 396	4 105
171	G03_787-882_15-57-51. fsa	145	145. 25	1 136	10 940	4 101
172	G04_787-882_15-57-51. fsa	145	145. 27	603	5 895	4 102
173	G05_787-882_16-37-57. fsa	118	118. 46	186	1 894	3 721
	G05_787-882_16-37-57. fsa	145	145. 28	138	1 291	4 102
174	G06_787-882_16-37-57. fsa	118	118. 42	758	7 483	3 718
175	G07_787-882_17-18-06. fsa	147	147. 57	168	1 572	4 147
176	G08_787-882_17-18-06. fsa	145	145. 28	451	4 490	4 125
177	G09_787-882_17-58-40. fsa	145	145. 25	200	1 886	4 130
178	G10_787-882_17-58-40. fsa	118	118. 51	36	334	3 742
	G10_787-882_17-58-41. fsa	151	151. 65	716	6 620	3 900
179	G11_787-882_18-38-49. fsa	145	145. 28	2 270	24 204	4 163
180	G12_787-882_18-38-49. fsa	145	145. 31	1 358	13 427	4 136
181	H01_787-882_15-17-44. fsa	147	147. 6	1 433	14 293	4 175
182	H02_787-882_15-17-44. fsa	145	145. 3	2 193	23 782	4 203

（续）

资源序号	样本名（sample file name）	等位基因位点（allele，bp）	大小（size，bp）	高度（height，RFU）	面积（area，RFU）	数据取值点（data point，RFU）
183	H03_787-882_15-57-51. fsa	151	151. 89	1 703	17 102	4 230
184	H04_787-882_15-57-51. fsa	145	145. 37	470	4 704	4 202
185	H05_787-882_16-37-57. fsa	147	147. 52	1 278	12 427	4 172
186	H06_787-882_16-37-57. fsa	145	145. 3	1 276	13 341	4 201
187	H07_787-882_17-18-06. fsa	151	151. 89	5 420	58 398	4 245
188	H08_787-882_17-18-06. fsa	147	147. 59	2 926	30 341	4 248
189	H09_787-882_17-58-40. fsa	147	147. 55	1 731	17 419	4 200
190	H10_787-882_17-58-40. fsa	145	145. 36	287	3 134	4 249
191	H11_787-882_18-38-49. fsa	145	145. 34	870	9 042	4 179
192	H12_787-882_18-38-49. fsa	147	147. 59	3 065	32 082	4 273

31 Satt431

资源序号	样本名 (sample file name)	等位基因位点 (allele, bp)	大小 (size, bp)	高度 (height, RFU)	面积 (area, RFU)	数据取值点 (data point, RFU)
1	A01_691－786_11－03－56. fsa	231	232. 5	6 830	129 413	5 568
2	A02_691－786_11－03－57. fsa	231	231. 26	7 154	88 521	4 901
3	A03_691－786_11－56－40. fsa	231	230. 69	4 113	48 667	5 365
4	A04_691－786_11－56－40. fsa	231	232. 14	7 441	124 197	5 586
5	A05_691－786_12－36－56. fsa	225	225. 58	6 707	108 988	5 248
6	A06_691－786_12－36－56. fsa	231	232. 18	5 745	46 456	5 532
7	A07_691－786_13－17－12. fsa	225	225. 21	6 646	62 056	4 776
8	A08_691－786_13－17－12. fsa	225	225. 12	7 171	64 783	4 842
9	A09_691－786_13－57－23. fsa	231	231. 83	6 750	112 996	5 303
10	A10_691－786_13－57－23. fsa	231	232. 13	6 845	64 205	5 470
11	A11_691－786_14－37－35. fsa	231	231. 59	6 396	75 798	5 276
12	A12_691－786_14－37－35. fsa	228	228. 05	6 763	82 925	5 369
13	B01_691－786_11－03－56. fsa	225	225	6 996	60 955	5 509
14	B02_691－786_11－03－57. fsa	231	231. 59	6 370	48 802	4 864
15	B03_691－786_11－56－40. fsa	231	231. 89	6 178	107 955	5 427
16	B04_691－786_11－56－40. fsa	199	199. 75	6 935	56 810	5 082
17	B05_691－786_12－36－56. fsa	231	231. 63	7 305	127 959	5 377
18	B06_691－786_12－36－56. fsa	231	231. 96	6 638	67 627	5 506
19	B07_691－786_13－17－12. fsa	202	202. 58	7 364	87 639	4 957
	B07_691－786_13－17－12. fsa	231	231. 77	4 877	55 818	5 356
20	B08_691－786_13－17－12. fsa	225	225. 7	5 115	64 335	5 369
21	B09_2_20－52－20. fsa	225	224. 14	6 561	79 258	4 371

（续）

资源序号	样本名（sample file name）	等位基因位点（allele，bp）	大小（size，bp）	高度（height，RFU）	面积（area，RFU）	数据取值点（data point，RFU）
22	B10 _691 - 786 _13 - 57 - 23. fsa	228	228. 62	7 487	118 935	5 404
23	B11 _691 - 786 _14 - 37 - 35. fsa	231	231. 69	6 636	103 405	5 294
24	B12 _691 - 786 _14 - 37 - 35. fsa	225	224. 12	6 314	68 524	5 512
25	C01 _691 - 786 _11 - 03 - 56. fsa	228	228. 63	7 202	75 771	5 533
26	C02 _691 - 786 _11 - 03 - 57. fsa	231	230. 99	7 179	86 642	4 934
27	C03 _691 - 786 _11 - 56 - 40. fsa	199	199. 4	7 316	83 077	4 930
28	C04 _691 - 786 _11 - 56 - 40. fsa	222	222. 45	6 826	59 353	5 389
29	C05 _691 - 786 _12 - 36 - 56. fsa	231	231. 59	7 318	120 854	5 325
30	C06 _691 - 786 _12 - 36 - 56. fsa	231	231. 53	6 925	75 497	5 471
31	C07 _691 - 786 _13 - 17 - 12. fsa	222	222. 01	6 615	74 716	5 165
32	C08 _691 - 786 _13 - 17 - 12. fsa	231	231. 73	5 724	64 555	5 445
33	C09 _691 - 786 _13 - 57 - 23. fsa	225	225. 24	5 047	61 841	5 195
34	C10 _691 - 786 _13 - 57 - 23. fsa	225	224. 25	7 337	59 982	5 542
35	C11 _691 - 786 _14 - 37 - 35. fsa	199	199. 04	7 082	71 988	4 838
36	C12 _691 - 786 _14 - 37 - 35. fsa	199	199. 55	7 565	116 916	4 947
37	D01 _691 - 786 _11 - 03 - 56. fsa	231	232. 3	5 874	85 570	5 725
38	D02 _691 - 786 _11 - 03 - 57. fsa	222	222. 01	6 651	75 519	4 811
39	D03 _691 - 786 _11 - 56 - 40. fsa	222	222. 05	5 726	81 243	5 696
40	D04 _691 - 786 _11 - 56 - 40. fsa	225	225. 13	7 335	116 835	5 420
41	D05 _691 - 786 _12 - 36 - 56. fsa	231	231. 9	7 169	132 812	5 449
42	D06 _691 - 786 _12 - 36 - 56. fsa	231	231. 88	4 216	60 878	5 465
43	D07 _691 - 786 _13 - 17 - 12. fsa	225	224. 15	5 569	68 557	5 247
44	D08 _691 - 786 _13 - 17 - 12. fsa	231	232. 06	7 312	64 793	5 438
45	D09 _691 - 786 _13 - 57 - 23. fsa	231	232. 12	7 176	115 926	5 397

（续）

资源序号	样本名 （sample file name）	等位基因位点 （allele，bp）	大小 （size，bp）	高度 （height，RFU）	面积 （area，RFU）	数据取值点 （data point，RFU）
46	D10_691-786_13-57-23.fsa	222	222	5 366	56 499	5 324
47	D11_691-786_14-37-35.fsa	222	221.67	7 087	69 369	5 223
48	D12_691-786_14-37-35.fsa	202	202.49	1 381	21 184	4 980
49	E01_691-786_11-03-56.fsa	202	202.65	7 582	121 828	5 270
50	E02_691-786_11-03-56.fsa	222	222.43	6 138	91 569	5 556
51	E03_691-786_11-56-40.fsa	222	222.34	7 254	115 049	5 387
52	E04_691-786_11-56-40.fsa	225	225.47	7 569	105 042	5 403
53	E05_691-786_12-36-56.fsa	225	225.41	4 430	63 705	5 381
54	E06_691-786_12-36-56.fsa	202	202.66	7 253	87 071	5 026
55	E07_691-786_13-17-12.fsa	999				
56	E08_691-786_13-17-12.fsa	222	222.35	7 446	61 443	5 284
57	E09_691-786_13-57-23.fsa	231	231.79	449	6 005	5 410
58	E10_691-786_13-57-23.fsa	231	231.75	2 971	45 204	5 402
59	E11_691-786_14-37-35.fsa	225	225.28	4 698	67 434	5 277
60	E12_691-786_14-37-35.fsa	199	199.35	2 208	32 740	4 931
61	F01_691-786_11-03-56.fsa	231	232.3	2 834	43 991	5 641
62	F02_691-786_11-03-57.fsa	231	230.98	7 447	105 212	4 979
63	F03_691-786_11-03-58.fsa	225	225.09	6 530	51 658	4 874
64	F04_691-786_11-56-40.fsa	231	231.93	2 806	43 680	5 457
65	F05_691-786_12-36-56.fsa	202	202.85	7 683	103 084	4 972
66	F06_691-786_12-36-56.fsa	231	231.92	6 156	79 807	5 410
67	F07_691-786_13-17-12.fsa	225	225.51	7 672	103 649	5 262
68	F08_691-786_13-17-12.fsa	231	231.93	5 193	88 637	5 407
69	F09_691-786_13-57-23.fsa	231	231.77	2 835	43 621	5 332

（续）

资源序号	样本名（sample file name）	等位基因位点（allele，bp）	大小（size，bp）	高度（height，RFU）	面积（area，RFU）	数据取值点（data point，RFU）
70	F10_691-786_13-57-23. fsa	225	225. 42	7 544	99 819	5 277
71	F11_691-786_14-37-35. fsa	225	225. 34	7 525	95 455	5 244
72	F12_691-786_14-37-35. fsa	222	222. 02	5 346	69 863	5 231
73	G01_691-786_11-03-56. fsa	231	232. 36	4 670	62 248	5 682
74	G02_691-786_11-03-56. fsa	225	225. 84	3 801	58 093	5 588
75	G03_691-786_11-56-40. fsa	228	228. 79	3 966	61 132	5 416
76	G04_691-786_11-56-41. fsa	225	225. 12	7 216	64 781	4 952
77	G05_691-786_12-36-56. fsa	228	228. 64	2 477	36 213	5 362
78	G06_691-786_12-36-56. fsa	228	228. 78	4 530	63 789	5 382
79	G07_691-786_13-17-12. fsa	231	231. 87	7 182	84 862	5 375
80	G08_691-786_13-17-12. fsa	231	231. 85	6 434	86 816	5 394
81	G09_691-786_13-17-13. fsa	225	225. 18	5 929	41 507	4 936
82	G10_691-786_13-57-23. fsa	231	231. 92	3 439	44 765	5 380
83	G11_691-786_14-37-35. fsa	231	231. 75	6 337	77 335	5 329
84	G12_691-786_14-37-35. fsa	225	225. 36	5 682	78 433	5 266
85	H01_691-786_11-03-56. fsa	225	225. 97	1 136	20 792	5 649
86	H02_691-786_11-03-57. fsa	225	225. 14	6 839	65 923	5 017
87	H03_691-786_11-56-40. fsa	231	232. 09	4 817	67 298	5 524
88	H04_691-786_11-56-40. fsa	231	232. 19	2 304	35 650	5 648
89	H05_691-786_12-36-56. fsa	190	190. 56	2 724	33 531	4 876
	H05_691-786_12-36-56. fsa	202	202. 73	1 251	16 240	5 059
90	H06_691-786_12-36-56. fsa	231	232. 15	3 919	51 020	5 588
91	H07_691-786_13-17-12. fsa	231	231. 98	7 509	91 471	5 438
92	H08_2_20-52-20. fsa	231	230. 61	3 255	29 633	4 452

（续）

资源序号	样本名 （sample file name）	等位基因位点 （allele，bp）	大小 （size，bp）	高度 （height，RFU）	面积 （area，RFU）	数据取值点 （data point，RFU）
93	H09_691－786_13－57－23. fsa	231	231. 97	5 503	64 848	5 421
94	H10_691－786_13－57－23. fsa	231	232. 05	3 456	41 685	5 535
95	H11_691－786_14－37－35. fsa	225	225. 44	6 251	81 530	5 311
96	H12_691－786_14－37－35. fsa	199	199. 42	7 491	88 493	5 045
97	A01_787－882_15－17－42. fsa	225	224. 88	347	3 788	4 824
	A01_787－882_15－17－43. fsa	231	231. 26	391	4 406	4 901
98	A02_787－882_15－17－44. fsa	199	199. 59	6 927	58 006	4 929
99	A03_787－882_15－57－51. fsa	225	225. 21	6 781	76 492	5 158
100	A04_787－882_15－57－51. fsa	225	225. 6	6 920	58 106	5 279
101	A05_2_20－52－20. fsa	202	201. 94	6 962	79 470	4 118
102	A06_787－882_16－37－57. fsa	225	225. 69	6 634	56 204	5 282
103	A07_787－882_17－18－06. fsa	225	225. 29	6 910	82 728	5 189
104	A08_787－882_17－18－06. fsa	225	225. 72	6 545	52 713	5 302
105	A09_787－882_17－58－40. fsa	225	225. 27	5 715	72 254	5 212
106	A10_787－882_17－58－40. fsa	231	231. 04	6 899	71 338	5 405
107	A11_787－882_18－38－49. fsa	202	202. 98	6 872	50 451	4 906
108	A12_787－882_18－38－49. fsa	202	202. 27	7 450	56 940	5 006
109	B01_787－882_15－17－44. fsa	231	231. 79	6 369	96 475	5 258
110	B02_787－882_15－17－44. fsa	225	224. 93	7 673	104 084	5 277
111	B03_787－882_15－57－51. fsa	231	231. 23	6 679	53 472	5 243
112	B04_787－882_15－57－51. fsa	222	222. 29	7 277	61 276	5 224
113	B05_787－882_16－37－57. fsa	231	231. 35	6 730	47 310	5 255
114	B06_787－882_16－37－57. fsa	231	231. 68	5 099	54 720	5 363
115	B07_787－882_17－18－06. fsa	225	225. 21	463	4 694	5 186

（续）

资源序号	样本名（sample file name）	等位基因位点（allele，bp）	大小（size，bp）	高度（height，RFU）	面积（area，RFU）	数据取值点（data point，RFU）
116	B08_787－882_17－18－06.fsa	231	231.96	7 245	57 196	5 391
117	B09_787－882_17－58－40.fsa	231	231.96	7 128	105 052	5 294
118	B10_787－882_17－58－40.fsa	231	231.83	6 917	62 623	5 450
119	B11_787－882_18－38－49.fsa	199	199.37	4 663	46 120	4 868
120	B12_787－882_18－38－49.fsa	199	199.6	6 965	68 054	4 962
121	C01_787－882_15－17－44.fsa	231	231.26	6 733	54 153	5 240
122	C02_787－882_15－17－44.fsa	225	225.16	5 206	59 596	5 275
	C02_787－882_15－17－44.fsa	231	231.87	7 295	98 250	5 369
123	C03_787－882_15－57－51.fsa	231	231.98	6 909	51 994	5 236
124	C04_787－882_15－57－51.fsa	225	225.59	6 566	53 769	5 273
125	C05_787－882_16－37－57.fsa	222	222.31	7 281	52 925	5 108
126	C06_787－882_16－37－57.fsa	225	225.58	6 906	57 101	5 272
127	C07_787－882_17－18－06.fsa	231	231.33	7 069	61 574	5 272
128	C08_787－882_17－18－06.fsa	225	225.02	7 071	112 886	5 289
129	C09_787－882_17－58－40.fsa	225	224.89	7 512	99 807	5 176
130	C10_787－882_17－58－40.fsa	222	222.31	6 719	58 632	5 260
131	C11_787－882_18－38－49.fsa	202	202.96	7 140	56 044	4 892
132	C12_787－882_18－38－49.fsa	231	231.39	7 252	64 520	5 421
133	D01_787－882_15－17－44.fsa	199	199.65	7 168	56 389	4 891
134	D02_787－882_15－17－44.fsa	222	222.23	7 212	63 084	5 225
135	D03_787－882_15－57－51.fsa	225	225.49	7 274	90 581	5 233
136	D04_787－882_15－57－51.fsa	222	222.29	7 083	60 090	5 211
137	D05_787－882_16－37－57.fsa	225	225.6	6 759	88 591	5 235
138	D06_787－882_16－37－57.fsa	202	202.18	7 384	57 566	4 942

（续）

资源序号	样本名（sample file name）	等位基因位点（allele，bp）	大小（size，bp）	高度（height，RFU）	面积（area，RFU）	数据取值点（data point，RFU）
139	D07_787-882_17-18-06.fsa	225	225.52	7 335	60 450	5 262
140	D08_787-882_17-18-07.fsa	199	200.41	7 130	61 662	4 481
141	D09_787-882_17-58-40.fsa	225	225.42	6 821	82 374	5 281
142	D10_787-882_17-58-40.fsa	225	225.43	7 388	107 673	5 305
143	D11_787-882_18-38-49.fsa	225	225.29	3 306	34 729	5 272
144	D12_787-882_18-38-50.fsa	225	225.09	7 092	94 390	4 816
145	E01_787-882_15-17-44.fsa	225	225.57	7 280	56 399	5 223
146	E02_787-882_15-17-44.fsa	225	225.53	7 291	103 747	5 267
147	E03_787-882_15-57-51.fsa	228	228.19	7 381	95 478	5 259
148	E04_787-882_15-57-51.fsa	222	222.22	7 379	105 478	5 213
149	E05_787-882_16-37-57.fsa	225	225.21	6 245	64 657	5 220
150	E06_787-882_16-37-57.fsa	231	231.98	7 435	106 037	5 347
151	E07_787-882_17-18-06.fsa	231	231.92	7 639	94 864	5 327
152	E08_787-882_17-18-06.fsa	225	225.26	2 659	29 327	5 278
153	E09_787-882_17-58-40.fsa	228	228.54	7 487	99 755	5 297
154	E10_787-882_17-58-40.fsa	231	231.17	5 198	62 428	4 876
155	E11_787-882_18-38-49.fsa	231	231.23	6 601	72 428	4 909
156	E12_787-882_18-38-49.fsa	228	228.36	7 017	64 565	4 882
157	F01_787-882_15-17-44.fsa	222	222.22	7 254	96 891	5 172
158	F02_787-882_15-17-44.fsa	225	225.45	7 590	96 232	5 234
159	F03_787-882_15-57-51.fsa	202	202.56	5 928	69 324	4 915
	F03_787-882_15-57-51.fsa	231	231.78	2 532	25 885	5 305
160	F04_787-882_15-57-51.fsa	231	231.92	7 428	99 491	5 316
161	F05_787-882_15-57-52.fsa	199	200.39	7 151	59 695	4 558

（续）

资源序号	样本名（sample file name）	等位基因位点（allele，bp）	大小（size，bp）	高度（height，RFU）	面积（area，RFU）	数据取值点（data point，RFU）
162	F06_787－882_16－37－57. fsa	202	202.53	2 592	27 544	4 918
163	F07_787－882_17－18－06. fsa	202	202.25	7 601	103 736	4 918
164	F08_787－882_17－18－06. fsa	231	231.74	7 077	76 381	5 335
165	F09_787－882_17－18－07. fsa	202	201.87	5 770	35 552	4 600
166	F10_787－882_17－58－40. fsa	225	225.4	5 760	70 776	5 286
167	F11_787－882_18－38－49. fsa	231	231.53	7 498	103 521	5 328
168	F12_787－882_18－38－49. fsa	231	231.74	6 562	71 937	5 361
169	G01_787－882_15－17－44. fsa	231	231.88	7 511	93 192	5 295
170	G02_787－882_15－17－44. fsa	231	231.75	6 758	78 030	5 318
171	G03_787－882_15－57－51. fsa	231	231.93	7 388	93 833	5 293
172	G04_787－882_15－57－51. fsa	202	202.4	7 699	97 194	4 921
173	G05_787－882_16－37－57. fsa	231	231.7	6 275	65 266	5 290
174	G06_787－882_16－37－57. fsa	225	225.32	7 100	79 115	5 228
175	G07_787－882_17－18－06. fsa	222	222.2	7 564	89 874	5 186
176	G08_787－882_17－18－06. fsa	199	199.46	1 159	12 455	4 909
177	G09_787－882_17－58－40. fsa	222	222.21	717	7 391	5 205
	G09_787－882_17－58－40. fsa	231	231.86	1 357	14 344	5 333
178	G10_787－882_17－58－40. fsa	231	231.83	5 395	59 028	5 357
179	G11_787－882_18－38－49. fsa	231	231.75	2 969	46 034	5 374
180	G12_787－882_18－38－49. fsa	231	231.9	7 526	93 124	5 364
181	H01_787－882_15－17－44. fsa	199	199.53	7 787	97 391	4 928
182	H02_787－882_15－17－44. fsa	222	222.21	7 349	83 489	5 314
183	H03_787－882_15－57－51. fsa	225	225.46	7 618	87 880	5 270
184	H04_787－882_15－57－51. fsa	231	231.93	4 768	53 525	5 445

（续）

资源序号	样本名 (sample file name)	等位基因位点 (allele，bp)	大小 (size，bp)	高度 (height，RFU)	面积 (area，RFU)	数据取值点 (data point，RFU)
185	H05_787-882_16-37-57. fsa	199	199.52	7 744	96 382	4 923
186	H06_787-882_16-37-57. fsa	222	222.12	7 433	83 912	5 309
187	H07_787-882_17-18-06. fsa	225	225.38	7 721	88 959	5 289
188	H08_787-882_17-18-06. fsa	202	202.63	7 221	80 899	5 063
189	H09_787-882_17-18-07. fsa	202	202.61	7 373	101 052	4 644
190	H10_787-882_17-58-40. fsa	231	231.97	4 591	54 995	5 511
191	H11_787-882_18-38-49. fsa	231	231.86	6 384	71 441	5 407
192	H12_787-882_18-38-49. fsa	190	190.61	7 713	100 547	4 916

32 Satt242

资源序号	样本名 (sample file name)	等位基因位点 (allele，bp)	大小 (size，bp)	高度 (height，RFU)	面积 (area，RFU)	数据取值点 (data point，RFU)
1	A01_691-786_12-05-57. fsa	192	193. 23	7 860	101 469	4 414
2	A02_691-786_12-05-57. fsa	195	195. 27	3 862	35 665	4 495
3	A03_691-786_12-57-30. fsa	189	188. 97	5 620	51 165	4 287
4	A04_691-786_12-57-30. fsa	195	195. 82	7 345	115 714	4 436
5	A05_691-786_13-37-41. fsa	195	195. 77	7 257	92 740	4 369
6	A06_691-786_13-37-41. fsa	192	192. 91	6 075	58 182	4 392
	A06_691-786_13-37-41. fsa	198	198. 8	5 320	50 134	4 471
7	A07_691-786_14-17-47. fsa	195	195. 77	7 902	99 273	4 366
8	A08_691-786_14-17-47. fsa	195	195. 73	7 365	77 868	4 423
9	A09_691-786_14-57-53. fsa	189	189. 92	8 223	127 421	4 291
10	A10_691-786_14-57-53. fsa	195	195. 81	3 814	36 197	4 425
11	A11_691-786_15-37-58. fsa	195	195. 77	53	591	4 378
	A11_691-786_15-37-58. fsa	198	197. 54	37	311	4 401
12	A12_691-786_15-37-58. fsa	192	192. 63	6 693	110 405	4 399
13	B01_691-786_12-05-57. fsa	189	190. 03	368	3 420	4 379
	B01_691-786_12-05-57. fsa	192	192. 98	282	2 504	4 418
14	B02_691-786_12-05-57. fsa	192	192. 95	4 503	42 267	4 465
15	B03_691-786_12-57-30. fsa	174	174. 16	1 299	11 762	4 098
	B03_691-786_12-57-30. fsa	201	200. 83	951	9 019	4 445
16	B04_691-786_12-57-30. fsa	192	191. 87	7 651	95 625	4 373
17	B05_691-786_13-37-41. fsa	192	192. 68	7 639	92 146	4 338
18	B06_691-786_13-37-41. fsa	189	189. 81	7 996	93 507	4 336

（续）

资源序号	样本名（sample file name）	等位基因位点（allele，bp）	大小（size，bp）	高度（height，RFU）	面积（area，RFU）	数据取值点（data point，RFU）
19	B07_691-786_14-17-47.fsa	192	192.59	6 420	110 090	4 329
20	B08_691-786_14-17-47.fsa	195	195.86	8 430	119 503	4 415
21	B09_691-786_14-57-53.fsa	192	192.82	7 772	88 142	4 334
22	B10_691-786_14-57-53.fsa	189	189.88	7 823	82 937	4 338
23	B11_691-786_15-37-58.fsa	195	195.76	7 533	69 624	4 387
24	B12_691-786_15-37-58.fsa	189	189.9	7 935	86 190	4 348
25	C01_691-786_12-05-57.fsa	192	192.86	7 574	127 692	4 400
26	C02_691-786_12-05-57.fsa	192	192.91	7 384	110 896	4 449
27	C03_691-786_12-57-30.fsa	195	195.71	7 163	115 552	4 358
28	C04_691-786_12-57-30.fsa	192	192.84	7 669	87 452	4 374
29	C05_691-786_13-37-41.fsa	192	192.84	7 334	105 592	4 310
30	C06_691-786_13-37-41.fsa	184	183.84	7 310	93 537	4 243
	C06_691-786_13-37-41.fsa	189	189.82	7 526	91 176	4 324
31	C07_691-786_14-17-47.fsa	192	192.87	208	1 945	4 312
32	C08_691-786_14-17-47.fsa	195	194.88	4 046	37 878	4 391
33	C09_691-786_14-57-53.fsa	195	195.85	4 568	42 028	4 353
34	C10_691-786_14-57-53.fsa	189	189.87	7 885	107 524	4 326
35	C11_691-786_15-37-58.fsa	192	192.95	2 430	23 442	4 325
36	C12_691-786_15-37-58.fsa	192	192.84	7 829	104 525	4 377
37	D01_691-786_12-05-57.fsa	192	191.95	1 981	17 967	4 451
38	D02_691-786_12-05-57.fsa	195	195.79	7 078	101 873	4 489
	D02_691-786_12-05-57.fsa	198	198.77	7 469	112 543	4 530
39	D03_691-786_12-57-30.fsa	189	189.82	7 207	80 769	4 339
40	D04_691-786_12-57-30.fsa	195	195.78	6 715	108 148	4 411

（续）

资源序号	样本名（sample file name）	等位基因位点（allele，bp）	大小（size，bp）	高度（height，RFU）	面积（area，RFU）	数据取值点（data point，RFU）
41	D05_691-786_13-37-41. fsa	189	189. 83	6 871	91 874	4 330
42	D06_691-786_13-37-41. fsa	189	189. 85	7 585	108 683	4 320
43	D07_691-786_14-17-47. fsa	201	201. 81	7 332	68 295	4 488
44	D08_691-786_14-17-47. fsa	189	189. 9	8 042	129 706	4 319
45	D09_691-786_14-57-53. fsa	192	192. 77	7 478	129 880	4 371
46	D10_691-786_14-57-53. fsa	184	183. 99	7 468	83 684	4 243
	D10_691-786_14-57-53. fsa	189	189. 92	7 563	85 248	4 323
47	D11_691-786_15-37-58. fsa	192	192. 94	239	2 401	4 383
48	D12_691-786_15-37-58. fsa	192	191. 93	1 256	11 804	4 362
49	E01_691-786_12-05-57. fsa	184	184. 08	486	4 600	4 338
50	E02_691-786_12-05-57. fsa	192	192. 91	7 241	71 652	4 446
51	E03_691-786_12-57-30. fsa	192	192. 73	7 501	91 527	4 373
52	E04_691-786_12-57-30. fsa	189	188. 88	7 461	95 756	4 320
53	E05_691-786_13-37-41. fsa	189	189. 69	6 360	76 154	4 336
	E05_691-786_13-37-41. fsa	195	195. 72	6 824	76 419	4 415
54	E06_691-786_13-37-41. fsa	195	195. 83	7 641	124 059	4 403
55	E07_691-786_14-17-47. fsa	195	194. 81	4 096	36 492	4 393
56	E08_691-786_14-17-47. fsa	192	192. 85	7 676	153 151	4 361
57	E09_691-786_14-57-53. fsa	192	192. 91	6 654	56 614	4 368
58	E10_691-786_14-57-53. fsa	201	201. 78	4 951	44 723	4 484
59	E11_691-786_15-37-58. fsa	195	195. 65	7 413	83 357	4 421
60	E12_691-786_15-37-58. fsa	192	191. 7	8 025	103 380	4 361
61	F01_691-786_12-05-57. fsa	195	194. 9	7 617	85 698	4 473
	F01_691-786_12-05-57. fsa	198	197. 86	7 416	76 612	4 513

（续）

资源序号	样本名 （sample file name）	等位基因位点 （allele，bp）	大小 （size，bp）	高度 （height，RFU）	面积 （area，RFU）	数据取值点 （data point，RFU）
62	F02_691-786_12-05-57.fsa	192	191.95	1 433	13 433	4 422
63	F03_691-786_12-57-30.fsa	189	188.91	7 772	75 381	4 306
64	F04_691-786_12-57-30.fsa	189	188.89	2 992	27 993	4 311
65	F05_691-786_13-37-41.fsa	192	192.81	7 626	78 485	4 348
66	F06_691-786_13-37-41.fsa	192	192.73	7 369	90 080	4 354
67	F07_691-786_14-17-47.fsa	201	201.81	6 932	135 143	4 464
68	F08_691-786_14-17-47.fsa	192	192.84	7 524	103 366	4 354
69	F09_691-786_14-57-53.fsa	195	195.83	7 123	65 081	4 390
70	F10_691-786_14-57-53.fsa	189	189.74	7 792	110 903	4 316
71	F11_691-786_15-37-58.fsa	186	186.98	1 191	12 627	4 282
72	F12_691-786_15-37-58.fsa	189	189.82	7 878	96 596	4 328
73	G01_691-786_12-05-57.fsa	195	195.97	7 219	71 810	4 500
74	G02_691-786_12-05-57.fsa	184	184.17	4 988	47 035	4 330
75	G03_691-786_12-57-30.fsa	189	189.03	7 683	74 059	4 323
76	G04_691-786_12-57-30.fsa	195	194.89	5 314	51 152	4 400
	G04_691-786_12-57-30.fsa	201	200.9	7 011	68 717	4 479
77	G05_691-786_13-37-41.fsa	201	200.83	259	2 413	4 468
78	G06_691-786_13-37-41.fsa	195	195.77	7 424	78 371	4 404
79	G07_691-786_14-17-47.fsa	195	195.89	1 352	13 625	4 404
80	G08_691-786_14-17-47.fsa	195	195.79	7 623	83 645	4 403
81	G09_691-786_14-57-53.fsa	189	189.92	7 683	112 351	4 334
	G09_691-786_14-57-53.fsa	192	192.91	3 817	33 562	4 526
82	G10_691-786_14-57-53.fsa	195	195.64	7 471	104 368	4 403
83	G11_691-786_15-37-58.fsa	195	195.9	3 419	33 014	4 415

（续）

资源序号	样本名（sample file name）	等位基因位点（allele，bp）	大小（size，bp）	高度（height，RFU）	面积（area，RFU）	数据取值点（data point，RFU）
84	G12_691-786_15-37-58.fsa	201	200.9	2 295	21 219	4 600
85	H01_691-786_12-05-57.fsa	201	200.89	7 755	80 856	4 601
86	H02_691-786_12-05-57.fsa	189	189.13	2 901	28 516	4 484
87	H03_691-786_12-57-30.fsa	195	195.89	4 488	43 395	4 446
	H03_691-786_12-57-30.fsa	198	197.91	4 115	39 576	4 473
88	H04_691-786_12-57-30.fsa	192	191.91	7 951	111 229	4 448
89	H05_691-786_13-37-41.fsa	189	189.81	7 271	99 715	4 359
90	H06_691-786_13-37-41.fsa	195	195.88	166	1 674	4 492
91	H07_691-786_14-17-47.fsa	195	195.88	7 597	78 418	4 437
92	H08_691-786_14-17-47.fsa	192	191.73	7 938	107 208	4 435
93	H09_691-786_14-57-53.fsa	195	195.94	4 488	49 940	4 442
94	H10_691-786_14-57-53.fsa	192	192.94	7 654	81 686	4 454
95	H11_691-786_15-37-58.fsa	192	192.73	7 781	105 054	4 408
96	H12_691-786_15-37-58.fsa	192	192.94	3 851	40 224	4 465
97	A01_787-882_16-18-02.fsa	999				
98	A02_787-882_16-18-02.fsa	192	192.75	7 694	92 535	4 405
99	A03_787-882_16-58-05.fsa	192	192.72	4 591	42 615	4 466
100	A04_787-882_16-58-05.fsa	174	175.1	3 843	35 579	4 168
101	A05_787-882_17-38-08.fsa	195	195.7	7 814	92 669	4 382
102	A06_787-882_17-38-08.fsa	195	195.81	7 238	80 142	4 442
	A06_787-882_17-38-08.fsa	201	201.87	7 309	82 673	4 521
103	A07_787-882_18-18-13.fsa	195	195.72	7 835	89 974	4 381
104	A08_787-882_18-18-13.fsa	195	195.75	7 726	90 404	4 446
105	A09_787-882_18-58-41.fsa	195	195.8	2 142	19 313	4 408

（续）

资源序号	样本名 （sample file name）	等位基因位点 （allele，bp）	大小 （size，bp）	高度 （height，RFU）	面积 （area，RFU）	数据取值点 （data point，RFU）
106	A10_787－882_18－58－41. fsa	195	195. 85	5 470	51 627	4 468
107	A11_787－882_19－38－45. fsa	189	189. 86	8 115	115 840	4 339
108	A12_787－882_19－38－45. fsa	189	189. 89	5 935	56 532	4 403
109	B01_787－882_16－18－02. fsa	195	195. 85	8 010	105 290	4 392
110	B02_787－882_16－18－02. fsa	189	189. 12	5 194	49 643	4 559
111	B03_787－882_16－58－05. fsa	195	195. 85	8 102	107 747	4 393
112	B04_787－882_16－58－05. fsa	192	191. 87	8 262	99 881	4 387
113	B05_787－882_17－38－08. fsa	192	192. 84	2 522	21 903	4 354
114	B06_787－882_17－38－08. fsa	195	195. 78	8 032	114 034	4 432
115	B07_787－882_18－18－13. fsa	195	194. 85	7 093	84 633	4 384
116	B08_787－882_18－18－13. fsa	192	191. 85	8 360	122 058	4 378
117	B09_787－882_18－58－41. fsa	192	192. 88	7 958	116 756	4 371
118	B10_787－882_18－58－41. fsa	195	195. 82	8 001	102 312	4 460
119	B11_787－882_19－38－45. fsa	192	192. 83	7 857	95 827	4 387
120	B12_787－882_19－38－45. fsa	192	192. 88	6 842	60 412	4 430
121	C01_787－882_16－18－02. fsa	195	195. 66	7 925	95 815	4 369
122	C02_787－882_16－18－02. fsa	189	189. 76	7 735	93 710	4 343
123	C03_787－882_16－58－05. fsa	195	195. 73	7 794	94 323	4 373
124	C04_787－882_16－58－05. fsa	192	192. 87	7 269	68 340	4 389
125	C05_787－882_17－38－08. fsa	189	188. 92	7 295	76 728	4 276
	C05_787－882_17－38－08. fsa	198	198. 62	7 487	88 043	4 403
126	C06_787－882_17－38－08. fsa	201	201. 69	7 681	92 657	4 499
127	C07_787－882_18－18－13. fsa	195	194. 89	8 080	109 589	4 368
128	C08_787－882_18－18－13. fsa	195	195. 63	7 696	96 420	4 418

（续）

资源序号	样本名（sample file name）	等位基因位点（allele，bp）	大小（size，bp）	高度（height，RFU）	面积（area，RFU）	数据取值点（data point，RFU）
129	C09_787-882_18-58-41.fsa	195	194.77	8 142	101 371	4 381
130	C10_787-882_18-58-41.fsa	189	189.88	7 521	77 906	4 369
131	C11_787-882_19-38-45.fsa	192	191.81	7 995	102 873	4 345
132	C12_787-882_19-38-45.fsa	195	195.75	7 971	115 923	4 457
133	D01_787-882_16-18-02.fsa	192	192.84	6 347	56 854	4 389
134	D02_787-882_16-18-02.fsa	195	194.91	4 210	38 073	4 410
135	D03_787-882_16-58-05.fsa	195	195.86	7 660	75 841	4 431
136	D04_787-882_16-58-05.fsa	195	195.79	7 645	85 939	4 426
137	D05_787-882_17-38-08.fsa	195	195.78	7 666	77 776	4 422
138	D06_787-882_17-38-08.fsa	184	183.97	6 523	61 169	4 258
139	D07_787-882_18-18-13.fsa	195	194.82	7 888	122 301	4 424
140	D08_787-882_18-18-13.fsa	192	192.85	8 053	110 972	4 389
141	D09_787-882_18-58-41.fsa	195	194.84	7 380	66 313	4 439
142	D10_787-882_18-58-41.fsa	195	194.64	8 149	96 536	4 433
143	D11_787-882_19-38-45.fsa	195	194.77	7 708	89 112	4 440
144	D12_787-882_19-38-45.fsa	201	200.72	7 071	67 073	4 518
145	E01_787-882_16-18-02.fsa	189	188.95	32	324	4 336
146	E02_787-882_16-18-02.fsa	201	201.94	2 707	24 780	4 504
147	E03_787-882_16-58-05.fsa	195	195.65	7 741	92 647	4 421
148	E04_787-882_16-58-05.fsa	189	188.86	7 740	76 452	4 335
149	E05_787-882_17-38-08.fsa	192	193.14	7 863	96 765	4 383
150	E06_787-882_17-38-08.fsa	189	189.87	5 263	51 385	4 423
	E06_787-882_17-38-08.fsa	192	192.81	7 714	84 520	4 423
151	E07_787-882_18-18-13.fsa	192	192.87	137	1 353	4 387

（续）

资源序号	样本名 （sample file name）	等位基因位点 （allele，bp）	大小 （size，bp）	高度 （height，RFU）	面积 （area，RFU）	数据取值点 （data point，RFU）
152	E08_787－882_18－18－13. fsa	189	190. 26	7 810	107 739	4 341
153	E09_787－882_18－58－41. fsa	195	195. 9	6 407	59 669	4 440
154	E10_787－882_18－58－41. fsa	195	195. 86	6 691	63 979	4 448
155	E11_787－882_19－38－45. fsa	195	195. 85	7 795	82 259	4 462
156	E12_787－882_19－38－45. fsa	189	189. 9	8 022	113 141	4 375
157	F01_787－882_16－18－02. fsa	192	192. 92	43	419	4 369
158	F02_787－882_16－18－02. fsa	201	201. 96	75	698	4 495
159	F03_787－882_16－58－05. fsa	184	183. 87	6 435	59 229	4 322
160	F04_787－882_16－58－05. fsa	201	201. 87	7 471	73 935	4 498
161	F05_787－882_17－38－08. fsa	192	192. 83	7 682	104 650	4 364
162	F06_787－882_17－38－08. fsa	192	192. 87	5 818	53 019	4 372
163	F07_787－882_18－18－13. fsa	192	192. 83	7 211	68 272	4 372
164	F08_787－882_18－18－13. fsa	192	192. 87	7 461	70 256	4 371
165	F09_787－882_18－58－41. fsa	192	192. 87	2 028	19 008	4 390
166	F10_787－882_18－58－41. fsa	189	189. 82	7 891	94 477	4 355
167	F11_787－882_19－38－45. fsa	192	191. 89	978	8 788	4 380
168	F12_787－882_19－38－45. fsa	195	194. 8	5 188	47 720	4 429
169	G01_787－882_16－18－02. fsa	195	195. 84	7 840	86 812	4 424
170	G02_787－882_16－18－02. fsa	195	194. 92	3 632	32 337	4 411
171	G03_787－882_16－58－05. fsa	195	195. 82	3 697	35 597	4 426
172	G04_787－882_16－58－05. fsa	189	189. 96	6 901	65 838	4 349
	G04_787－882_16－58－05. fsa	195	195. 8	7 373	71 735	4 427
173	G05_787－882_17－38－08. fsa	195	195. 9	3 445	32 145	4 420
174	G06_787－882_17－38－08. fsa	189	189. 76	7 741	93 725	4 339

（续）

资源序号	样本名（sample file name）	等位基因位点（allele，bp）	大小（size，bp）	高度（height，RFU）	面积（area，RFU）	数据取值点（data point，RFU）
175	G07_787-882_18-18-13. fsa	192	192. 88	5 233	48 860	4 380
176	G08_787-882_18-18-13. fsa	192	192. 96	5 185	48 362	4 393
177	G09_787-882_18-58-41. fsa	192	192. 9	5 031	46 887	4 406
178	G10_787-882_18-58-41. fsa	201	201. 87	7 619	81 477	4 526
179	G11_787-882_19-38-45. fsa	174	174. 92	7 828	105 721	4 174
180	G12_787-882_19-38-45. fsa	195	195. 83	4 373	41 242	4 450
181	H01_787-882_16-18-02. fsa	192	192. 97	6 130	60 019	4 420
182	H02_787-882_16-18-02. fsa	189	189. 95	7 842	89 171	4 432
183	H03_787-882_16-58-05. fsa	195	195. 9	5 745	56 294	4 462
184	H04_787-882_16-58-05. fsa	195	194. 95	560	5 356	4 504
185	H05_787-882_17-38-08. fsa	192	192. 99	3 263	32 879	4 428
186	H06_787-882_17-38-08. fsa	171	171. 23	2 754	25 234	4 172
	H06_787-882_17-38-08. fsa	189	189. 02	1 886	17 708	4 414
187	H07_787-882_18-18-13. fsa	195	195. 82	56	547	4 450
188	H08_787-882_18-18-13. fsa	192	192. 96	4 671	47 209	4 465
189	H09_787-882_18-58-41. fsa	189	189. 96	5 775	56 130	4 399
190	H10_787-882_18-58-41. fsa	195	194. 89	5 697	55 311	4 521
191	H11_787-882_19-38-45. fsa	174	174. 97	7 784	102 631	4 204
192	H12_787-882_19-38-45. fsa	189	190. 02	7 565	76 754	4 459

33 Satt373

资源序号	样本名（sample file name）	等位基因位点（allele，bp）	大小（size，bp）	高度（height，RFU）	面积（area，RFU）	数据取值点（data point，RFU）
1	A01_691_11-46-31. fsa	263	263	2 360	26 794	5 748
2	A02_691_11-46-31. fsa	248	249	2 177	27 017	5 685
3	A03_691_12-39-22. fsa	248	248. 91	7 546	93 747	5 403
4	A04_691_12-39-22. fsa	245	245. 85	6 032	70 579	5 496
5	A05_691_13-19-37. fsa	248	248. 82	8 026	158 157	5 369
6	A06_691_13-19-37. fsa	238	239. 27	7 757	104 529	5 376
7	A07_691_13-59-49. fsa	248	248. 66	7 027	156 460	5 336
8	A08_691_13-59-49. fsa	238	239. 04	7 803	133 328	5 342
9	A09_691_14-39-59. fsa	248	248. 54	6 792	140 637	5 279
10	A10_691_14-39-59. fsa	245	245. 46	7 488	100 016	5 351
	A10_691_14-39-59. fsa	248	248. 75	4 876	58 068	5 393
11	A11_691_15-20-09. fsa	248	247. 76	7 358	66 849	4 741
12	A12_691_15-20-09. fsa	248	247. 63	7 695	105 291	4 778
13	B01_691_11-46-31. fsa	238	239. 76	3 161	36 361	5 479
	B01_691_11-46-31. fsa	255	255. 07	887	10 281	5 691
14	B02_691_11-46-31. fsa	213	213. 98	3 362	41 274	5 256
	B02_691_11-46-31. fsa	222	223. 68	960	11 903	5 394
15	B03_691_12-39-22. fsa	251	251. 87	6 533	76 651	5 457
16	B04_691_12-39-22. fsa	276	277	2 929	36 438	5 956
17	B05_691_13-19-37. fsa	213	213. 38	7 277	112 298	4 929
	B05_691_13-19-37. fsa	222	223. 35	4 787	59 870	5 056
18	B06_691_13-19-37. fsa	248	248. 83	6 811	99 973	5 524

（续）

资源序号	样本名 (sample file name)	等位基因位点 (allele, bp)	大小 (size, bp)	高度 (height, RFU)	面积 (area, RFU)	数据取值点 (data point, RFU)
19	B07_691_13-59-49.fsa	276	277.2	4 249	53 815	5 758
20	B08_691_13-59-49.fsa	238	239.13	7 609	171 504	5 354
21	B09_691_14-39-59.fsa	213	213.41	7 855	172 095	4 859
22	B10_691_14-39-59.fsa	248	248.54	7 871	126 148	5 399
23	B11_691_15-20-09.fsa	251	250.66	7 717	121 354	4 774
24	B12_691_15-20-09.fsa	238	238.18	8 199	112 073	4 657
25	C01_691_11-46-31.fsa	245	245.99	7 173	170 630	5 548
26	C02_691_11-46-31.fsa	245	245.79	7 579	95 956	5 707
27	C03_691_12-39-22.fsa	213	213.63	7 952	170 388	4 953
28	C04_691_12-39-22.fsa	248	248.56	7 339	96 114	5 553
29	C05_691_13-19-37.fsa	251	251	2 328	25 542	5 371
30	C06_691_13-19-37.fsa	213	213.43	7 530	173 620	5 032
31	C07_691_13-59-49.fsa	276	277.25	5 096	59 354	5 745
32	C08_691_13-59-49.fsa	238	239.3	4 252	58 023	5 350
33	C09_691_14-39-59.fsa	238	239.13	4 502	52 193	5 162
34	C10_691_14-39-59.fsa	219	219	1 168	13 556	4 978
35	C11_691_15-20-09.fsa	222	222.5	7 653	119 036	4 439
	C11_691_15-20-09.fsa	274	273.61	2 415	25 122	5 038
36	C12_691_15-20-09.fsa	248	247.39	7 639	93 728	4 756
37	D01_691_11-46-31.fsa	248	249.42	3 849	49 131	5 700
	D01_691_11-46-31.fsa	251	252.31	4 772	61 086	5 744
38	D02_691_11-46-31.fsa	248	249.16	7 940	131 826	5 739
39	D03_691_12-39-22.fsa	238	239.44	7 859	130 010	5 378
40	D04_691_12-39-22.fsa	238	239.49	528	6 246	5 416

（续）

资源序号	样本名（sample file name）	等位基因位点（allele，bp）	大小（size，bp）	高度（height，RFU）	面积（area，RFU）	数据取值点（data point，RFU）
41	D05 _691 _13 - 19 - 37. fsa	245	245	1 557	18 892	5 381
42	D06 _691 _13 - 19 - 37. fsa	248	248. 91	7 463	122 453	5 506
43	D07 _691 _13 - 59 - 49. fsa	251	251. 83	7 590	100 232	5 472
44	D08 _691 _13 - 59 - 49. fsa	248	248	2 763	33 045	5 422
45	D09 _691 _14 - 39 - 59. fsa	245	245. 49	7 526	72 962	5 323
46	D10 _691 _14 - 39 - 59. fsa	213	213	712	9 320	4 884
47	D11 _691 _15 - 20 - 09. fsa	248	247. 61	7 267	112 119	4 768
48	D12 _691 _15 - 20 - 09. fsa	248	249. 11	7 576	133 526	5 689
49	E01 _691 _11 - 46 - 31. fsa	222	223. 73	3 577	42 035	5 332
50	E02 _691 _11 - 46 - 31. fsa	248	249. 3	7 696	128 980	5 729
51	E03 _691 _12 - 39 - 22. fsa	213	213	388	6 018	4 972
52	E04 _691 _12 - 39 - 22. fsa	238	239. 17	7 681	140 091	5 405
53	E05 _691 _13 - 19 - 37. fsa	238	239. 19	7 711	131 938	5 319
54	E06 _691 _13 - 19 - 37. fsa	210	210. 42	7 583	116 914	4 978
	E06 _691 _13 - 19 - 37. fsa	213	213. 74	4 195	51 562	5 023
55	E07 _691 _13 - 59 - 49. fsa	251	251. 94	3 229	45 164	5 527
56	E08 _691 _13 - 59 - 49. fsa	276	276. 75	6 162	81 369	5 887
57	E09 _691 _14 - 39 - 59. fsa	213	214. 95	38	505	4 929
58	E10 _691 _14 - 39 - 59. fsa	248	248. 69	5 008	69 021	5 386
59	E11 _691 _15 - 20 - 09. fsa	248	247. 42	7 594	108 533	4 765
60	E12 _691 _15 - 20 - 09. fsa	222	222. 53	4 865	50 212	4 473
	E12 _691 _15 - 20 - 09. fsa	276	276. 48	2 797	28 951	5 120
61	F01 _691 _11 - 46 - 31. fsa	248	249. 42	5 639	83 615	5 668
62	F02 _691 _11 - 46 - 31. fsa	245	245. 82	3 201	35 265	5 616

（续）

资源序号	样本名 （sample file name）	等位基因位点 （allele，bp）	大小 （size，bp）	高度 （height，RFU）	面积 （area，RFU）	数据取值点 （data point，RFU）
63	F03 _691 _12 - 39 - 22. fsa	999				
64	F04 _691 _12 - 39 - 22. fsa	248	249. 11	5 027	69 556	5 506
65	F05 _691 _13 - 19 - 37. fsa	213	213. 32	7 297	136 873	4 966
66	F06 _691 _13 - 19 - 37. fsa	222	223. 26	7 861	128 539	5 124
67	F07 _691 _13 - 59 - 49. fsa	248	248. 85	7 577	112 657	5 398
68	F08 _691 _13 - 59 - 49. fsa	276	277. 29	4 348	55 197	5 857
69	F09 _691 _14 - 39 - 59. fsa	999				
70	F10 _691 _14 - 39 - 59. fsa	219	220. 13	1 614	17 833	4 994
71	F11 _691 _15 - 20 - 09. fsa	251	250. 8	3 679	34 246	4 791
72	F12 _691 _15 - 20 - 09. fsa	222	222. 46	7 804	94 295	4 470
73	G01 _691 _11 - 46 - 31. fsa	248	249. 55	3 300	39 944	5 663
74	G02 _691 _11 - 46 - 31. fsa	213	214. 07	3 393	42 099	5 193
75	G03 _691 _12 - 39 - 22. fsa	238	239. 59	1 731	20 963	5 347
76	G04 _691 _12 - 39 - 22. fsa	999				
77	G05 _691 _13 - 19 - 37. fsa	210	209. 33	1 926	21 147	4 922
	G05 _691 _13 - 19 - 37. fsa	251	251. 85	5 063	70 531	5 474
78	G06 _691 _13 - 19 - 37. fsa	245	245. 63	7 498	139 493	5 418
79	G07 _691 _13 - 59 - 49. fsa	248	248. 91	7 507	109 400	5 401
80	G08 _691 _13 - 59 - 49. fsa	245	245. 58	7 491	124 966	5 382
81	G09 _691 _14 - 39 - 59. fsa	251	251. 01	3 422	42 152	5 163
82	G10 _691 _14 - 39 - 59. fsa	219	219. 8	7 526	128 984	4 990
83	G11 _691 _15 - 20 - 09. fsa	219	219. 19	7 592	96 644	4 453
84	G12 _691 _15 - 20 - 09. fsa	248	247. 62	7 473	92 088	4 766
85	H01 _691 _11 - 46 - 31. fsa	238	240. 12	2 307	33 059	5 619

（续）

资源序号	样本名（sample file name）	等位基因位点（allele，bp）	大小（size，bp）	高度（height，RFU）	面积（area，RFU）	数据取值点（data point，RFU）
86	H02_691_11-46-31. fsa	251	252. 52	3 577	50 529	5 869
87	H03_691_12-39-22. fsa	248	249. 25	5 786	71 353	5 544
88	H04_691_12-39-22. fsa	245	246. 09	7 135	105 575	5 596
89	H05_691_13-19-37. fsa	263	263. 39	6 142	84 727	5 717
90	H06_691_13-19-37. fsa	248	249. 26	417	5 003	5 601
91	H07_691_13-59-49. fsa	248	249. 01	7 426	100 551	5 468
92	H08_691_13-59-49. fsa	248	249. 03	7 216	109 964	5 560
93	H09_691_14-39-59. fsa	245	245. 77	4 568	66 689	5 390
94	H10_691_14-39-59. fsa	245	245. 82	590	6 575	5 446
95	H11_691_15-20-09. fsa	213	213. 17	7 486	101 534	4 455
96	H12_691_15-20-09. fsa	276	276. 61	6 864	71 197	5 204
97	A01_787_16-00-15. fsa	245	245. 85	4 415	57 523	5 664
98	A02_787_16-00-15. fsa	279	278. 85	7 026	76 365	4 965
99	A03_787_16-40-18. fsa	219	218. 98	7 621	79 448	4 189
100	A04_787_16-40-18. fsa	213	212. 46	6 703	77 393	4 124
101	A05_787_17-20-17. fsa	213	212. 83	762	6 573	4 105
102	A06_787_17-20-17. fsa	251	250. 17	7 310	80 018	4 567
103	A07_787_18-00-19. fsa	238	238. 3	7 717	99 845	4 759
104	A08_787_18-00-19. fsa	248	247. 95	7 017	70 194	4 970
	A08_787_18-00-19. fsa	251	250. 97	3 382	32 973	5 008
105	A09_787_18-40-45. fsa	245	245. 04	7 491	110 986	5 027
106	A10_787_18-40-45. fsa	248	247. 94	6 669	110 276	5 165
107	A11_787_19-20-49. fsa	219	219. 77	7 975	95 483	4 794
108	A12_787_19-20-49. fsa	251	251. 47	7 592	93 914	5 303

（续）

资源序号	样本名（sample file name）	等位基因位点（allele，bp）	大小（size，bp）	高度（height，RFU）	面积（area，RFU）	数据取值点（data point，RFU）
109	B01_787_16-00-15.fsa	238	237.88	5 966	50 885	4 454
	B01_787_16-00-15.fsa	253	253.15	7 372	86 041	4 623
110	B02_787_16-00-15.fsa	253	253.24	7 860	94 355	4 639
111	B03_787_16-40-18.fsa	251	250.17	1 647	14 311	4 501
112	B04_787_16-40-18.fsa	222	222.07	7 945	80 321	4 204
113	B05_787_17-20-17.fsa	251	250	7 648	94 495	4 513
114	B06_787_17-20-17.fsa	253	253.14	7 269	93 635	4 579
115	B07_787_18-00-19.fsa	251	250.93	855	8 504	4 917
116	B08_787_18-00-19.fsa	219	219.47	1 098	11 113	4 604
117	B09_787_18-40-45.fsa	248	248.26	4 774	48 623	5 071
118	B10_787_18-40-45.fsa	248	248.29	3 503	37 455	5 173
119	B11_787_19-20-49.fsa	248	248.37	4 882	50 938	5 157
120	B12_787_19-20-49.fsa	248	248.47	6 154	72 707	5 264
121	C01_787_16-00-15.fsa	248	247.34	1 182	10 618	4 533
122	C02_787_16-00-15.fsa	251	250.08	7 224	88 783	4 594
123	C03_787_16-40-18.fsa	248	246.95	7 825	83 804	4 443
124	C04_787_16-40-18.fsa	213	212.42	7 292	91 259	4 088
125	C05_787_17-20-17.fsa	219	218.92	7 947	84 587	4 151
126	C06_787_17-20-17.fsa	251	250.25	3 739	35 281	4 533
127	C07_787_18-00-19.fsa	238	238.26	7 709	98 949	4 754
128	C08_787_18-00-19.fsa	245	244.81	159	1 740	4 906
	C08_787_18-00-19.fsa	253	253.82	232	2 447	5 022
129	C09_787_18-40-45.fsa	251	251.18	7 674	106 125	5 094
130	C10_787_18-40-45.fsa	251	251.26	1 796	19 946	5 204

（续）

资源序号	样本名（sample file name）	等位基因位点（allele，bp）	大小（size，bp）	高度（height，RFU）	面积（area，RFU）	数据取值点（data point，RFU）
131	C11_787_19-20-49. fsa	213	213. 4	8 069	121 434	4 702
132	C12_787_19-20-49. fsa	251	251. 5	393	4 422	5 297
133	D01_787_16-00-15. fsa	279	278. 96	3 661	32 854	4 946
134	D02_787_16-00-15. fsa	248	247. 21	7 166	70 036	4 558
135	D03_787_16-40-18. fsa	238	237. 77	7 808	77 915	4 378
136	D04_787_16-40-18. fsa	238	237. 71	7 565	71 446	4 365
137	D05_787_17-20-17. fsa	238	237. 79	7 636	80 374	4 395
138	D06_787_17-20-17. fsa	222	222. 19	2 254	20 663	4 214
139	D07_787_18-00-19. fsa	238	238. 38	7 802	104 141	4 810
140	D08_787_18-00-19. fsa	210	210. 03	2 457	24 557	4 475
141	D09_787_18-40-45. fsa	251	251. 31	7 748	95 860	5 166
142	D10_787_18-40-45. fsa	251	251. 27	5 103	63 900	5 192
143	D11_787_19-20-49. fsa	251	251. 49	593	6 309	5 250
144	D12_787_19-20-49. fsa	238	238. 8	7 940	106 072	5 117
145	E01_787_16-00-15. fsa	238	238	3 530	31 522	4 474
146	E02_787_16-00-15. fsa	238	237. 94	6 314	59 120	4 463
	E02_787_16-00-15. fsa	251	250. 42	2 832	27 631	4 602
147	E03_787_16-40-18. fsa	248	247. 12	97	936	4 489
148	E04_787_16-40-18. fsa	276	276. 14	386	3 698	4 816
149	E05_787_17-20-17. fsa	282	281. 74	645	6 179	4 905
150	E06_787_17-20-18. fsa	248	248. 24	216	2 391	5 223
151	E07_787_18-00-19. fsa	248	247. 88	7 490	83 269	4 920
152	E08_787_18-00-19. fsa	248	247. 96	353	3 435	4 944
153	E09_787_18-00-20. fsa	999				

（续）

资源序号	样本名（sample file name）	等位基因位点（allele，bp）	大小（size，bp）	高度（height，RFU）	面积（area，RFU）	数据取值点（data point，RFU）
154	E10_787_18-00-20.fsa	222	222.96	127	1 406	4 926
	E10_787_18-00-20.fsa	248	248.51	1 557	16 321	5 313
155	E11_787_19-20-49.fsa	222	223.05	4 476	46 804	4 910
	E11_787_19-20-49.fsa	248	248.47	1 336	14 476	5 227
156	E12_787_19-20-49.fsa	219	219.86	279	2 972	4 871
157	F01_787_16-00-15.fsa	248	247.37	6 663	62 165	4 561
158	F02_787_16-00-15.fsa	238	237.89	7 647	88 515	4 462
159	F03_787_16-40-18.fsa	276	276.1	7 067	71 618	4 806
160	F04_787_16-40-18.fsa	248	247.16	5 925	54 753	4 477
161	F05_787_17-20-17.fsa	276	276.08	59	533	4 828
162	F06_787_17-20-17.fsa	276	276.05	7 262	79 713	4 844
163	F07_787_18-00-19.fsa	279	279.3	6 219	67 280	5 316
164	F08_787_18-00-19.fsa	213	213.17	7 885	95 487	4 508
165	F09_787_18-40-45.fsa	213	213.35	7 008	76 392	4 667
166	F10_787_18-40-45.fsa	238	238.87	133	1 481	5 009
	F10_787_18-40-45.fsa	248	248.41	119	1 315	5 129
167	F11_787_19-20-49.fsa	238	237.78	2 813	28 640	5 049
	F11_787_19-20-49.fsa	276	276.95	5 710	71 720	5 581
168	F12_787_19-20-49.fsa	245	245.4	5 302	62 230	5 176
169	G01_787_16-00-15.fsa	245	244.35	1 628	15 366	4 548
	G01_787_16-00-15.fsa	248	247.45	2 065	19 178	4 582
170	G02_787_16-00-15.fsa	245	244.21	6 902	75 323	4 540
171	G03_787_16-40-18.fsa	238	237.84	4 644	42 935	4 388
172	G04_787_16-40-18.fsa	248	247.25	2 389	22 249	4 487
	G04_787_16-40-18.fsa	251	250.25	3 006	27 741	4 520

（续）

资源序号	样本名（sample file name）	等位基因位点（allele，bp）	大小（size，bp）	高度（height，RFU）	面积（area，RFU）	数据取值点（data point，RFU）
173	G05_787_17-20-17.fsa	245	244.18	325	3 063	4 474
	G05_787_17-20-17.fsa	248	247.27	171	1 707	4 508
174	G06_787_17-20-17.fsa	248	247.21	6 744	65 383	4 508
175	G07_787_18-00-19.fsa	248	247.98	5 552	57 926	4 924
176	G08_787_18-00-19.fsa	279	279.59	2 116	26 768	5 454
177	G09_787_18-40-45.fsa	245	245.19	5 401	57 868	5 077
178	G10_787_18-40-45.fsa	248	248.48	5 457	61 828	5 133
179	G11_787_19-20-49.fsa	251	251.51	6 187	69 963	5 239
180	G12_787_19-20-49.fsa	251	251.63	6 871	80 126	5 257
181	H01_787_16-00-15.fsa	222	222.42	2 695	25 384	4 331
182	H02_787_16-00-15.fsa	238	238.2	1 936	18 524	4 539
183	H03_787_16-40-18.fsa	251	250.34	85	800	4 549
184	H04_787_16-40-18.fsa	251	250.42	3 520	33 152	4 586
185	H05_787_17-20-17.fsa	276	276.16	5 789	53 570	4 877
186	H06_787_17-20-17.fsa	210	209.79	5 931	53 061	4 152
	H06_787_17-20-17.fsa	251	250.49	1 430	14 689	4 612
187	H07_787_18-00-19.fsa	251	251.13	309	3 240	5 000
188	H08_787_18-00-19.fsa	276	276.79	248	2 653	5 417
189	H09_787_18-40-45.fsa	276	276.98	2 426	26 978	5 556
190	H10_787_18-40-45.fsa	238	239	6 073	68 746	5 121
191	H11_787_19-20-49.fsa	251	251.61	4 050	49 406	5 335
192	H12_787_19-20-49.fsa	222	223.25	165	1 798	5 006

34 Satt551

资源序号	样本名（sample file name）	等位基因位点（allele，bp）	大小（size，bp）	高度（height，RFU）	面积（area，RFU）	数据取值点（data point，RFU）
1	A01_691-786_11-03-56.fsa	224	224.18	7 532	76 069	4 815
2	A02_691-786_11-03-57.fsa	224	224.24	6 733	69 525	4 865
3	A03_691-786_11-56-40.fsa	230	231.64	7 730	107 100	5 364
4	A04_691-786_11-56-40.fsa	224	224.76	7 811	117 892	5 476
5	A05_691-786_12-36-56.fsa	224	224.77	6 752	71 710	5 237
6	A06_691-786_12-36-56.fsa	230	231.24	8 069	195 160	5 501
	A06_691-786_12-36-56.fsa	237	237.66	3 260	40 114	5 613
7	A07_691-786_13-17-12.fsa	224	225.18	5 110	65 945	5 217
8	A08_691-786_13-17-12.fsa	224	225.14	7 454	110 003	5 380
9	A09_691-786_13-57-23.fsa	224	224.52	7 158	227 382	5 205
	A09_691-786_13-57-23.fsa	237	237.2	6 627	132 669	5 375
10	A10_691-786_13-57-23.fsa	224	224.44	8 475	170 876	5 359
	A10_691-786_13-57-23.fsa	230	230.88	8 671	153 112	5 452
11	A11_691-786_14-37-35.fsa	224	224.61	7 584	87 629	5 184
	A11_691-786_14-37-35.fsa	237	237.28	7 924	179 011	5 351
12	A12_691-786_14-37-35.fsa	230	231.03	6 576	79 587	5 411
13	B01_691-786_11-03-56.fsa	230	231.58	8 464	164 156	5 589
14	B02_691-786_11-03-57.fsa	237	236.88	8 645	129 344	4 916
15	B03_691-786_11-56-40.fsa	237	237.68	2 019	23 128	5 508
16	B04_691-786_11-56-40.fsa	224	224.9	661	8 209	5 456
17	B05_691-786_12-36-56.fsa	237	237.54	8 398	136 142	5 459
18	B06_691-786_12-36-56.fsa	230	231.42	7 801	95 069	5 498
	B06_691-786_12-36-56.fsa	237	237.83	7 141	112 828	5 574

（续）

资源序号	样本名 （sample file name）	等位基因位点 （allele，bp）	大小 （size，bp）	高度 （height，RFU）	面积 （area，RFU）	数据取值点 （data point，RFU）
19	B07 _691－786 _13－17－12. fsa	224	224. 7	8 455	150 744	5 259
	B07 _691－786 _13－17－12. fsa	237	237. 51	8 328	162 021	5 435
20	B08 _691－786 _13－17－12. fsa	224	224. 74	6 026	64 124	5 367
21	B09 _691－786 _13－17－12. fsa	224	223. 53	8 811	141 431	4 364
22	B10 _691－786 _13－57－23. fsa	230	231. 16	261	3 103	5 441
23	B11 _691－786 _14－37－35. fsa	224	224. 83	7 983	94 914	5 193
24	B12 _691－786 _14－37－35. fsa	230	231. 35	7 071	171 300	5 397
25	C01 _691－786 _11－03－56. fsa	224	225. 32	7 646	121 056	5 467
26	C02 _691－786 _11－03－57. fsa	237	236. 83	227	2 244	4 987
27	C03 _691－786 _11－56－40. fsa	224	225. 16	7 884	185 572	5 268
28	C04 _691－786 _11－56－40. fsa	237	237. 88	6 866	92 821	5 619
29	C05 _691－786 _12－36－56. fsa	224	224. 75	8 769	146 613	5 231
30	C06 _691－786 _12－36－56. fsa	224	225	7 817	95 138	5 375
31	C07 _691－786 _13－17－12. fsa	224	224. 73	212	2 418	5 202
32	C08 _691－786 _13－17－12. fsa	230	230. 91	8 654	159 961	5 433
33	C09 _691－786 _13－57－23. fsa	237	237. 49	8 600	157 625	5 361
34	C10 _691－786 _13－57－23. fsa	230	231. 03	8 481	175 710	5 417
35	C11 _691－786 _14－37－35. fsa	224	224. 65	8 340	205 016	5 182
36	C12 _691－786 _14－37－35. fsa	237	237. 67	7 265	71 716	5 482
37	D01 _691－786 _11－03－56. fsa	224	225. 25	555	7 111	5 619
38	D02 _691－786 _11－03－57. fsa	237	236. 91	8 492	118 450	4 928
39	D03 _691－786 _11－56－40. fsa	224	225. 17	7 714	105 150	5 408
40	D04 _691－786 _11－56－40. fsa	237	237. 7	467	6 597	5 606
41	D05 _691－786 _12－36－56. fsa	224	224. 89	72	991	5 349

（续）

资源序号	样本名（sample file name）	等位基因位点（allele，bp）	大小（size，bp）	高度（height，RFU）	面积（area，RFU）	数据取值点（data point，RFU）
42	D06_691-786_12-36-56.fsa	237	237.69	1 415	18 498	5 550
43	D07_691-786_13-17-12.fsa	224	225.08	8 274	99 027	5 319
44	D08_691-786_13-17-12.fsa	224	224.88	8 428	103 780	5 334
45	D09_691-786_13-57-23.fsa	237	237.82	7 343	90 506	5 477
46	D10_691-786_13-57-23.fsa	224	225	8 473	105 739	5 319
47	D11_691-786_14-37-35.fsa	237	237.2	8 113	111 801	5 436
48	D12_691-786_14-37-35.fsa	224	224.68	2 886	33 909	5 294
49	E01_691-786_11-03-56.fsa	224	225.42	7 599	99 942	5 608
50	E02_691-786_11-03-56.fsa	237	237.11	6 743	93 145	5 779
51	E03_691-786_11-56-40.fsa	230	231.48	7 958	102 990	5 518
52	E04_691-786_11-56-40.fsa	230	231.3	7 643	95 179	5 488
53	E05_691-786_12-36-56.fsa	230	231.2	7 751	92 921	5 463
54	E06_691-786_12-36-56.fsa	237	237.5	7 964	128 150	5 528
55	E07_691-786_13-17-12.fsa	224	224.73	502	5 207	5 180
56	E08_691-786_13-17-12.fsa	237	237.6	1 012	11 873	5 503
57	E09_691-786_13-17-13.fsa	224	224.45	8 682	166 508	5 313
	E09_691-786_13-17-13.fsa	237	237.83	7 131	92 980	5 593
58	E10_691-786_13-17-13.fsa	224	224.23	7 655	119 123	4 838
59	E11_691-786_14-37-35.fsa	230	231.08	2 068	23 006	5 356
60	E12_691-786_14-37-36.fsa	224	224.29	3 700	38 673	4 895
61	F01_691-786_11-03-56.fsa	230	231.61	3 987	46 670	5 631
62	F02_691-786_11-03-56.fsa	237	237.21	95	1 040	5 365
63	F03_691-786_11-56-40.fsa	224	224.75	664	6 934	5 344
64	F04_691-786_11-56-40.fsa	230	231.3	3 477	41 186	5 448

（续）

资源序号	样本名（sample file name）	等位基因位点（allele，bp）	大小（size，bp）	高度（height，RFU）	面积（area，RFU）	数据取值点（data point，RFU）
65	F05_691-786_12-36-56. fsa	224	224. 21	4 782	44 593	4 924
66	F06_691-786_12-36-56. fsa	237	237. 47	7 992	118 861	5 489
67	F07_691-786_13-17-12. fsa	230	231. 18	568	6 280	5 340
68	F08_691-786_13-17-12. fsa	224	224. 68	7 957	135 518	5 304
69	F09_691-786_13-17-13. fsa	224	223. 97	8 858	142 451	5 002
70	F10_691-786_13-57-23. fsa	230	231. 19	6 652	79 262	5 358
71	F11_691-786_14-37-35. fsa	230	230. 92	8 641	150 181	5 320
72	F12_691-786_14-37-35. fsa	237	237. 53	583	6 535	5 448
73	G01_691-786_11-03-56. fsa	237	237. 93	7 805	118 444	5 764
74	G02_691-786_11-03-56. fsa	237	237. 12	2 948	36 906	5 757
75	G03_691-786_11-03-57. fsa	243	243. 11	3 932	39 811	5 044
76	G04_691-786_11-03-58. fsa	224	224. 22	6 950	65 484	4 859
77	G05_691-786_12-36-56. fsa	230	231. 3	3 743	46 802	5 399
78	G06_691-786_12-36-56. fsa	224	224. 9	4 343	51 977	5 327
79	G07_691-786_13-17-12. fsa	224	224. 52	7 993	127 637	5 274
	G07_691-786_13-17-12. fsa	237	237. 68	4 099	46 775	5 455
80	G08_691-786_13-17-12. fsa	230	230. 92	8 651	125 985	4 854
81	G09_691-786_13-17-13. fsa	224	224. 12	6 941	58 842	4 804
82	G10_691-786_13-57-23. fsa	224	224. 68	8 723	146 327	5 279
83	G11_691-786_14-37-35. fsa	224	224. 54	8 078	110 488	5 232
84	G12_691-786_14-37-35. fsa	224	224. 85	392	4 517	5 259
85	H01_691-786_11-56-38. fsa	230	230. 5	8 294	115 724	4 868
86	H02_691-786_11-56-39. fsa	230	230. 51	8 253	114 949	4 900
87	H03_691-786_11-56-40. fsa	230	231. 46	6 763	74 202	5 515

（续）

资源序号	样本名（sample file name）	等位基因位点（allele，bp）	大小（size，bp）	高度（height，RFU）	面积（area，RFU）	数据取值点（data point，RFU）
88	H04_691-786_11-56-41.fsa	237	236.86	7 785	87 168	4 985
89	H05_691-786_12-36-56.fsa	230	231.44	3 230	36 775	5 461
90	H06_691-786_12-36-56.fsa	224	224.8	7 989	130 135	5 481
91	H07_691-786_13-17-12.fsa	224	224.67	7 991	118 705	5 336
92	H08_691-786_13-17-12.fsa	224	224.62	7 952	78 318	4 360
93	H09_691-786_13-57-23.fsa	237	237.44	7 891	119 788	5 497
94	H10_691-786_13-57-23.fsa	237	237.53	7 947	126 861	5 614
95	H11_691-786_14-37-35.fsa	224	224.79	8 395	141 575	5 302
96	H12_691-786_14-37-35.fsa	224	224.86	7 890	103 672	5 405
97	A01_787-882_15-17-43.fsa	230	231.14	120	1 278	4 951
98	A02_787-882_15-17-44.fsa	237	237.64	6 810	76 620	5 442
99	A03_787-882_15-57-51.fsa	230	230.98	8 334	128 284	5 233
100	A04_787-882_15-57-51.fsa	237	237.44	1 254	13 384	5 440
101	A05_787-882_17-58-40.fsa	237	236.17	6 686	82 219	4 504
102	A06_787-882_16-37-57.fsa	224	224.66	6 372	59 536	5 268
	A06_787-882_16-37-57.fsa	230	231.13	1 477	16 044	5 356
103	A07_787-882_17-18-06.fsa	230	231.03	4 759	56 509	5 264
104	A08_787-882_17-18-06.fsa	230	230.83	8 607	137 138	5 361
105	A09_787-882_17-58-40.fsa	230	230.94	7 224	112 130	5 287
106	A10_787-882_17-58-40.fsa	230	231.04	8 960	119 027	5 390
107	A11_787-882_18-38-49.fsa	230	231	8 622	125 577	5 273
108	A12_787-882_18-38-49.fsa	224	224.4	8 692	163 114	5 310
109	B01_787-882_15-17-44.fsa	224	224.51	677	7 446	5 147
110	B02_787-882_15-17-45.fsa	230	230.48	7 764	84 131	4 951

（续）

资源序号	样本名 (sample file name)	等位基因位点 (allele, bp)	大小 (size, bp)	高度 (height, RFU)	面积 (area, RFU)	数据取值点 (data point, RFU)
111	B03_787-882_15-57-51.fsa	224	224.38	8 796	138 833	5 141
112	B04_787-882_15-57-52.fsa	224	224.27	7 288	74 203	4 919
113	B05_787-882_15-57-53.fsa	224	224.21	8 164	116 421	4 936
	B05_787-882_15-57-54.fsa	237	236.89	1 637	16 154	5 093
114	B06_787-882_16-37-57.fsa	224	224.59	7 913	92 470	5 265
115	B07_787-882_17-18-06.fsa	230	231.2	8 213	102 095	5 264
116	B08_787-882_17-18-07.fsa	224	224.24	318	2 998	4 986
117	B09_787-882_17-58-40.fsa	237	237.36	7 399	84 895	5 365
118	B10_787-882_17-58-40.fsa	224	224.33	7 910	102 629	5 344
119	B11_787-882_17-58-40.fsa	237	236.18	2 285	21 378	4 511
120	B12_787-882_17-58-40.fsa	224	224.75	8 724	121 727	4 422
121	C01_787-882_15-17-44.fsa	224	224.85	8 897	81 372	5 145
122	C02_787-882_15-17-44.fsa	224	224.52	7 916	100 047	5 266
123	C03_787-882_15-17-45.fsa	224	224.25	7 638	79 763	4 703
124	C04_787-882_15-17-45.fsa	224	224.35	5 547	89 569	5 144
125	C05_787-882_15-17-46.fsa	224	224.22	746	8 699	4 830
126	C06_787-882_16-37-57.fsa	230	230.96	7 866	100 441	5 347
127	C07_787-882_16-37-58.fsa	237	236.85	8 139	113 500	4 876
128	C08_787-882_17-18-06.fsa	230	231.01	2 163	25 222	5 373
	C08_787-882_17-18-06.fsa	237	237.42	878	10 056	5 463
129	C09_787-882_17-58-40.fsa	237	237.37	246	2 640	5 341
130	C10_787-882_17-58-40.fsa	230	231.08	2 721	30 671	5 549
131	C11_787-882_17-58-40.fsa	224	223.7	2 328	21 256	4 403
132	C12_787-882_17-58-40.fsa	224	223.19	8 696	136 194	4 373

（续）

资源序号	样本名（sample file name）	等位基因位点（allele，bp）	大小（size，bp）	高度（height，RFU）	面积（area，RFU）	数据取值点（data point，RFU）
133	D01_787-882_15-17-44.fsa	999				
134	D02_787-882_15-17-44.fsa	237	237.43	1 667	18 834	5 436
135	D03_787-882_15-57-51.fsa	224	224.44	8 064	102 241	5 219
136	D04_787-882_15-57-52.fsa	230	230.47	7 783	94 543	4 861
137	D05_787-882_16-37-57.fsa	224	224.62	7 776	80 564	5 222
138	D06_787-882_16-37-57.fsa	224	224.64	201	2 204	5 252
139	D07_787-882_16-37-58.fsa	224	224.15	7 745	96 728	4 760
140	D08_787-882_17-18-06.fsa	224	224.67	2 909	31 169	5 293
141	D09_787-882_17-18-07.fsa	230	230.51	5 421	59 824	4 887
142	D10_787-882_17-18-08.fsa	230	229.62	432	4 202	4 883
143	D11_787-882_18-38-49.fsa	224	224.7	4 342	46 788	5 264
	D11_787-882_18-38-49.fsa	230	231.08	636	6 638	5 350
144	D12_787-882_18-38-49.fsa	224	224.96	198	2 459	5 330
145	E01_787-882_15-17-44.fsa	230	231.11	4 636	49 264	5 296
146	E02_787-882_15-17-45.fsa	230	230.57	752	8 746	4 941
147	E03_787-882_15-57-51.fsa	230	231	7 520	81 485	5 296
148	E04_787-882_15-57-52.fsa	237	236.91	2 956	29 445	5 026
149	E05_787-882_16-37-57.fsa	237	237.41	6 452	68 277	5 380
150	E06_787-882_16-37-58.fsa	237	236.89	553	5 383	5 072
151	E07_787-882_17-18-06.fsa	237	237.44	2 935	31 046	5 400
152	E08_787-882_17-18-06.fsa	237	237.36	8 044	127 052	5 446
153	E09_787-882_17-58-40.fsa	224	224.66	4 979	57 846	5 498
154	E10_787-882_17-58-40.fsa	237	237.43	598	6 999	5 465
155	E11_787-882_18-38-49.fsa	237	237.47	8 236	127 147	5 429

（续）

资源序号	样本名（sample file name）	等位基因位点（allele，bp）	大小（size，bp）	高度（height，RFU）	面积（area，RFU）	数据取值点（data point，RFU）
156	E12_787-882_18-38-49.fsa	230	231.26	8 340	99 696	5 391
157	F01_787-882_15-17-44.fsa	230	231.11	719	8 155	5 291
158	F02_787-882_15-17-44.fsa	230	231.18	928	9 979	5 312
159	F03_787-882_15-57-51.fsa	224	224.68	6 257	66 889	5 210
160	F04_787-882_15-57-52.fsa	230	230.44	8 076	134 499	5 061
161	F05_787-882_16-37-57.fsa	224	224.75	5 236	57 817	5 193
162	F06_787-882_16-37-57.fsa	224	224.67	6 486	71 473	5 217
163	F07_787-882_17-18-06.fsa	237	237.5	7 883	96 033	5 390
164	F08_787-882_17-18-06.fsa	224	224.72	235	2 400	5 239
	F08_787-882_17-18-06.fsa	230	231.09	268	2 441	5 326
165	F09_787-882_17-58-40.fsa	224	224.69	8 884	147 900	5 254
166	F10_787-882_17-58-40.fsa	237	237.35	3 954	99 807	5 450
167	F11_787-882_17-58-41.fsa	224	224.28	1 099	12 057	4 761
168	F12_787-882_18-38-49.fsa	224	223.65	101	1 102	5 250
169	G01_787-882_15-17-44.fsa	224	224.72	77	825	5 201
170	G02_787-882_15-17-44.fsa	230	230.86	7 982	116 987	5 306
171	G03_787-882_15-57-51.fsa	237	237.57	1 823	19 450	5 367
172	G04_787-882_15-57-51.fsa	224	224.87	1 417	15 828	5 222
	G04_787-882_15-57-51.fsa	237	237.59	323	3 513	5 393
173	G05_787-882_16-37-57.fsa	237	237.5	1 328	14 078	5 366
174	G06_787-882_16-37-57.fsa	237	237.22	7 856	122 271	5 388
175	G07_787-882_17-18-06.fsa	224	224.77	214	2 246	5 220
176	G08_787-882_17-18-06.fsa	237	237.53	1 319	14 534	5 424
177	G09_787-882_17-58-40.fsa	237	237.58	3 075	33 511	5 409

（续）

资源序号	样本名（sample file name）	等位基因位点（allele，bp）	大小（size，bp）	高度（height，RFU）	面积（area，RFU）	数据取值点（data point，RFU）
178	G10_787-882_17-58-40.fsa	224	224.76	4 468	50 518	5 261
179	G11_787-882_18-38-49.fsa	224	224.67	318	6 263	5 279
180	G12_787-882_18-38-49.fsa	230	231.16	316	3 076	5 354
181	H01_787-882_15-17-44.fsa	224	224.6	8 111	129 572	5 265
182	H02_787-882_15-17-44.fsa	224	224.83	8 513	152 351	5 350
183	H03_787-882_15-57-51.fsa	230	231.28	5 854	66 572	5 348
184	H04_787-882_15-57-51.fsa	230	231.27	768	7 960	5 436
185	H05_787-882_16-37-57.fsa	224	224.89	2 893	32 622	5 263
186	H06_787-882_16-37-58.fsa	237	236.91	1 799	17 670	4 941
187	H07_787-882_17-18-06.fsa	230	231.31	499	6 052	5 369
188	H08_787-882_17-18-06.fsa	224	224.97	419	5 207	5 370
189	H09_787-882_17-58-40.fsa	224	224.53	8 140	137 797	5 296
190	H10_787-882_17-58-40.fsa	237	237.72	893	10 355	5 591
191	H11_787-882_18-38-49.fsa	237	237.69	4 413	50 739	5 486
192	H12_787-882_18-38-49.fsa	237	237.47	8 095	126 063	5 578

35 Sat_084

资源序号	样本名 (sample file name)	等位基因位点 (allele，bp)	大小 (size，bp)	高度 (height，RFU)	面积 (area，RFU)	数据取值点 (data point，RFU)
1	A01_691-786_10-38-48. fsa	141	140. 74	3 639	33 528	4 092
2	A02_691-786_10-38-48. fsa	143	142. 84	3 845	36 265	4 193
3	A03_691-786_11-31-44. fsa	154	153. 67	2 275	18 531	4 124
4	A04_691-786_11-31-44. fsa	154	153. 66	791	6 535	4 194
5	A05_691-786_12-12-00. fsa	151	151. 62	172	1 404	4 049
6	A06_691-786_12-12-00. fsa	141	140. 61	801	7 317	3 972
7	A07_691-786_12-52-12. fsa	141	140. 59	2 699	22 789	3 858
8	A08_691-786_12-52-12. fsa	143	142. 64	2 618	22 939	3 948
9	A09_691-786_13-32-23. fsa	143	142. 6	3 852	32 434	3 868
10	A10_691-786_13-32-23. fsa	141	140. 48	1 583	13 878	3 901
11	A11_691-786_14-12-32. fsa	143	142. 68	279	2 293	3 857
12	A12_691-786_14-12-32. fsa	154	153. 62	754	6 193	4 055
13	B01_691-786_10-38-48. fsa	141	140. 74	2 952	27 771	4 105
14	B02_691-786_10-38-48. fsa	151	151. 11	375	2 851	3 456
15	B03_691-786_11-31-44. fsa	154	153. 72	1 077	9 065	4 136
16	B04_691-786_11-31-44. fsa	141	140. 3	338	2 784	3 397
17	B05_691-786_12-12-00. fsa	141	140. 59	2 447	36 509	4 251
18	B06_691-786_12-12-00. fsa	151	149. 7	1 943	17 108	4 073
19	B07_691-786_12-52-12. fsa	141	140. 23	1 544	11 321	3 364
20	B08_691-786_12-52-12. fsa	141	140. 55	4 201	37 464	3 898
21	B09_691-786_13-32-23. fsa	141	140. 59	2 719	23 162	3 856
22	B10_691-786_13-32-23. fsa	141	140. 47	149	1 352	3 880

（续）

资源序号	样本名（sample file name）	等位基因位点（allele，bp）	大小（size，bp）	高度（height，RFU）	面积（area，RFU）	数据取值点（data point，RFU）
23	B11_691-786_14-12-32. fsa	141	140. 6	1 995	23 919	3 831
24	B12_691-786_14-12-32. fsa	141	140. 55	1 653	14 739	3 868
25	C01_691-786_10-38-48. fsa	141	140. 67	2 231	21 084	4 071
26	C02_691-786_10-38-48. fsa	141	140. 81	166	1 604	4 141
27	C03_691-786_11-31-44. fsa	141	140. 64	1 903	14 964	3 942
28	C04_691-786_11-31-44. fsa	141	140. 66	1 175	10 997	3 993
29	C05_691-786_12-12-00. fsa	141	140. 49	2 066	19 820	3 900
30	C06_691-786_12-12-00. fsa	141	140. 51	872	8 003	3 941
31	C07_691-786_12-52-12. fsa	141	140. 58	2 484	21 616	3 847
32	C08_691-786_12-52-12. fsa	141	140. 61	234	2 071	3 888
33	C09_691-786_13-32-23. fsa	154	154. 73	256	1 971	4 010
34	C10_691-786_13-32-23. fsa	141	140. 55	2 497	22 383	3 870
35	C11_691-786_14-12-32. fsa	141	140. 58	2 012	17 797	3 838
36	C12_691-786_14-12-32. fsa	141	140. 55	2 187	19 773	3 858
37	D01_691-786_10-38-48. fsa	141	140. 56	2 016	19 165	4 146
38	D02_691-786_10-38-48. fsa	141	140. 66	1 535	15 601	4 132
39	D03_691-786_11-31-44. fsa	154	153. 71	892	7 783	4 180
40	D04_691-786_11-31-45. fsa	143	143. 81	523	4 920	4 173
41	D05_691-786_12-12-00. fsa	154	153. 69	908	7 913	4 130
42	D06_691-786_12-12-00. fsa	141	140. 6	2 871	26 362	3 942
43	D07_691-786_12-52-12. fsa	141	140. 62	1 347	11 922	3 906
44	D08_691-786_12-52-12. fsa	141	140. 54	37	327	3 887
45	D09_691-786_13-32-23. fsa	141	140. 48	197	1 740	3 885
46	D10_691-786_13-32-23. fsa	141	140. 55	998	9 045	3 871

（续）

资源序号	样本名（sample file name）	等位基因位点（allele，bp）	大小（size，bp）	高度（height，RFU）	面积（area，RFU）	数据取值点（data point，RFU）
47	D11_691-786_14-12-32. fsa	143	142. 69	69	602	3 899
48	D12_691-786_14-12-32. fsa	141	140. 55	1 566	13 520	3 859
49	E01_691-786_10-38-48. fsa	141	140. 72	3 282	32 099	4 162
50	E02_691-786_10-38-48. fsa	141	140. 69	2 130	20 765	4 129
51	E03_691-786_11-31-44. fsa	141	140. 62	2 334	20 899	4 008
52	E04_691-786_11-31-44. fsa	141	140. 59	2 147	19 693	3 993
53	E05_691-786_12-12-00. fsa	154	153. 67	690	5 660	4 128
54	E06_691-786_12-12-00. fsa	151	151. 49	669	5 616	4 085
55	E07_691-786_12-52-12. fsa	151	151. 53	791	6 541	4 051
56	E08_691-786_12-52-12. fsa	141	140. 61	1 380	12 508	3 889
57	E09_691-786_13-32-23. fsa	141	140. 59	1 653	14 222	3 889
58	E10_691-786_13-32-23. fsa	143	142. 63	384	3 326	3 899
59	E11_691-786_14-12-32. fsa	154	153. 62	263	1 973	4 038
60	E12_691-786_14-12-32. fsa	141	140. 56	1 118	10 000	3 861
61	F01_691-786_10-38-48. fsa	143	142. 86	1 348	12 734	4 150
62	F02_691-786_10-38-48. fsa	143	142. 91	178	1 721	4 146
63	F03_691-786_11-31-44. fsa	141	140. 61	2 117	19 316	3 984
64	F04_691-786_11-31-44. fsa	141	140. 6	1 782	17 025	3 986
65	F05_691-786_12-12-00. fsa	141	140. 54	231	2 131	3 935
66	F06_691-786_12-12-00. fsa	141	140. 62	1 157	10 740	3 945
67	F07_691-786_12-52-12. fsa	141	140. 63	1 587	14 088	3 882
68	F08_691-786_12-52-12. fsa	141	140. 55	495	6 583	3 867
69	F09_691-786_13-32-23. fsa	141	140. 56	1 699	14 885	3 864
70	F10_691-786_13-32-23. fsa	141	140. 54	791	9 229	3 860

（续）

资源序号	样本名（sample file name）	等位基因位点（allele，bp）	大小（size，bp）	高度（height，RFU）	面积（area，RFU）	数据取值点（data point，RFU）
71	F11_691-786_14-12-32. fsa	141	140. 58	1 986	17 856	3 850
72	F12_691-786_14-12-32. fsa	154	153. 64	180	1 324	4 027
73	G01_691-786_10-38-48. fsa	143	142. 88	941	8 951	4 178
74	G02_691-786_10-38-49. fsa	151	152. 24	915	7 767	4 086
75	G03_691-786_11-31-44. fsa	154	153. 77	163	1 338	4 171
76	G04_691-786_11-31-44. fsa	141	140. 6	251	2 188	3 998
	G04_691-786_11-31-44. fsa	154	153. 79	152	1 214	4 172
77	G05_691-786_12-12-00. fsa	141	140. 73	113	1 001	3 953
78	G06_691-786_12-12-00. fsa	141	140. 61	2 333	22 011	3 952
79	G07_691-786_12-52-12. fsa	141	140. 58	72	655	3 899
80	G08_691-786_12-52-12. fsa	141	140. 63	1 349	12 398	3 898
81	G09_691-786_13-32-23. fsa	141	140. 58	1 560	13 709	3 883
82	G10_691-786_13-32-23. fsa	141	140. 55	72	692	3 879
83	G11_691-786_14-12-32. fsa	141	140. 59	1 101	9 876	3 870
84	G12_691-786_14-12-33. fsa	143	143. 57	4 989	45 401	4 042
85	H01_691-786_10-38-48. fsa	143	142. 9	1 413	13 378	4 220
86	H02_691-786_10-38-48. fsa	141	140. 81	119	1 225	4 240
87	H03_691-786_11-31-44. fsa	143	142. 83	718	7 297	4 080
88	H04_691-786_11-31-44. fsa	143	142. 78	278	2 581	4 123
89	H05_691-786_12-12-00. fsa	141	140. 68	389	3 829	3 998
90	H06_691-786_12-12-00. fsa	143	142. 76	209	1 859	4 071
91	H07_691-786_12-52-12. fsa	143	142. 79	579	5 411	3 976
92	H08_691-786_12-52-12. fsa	143	142. 75	1 241	11 712	4 028
93	H09_691-786_13-32-23. fsa	141	140. 7	1 418	13 240	3 917

（续）

资源序号	样本名 (sample file name)	等位基因位点 (allele, bp)	大小 (size, bp)	高度 (height, RFU)	面积 (area, RFU)	数据取值点 (data point, RFU)
94	H10_691-786_13-32-23.fsa	141	140.67	1 768	16 572	3 968
95	H11_691-786_14-12-32.fsa	141	140.65	1 387	12 500	3 903
96	H12_691-786_14-12-32.fsa	141	140.69	730	6 863	3 954
97	A01_787-882_14-52-40.fsa	141	141.42	73	616	4 071
98	A02_787-882_14-52-41.fsa	151	151.44	5 872	48 468	4 016
99	A03_787-882_15-32-46.fsa	141	140.52	6 821	57 570	3 816
100	A04_787-882_15-32-46.fsa	151	151.37	3 885	31 559	4 011
101	A05_787-882_16-12-52.fsa	151	152.66	5 578	52 116	3 971
102	A06_787-882_16-12-52.fsa	141	140.25	7 100	79 544	3 874
103	A07_787-882_16-52-59.fsa	141	140.76	6 916	80 175	3 840
104	A08_787-882_16-52-59.fsa	141	140.55	7 521	70 259	3 895
105	A09_787-882_17-33-30.fsa	141	141.02	4 418	39 948	3 865
106	A10_787-882_17-33-30.fsa	143	142.43	6 919	72 339	3 939
107	A11_787-882_18-13-38.fsa	141	140.96	5 795	51 291	3 879
108	A12_787-882_18-13-38.fsa	141	141.63	6 294	54 633	3 937
	A12_787-882_18-13-38.fsa	154	153.59	3 085	25 121	4 093
109	B01_787-882_14-52-41.fsa	141	140.52	3 159	31 980	3 839
110	B02_787-882_14-52-41.fsa	141	140.79	7 176	50 606	3 862
111	B03_787-882_15-32-46.fsa	141	140.45	6 351	52 759	3 827
112	B04_787-882_15-32-46.fsa	141	140.48	7 693	66 113	3 851
113	B05_787-882_16-12-52.fsa	141	140.45	5 494	45 565	3 829
114	B06_787-882_16-12-52.fsa	141	140.24	7 206	88 918	3 852
115	B07_787-882_16-52-59.fsa	141	140.2	7 002	49 057	3 847
116	B08_787-882_16-52-59.fsa	141	140.54	5 437	46 025	3 871

（续）

资源序号	样本名（sample file name）	等位基因位点（allele，bp）	大小（size，bp）	高度（height，RFU）	面积（area，RFU）	数据取值点（data point，RFU）
117	B09_787-882_17-33-30.fsa	147	146.86	6 833	77 925	3 945
118	B10_787-882_17-33-30.fsa	147	147.15	321	2 753	3 984
119	B11_787-882_18-13-38.fsa	147	147.05	7 409	71 246	3 955
120	B12_787-882_18-13-38.fsa	141	140.22	7 449	91 460	3 902
121	C01_787-882_14-52-41.fsa	141	140.84	7 004	86 485	3 813
122	C02_787-882_14-52-41.fsa	141	140.31	7 724	84 339	3 846
123	C03_787-882_15-32-46.fsa	141	140.68	7 664	72 252	3 802
124	C04_787-882_15-32-46.fsa	141	140.26	7 693	87 160	3 838
125	C05_787-882_16-12-52.fsa	141	140.76	7 347	85 628	3 810
126	C06_787-882_16-12-52.fsa	141	141.57	6 996	68 133	3 860
127	C07_787-882_16-52-59.fsa	141	140.58	314	2 738	3 844
128	C08_787-882_16-52-59.fsa	141	140.47	1 701	15 025	3 862
129	C09_787-882_17-33-30.fsa	141	140.5	6 769	103 309	3 842
130	C10_787-882_17-33-30.fsa	154	153.57	5 515	46 185	4 058
131	C11_787-882_18-13-38.fsa	141	140.22	3 802	28 926	3 389
132	C12_787-882_18-13-38.fsa	141	141.44	6 882	77 621	3 907
133	D01_787-882_14-52-41.fsa	151	151.46	2 416	19 841	4 002
134	D02_787-882_14-52-41.fsa	143	142.51	6 971	67 646	3 875
135	D03_787-882_15-32-46.fsa	143	142.79	6 917	71 152	3 883
136	D04_787-882_15-32-46.fsa	141	140.48	4 165	36 446	3 842
137	D05_787-882_16-12-52.fsa	141	140.66	7 512	74 128	3 859
138	D06_787-882_16-12-52.fsa	141	140.47	51	409	3 845
139	D07_787-882_16-52-59.fsa	141	140.55	4 682	40 256	3 890
140	D08_787-882_16-52-59.fsa	141	140.24	7 141	83 303	3 871

（续）

资源序号	样本名（sample file name）	等位基因位点（allele，bp）	大小（size，bp）	高度（height，RFU）	面积（area，RFU）	数据取值点（data point，RFU）
141	D09_787-882_17-33-30.fsa	141	140.49	216	2 023	3 898
142	D10_787-882_17-33-30.fsa	141	140.31	7 670	85 261	3 886
143	D11_787-882_18-13-38.fsa	143	142.35	6 827	78 847	3 923
144	D12_787-882_18-13-38.fsa	143	142.84	6 879	79 080	3 920
145	E01_787-882_14-52-41.fsa	141	140.43	7 633	77 064	3 861
146	E02_787-882_14-52-41.fsa	143	142.66	3 722	28 850	3 879
147	E03_787-882_15-32-46.fsa	141	140.83	7 129	85 840	3 865
148	E04_787-882_15-32-46.fsa	141	140.48	5 487	48 390	3 845
149	E05_787-882_16-12-52.fsa	147	147.36	7 046	76 231	3 947
150	E06_787-882_16-12-52.fsa	154	153.57	1 583	13 486	4 017
151	E07_787-882_16-52-59.fsa	154	153.47	6 892	65 447	4 043
152	E08_787-882_16-52-59.fsa	141	140.25	7 372	82 481	3 863
153	E09_787-882_16-52-60.fsa	141	140.48	758	6 659	4 136
154	E10_787-882_17-33-30.fsa	141	140.55	3 363	28 603	3 888
155	E11_787-882_18-13-38.fsa	141	140.41	7 499	77 391	3 906
156	E12_787-882_18-13-38.fsa	141	140.76	7 280	88 289	3 897
157	F01_787-882_14-52-41.fsa	143	142.72	5 228	44 444	3 868
158	F02_787-882_14-52-41.fsa	141	140.57	5 719	49 928	3 848
159	F03_787-882_15-32-46.fsa	141	140.51	3 025	25 806	3 833
160	F04_787-882_15-32-46.fsa	141	140.49	895	17 455	3 857
161	F05_787-882_16-12-52.fsa	141	140.5	7 104	62 324	3 838
162	F06_787-882_16-12-52.fsa	141	140.57	509	4 605	3 850
163	F07_787-882_16-52-59.fsa	151	151.45	3 648	29 648	4 002
164	F08_787-882_16-52-59.fsa	141	140.41	3 826	34 626	3 861

（续）

资源序号	样本名（sample file name）	等位基因位点（allele，bp）	大小（size，bp）	高度（height，RFU）	面积（area，RFU）	数据取值点（data point，RFU）
165	F09_787-882_17-33-30.fsa	141	140.49	176	1 546	3 877
166	F10_787-882_17-33-30.fsa	141	140.55	6 565	75 035	3 870
167	F11_787-882_18-13-38.fsa	141	140.57	3 517	30 810	3 878
168	F12_787-882_18-13-38.fsa	141	140.54	1 783	15 935	3 884
169	G01_787-882_14-52-41.fsa	143	142.66	3 174	26 544	3 887
170	G02_787-882_14-52-41.fsa	141	140.58	6 244	55 500	3 857
171	G03_787-882_15-32-46.fsa	141	140.58	5 780	51 222	3 852
172	G04_787-882_15-32-46.fsa	141	140.57	5 120	44 908	3 850
173	G05_787-882_16-12-52.fsa	141	140.59	3 781	32 650	3 856
174	G06_787-882_16-12-52.fsa	141	140.57	5 637	49 079	3 853
175	G07_787-882_16-52-59.fsa	141	140.51	829	7 274	3 872
176	G08_787-882_16-52-59.fsa	151	151.45	2 024	16 970	4 024
177	G09_787-882_17-33-30.fsa	143	142.64	835	6 082	3 922
178	G10_787-882_17-33-30.fsa	141	140.64	7 209	64 873	3 893
179	G11_787-882_18-13-38.fsa	141	140.57	3 338	29 358	3 898
180	G12_787-882_18-13-38.fsa	143	142.74	2 235	19 184	3 921
181	H01_787-882_14-52-41.fsa	141	140.63	6 005	53 361	3 893
182	H02_787-882_14-52-41.fsa	154	153.66	1 907	16 265	4 114
183	H03_787-882_15-32-46.fsa	141	140.57	5 349	47 997	3 885
184	H04_787-882_15-32-46.fsa	143	142.71	2 451	21 736	3 962
185	H05_787-882_16-12-52.fsa	141	140.65	2 736	24 601	3 890
186	H06_787-882_16-12-52.fsa	141	140.62	650	5 952	3 940
187	H07_787-882_16-52-59.fsa	141	140.57	4 088	36 321	3 901
188	H08_787-882_16-52-59.fsa	141	140.61	3 928	35 307	3 954

（续）

资源序号	样本名（sample file name）	等位基因位点（allele，bp）	大小（size，bp）	高度（height，RFU）	面积（area，RFU）	数据取值点（data point，RFU）
189	H09_787-882_17-33-30.fsa	141	140.56	4 224	38 346	3 927
190	H10_787-882_17-33-30.fsa	154	153.64	1 271	11 150	4 151
191	H11_787-882_18-13-38.fsa	141	140.61	4 101	48 617	3 929
192	H12_787-882_18-13-38.fsa	145	145.06	3 175	28 263	4 056

36 Satt345

资源序号	样本名（sample file name）	等位基因位点（allele，bp）	大小（size，bp）	高度（height，RFU）	面积（area，RFU）	数据取值点（data point，RFU）
1	A01 _691 - 786 _10 - 38 - 48. fsa	245	245	4 733	55 889	5 497
2	A02 _691 - 786 _10 - 38 - 48. fsa	213	213. 79	8 488	202 806	5 230
3	A03 _691 - 786 _11 - 31 - 44. fsa	198	197	689	6 328	4 698
4	A04 _691 - 786 _11 - 31 - 44. fsa	198	197. 94	8 640	192 257	4 834
5	A05 _691 - 786 _12 - 12 - 00. fsa	198	197. 82	8 803	186 638	4 681
6	A06 _691 - 786 _12 - 12 - 00. fsa	233	232. 92	7 939	113 932	5 236
7	A07 _691 - 786 _12 - 52 - 12. fsa	226	226. 45	7 716	91 116	4 981
8	A08 _691 - 786 _12 - 52 - 12. fsa	226	226. 42	7 335	86 591	5 088
9	A09 _691 - 786 _13 - 32 - 23. fsa	248	248. 63	8 225	138 853	5 236
10	A10 _691 - 786 _13 - 32 - 23. fsa	198	197. 81	7 781	98 808	4 689
	A10 _691 - 786 _13 - 32 - 23. fsa	248	248. 69	3 868	46 781	5 349
11	A11 _691 - 786 _14 - 12 - 32. fsa	213	213. 57	8 540	134 260	4 788
12	A12 _691 - 786 _14 - 12 - 32. fsa	248	248. 6	7 916	105 870	5 328
13	B01 _691 - 786 _10 - 38 - 48. fsa	213	214. 09	8 535	157 143	5 128
14	B02 _691 - 786 _10 - 38 - 48. fsa	198	198. 06	8 738	176 958	5 016
15	B03 _691 - 786 _11 - 31 - 44. fsa	248	248. 98	8 137	131 450	5 404
16	B04 _691 - 786 _11 - 31 - 44. fsa	252	251. 9	7 365	95 095	5 564
17	B05 _691 - 786 _12 - 12 - 00. fsa	248	248. 86	751	11 330	5 338
18	B06 _691 - 786 _12 - 12 - 00. fsa	198	197. 93	8 664	157 976	4 763
19	B07 _691 - 786 _12 - 52 - 12. fsa	198	197. 88	1 069	12 562	4 642
20	B08 _691 - 786 _12 - 52 - 12. fsa	198	197. 83	8 751	158 183	4 697
21	B09 _691 - 786 _13 - 32 - 23. fsa	192	192	8 518	129 644	4 539

（续）

资源序号	样本名（sample file name）	等位基因位点（allele，bp）	大小（size，bp）	高度（height，RFU）	面积（area，RFU）	数据取值点（data point，RFU）
22	B10_691-786_13-32-23. fsa	213	213. 52	8 258	125 344	4 882
23	B11_691-786_14-12-32. fsa	198	197. 8	8 287	214 985	4 594
24	B12_691-786_14-12-32. fsa	192	193. 07	33	599	4 593
25	C01_691-786_10-38-48. fsa	198	197	991	9 797	4 843
26	C02_691-786_10-38-48. fsa	198	198	7 973	128 819	5 000
27	C03_691-786_11-31-44. fsa	198	198	8 754	164 161	4 730
28	C04_691-786_11-31-44. fsa	248	248. 98	7 440	99 057	5 513
29	C05_691-786_12-12-00. fsa	245	245. 67	5 549	81 131	5 290
30	C06_691-786_12-12-00. fsa	192	191. 76	8 068	151 233	4 664
31	C07_691-786_12-52-12. fsa	213	213. 65	8 547	140 292	4 817
32	C08_691-786_12-52-12. fsa	198	197. 77	8 027	110 147	4 686
33	C09_691-786_13-32-23. fsa	198	197. 88	5 211	67 868	4 598
34	C10_691-786_13-32-23. fsa	245	245. 44	8 076	140 438	5 293
35	C11_691-786_14-12-32. fsa	245	245	3 276	58 465	5 225
36	C12_691-786_14-12-32. fsa	248	248. 55	7 888	114 630	5 318
37	D01_691-786_10-38-48. fsa	245	246. 12	8 072	132 835	5 640
38	D02_691-786_10-38-48. fsa	213	214. 06	7 414	99 527	5 214
39	D03_691-786_11-31-44. fsa	226	226. 76	8 698	159 744	5 191
40	D04_691-786_11-31-44. fsa	213	213. 66	8 195	129 901	5 030
41	D05_691-786_12-12-00. fsa	248	248. 92	7 846	106 030	5 417
42	D06_691-786_12-12-00. fsa	248	248. 8	7 795	110 080	5 431
43	D07_691-786_12-52-12. fsa	226	226. 55	7 806	98 758	5 060
44	D08_691-786_12-52-12. fsa	198	197. 83	8 782	164 460	4 685
45	D09_691-786_13-32-23. fsa	198	197. 91	1 766	20 774	4 668

（续）

资源序号	样本名（sample file name）	等位基因位点（allele，bp）	大小（size，bp）	高度（height，RFU）	面积（area，RFU）	数据取值点（data point，RFU）
46	D10_691-786_13-32-23.fsa	198	197.82	5 400	68 820	4 666
47	D11_691-786_14-12-32.fsa	198	197.84	8 715	151 200	4 650
48	D12_691-786_14-12-32.fsa	198	197.82	8 815	196 622	4 651
49	E01_691-786_10-38-48.fsa	198	198.17	8 678	179 338	4 988
50	E02_691-786_10-38-48.fsa	198	198.03	8 476	167 840	4 979
51	E03_691-786_11-31-44.fsa	198	197.95	8 741	163 290	4 803
52	E04_691-786_11-31-44.fsa	198	197.88	8 265	157 211	4 810
53	E05_691-786_12-12-00.fsa	226	226.55	8 135	138 469	5 112
54	E06_691-786_12-12-00.fsa	198	197.93	7 637	96 007	4 748
	E06_691-786_12-12-00.fsa	213	213.73	2 482	31 500	4 959
55	E07_691-786_12-52-12.fsa	198	197.9	8 707	146 412	4 688
56	E08_691-786_12-52-12.fsa	213	213.67	6 543	79 393	4 892
57	E09_691-786_13-32-23.fsa	245	245.38	8 044	131 386	5 260
58	E10_691-786_13-32-23.fsa	198	197.81	8 465	155 872	4 663
59	E11_691-786_14-12-32.fsa	245	245.52	7 651	89 490	5 242
60	E12_691-786_14-12-32.fsa	248	248.39	7 977	135 321	5 308
61	F01_691-786_10-38-48.fsa	213	213.99	8 155	146 009	5 169
62	F02_691-786_10-38-48.fsa	213	214.09	6 341	88 119	5 178
63	F03_691-786_11-31-44.fsa	198	197.91	8 143	119 575	4 785
64	F04_691-786_11-31-44.fsa	226	226.46	8 147	147 164	5 174
65	F05_691-786_12-12-00.fsa	198	197.96	7 898	107 629	4 727
66	F06_691-786_12-12-00.fsa	248	248.93	7 828	109 333	5 412
67	F07_691-786_12-52-12.fsa	198	197.86	7 940	108 330	4 663
	F07_691-786_12-52-12.fsa	213	213.75	3 654	44 453	4 868

（续）

资源序号	样本名（sample file name）	等位基因位点（allele，bp）	大小（size，bp）	高度（height，RFU）	面积（area，RFU）	数据取值点（data point，RFU）
68	F08_691-786_12-52-12.fsa	198	198.39	146	1 827	4 608
69	F09_691-786_13-32-23.fsa	198	197.85	8 487	147 343	4 641
70	F10_691-786_13-32-23.fsa	245	244.43	819	8 791	4 649
71	F11_691-786_14-12-32.fsa	213	213.61	7 318	85 296	4 827
72	F12_691-786_14-12-32.fsa	242	242.07	8 036	131 534	5 211
73	G01_691-786_10-38-48.fsa	198	198.11	8 122	155 326	4 975
74	G02_691-786_10-38-48.fsa	198	198.13	6 971	92 923	4 961
75	G03_691-786_11-31-44.fsa	226	226.81	4 953	60 759	5 168
76	G04_691-786_11-31-44.fsa	226	226.73	7 977	118 184	5 185
77	G05_691-786_12-12-00.fsa	213	213.83	191	2 607	4 941
78	G06_691-786_12-12-00.fsa	245	245.92	7 521	93 086	5 374
79	G07_691-786_12-52-12.fsa	248	248.89	5 743	68 734	5 320
80	G08_691-786_12-52-12.fsa	248	248.91	5 750	70 065	5 342
81	G09_691-786_13-32-23.fsa	198	197.61	8 121	144 777	4 652
82	G10_691-786_13-32-23.fsa	198	197.86	8 017	114 506	4 661
83	G11_691-786_14-12-32.fsa	198	197.81	7 808	99 962	4 639
84	G12_691-786_14-12-32.fsa	198	197.71	8 019	126 594	4 643
85	H01_691-786_10-38-48.fsa	198	197.95	8 139	145 814	5 028
86	H02_691-786_10-38-48.fsa	213	214.18	8 040	118 539	5 323
87	H03_691-786_11-31-44.fsa	213	214.04	6 593	90 397	5 081
88	H04_691-786_11-31-44.fsa	213	213.95	8 111	116 275	5 138
89	H05_691-786_12-12-00.fsa	233	233.67	3 149	71 207	5 268
90	H06_691-786_12-12-00.fsa	248	249.17	1 202	15 610	5 540
91	H07_691-786_12-52-12.fsa	248	248.99	3 207	51 404	5 398

（续）

资源序号	样本名（sample file name）	等位基因位点（allele，bp）	大小（size，bp）	高度（height，RFU）	面积（area，RFU）	数据取值点（data point，RFU）
92	H08_691-786_12-52-12. fsa	248	249. 09	2 009	35 909	5 485
93	H09_691-786_13-32-23. fsa	226	226. 59	7 743	95 749	5 070
94	H10_691-786_13-32-23. fsa	213	213. 75	8 008	109 057	4 978
95	H11_691-786_14-12-32. fsa	192	191. 77	7 973	130 028	4 600
96	H12_691-786_14-12-32. fsa	198	197. 82	8 085	117 612	4 751
97	A01_787-882_14-52-41. fsa	999				
98	A02_787-882_14-52-41. fsa	192	191. 98	8 208	162 674	4 579
99	A03_787-882_15-32-46. fsa	213	213	2 951	30 421	4 733
100	A04_787-882_15-32-46. fsa	198	197. 85	8 382	184 097	4 655
101	A05_787-882_16-12-52. fsa	213	213	2 480	25 696	4 736
102	A06_787-882_16-12-52. fsa	213	213. 64	6 748	84 653	4 867
	A06_787-882_16-12-52. fsa	226	226. 16	7 867	121 953	5 028
103	A07_787-882_16-52-59. fsa	198	197. 86	8 458	187 706	4 600
104	A08_787-882_16-52-59. fsa	213	213. 57	8 468	170 349	4 889
105	A09_787-882_17-33-30. fsa	245	245	1 810	22 439	5 167
106	A10_787-882_17-33-30. fsa	213	213. 61	5 117	63 478	4 912
107	A11_787-882_18-13-38. fsa	198	198. 03	7 674	128 071	4 653
108	A12_787-882_18-13-38. fsa	226	226. 37	7 693	99 447	5 092
109	B01_787-882_14-52-41. fsa	226	226. 26	6 473	112 379	4 956
110	B02_787-882_14-52-41. fsa	198	197. 74	8 201	128 924	4 647
111	B03_787-882_15-32-46. fsa	198	197. 92	8 288	198 494	4 586
112	B04_787-882_15-32-46. fsa	248	248. 46	8 268	182 048	5 299
113	B05_787-882_16-12-52. fsa	213	213. 56	7 743	88 819	4 783
114	B06_787-882_16-12-52. fsa	198	197. 87	209	2 637	4 646

（续）

资源序号	样本名（sample file name）	等位基因位点（allele，bp）	大小（size，bp）	高度（height，RFU）	面积（area，RFU）	数据取值点（data point，RFU）
115	B07_787-882_16-52-59. fsa	213	213. 53	7 878	104 289	4 811
116	B08_787-882_16-52-59. fsa	198	197. 81	8 403	152 913	4 665
	B08_787-882_16-52-59. fsa	248	248. 62	4 192	52 801	5 330
117	B09_787-882_17-33-30. fsa	229	229. 33	7 942	124 274	5 025
118	B10_787-882_17-33-30. fsa	226	226. 34	3 247	36 126	5 072
119	B11_787-882_18-13-38. fsa	198	197. 65	8 403	201 960	4 638
120	B12_787-882_18-13-38. fsa	229	229. 55	8 456	146 171	5 129
121	C01_787-882_14-52-41. fsa	198	197. 71	8 319	206 054	4 570
122	C02_787-882_14-52-41. fsa	245	245. 49	8 117	149 612	5 264
123	C03_787-882_15-32-46. fsa	198	197. 79	8 486	194 283	4 562
124	C04_787-882_15-32-46. fsa	192	192	8 206	197 535	4 549
125	C05_787-882_16-12-52. fsa	213	213. 59	7 817	120 362	4 769
	C05_787-882_16-12-52. fsa	245	245. 41	3 149	43 843	5 165
126	C06_787-882_16-12-52. fsa	226	226. 39	8 182	164 360	5 012
127	C07_787-882_16-52-59. fsa	198	197. 81	8 479	182 507	4 613
128	C08_787-882_16-52-60. fsa	226	226. 16	88	1 114	5 547
129	C09_787-882_17-33-30. fsa	226	226. 06	112	1 188	4 256
130	C10_787-882_17-33-30. fsa	213	213. 74	1 412	13 586	4 001
131	C11_787-882_18-13-38. fsa	248	247. 36	2 152	22 346	4 659
132	C12_787-882_18-13-38. fsa	198	197. 85	8 406	163 150	4 698
133	D01_787-882_14-52-41. fsa	192	191. 98	8 550	175 672	4 558
134	D02_787-882_14-52-41. fsa	248	248. 54	1 319	16 249	5 302
135	D03_787-882_15-32-46. fsa	198	197. 82	8 199	134 582	4 629
136	D04_787-882_15-32-46. fsa	198	197. 73	8 746	186 390	4 630

（续）

资源序号	样本名（sample file name）	等位基因位点（allele，bp）	大小（size，bp）	高度（height，RFU）	面积（area，RFU）	数据取值点（data point，RFU）
137	D05_787-882_16-12-52.fsa	226	226.44	7 326	87 718	4 996
138	D06_787-882_16-12-52.fsa	248	248.06	59	612	5 875
139	D07_787-882_16-52-59.fsa	226	226.38	645	7 688	5 037
140	D08_787-882_16-52-59.fsa	248	248.63	80	945	5 337
141	D09_787-882_17-33-30.fsa	213	213.63	6 948	87 764	4 885
	D09_787-882_17-33-30.fsa	245	245.23	7 808	128 566	5 289
142	D10_787-882_17-33-30.fsa	245	245.36	8 391	150 597	5 313
143	D11_787-882_18-13-38.fsa	213	213.67	8 481	158 381	4 889
144	D12_787-882_18-13-38.fsa	213	213.55	8 579	167 010	4 899
145	E01_787-882_14-52-41.fsa	226	226.53	8 107	146 732	4 990
146	E02_787-882_14-52-41.fsa	213	213.65	3 055	36 981	4 845
	E02_787-882_14-52-41.fsa	248	248.69	3 461	42 004	5 299
147	E03_787-882_15-32-46.fsa	198	197.88	308	3 900	4 629
148	E04_787-882_15-32-46.fsa	238	238.96	7 852	125 407	5 165
149	E05_787-882_16-12-52.fsa	229	229.66	5 940	68 423	5 026
150	E06_787-882_16-12-52.fsa	248	248.61	7 719	107 275	5 295
	E06_787-882_16-12-52.fsa	252	251.6	7 558	102 786	5 336
151	E07_787-882_16-52-59.fsa	248	248.64	5 923	70 152	5 289
152	E08_787-882_16-52-59.fsa	198	197.67	7 971	130 776	4 654
153	E09_787-882_17-33-30.fsa	213	213.66	230	2 672	4 869
154	E10_787-882_17-33-30.fsa	229	229.55	7 727	108 972	5 099
	E10_787-882_17-33-30.fsa	248	248.63	2 413	30 545	5 349
155	E11_787-882_18-13-38.fsa	229	229.62	5 415	63 213	5 090
	E11_787-882_18-13-38.fsa	248	248.66	6 189	72 414	5 331

（续）

资源序号	样本名（sample file name）	等位基因位点（allele，bp）	大小（size，bp）	高度（height，RFU）	面积（area，RFU）	数据取值点（data point，RFU）
156	E12_787-882_18-13-38. fsa	245	245. 45	1 178	14 530	5 319
157	F01_787-882_14-52-41. fsa	226	226. 45	7 787	113 923	4 978
158	F02_787-882_14-52-41. fsa	192	191. 95	8 645	186 529	4 546
159	F03_787-882_15-32-46. fsa	213	213. 66	8 204	146 095	4 807
160	F04_787-882_15-32-46. fsa	198	198. 71	196	3 469	4 654
161	F05_787-882_16-12-52. fsa	198	197. 9	7 693	100 149	4 612
162	F06_787-882_16-12-52. fsa	192	191. 98	8 533	187 093	4 548
163	F07_787-882_16-52-59. fsa	192	191. 98	3 536	42 236	4 560
	F07_787-882_16-52-59. fsa	248	248. 66	2 550	31 122	5 289
164	F08_787-882_16-52-59. fsa	198	197. 85	8 579	175 279	4 645
165	F09_787-882_17-33-30. fsa	198	197. 78	7 617	100 589	4 657
166	F10_787-882_17-33-30. fsa	198	197. 87	6 618	105 906	4 668
167	F11_787-882_18-13-38. fsa	198	197. 85	7 812	85 605	4 659
168	F12_787-882_18-13-38. fsa	248	248	5 699	55 333	5 320
169	G01_787-882_14-52-41. fsa	229	229. 59	8 720	161 564	5 028
170	G02_787-882_14-52-41. fsa	229	229. 55	8 422	188 149	5 040
171	G03_787-882_15-32-46. fsa	252	251. 65	8 706	149 333	5 295
172	G04_787-882_15-32-46. fsa	245	245. 5	8 289	141 225	5 233
173	G05_787-882_16-12-52. fsa	198	197. 8	3 726	40 823	4 623
174	G06_787-882_16-12-52. fsa	226	226. 13	8 112	137 091	4 991
175	G07_787-882_16-52-59. fsa	248	248. 64	595	6 881	5 282
176	G08_787-882_16-52-59. fsa	192	191. 93	8 280	150 660	4 585
177	G09_787-882_17-33-30. fsa	198	197. 53	8 121	129 764	4 666
	G09_787-882_17-33-30. fsa	213	213. 65	5 797	65 579	4 872

（续）

资源序号	样本名（sample file name）	等位基因位点（allele，bp）	大小（size，bp）	高度（height，RFU）	面积（area，RFU）	数据取值点（data point，RFU）
178	G10 _787 - 882 _17 - 33 - 30. fsa	198	197. 78	8 870	184 393	4 676
179	G11 _787 - 882 _18 - 13 - 38. fsa	213	213. 62	8 846	161 368	4 876
180	G12 _787 - 882 _18 - 13 - 38. fsa	226	226. 23	7 983	130 109	5 048
181	H01 _787 - 882 _14 - 52 - 41. fsa	198	197. 84	8 505	141 666	4 674
182	H02 _787 - 882 _14 - 52 - 41. fsa	198	197. 89	8 882	156 192	4 740
183	H03 _787 - 882 _15 - 32 - 46. fsa	245	245. 65	8 673	153 357	5 273
184	H04 _787 - 882 _15 - 32 - 46. fsa	226	226. 44	8 149	119 211	5 101
185	H05 _787 - 882 _16 - 12 - 52. fsa	248	248. 74	7 777	102 120	5 318
186	H06 _787 - 882 _16 - 12 - 52. fsa	198	197. 88	8 746	169 765	4 734
187	H07 _787 - 882 _16 - 52 - 59. fsa	213	213. 67	8 268	143 603	4 886
188	H08 _787 - 882 _16 - 52 - 59. fsa	192	192. 02	8 006	115 541	4 668
189	H09 _787 - 882 _17 - 33 - 30. fsa	192	192. 05	8 678	177 431	4 632
190	H10 _787 - 882 _17 - 33 - 30. fsa	245	245. 33	7 989	140 789	5 404
191	H11 _787 - 882 _18 - 13 - 38. fsa	213	214. 23	7 692	98 878	4 933
192	H12 _787 - 882 _18 - 13 - 38. fsa	248	248. 71	3 914	75 581	5 475

三、资源序号对应的资源编号及位点数据

引物名称	资源序号				
	1	2	3	4	5
	资源编号				
	XIN00110	XIN00244	XIN00245	XIN00246	XIN00247
Satt300	237/237	243/243	237/237	243/243	237/237
Satt429	264/264	270/270	270/270	264/264	267/267
Satt197	173/173	188/188	188/188	179/179	188/188
Satt556	209/209	161/161	209/209	209/209	161/161
Satt100	132/132	141/141	141/141	141/141	141/141
Satt267	230/230	249/249	230/230	230/230	230/230
Satt005	132/132	138/138	138/138	170/170	170/170
Satt514	223/223	215/215	215/215	233/233	192/192
Satt268	202/202	219/219	250/250	238/250	222/222
Satt334	189/198	999/999	999/999	189/198	189/198
Satt191	215/215	205/205	205/205	205/205	202/202
Sat_218	320/320	328/328	314/314	325/325	323/323
Satt239	185/185	191/191	191/191	191/191	155/155
Satt380	127/127	127/127	127/127	127/135	127/127
Satt588	164/164	167/167	167/167	167/167	136/136
Satt462	280/280	248/248	280/280	248/248	248/248
Satt567	101/101	106/106	106/106	106/106	109/109
Satt022	216/216	206/206	194/194	206/216	206/216
Satt487	201/201	198/198	195/195	201/201	201/201
Satt236	226/226	214/214	214/214	226/226	214/214
Satt453	258/258	245/245	258/258	237/258	261/261
Satt168	200/200	200/200	227/227	233/233	233/233
Satt180	258/258	261/261	243/243	258/258	212/212
Sat_130	306/306	310/310	308/308	308/308	302/302
Sat_092	225/225	236/236	238/238	238/238	231/231
Sat_112	323/323	311/311	346/346	335/335	339/339
Satt193	213/213	258/258	230/230	233/233	233/233
Satt288	236/236	228/228	249/249	246/246	252/252
Satt442	245/245	248/248	999/999	245/245	245/245
Satt330	145/145	145/145	145/145	145/145	145/145
Satt431	231/231	231/231	231/231	231/231	225/225
Satt242	192/192	195/195	189/189	195/195	195/195
Satt373	263/263	248/248	248/248	245/245	248/248
Satt551	224/224	224/224	230/230	224/224	224/224
Sat_084	141/141	143/143	154/154	154/154	151/151
Satt345	245/245	213/213	198/198	198/198	198/198

（续）

引物名称	资源序号				
	6	7	8	9	10
	资源编号				
	XIN00249	XIN00252	XIN00253	XIN00255	XIN00256
Satt300	243/243	243/243	243/243	252/252	237/237
Satt429	270/270	270/270	264/264	270/270	264/270
Satt197	179/179	185/185	185/185	185/185	188/188
Satt556	161/161	161/161	161/161	209/209	209/209
Satt100	141/164	141/141	141/141	164/164	141/141
Satt267	230/230	230/230	230/230	230/230	230/230
Satt005	138/138	138/138	138/138	170/170	138/170
Satt514	192/192	208/208	223/223	208/208	208/208
Satt268	222/222	238/238	238/238	250/250	238/250
Satt334	203/212	210/210	999/999	189/198	189/198
Satt191	202/202	225/225	202/202	205/205	205/205
Sat_218	295/295	295/295	295/295	325/325	295/325
Satt239	173/173	191/191	173/173	191/191	173/194
Satt380	125/125	127/127	127/127	127/127	127/135
Satt588	164/164	164/164	164/164	140/167	164/164
Satt462	266/266	250/250	202/202	231/240	240/250
Satt567	106/106	109/109	109/109	109/109	106/106
Satt022	216/216	206/206	206/206	216/216	206/216
Satt487	192/192	999/999	204/204	201/201	198/201
Satt236	226/226	226/226	223/223	214/214	214/226
Satt453	258/258	237/237	237/237	237/237	237/258
Satt168	218/233	230/230	230/230	233/233	200/233
Satt180	212/258	258/258	258/258	267/267	258/258
Sat_130	298/298	308/308	298/298	302/302	308/308
Sat_092	181/181	212/212	231/231	238/238	156/240
Sat_112	335/335	342/342	342/342	344/344	335/335
Satt193	261/261	258/258	249/249	233/233	230/230
Satt288	233/249	252/252	195/195	246/249	246/246
Satt442	245/245	245/245	248/248	257/257	245/245
Satt330	145/145	145/145	145/145	118/118	145/145
Satt431	231/231	225/225	225/225	231/231	231/231
Satt242	192/198	195/195	195/195	189/189	195/195
Satt373	238/238	248/248	238/238	248/248	245/248
Satt551	230/237	224/224	224/224	224/237	224/230
Sat_084	141/141	141/141	143/143	143/143	141/141
Satt345	233/233	226/226	226/226	248/248	198/248

（续）

引物名称	资源序号				
	11	12	13	14	15
	资源编号				
	XIN00275	XIN00327	XIN00533	XIN00892	XIN00935
Satt300	252/252	240/240	237/237	237/237	243/243
Satt429	243/243	234/234	267/267	264/264	264/264
Satt197	179/179	188/188	179/179	143/143	188/188
Satt556	161/161	209/209	161/161	161/161	209/209
Satt100	164/164	164/164	164/164	132/132	110/110
Satt267	230/230	230/230	230/230	239/239	249/249
Satt005	158/158	170/170	161/170	167/167	170/170
Satt514	233/233	182/194	220/220	208/208	223/223
Satt268	250/253	250/250	215/215	202/202	250/250
Satt334	189/198	189/198	198/203	999/999	999/999
Satt191	205/205	205/205	218/218	187/187	225/225
Sat_218	288/288	325/325	321/321	284/284	314/323
Satt239	179/179	182/182	191/191	176/176	173/173
Satt380	135/135	125/125	135/135	125/125	125/125
Satt588	170/170	164/164	167/167	164/164	167/167
Satt462	231/231	252/252	266/266	212/212	224/224
Satt567	106/106	103/103	106/106	109/109	106/106
Satt022	194/194	206/206	206/206	194/194	206/206
Satt487	198/198	195/195	195/195	192/192	195/195
Satt236	220/220	223/223	220/220	226/226	223/223
Satt453	237/237	261/261	245/245	258/258	237/237
Satt168	230/230	233/233	230/230	227/227	230/230
Satt180	264/267	267/267	258/258	264/264	258/258
Sat_130	306/306	304/304	310/310	306/306	310/310
Sat_092	251/251	212/212	236/236	236/236	236/246
Sat_112	325/325	342/342	311/311	323/323	350/350
Satt193	236/236	258/258	252/252	233/233	999/999
Satt288	233/233	223/223	249/249	236/236	246/246
Satt442	251/251	248/248	257/257	254/254	257/257
Satt330	145/145	145/145	145/151	145/145	145/145
Satt431	231/231	228/228	225/225	231/231	231/231
Satt242	195/198	192/192	189/192	192/192	174/201
Satt373	248/248	248/248	238/255	213/222	251/251
Satt551	224/237	230/230	230/230	237/237	237/237
Sat_084	143/143	154/154	141/141	151/151	154/154
Satt345	213/213	248/248	213/213	198/198	248/248

（续）

引物名称	资源序号				
	16	17	18	19	20
	资源编号				
	XIN01057	XIN01059	XIN01061	XIN01070	XIN01174
Satt300	237/237	237/237	243/243	237/240	243/243
Satt429	270/270	248/248	264/264	264/270	270/270
Satt197	143/143	182/182	188/188	143/143	179/179
Satt556	164/164	161/161	209/209	161/161	209/209
Satt100	138/138	132/132	141/141	132/138	141/141
Satt267	239/239	239/239	230/230	239/239	230/230
Satt005	161/161	132/132	170/170	161/167	138/138
Satt514	239/239	239/239	208/208	208/208	194/194
Satt268	215/215	202/202	250/250	202/238	238/238
Satt334	210/210	198/198	189/198	198/198	210/210
Satt191	218/218	218/218	202/202	187/218	225/225
Sat_218	284/284	284/284	323/323	284/284	327/327
Satt239	173/173	173/173	188/188	173/179	173/173
Satt380	125/125	132/132	135/135	125/132	125/125
Satt588	139/139	139/139	164/164	164/164	164/164
Satt462	234/234	234/234	231/240	212/234	250/250
Satt567	103/103	103/103	106/106	999/999	103/103
Satt022	194/194	216/216	206/206	194/194	206/206
Satt487	201/201	204/204	201/201	192/192	198/198
Satt236	226/226	236/236	220/220	226/236	214/214
Satt453	258/258	258/258	261/261	258/258	261/261
Satt168	227/227	227/227	233/233	227/227	233/233
Satt180	258/258	264/264	258/258	264/264	258/258
Sat_130	310/310	296/296	294/294	306/306	304/304
Sat_092	234/234	244/244	236/236	236/236	229/229
Sat_112	330/330	330/330	335/335	323/323	346/346
Satt193	999/999	236/236	255/255	258/258	249/249
Satt288	246/246	246/246	246/246	246/246	249/249
Satt442	257/257	248/254	248/254	248/254	257/257
Satt330	145/145	147/147	147/147	145/145	145/145
Satt431	199/199	231/231	231/231	202/231	225/225
Satt242	192/192	192/192	189/189	192/192	195/195
Satt373	276/276	213/222	248/248	276/276	238/238
Satt551	224/224	237/237	230/237	224/237	224/224
Sat_084	141/141	141/141	151/151	141/141	141/141
Satt345	252/252	248/248	198/198	198/198	198/198

（续）

引物名称	资源序号				
	21	22	23	24	25
	资源编号				
	XIN01451	XIN01462	XIN01470	XIN01797	XIN01888
Satt300	269/269	240/240	243/243	243/243	237/237
Satt429	264/264	264/264	270/270	270/270	243/243
Satt197	182/182	188/188	185/185	188/188	182/182
Satt556	161/161	209/209	209/209	209/209	197/197
Satt100	138/138	164/164	110/135	164/164	164/164
Satt267	239/239	230/230	230/230	230/230	249/249
Satt005	158/158	170/170	138/138	170/170	161/161
Satt514	245/245	194/194	208/208	233/233	194/194
Satt268	202/202	250/250	250/250	215/215	250/250
Satt334	189/198	203/203	210/210	210/210	210/210
Satt191	202/202	187/187	202/202	205/205	202/202
Sat_218	306/306	323/323	295/295	325/325	325/325
Satt239	185/185	176/176	191/191	173/173	188/188
Satt380	127/127	127/127	127/127	135/135	125/135
Satt588	170/170	164/164	167/167	167/167	167/167
Satt462	999/999	231/231	248/248	240/240	248/248
Satt567	106/106	109/109	106/106	109/109	106/106
Satt022	216/216	194/194	216/216	206/206	206/206
Satt487	201/201	195/195	198/201	195/195	198/198
Satt236	236/236	214/214	214/214	220/220	214/214
Satt453	258/258	261/261	258/258	261/261	258/258
Satt168	227/227	233/233	233/233	233/233	227/227
Satt180	264/264	258/258	258/258	258/258	243/243
Sat_130	294/294	308/308	312/312	310/310	304/304
Sat_092	231/231	231/231	240/240	236/236	248/248
Sat_112	323/323	342/342	332/332	346/346	323/323
Satt193	236/258	258/258	230/230	230/230	242/242
Satt288	246/246	246/246	249/249	249/249	233/233
Satt442	248/248	248/248	248/248	257/257	248/248
Satt330	145/145	145/145	145/145	145/145	105/105
Satt431	225/225	228/228	231/231	225/225	228/228
Satt242	192/192	189/189	195/195	189/189	192/192
Satt373	213/213	248/248	251/251	238/238	245/245
Satt551	224/224	230/230	224/224	230/230	224/224
Sat_084	141/141	141/141	141/141	141/141	141/141
Satt345	192/192	213/213	198/198	192/192	198/198

（续）

引物名称	资源序号				
	26	27	28	29	30
	资源编号				
	XIN01889	XIN02035	XIN02196	XIN02360	XIN02362
Satt300	237/237	237/243	237/237	237/237	252/252
Satt429	267/267	237/264	264/264	264/264	264/264
Satt197	182/182	143/143	173/173	179/179	182/182
Satt556	197/197	161/161	164/164	161/161	161/161
Satt100	164/164	135/138	144/144	141/141	138/138
Satt267	249/249	239/239	249/249	230/230	249/249
Satt005	164/164	132/161	132/132	161/164	138/138
Satt514	194/194	205/205	233/233	205/205	245/245
Satt268	250/250	215/253	238/238	202/253	238/238
Satt334	999/999	210/210	210/210	189/198	189/210
Satt191	205/205	202/202	225/225	999/999	202/202
Sat _218	288/288	306/306	284/284	321/321	288/288
Satt239	173/173	179/188	188/188	173/173	188/188
Satt380	135/135	125/125	135/135	135/135	127/127
Satt588	164/164	164/164	164/164	162/162	170/170
Satt462	248/248	234/234	248/248	248/248	246/246
Satt567	106/106	109/109	106/106	106/106	106/106
Satt022	206/206	194/194	206/206	216/216	206/206
Satt487	198/198	204/204	192/192	204/204	204/204
Satt236	226/226	226/226	226/226	223/223	236/236
Satt453	249/249	258/258	258/258	258/258	258/258
Satt168	227/227	227/227	227/227	227/227	227/227
Satt180	243/243	264/264	264/264	258/258	264/264
Sat _130	304/304	294/294	315/315	300/300	310/310
Sat _092	248/248	234/234	246/246	229/229	231/231
Sat _112	346/346	323/323	346/346	346/346	325/325
Satt193	255/255	236/236	236/236	249/249	236/236
Satt288	233/233	243/243	219/219	246/246	246/246
Satt442	260/260	251/257	251/251	245/245	260/260
Satt330	105/105	145/145	145/145	145/145	145/145
Satt431	231/231	199/199	222/222	231/231	231/231
Satt242	192/192	195/195	192/192	192/192	184/189
Satt373	245/245	213/213	248/248	251/251	213/213
Satt551	237/237	224/224	237/237	224/224	224/224
Sat _084	141/141	141/141	141/141	141/141	141/141
Satt345	198/198	198/198	248/248	245/245	192/192

（续）

引物名称	资源序号				
	31	32	33	34	35
	资源编号				
	XIN02395	XIN02522	XIN02916	XIN03117	XIN03178
Satt300	237/237	243/243	269/269	243/243	240/240
Satt429	264/264	270/270	999/999	264/264	264/264
Satt197	173/173	179/179	188/188	188/188	185/185
Satt556	161/161	209/209	164/164	161/161	161/161
Satt100	138/138	141/141	999/999	141/141	110/110
Satt267	230/230	230/230	249/249	249/249	239/239
Satt005	158/158	138/138	138/138	138/138	161/161
Satt514	233/233	215/215	205/205	194/194	220/220
Satt268	238/238	238/238	253/253	253/253	202/202
Satt334	198/198	999/999	203/203	210/210	205/205
Satt191	205/205	225/225	999/999	225/225	187/187
Sat_218	280/280	323/323	323/323	295/295	284/284
Satt239	173/173	173/173	999/999	173/173	173/173
Satt380	127/127	127/127	999/999	125/125	127/127
Satt588	140/140	164/164	164/164	140/140	164/164
Satt462	231/231	224/224	250/250	248/248	240/240
Satt567	109/109	103/103	106/106	109/109	106/106
Satt022	216/216	206/206	206/206	206/206	213/213
Satt487	201/201	198/198	999/999	198/198	201/201
Satt236	226/226	214/214	223/223	220/220	226/226
Satt453	261/261	261/261	999/999	237/237	261/261
Satt168	233/233	233/233	211/211	230/230	227/227
Satt180	276/276	258/258	258/258	267/267	276/276
Sat_130	310/310	304/304	999/999	306/306	310/310
Sat_092	234/234	229/229	238/238	212/212	234/234
Sat_112	323/323	346/346	346/346	342/342	298/323
Satt193	239/258	249/249	230/230	230/249	236/236
Satt288	249/249	195/246	246/246	252/252	246/246
Satt442	251/251	257/257	248/260	248/248	251/251
Satt330	147/147	145/145	145/145	145/145	147/147
Satt431	222/222	231/231	225/225	225/225	199/199
Satt242	192/192	195/195	195/195	189/189	192/192
Satt373	276/276	238/238	238/238	219/219	222/274
Satt551	224/224	230/230	237/237	230/230	224/224
Sat_084	141/141	141/141	154/154	141/141	141/141
Satt345	213/213	198/198	198/198	245/245	245/245

（续）

引物名称	资源序号				
	36	37	38	39	40
	资源编号				
	XIN03180	XIN03182	XIN03185	XIN03207	XIN03309
Satt300	240/240	237/237	252/252	243/243	252/252
Satt429	264/264	264/264	267/267	270/270	267/267
Satt197	173/173	179/179	188/188	188/188	188/188
Satt556	161/161	161/161	161/209	161/161	209/209
Satt100	135/135	141/141	129/129	141/141	164/164
Satt267	230/230	230/230	249/249	249/249	230/230
Satt005	164/164	164/164	151/151	138/138	170/170
Satt514	233/233	205/205	208/208	220/220	233/233
Satt268	202/202	202/202	215/215	238/238	219/219
Satt334	189/198	189/189	189/198	999/999	189/198
Satt191	187/187	202/202	187/187	225/225	225/225
Sat_218	290/290	288/288	288/288	325/325	325/325
Satt239	173/173	173/173	194/194	173/173	188/188
Satt380	135/135	135/135	127/127	125/125	127/127
Satt588	140/140	162/162	167/167	140/140	164/164
Satt462	234/234	248/248	276/276	231/231	231/231
Satt567	106/106	106/106	109/109	109/109	103/103
Satt022	203/203	216/216	216/216	206/206	216/216
Satt487	201/201	204/204	198/198	198/198	198/198
Satt236	220/220	223/223	226/226	220/220	226/226
Satt453	258/258	258/258	245/245	237/237	233/233
Satt168	227/227	227/227	227/227	230/230	233/233
Satt180	264/264	264/264	212/212	258/258	258/258
Sat_130	304/304	304/304	315/315	306/306	304/304
Sat_092	246/246	229/229	229/229	212/212	248/248
Sat_112	325/325	346/346	323/323	323/346	346/346
Satt193	236/236	249/249	233/233	249/249	233/249
Satt288	233/233	246/246	249/249	252/252	233/246
Satt442	254/254	245/245	257/257	248/248	248/248
Satt330	145/145	145/145	145/145	145/145	145/145
Satt431	199/199	231/231	222/222	222/222	225/225
Satt242	192/192	192/192	195/198	189/189	195/195
Satt373	248/248	248/251	248/248	238/238	238/238
Satt551	237/237	224/224	237/237	224/224	237/237
Sat_084	141/141	141/141	141/141	154/154	143/143
Satt345	248/248	245/245	213/213	226/226	213/213

（续）

引物名称	资源序号				
	41	42	43	44	45
	资源编号				
	XIN03486	XIN03488	XIN03689	XIN03717	XIN03733
Satt300	237/237	243/243	237/237	243/243	252/252
Satt429	270/270	270/270	270/270	264/264	270/270
Satt197	185/185	182/182	188/188	185/185	134/134
Satt556	209/209	209/209	209/209	161/161	161/161
Satt100	141/141	141/141	141/141	141/141	135/135
Satt267	230/230	249/249	230/230	230/230	239/239
Satt005	170/170	170/170	138/138	138/138	138/138
Satt514	208/208	208/208	223/223	208/208	233/233
Satt268	238/238	238/238	253/253	250/250	238/238
Satt334	210/210	189/189	999/999	210/210	189/198
Satt191	205/205	205/205	225/225	225/225	225/225
Sat_218	295/295	325/325	295/295	295/295	321/321
Satt239	191/191	191/191	173/173	191/191	185/185
Satt380	127/127	127/127	125/125	127/127	125/125
Satt588	164/164	167/167	130/130	167/167	164/164
Satt462	248/248	231/231	224/224	240/240	231/231
Satt567	109/109	109/109	109/109	109/109	106/106
Satt022	216/216	216/216	206/206	206/206	200/200
Satt487	198/198	198/198	198/198	204/204	198/198
Satt236	220/220	214/214	223/223	223/223	226/226
Satt453	261/261	233/233	261/261	258/258	237/237
Satt168	227/233	200/200	233/233	233/233	233/233
Satt180	258/258	258/267	261/261	258/258	243/243
Sat_130	296/296	302/302	300/300	298/298	312/312
Sat_092	246/246	240/240	212/212	212/212	212/212
Sat_112	339/339	346/346	342/342	311/335	300/325
Satt193	233/233	213/230	249/249	249/249	236/236
Satt288	246/246	246/246	246/246	252/252	236/236
Satt442	257/257	245/245	248/248	248/248	257/257
Satt330	145/145	118/118	145/145	118/118	145/145
Satt431	231/231	231/231	225/225	231/231	231/231
Satt242	189/189	189/189	201/201	189/189	192/192
Satt373	245/245	248/248	251/251	248/248	245/245
Satt551	224/224	237/237	224/224	224/224	237/237
Sat_084	154/154	141/141	141/141	141/141	141/141
Satt345	248/248	248/248	226/226	198/198	198/198

（续）

引物名称	资源序号				
	46	47	48	49	50
	资源编号				
	XIN03841	XIN03843	XIN03845	XIN03902	XIN03997
Satt300	237/269	237/237	264/264	237/237	237/237
Satt429	264/264	228/228	264/264	264/264	267/267
Satt197	182/185	173/173	179/179	134/134	173/173
Satt556	161/161	164/164	161/161	161/161	164/164
Satt100	138/138	167/167	132/132	132/132	167/167
Satt267	239/239	249/249	239/239	239/239	230/230
Satt005	158/167	132/132	138/138	161/161	132/132
Satt514	245/245	233/233	237/237	237/237	999/999
Satt268	202/215	238/238	215/215	202/202	250/250
Satt334	189/198	210/210	999/999	999/999	210/210
Satt191	202/202	225/225	205/205	218/218	218/218
Sat _218	306/306	284/284	288/288	284/284	300/300
Satt239	185/185	188/188	185/185	185/185	188/188
Satt380	127/127	135/135	135/135	132/132	135/135
Satt588	170/170	164/164	147/147	139/139	164/164
Satt462	240/240	234/234	999/999	212/212	234/234
Satt567	106/106	106/106	106/106	109/109	106/106
Satt022	216/216	206/206	216/216	216/216	216/216
Satt487	201/204	192/192	204/204	204/204	192/192
Satt236	226/236	226/226	236/236	233/233	223/223
Satt453	258/258	258/258	258/258	258/258	258/258
Satt168	227/227	227/227	227/227	233/233	227/227
Satt180	264/264	264/264	999/999	247/264	264/264
Sat _130	294/310	315/315	296/296	999/999	315/315
Sat _092	231/231	246/246	244/244	234/234	236/236
Sat _112	300/325	300/325	323/323	323/323	323/323
Satt193	236/236	236/236	252/252	233/233	236/236
Satt288	233/246	219/219	195/195	246/246	219/219
Satt442	248/251	251/251	254/254	999/999	251/254
Satt330	145/145	145/145	147/147	147/147	145/145
Satt431	222/222	222/222	202/202	202/202	222/222
Satt242	184/189	192/192	192/192	184/184	192/192
Satt373	213/213	248/248	248/248	222/222	248/248
Satt551	224/224	237/237	224/224	224/224	237/237
Sat _084	141/141	143/143	141/141	141/141	141/141
Satt345	198/198	198/198	198/198	198/198	198/198

（续）

引物名称	资源序号				
	51	52	53	54	55
	资源编号				
	XIN04109	XIN04288	XIN04290	XIN04326	XIN04328
Satt300	264/264	240/240	243/243	237/237	237/237
Satt429	273/273	264/264	264/264	264/264	999/999
Satt197	143/143	188/188	188/188	173/173	173/173
Satt556	161/161	209/209	209/209	161/161	161/161
Satt100	138/138	164/164	164/164	132/132	132/132
Satt267	239/239	230/230	230/230	230/230	230/230
Satt005	167/167	138/138	170/170	161/161	132/132
Satt514	999/999	999/999	999/999	999/999	999/999
Satt268	202/202	250/250	250/250	250/250	215/215
Satt334	210/210	203/203	203/203	189/189	999/999
Satt191	999/999	212/225	225/225	205/205	999/999
Sat_218	306/306	295/295	325/325	290/290	290/290
Satt239	188/188	173/173	173/173	194/194	185/185
Satt380	135/135	135/135	135/135	127/127	125/125
Satt588	170/170	164/164	164/164	164/164	999/999
Satt462	240/240	248/248	250/250	268/268	999/999
Satt567	106/106	103/103	103/103	106/106	106/106
Satt022	216/216	206/206	206/206	206/206	206/206
Satt487	201/201	198/198	198/198	198/198	999/999
Satt236	233/233	217/217	217/217	223/223	999/999
Satt453	258/258	261/261	261/261	258/258	245/245
Satt168	227/227	233/233	233/233	211/211	211/211
Satt180	264/264	267/267	258/258	258/258	258/258
Sat_130	294/294	308/308	294/304	298/298	999/999
Sat_092	210/210	240/240	212/212	246/246	999/999
Sat_112	325/325	323/323	346/346	335/335	342/342
Satt193	236/236	249/249	249/249	236/236	236/236
Satt288	195/195	246/246	246/246	246/246	195/252
Satt442	248/248	248/248	248/248	248/248	999/999
Satt330	145/145	145/145	151/151	145/145	999/999
Satt431	222/222	225/225	225/225	202/202	999/999
Satt242	192/192	189/189	189/195	195/195	195/195
Satt373	213/213	238/238	238/238	210/213	251/251
Satt551	230/230	230/230	230/230	237/237	224/224
Sat_084	141/141	141/141	154/154	151/151	151/151
Satt345	198/198	198/198	226/226	198/213	198/198

（续）

引物名称	资源序号				
	56	57	58	59	60
	资源编号				
	XIN04374	XIN04450	XIN04453	XIN04461	XIN04552
Satt300	240/240	240/240	243/243	237/237	240/240
Satt429	264/264	270/270	270/270	270/270	228/228
Satt197	182/182	173/173	185/185	188/188	185/185
Satt556	164/164	164/164	209/209	161/161	161/161
Satt100	167/167	135/135	135/164	141/141	135/135
Satt267	239/239	239/239	230/230	249/249	239/239
Satt005	158/158	135/135	138/138	170/170	161/161
Satt514	999/999	999/999	999/999	999/999	999/999
Satt268	238/238	202/202	250/250	250/250	202/202
Satt334	189/198	999/999	999/999	999/999	999/999
Satt191	225/225	187/205	202/202	225/225	187/187
Sat_218	325/325	284/284	325/325	325/325	284/325
Satt239	188/188	173/188	194/194	173/173	173/173
Satt380	125/125	135/135	127/127	135/135	127/127
Satt588	164/164	140/140	167/167	140/140	164/164
Satt462	250/250	999/999	202/202	999/999	999/999
Satt567	106/106	103/103	106/106	103/103	106/106
Satt022	206/206	206/206	216/216	194/194	213/213
Satt487	192/201	204/204	999/999	198/198	201/201
Satt236	223/223	220/220	220/220	214/214	223/223
Satt453	261/261	237/237	237/237	261/261	261/261
Satt168	227/227	227/227	200/200	233/233	227/227
Satt180	264/264	243/243	258/258	258/258	276/276
Sat_130	315/315	306/306	310/310	304/304	310/310
Sat_092	246/246	227/227	240/240	240/240	234/234
Sat_112	298/323	323/323	339/339	342/342	323/323
Satt193	236/236	236/236	999/999	258/258	236/236
Satt288	195/195	233/249	243/243	252/252	246/246
Satt442	251/251	254/254	248/248	245/245	251/251
Satt330	145/145	145/145	145/145	145/145	147/147
Satt431	222/222	231/231	231/231	225/225	199/199
Satt242	192/192	192/192	201/201	195/195	192/192
Satt373	276/276	213/213	248/248	248/248	222/276
Satt551	237/237	224/237	224/224	230/230	224/224
Sat_084	141/141	141/141	143/143	154/154	141/141
Satt345	213/213	245/245	198/198	245/245	248/248

（续）

引物名称	资源序号				
	61	62	63	64	65
	资源编号				
	XIN04585	XIN04587	XIN04823	XIN04825	XIN04897
Satt300	243/243	237/237	243/243	243/243	237/237
Satt429	270/270	267/267	270/270	270/270	237/270
Satt197	185/185	134/134	188/188	185/185	143/179
Satt556	209/209	197/197	161/161	209/209	164/164
Satt100	135/135	135/135	141/141	138/141	138/138
Satt267	230/230	230/230	230/230	249/249	239/239
Satt005	151/151	148/158	138/138	138/138	161/161
Satt514	999/999	999/999	999/999	999/999	999/999
Satt268	219/219	215/215	250/250	250/250	215/250
Satt334	999/999	999/999	999/999	999/999	210/210
Satt191	205/205	225/225	999/999	205/205	202/218
Sat _218	290/290	321/321	325/325	295/325	284/284
Satt239	194/194	194/194	191/191	176/176	188/188
Satt380	125/125	125/125	125/125	127/127	132/132
Satt588	167/167	164/164	999/999	167/167	147/147
Satt462	231/231	224/224	231/231	204/204	234/234
Satt567	106/106	106/106	109/109	106/109	103/103
Satt022	206/206	200/200	216/216	216/216	194/216
Satt487	198/198	198/198	999/999	201/201	204/204
Satt236	226/226	223/223	236/236	226/226	226/226
Satt453	245/245	245/245	258/258	258/258	258/258
Satt168	233/233	233/233	233/233	233/233	227/227
Satt180	258/258	258/258	258/258	258/258	258/258
Sat _130	304/304	315/315	306/306	308/308	294/294
Sat _092	236/236	236/236	999/999	238/238	234/234
Sat _112	346/346	323/323	335/335	332/332	300/325
Satt193	230/230	230/230	233/233	233/233	236/236
Satt288	246/246	249/249	243/243	249/249	240/246
Satt442	257/257	257/257	245/245	248/248	257/257
Satt330	118/118	145/145	145/145	118/118	145/145
Satt431	231/231	231/231	225/225	231/231	202/202
Satt242	195/198	192/192	189/189	189/189	192/192
Satt373	248/248	245/245	999/999	248/248	213/213
Satt551	230/230	237/237	224/224	230/230	224/224
Sat _084	143/143	143/143	141/141	141/141	141/141
Satt345	213/213	213/213	198/198	226/226	198/198

（续）

引物名称	资源序号				
	66	67	68	69	70
	资源编号				
	XIN05159	XIN05281	XIN05352	XIN04595	XIN04734
Satt300	237/237	237/237	240/240	237/237	243/252
Satt429	267/267	267/267	264/264	270/270	228/228
Satt197	182/182	179/179	185/185	179/179	188/188
Satt556	161/161	170/170	161/161	209/209	209/209
Satt100	129/129	110/110	138/138	110/110	164/164
Satt267	249/249	230/230	239/239	230/230	249/249
Satt005	167/167	145/145	161/161	999/999	138/138
Satt514	999/999	999/999	999/999	999/999	999/999
Satt268	238/253	250/250	202/202	215/215	253/253
Satt334	999/999	999/999	189/189	999/999	203/203
Satt191	187/187	202/202	187/187	202/202	225/225
Sat_218	319/319	295/295	284/284	295/295	321/321
Satt239	191/191	194/194	185/185	173/173	188/188
Satt380	135/135	135/135	127/127	125/125	125/125
Satt588	140/140	170/170	147/147	164/164	140/140
Satt462	231/231	248/248	212/212	202/202	248/248
Satt567	106/106	109/109	109/109	106/106	103/103
Satt022	197/197	194/194	216/216	216/216	206/206
Satt487	198/198	198/198	201/201	198/198	198/198
Satt236	217/217	226/226	233/236	220/220	220/220
Satt453	245/245	261/261	261/261	258/258	237/237
Satt168	227/227	233/233	227/227	233/233	227/227
Satt180	258/258	258/258	264/264	999/999	267/267
Sat_130	294/294	319/319	312/312	312/312	306/306
Sat_092	240/240	246/246	210/210	231/231	248/248
Sat_112	342/342	346/346	328/328	311/311	346/346
Satt193	233/233	230/230	236/236	230/230	249/249
Satt288	195/195	249/249	195/195	249/249	246/246
Satt442	257/257	257/257	251/251	999/999	248/248
Satt330	145/145	145/145	147/147	145/145	145/145
Satt431	231/231	225/225	231/231	231/231	225/225
Satt242	192/192	201/201	192/192	195/195	189/189
Satt373	222/222	248/248	276/276	999/999	219/219
Satt551	237/237	230/230	224/224	224/224	230/230
Sat_084	141/141	141/141	141/141	141/141	141/141
Satt345	248/248	198/213	198/198	198/198	245/245

（续）

引物名称	资源序号				
	71	72	73	74	75
	资源编号				
	XIN05239	XIN05251	XIN05269	XIN05379	XIN05425
Satt300	234/234	237/237	237/237	237/237	237/237
Satt429	270/270	264/264	267/267	267/267	243/243
Satt197	179/179	134/134	185/188	173/173	188/188
Satt556	161/161	161/161	161/161	161/161	161/161
Satt100	164/164	132/132	138/141	132/132	164/164
Satt267	230/230	239/239	230/230	230/230	249/249
Satt005	151/151	155/155	170/170	167/167	138/138
Satt514	233/233	999/999	999/999	999/999	999/999
Satt268	250/250	202/202	238/238	250/250	238/238
Satt334	203/203	203/203	210/210	999/999	999/999
Satt191	202/202	212/212	205/205	205/205	212/212
Sat_218	327/327	286/286	334/334	290/325	306/325
Satt239	191/191	176/176	188/188	194/194	999/999
Satt380	127/127	115/115	135/135	127/127	125/125
Satt588	164/164	139/139	167/167	164/164	999/999
Satt462	202/266	212/212	248/248	246/246	999/999
Satt567	103/103	109/109	109/109	106/106	106/106
Satt022	194/194	216/216	194/194	206/206	194/194
Satt487	198/198	198/198	198/198	198/198	198/198
Satt236	226/226	220/220	223/223	223/223	211/217
Satt453	237/237	258/258	237/237	245/245	261/261
Satt168	230/230	227/227	200/200	211/211	233/233
Satt180	258/258	264/264	258/258	258/258	261/261
Sat_130	292/292	302/302	294/294	298/298	298/298
Sat_092	212/212	246/246	231/231	246/246	248/248
Sat_112	298/323	300/325	335/335	323/323	344/344
Satt193	249/249	242/242	233/249	236/236	230/230
Satt288	195/195	243/243	246/246	246/246	246/246
Satt442	245/245	229/229	245/245	248/248	248/248
Satt330	145/145	147/147	145/145	145/145	145/145
Satt431	225/225	222/222	231/231	225/225	228/228
Satt242	186/186	189/189	195/195	184/184	189/189
Satt373	251/251	222/222	248/248	213/213	238/238
Satt551	230/230	237/237	237/237	237/237	243/243
Sat_084	141/141	154/154	143/143	151/151	154/154
Satt345	213/213	242/242	198/198	198/198	226/226

（续）

引物名称	资源序号				
	76	77	78	79	80
	资源编号				
	XIN05427	XIN05440	XIN05441	XIN05461	XIN05462
Satt300	237/243	999/999	243/243	252/252	252/252
Satt429	243/267	999/999	270/270	243/243	243/243
Satt197	999/999	179/188	185/185	188/188	173/173
Satt556	161/161	209/209	209/209	209/209	209/209
Satt100	164/164	999/999	164/164	164/164	167/167
Satt267	230/249	230/249	230/230	230/230	230/230
Satt005	138/161	170/170	170/170	170/170	170/170
Satt514	999/999	999/999	999/999	999/999	999/999
Satt268	238/238	250/250	250/250	250/250	219/219
Satt334	999/999	212/212	999/999	189/189	198/198
Satt191	205/225	999/999	225/225	209/209	205/205
Sat_218	278/278	325/325	327/327	290/290	295/295
Satt239	173/173	150/150	182/182	188/188	173/173
Satt380	125/125	135/135	127/127	135/135	127/127
Satt588	130/130	999/999	164/164	167/167	164/164
Satt462	999/999	999/999	234/234	250/250	248/248
Satt567	106/106	999/999	109/109	106/106	106/106
Satt022	206/206	206/206	216/216	216/216	216/216
Satt487	195/195	999/999	198/198	195/195	198/198
Satt236	217/217	223/223	211/223	211/211	223/223
Satt453	249/261	261/261	261/261	237/237	245/245
Satt168	233/233	233/233	233/233	233/233	227/227
Satt180	261/261	258/267	258/258	258/267	258/258
Sat_130	298/298	308/308	308/308	302/302	298/298
Sat_092	212/248	212/212	240/240	251/251	240/240
Sat_112	346/346	999/999	339/339	342/346	323/323
Satt193	230/230	230/230	258/258	230/230	233/233
Satt288	249/249	246/246	246/246	233/246	246/246
Satt442	248/248	245/245	245/245	242/242	257/257
Satt330	145/145	145/151	145/145	145/145	145/145
Satt431	225/225	228/228	228/228	231/231	231/231
Satt242	195/201	201/201	195/195	195/195	195/195
Satt373	999/999	210/251	245/245	248/248	245/245
Satt551	224/224	230/230	224/224	224/237	230/230
Sat_084	141/154	141/141	141/141	141/141	141/141
Satt345	226/226	213/213	245/245	248/248	248/248

（续）

引物名称	资源序号				
	81	82	83	84	85
	资源编号				
	XIN05645	XIN05647	XIN05649	XIN05650	XIN05651
Satt300	240/240	240/240	243/243	243/243	243/243
Satt429	237/237	264/264	264/264	270/270	270/270
Satt197	182/182	182/182	182/182	188/188	188/188
Satt556	164/164	161/161	161/161	209/209	209/209
Satt100	164/164	138/138	138/138	167/167	167/167
Satt267	239/239	239/239	239/239	230/230	230/230
Satt005	138/138	132/132	132/132	138/138	138/138
Satt514	999/999	999/999	999/999	208/208	999/999
Satt268	215/215	250/250	253/253	250/250	250/250
Satt334	203/203	210/210	210/210	210/210	999/999
Satt191	202/202	202/202	202/202	205/225	225/225
Sat_218	306/306	306/306	284/284	327/327	325/325
Satt239	179/179	179/179	179/179	173/173	188/188
Satt380	125/125	125/125	125/125	135/135	125/125
Satt588	999/999	164/164	170/170	164/164	167/167
Satt462	999/999	250/250	234/234	256/256	224/224
Satt567	106/106	106/106	106/106	109/109	109/109
Satt022	194/194	216/216	194/194	216/216	194/194
Satt487	204/204	204/204	204/204	201/201	204/204
Satt236	223/223	223/223	223/223	214/214	220/220
Satt453	258/258	258/258	258/258	261/261	261/261
Satt168	227/227	227/227	227/227	230/230	233/233
Satt180	258/258	264/264	264/264	258/258	258/258
Sat_130	294/294	294/294	294/294	308/308	302/302
Sat_092	999/999	234/234	234/234	240/240	229/229
Sat_112	298/323	323/323	323/323	342/342	342/342
Satt193	236/236	236/236	236/236	226/226	233/233
Satt288	243/243	243/243	243/243	249/249	249/249
Satt442	248/248	251/251	251/251	248/248	242/242
Satt330	145/145	145/145	145/145	118/118	145/145
Satt431	225/225	231/231	231/231	225/225	225/225
Satt242	189/192	195/195	195/195	201/201	201/201
Satt373	251/251	219/219	219/219	248/248	238/238
Satt551	224/224	224/224	224/224	224/224	230/230
Sat_084	141/141	141/141	141/141	143/143	143/143
Satt345	198/198	198/198	198/198	198/198	198/198

（续）

引物名称	资源序号				
	86	87	88	89	90
	资源编号				
	XIN05652	XIN05701	XIN05702	XIN05726	XIN05731
Satt300	243/243	243/243	237/237	264/264	237/243
Satt429	264/264	999/999	267/267	264/264	999/999
Satt197	188/188	185/185	134/134	200/200	173/173
Satt556	209/209	209/209	197/197	161/161	197/197
Satt100	164/164	135/135	999/999	135/135	141/141
Satt267	230/249	230/230	230/230	239/239	249/249
Satt005	138/138	151/151	148/151	132/132	138/138
Satt514	999/999	999/999	999/999	999/999	999/999
Satt268	238/238	219/219	215/215	202/202	238/238
Satt334	999/999	999/999	999/999	999/999	189/189
Satt191	225/225	205/205	225/225	999/999	205/225
Sat_218	297/297	290/290	999/999	999/999	325/325
Satt239	173/173	194/194	194/194	188/188	176/176
Satt380	125/125	125/125	125/125	127/127	135/135
Satt588	167/167	167/167	164/164	167/167	999/999
Satt462	999/999	231/231	999/999	234/234	248/248
Satt567	109/109	106/106	106/106	103/103	109/109
Satt022	206/206	206/216	200/200	216/216	206/206
Satt487	198/198	198/198	198/198	192/192	999/999
Satt236	217/217	223/223	223/223	223/223	223/223
Satt453	261/261	245/245	245/245	258/258	231/258
Satt168	233/233	233/233	233/233	227/227	227/227
Satt180	258/258	258/258	258/258	258/258	258/258
Sat_130	302/302	304/304	315/315	306/306	308/308
Sat_092	212/212	236/236	236/236	240/240	248/248
Sat_112	346/346	346/346	999/999	325/325	346/346
Satt193	249/249	230/230	230/230	230/230	236/236
Satt288	246/246	246/246	249/249	195/195	219/219
Satt442	251/251	257/257	257/257	251/251	260/260
Satt330	151/151	118/118	145/145	145/145	145/145
Satt431	225/225	231/231	231/231	190/202	231/231
Satt242	189/189	195/198	192/192	189/189	195/195
Satt373	251/251	248/248	245/245	263/263	248/248
Satt551	230/230	230/230	237/237	230/230	224/224
Sat_084	141/141	143/143	143/143	141/141	143/143
Satt345	213/213	213/213	213/213	233/233	248/248

（续）

引物名称	资源序号				
	91	92	93	94	95
	资源编号				
	XIN05733	XIN05862	XIN05891	XIN05926	XIN05952
Satt300	243/243	237/237	243/243	252/252	269/269
Satt429	267/267	270/270	273/273	264/264	264/264
Satt197	173/173	179/179	179/179	188/188	182/182
Satt556	197/197	161/161	209/209	197/197	161/161
Satt100	141/141	141/141	141/141	135/135	138/138
Satt267	249/249	239/249	230/230	230/230	239/239
Satt005	138/138	161/161	138/138	148/148	158/158
Satt514	999/999	999/999	999/999	215/215	999/999
Satt268	238/238	238/238	215/253	238/238	202/202
Satt334	189/189	999/999	210/210	189/189	999/999
Satt191	205/205	999/999	202/202	225/225	202/202
Sat_218	325/325	999/999	323/323	306/306	306/306
Satt239	188/188	188/188	191/191	188/188	185/185
Satt380	135/135	135/135	125/125	127/127	127/127
Satt588	164/164	164/164	164/164	167/167	170/170
Satt462	248/248	999/999	250/250	231/231	276/276
Satt567	106/109	106/106	999/999	106/106	106/106
Satt022	206/206	216/216	216/216	197/197	216/216
Satt487	201/201	201/201	198/198	201/201	201/201
Satt236	223/223	223/223	220/220	211/211	233/233
Satt453	258/258	237/237	258/258	237/258	258/258
Satt168	227/227	227/227	233/233	227/227	227/227
Satt180	258/258	264/264	258/258	243/243	264/264
Sat_130	312/312	312/312	310/310	312/312	294/294
Sat_092	248/248	210/210	212/212	231/231	231/231
Sat_112	335/335	999/999	287/311	300/325	323/323
Satt193	236/236	249/249	230/230	239/239	236/236
Satt288	219/219	195/195	249/249	261/261	246/246
Satt442	260/260	251/251	245/245	245/245	248/248
Satt330	145/151	147/147	145/145	105/105	145/145
Satt431	231/231	231/231	231/231	231/231	225/225
Satt242	195/195	192/192	195/195	192/192	192/192
Satt373	248/248	248/248	245/245	245/245	213/213
Satt551	224/224	224/224	237/237	237/237	224/224
Sat_084	143/143	143/143	141/141	141/141	141/141
Satt345	248/248	248/248	226/226	213/213	192/192

（续）

引物名称	资源序号				
	96	97	98	99	100
	资源编号				
	XIN05972	XIN05995	XIN06057	XIN06084	XIN06118
Satt300	237/237	999/999	240/240	243/243	237/237
Satt429	264/264	262/262	264/264	264/264	267/267
Satt197	143/143	188/188	179/182	143/188	188/188
Satt556	161/161	161/161	161/161	166/166	164/164
Satt100	135/135	138/138	132/132	135/144	129/132
Satt267	239/239	230/239	239/239	239/246	230/230
Satt005	138/138	138/138	161/161	148/148	167/167
Satt514	205/205	999/999	223/223	242/242	208/208
Satt268	250/250	215/215	238/238	244/244	250/250
Satt334	189/203	205/205	210/210	205/205	203/203
Satt191	218/218	160/160	999/999	218/218	187/205
Sat_218	284/284	288/288	325/325	310/310	264/264
Satt239	173/173	173/173	185/185	188/188	194/194
Satt380	125/125	155/155	125/125	127/127	127/127
Satt588	164/164	999/999	999/999	167/167	164/164
Satt462	196/196	204/204	234/246	248/248	266/266
Satt567	103/103	999/999	999/999	106/109	106/106
Satt022	194/194	203/203	206/206	213/213	203/203
Satt487	204/204	999/999	201/201	195/195	204/204
Satt236	223/223	999/999	223/223	220/220	223/223
Satt453	258/258	999/999	258/258	237/249	245/245
Satt168	227/227	999/999	227/227	230/230	211/211
Satt180	258/258	247/247	258/258	215/215	212/212
Sat_130	306/306	999/999	312/312	296/300	290/290
Sat_092	234/234	248/248	234/234	225/225	248/248
Sat_112	300/325	323/323	346/346	311/311	335/335
Satt193	236/236	230/230	236/236	239/239	236/236
Satt288	246/246	219/243	219/236	246/246	246/246
Satt442	239/239	245/245	254/254	248/260	245/248
Satt330	147/147	145/145	145/145	145/147	147/147
Satt431	199/199	225/231	199/199	225/225	225/225
Satt242	192/192	999/999	192/192	192/192	174/174
Satt373	276/276	245/245	279/279	219/219	213/213
Satt551	224/224	230/230	237/237	230/230	237/237
Sat_084	141/141	141/141	151/151	141/141	151/151
Satt345	198/198	999/999	192/192	213/213	198/198

（续）

引物名称	资源序号				
	101	102	103	104	105
	资源编号				
	XIN06346	XIN06349	XIN06351	XIN06425	XIN06427
Satt300	267/267	237/237	243/243	243/243	237/237
Satt429	267/267	264/264	270/270	267/267	999/999
Satt197	173/173	185/185	179/179	188/188	188/188
Satt556	161/161	209/209	161/161	209/209	209/209
Satt100	132/132	164/164	141/141	141/141	141/141
Satt267	230/230	249/249	230/230	249/249	249/249
Satt005	141/141	170/170	138/138	170/170	138/138
Satt514	208/208	194/194	194/194	194/194	233/233
Satt268	215/215	247/247	238/238	250/250	250/250
Satt334	203/203	212/212	212/212	212/212	180/198
Satt191	205/205	225/225	225/225	225/225	999/999
Sat_218	264/290	300/325	297/297	297/329	319/319
Satt239	185/185	173/173	173/173	173/173	173/173
Satt380	125/125	125/125	127/127	135/135	129/129
Satt588	170/170	167/167	167/167	140/140	130/130
Satt462	246/266	212/248	250/250	204/248	250/250
Satt567	999/999	109/109	109/109	103/103	103/103
Satt022	206/206	206/206	206/206	206/206	206/206
Satt487	204/204	198/198	198/198	198/198	198/198
Satt236	223/223	220/220	220/220	220/220	220/220
Satt453	258/258	258/258	258/258	258/258	237/237
Satt168	211/211	233/233	230/230	200/200	233/233
Satt180	212/212	253/253	258/258	258/258	258/258
Sat_130	298/298	304/304	304/304	302/302	296/296
Sat_092	246/246	212/212	212/212	212/212	236/236
Sat_112	335/335	342/342	346/346	342/342	342/342
Satt193	236/236	249/249	249/249	252/252	249/249
Satt288	246/246	233/252	252/252	246/246	236/236
Satt442	248/248	245/245	257/257	257/257	229/251
Satt330	145/145	151/151	145/145	151/151	151/151
Satt431	202/202	225/225	225/225	225/225	225/225
Satt242	195/195	195/201	195/195	195/195	195/195
Satt373	213/213	251/251	238/238	248/251	245/245
Satt551	237/237	224/230	230/230	230/230	230/230
Sat_084	151/151	141/141	141/141	141/141	141/141
Satt345	213/213	213/226	198/198	213/213	245/245

（续）

引物名称	资源序号				
	106	107	108	109	110
	资源编号				
	XIN06460	XIN06617	XIN06619	XIN06639	XIN07900
Satt300	999/999	243/243	237/237	243/243	237/237
Satt429	270/270	264/264	999/999	270/270	248/248
Satt197	134/188	185/185	188/188	188/188	188/188
Satt556	161/161	209/209	161/161	200/200	161/161
Satt100	138/138	164/164	141/141	141/141	164/164
Satt267	249/249	230/249	230/230	230/230	230/230
Satt005	151/164	138/138	138/138	138/138	138/138
Satt514	205/205	194/194	208/208	233/233	194/194
Satt268	215/215	250/250	250/250	238/238	999/999
Satt334	189/198	203/203	212/212	203/203	189/198
Satt191	231/231	225/225	205/205	225/225	999/999
Sat_218	323/323	295/295	295/295	325/325	331/331
Satt239	194/194	173/173	173/173	173/191	194/194
Satt380	125/125	135/135	135/135	135/135	125/135
Satt588	164/164	167/167	167/167	167/167	139/164
Satt462	231/231	240/240	250/250	248/248	231/231
Satt567	106/106	109/109	109/109	106/106	103/103
Satt022	216/216	206/206	206/206	206/206	216/216
Satt487	204/204	201/201	198/198	201/201	198/204
Satt236	223/223	220/220	220/220	220/220	223/223
Satt453	237/245	237/237	258/258	258/258	245/245
Satt168	233/233	230/230	230/230	233/233	233/233
Satt180	258/258	258/258	258/258	258/258	243/258
Sat_130	304/304	306/306	310/310	308/308	304/310
Sat_092	236/236	248/248	212/212	215/238	212/212
Sat_112	339/339	346/346	342/342	346/346	346/346
Satt193	230/230	246/246	249/249	233/233	226/226
Satt288	246/246	252/252	246/246	252/252	246/246
Satt442	245/245	257/257	248/248	248/248	248/248
Satt330	118/118	145/145	145/145	118/145	151/151
Satt431	231/231	202/202	202/202	231/231	225/225
Satt242	195/195	189/189	189/189	195/195	189/189
Satt373	248/248	219/219	251/251	238/253	253/253
Satt551	230/230	230/230	224/224	224/224	230/230
Sat_084	143/143	141/141	141/154	141/141	141/141
Satt345	213/213	198/198	226/226	226/226	198/198

（续）

引物名称	资源序号				
	111	112	113	114	115
	资源编号				
	XIN07902	XIN07913	XIN07914	XIN07953	XIN08073
Satt300	237/237	240/240	237/237	237/237	243/243
Satt429	270/270	248/248	248/248	270/270	264/264
Satt197	179/179	179/179	173/173	182/182	185/185
Satt556	209/209	161/161	161/161	209/209	209/209
Satt100	110/110	138/138	138/138	164/164	161/161
Satt267	230/230	239/239	249/249	249/249	249/249
Satt005	138/138	161/161	151/151	161/161	138/138
Satt514	233/233	233/233	233/233	194/194	194/194
Satt268	215/215	250/250	253/253	250/250	250/250
Satt334	212/212	198/198	189/198	203/210	212/212
Satt191	205/205	999/999	999/999	202/202	189/202
Sat_218	295/295	999/999	319/319	288/288	325/325
Satt239	173/173	999/999	188/188	173/173	173/173
Satt380	125/125	135/135	125/135	135/135	125/125
Satt588	164/164	999/999	170/170	139/139	130/130
Satt462	204/248	212/212	234/248	248/248	266/266
Satt567	106/106	106/106	106/106	106/106	109/109
Satt022	216/216	203/203	206/206	194/194	206/206
Satt487	198/198	192/192	204/204	192/192	195/195
Satt236	220/220	223/223	214/214	223/223	220/220
Satt453	258/258	258/258	258/258	258/258	249/249
Satt168	233/233	227/227	227/227	233/233	233/233
Satt180	258/258	264/264	258/258	243/243	258/258
Sat_130	312/312	298/298	312/312	296/296	310/310
Sat_092	231/231	248/248	225/240	238/238	212/212
Sat_112	311/311	325/325	323/323	346/346	346/346
Satt193	230/230	213/252	236/236	236/236	246/246
Satt288	249/274	246/246	252/252	246/246	249/249
Satt442	245/245	251/251	229/260	260/260	251/251
Satt330	145/145	145/145	145/145	145/145	151/151
Satt431	231/231	222/222	231/231	231/231	225/225
Satt242	195/195	192/192	192/192	195/195	195/195
Satt373	251/251	222/222	251/251	253/253	251/251
Satt551	224/224	224/224	224/237	224/224	230/230
Sat_084	141/141	141/141	141/141	141/141	141/141
Satt345	198/198	248/248	213/213	198/198	213/213

（续）

引物名称	资源序号				
	116	117	118	119	120
	资源编号				
	XIN08225	XIN08227	XIN08229	XIN08230	XIN08231
Satt300	999/999	240/240	240/240	240/240	240/240
Satt429	999/999	264/264	267/267	264/264	999/999
Satt197	179/182	173/173	173/173	173/173	173/173
Satt556	161/161	200/200	200/200	197/197	197/197
Satt100	138/138	135/135	135/135	135/135	135/135
Satt267	239/239	239/239	249/249	239/239	249/249
Satt005	132/132	161/161	161/161	161/161	161/161
Satt514	226/226	194/233	233/233	233/233	233/233
Satt268	999/999	202/202	202/202	202/202	999/999
Satt334	210/210	189/198	189/203	205/205	189/198
Satt191	999/999	205/205	187/187	187/205	205/205
Sat_218	999/999	284/284	288/288	284/284	284/284
Satt239	999/999	188/188	173/173	188/188	155/155
Satt380	135/135	132/132	135/135	999/999	135/135
Satt588	147/147	164/164	164/164	164/164	164/164
Satt462	234/234	234/234	248/248	999/999	234/234
Satt567	109/109	109/109	103/103	106/106	106/106
Satt022	216/216	206/206	203/203	206/206	203/203
Satt487	201/204	204/204	201/201	192/192	201/201
Satt236	223/223	223/223	220/220	220/220	223/223
Satt453	261/261	237/237	237/237	261/261	258/258
Satt168	227/227	233/233	233/233	233/233	233/233
Satt180	264/264	243/243	243/243	243/243	243/243
Sat_130	294/310	298/298	298/298	304/304	308/308
Sat_092	234/234	229/229	246/246	251/251	227/227
Sat_112	323/323	325/325	339/339	325/346	323/325
Satt193	236/236	236/236	239/239	252/252	249/249
Satt288	243/243	233/233	233/233	233/246	233/233
Satt442	251/251	260/260	260/260	251/251	254/254
Satt330	145/145	145/145	145/145	147/147	145/145
Satt431	231/231	231/231	231/231	199/199	199/199
Satt242	192/192	192/192	195/195	192/192	192/192
Satt373	219/219	248/248	248/248	248/248	248/248
Satt551	224/224	237/237	224/224	237/237	224/224
Sat_084	141/141	147/147	147/147	147/147	141/141
Satt345	198/248	229/229	226/226	198/198	229/229

（续）

引物名称	资源序号				
	121	122	123	124	125
	资源编号				
	XIN08252	XIN08254	XIN08283	XIN08327	XIN08670
Satt300	237/237	243/243	243/243	269/269	243/243
Satt429	270/270	234/234	267/267	264/264	248/248
Satt197	179/179	179/179	179/179	182/182	188/188
Satt556	209/209	209/209	209/209	161/161	164/164
Satt100	110/110	141/141	148/148	138/138	144/144
Satt267	230/230	249/249	230/230	239/239	230/230
Satt005	138/138	138/138	138/138	158/158	161/161
Satt514	233/233	194/194	208/208	233/233	220/220
Satt268	215/215	215/215	238/238	202/202	215/215
Satt334	212/212	212/212	212/212	198/198	205/205
Satt191	209/209	209/209	205/205	189/189	999/999
Sat_218	295/295	295/295	325/325	306/306	999/999
Satt239	173/173	173/173	191/191	185/185	188/188
Satt380	125/125	125/125	135/135	127/127	127/127
Satt588	164/164	140/140	164/164	170/170	167/167
Satt462	204/248	212/248	999/999	276/276	240/248
Satt567	106/106	109/109	103/103	106/106	106/109
Satt022	216/216	216/216	206/206	216/216	200/206
Satt487	198/198	198/198	198/198	201/201	192/192
Satt236	220/220	220/220	223/223	236/236	220/220
Satt453	258/258	258/258	261/261	258/258	261/261
Satt168	233/233	233/233	233/233	227/227	230/230
Satt180	258/258	267/267	258/258	264/264	212/212
Sat_130	312/312	312/312	298/298	294/294	308/308
Sat_092	231/231	212/212	240/240	231/231	260/260
Sat_112	311/311	311/311	346/346	323/325	342/342
Satt193	230/230	249/249	233/233	236/236	239/239
Satt288	246/246	249/249	233/233	246/246	246/246
Satt442	245/245	248/248	248/248	248/248	235/235
Satt330	145/145	145/145	145/145	145/145	105/105
Satt431	231/231	225/231	231/231	225/225	222/222
Satt242	195/195	189/189	195/195	192/192	189/198
Satt373	248/248	251/251	248/248	213/213	219/219
Satt551	224/224	224/224	224/224	224/224	224/224
Sat_084	141/141	141/141	141/141	141/141	141/141
Satt345	198/198	245/245	198/198	192/192	213/245

（续）

引物名称	资源序号				
	126	127	128	129	130
	资源编号				
	XIN08699	XIN08701	XIN08718	XIN08743	XIN08754
Satt300	243/243	243/243	243/243	237/237	243/243
Satt429	264/264	264/264	999/999	243/243	999/999
Satt197	188/188	173/173	188/188	188/188	185/185
Satt556	161/161	164/209	161/209	161/161	209/209
Satt100	164/164	110/110	164/164	141/141	164/164
Satt267	249/249	249/249	230/249	249/249	249/249
Satt005	170/170	167/167	138/138	170/170	138/138
Satt514	233/233	205/205	999/999	194/233	194/194
Satt268	250/250	250/250	253/253	215/215	999/999
Satt334	198/198	203/203	205/205	212/212	212/212
Satt191	205/205	225/225	999/999	205/225	202/202
Sat_218	297/297	327/327	325/325	297/297	323/323
Satt239	173/173	191/191	173/173	173/173	173/173
Satt380	125/125	125/125	125/125	135/135	125/135
Satt588	167/167	167/167	999/999	167/167	167/167
Satt462	204/248	204/250	231/248	248/248	266/266
Satt567	109/109	106/106	106/106	109/109	109/109
Satt022	206/206	194/194	194/206	206/206	206/206
Satt487	204/204	204/204	198/198	201/201	195/195
Satt236	220/220	220/220	220/220	220/220	220/220
Satt453	261/261	245/245	999/999	261/261	237/237
Satt168	233/233	230/230	230/230	233/233	230/230
Satt180	258/258	258/258	258/258	258/258	258/258
Sat_130	310/310	300/300	308/308	302/302	298/298
Sat_092	231/231	236/236	212/212	238/238	212/212
Sat_112	342/342	350/350	346/346	346/346	339/342
Satt193	230/230	249/249	249/249	230/230	246/246
Satt288	249/249	246/246	246/246	233/252	249/249
Satt442	251/251	260/260	248/248	251/251	251/251
Satt330	151/151	145/145	145/145	118/118	145/151
Satt431	225/225	231/231	225/225	225/225	222/222
Satt242	201/201	195/195	195/195	195/195	189/189
Satt373	251/251	238/238	245/253	251/251	251/251
Satt551	230/230	237/237	230/237	237/237	230/230
Sat_084	141/141	141/141	141/141	141/141	154/154
Satt345	226/226	198/198	226/226	226/226	213/213

（续）

引物名称	资源序号				
	131	132	133	134	135
	资源编号				
	XIN08786	XIN09052	XIN09099	XIN09101	XIN09103
Satt300	237/237	237/237	240/240	252/252	243/243
Satt429	270/270	270/270	999/999	267/267	270/270
Satt197	179/179	179/179	179/182	173/173	188/188
Satt556	164/164	209/209	161/161	164/164	209/209
Satt100	138/138	110/110	132/132	164/164	167/167
Satt267	239/239	230/230	239/239	239/239	230/230
Satt005	161/161	138/138	161/161	138/138	138/138
Satt514	239/239	233/233	233/233	233/233	233/233
Satt268	215/215	215/215	999/999	202/202	250/250
Satt334	210/210	212/212	210/210	210/210	212/212
Satt191	215/215	202/202	225/225	205/225	202/202
Sat_218	284/284	295/295	325/325	284/284	295/295
Satt239	173/173	173/173	185/185	188/188	173/173
Satt380	132/132	125/125	125/125	135/135	125/125
Satt588	147/147	164/164	170/170	164/164	164/164
Satt462	234/234	204/248	234/234	234/234	246/246
Satt567	103/106	106/106	106/106	103/103	106/106
Satt022	216/216	216/216	206/206	216/216	194/194
Satt487	201/201	198/198	201/201	201/201	198/198
Satt236	236/236	220/220	226/226	220/220	220/220
Satt453	258/258	258/258	258/258	258/258	258/258
Satt168	227/227	233/233	227/227	227/227	233/233
Satt180	264/264	258/258	258/258	264/264	258/258
Sat_130	312/312	312/312	312/312	298/298	312/312
Sat_092	236/236	231/231	234/234	246/246	229/229
Sat_112	323/325	311/311	346/346	325/325	342/342
Satt193	258/258	230/230	236/236	236/236	249/249
Satt288	246/246	249/274	219/236	233/233	249/274
Satt442	248/248	245/245	254/254	260/260	245/245
Satt330	145/145	145/145	145/145	145/145	145/145
Satt431	202/202	231/231	199/199	222/222	225/225
Satt242	192/192	195/195	192/192	195/195	195/195
Satt373	213/213	251/251	279/279	248/248	238/238
Satt551	224/224	224/224	999/999	237/237	224/224
Sat_084	141/141	141/141	151/151	143/143	143/143
Satt345	248/248	198/198	192/192	248/248	198/198

（续）

引物名称	资源序号				
	136	137	138	139	140
	资源编号				
	XIN09105	XIN09107	XIN09291	XIN09415	XIN09478
Satt300	252/252	237/237	237/237	237/237	240/240
Satt429	270/270	264/264	264/264	999/999	264/264
Satt197	185/185	185/185	134/134	188/188	143/143
Satt556	209/209	209/209	161/161	161/161	161/161
Satt100	164/164	129/129	132/132	141/141	135/135
Satt267	230/230	230/230	239/239	249/249	239/239
Satt005	138/138	138/138	161/161	170/170	164/164
Satt514	194/194	194/194	245/245	208/208	233/233
Satt268	238/238	238/238	202/202	238/238	202/202
Satt334	212/212	210/210	210/210	189/198	189/198
Satt191	225/225	225/225	218/218	202/202	187/187
Sat_218	323/323	295/295	284/284	325/325	284/284
Satt239	173/173	173/173	185/185	188/188	173/173
Satt380	125/125	125/125	132/132	127/127	135/135
Satt588	164/164	139/139	139/139	164/164	140/140
Satt462	248/248	248/248	212/212	266/266	234/234
Satt567	103/103	109/109	109/109	109/109	109/109
Satt022	206/206	206/206	216/216	206/206	203/203
Satt487	204/204	195/195	204/204	198/198	192/201
Satt236	223/223	223/223	236/236	223/223	211/211
Satt453	245/245	258/258	258/258	261/261	258/258
Satt168	233/233	233/233	233/233	230/230	227/227
Satt180	258/258	258/258	264/264	258/258	264/264
Sat_130	302/302	298/298	304/304	298/298	308/308
Sat_092	215/215	229/229	234/234	231/231	231/231
Sat_112	335/335	342/342	323/323	342/342	325/325
Satt193	230/230	236/236	242/242	226/226	236/236
Satt288	246/246	252/252	246/246	195/195	246/246
Satt442	248/248	248/248	251/251	245/245	254/254
Satt330	151/151	145/145	147/147	145/145	147/147
Satt431	222/222	225/225	202/202	225/225	199/199
Satt242	195/195	195/195	184/184	195/195	192/192
Satt373	238/238	238/238	222/222	238/238	210/210
Satt551	230/230	224/224	224/224	224/224	224/224
Sat_084	141/141	141/141	141/141	141/141	141/141
Satt345	198/198	226/226	248/248	226/226	248/248

（续）

引物名称	资源序号				
	141	142	143	144	145
	资源编号				
	XIN09479	XIN09481	XIN09482	XIN09616	XIN09619
Satt300	243/243	243/243	237/243	237/237	243/243
Satt429	999/999	999/999	270/270	267/267	234/234
Satt197	185/185	185/185	185/188	188/188	179/179
Satt556	209/209	209/209	161/209	161/161	209/209
Satt100	161/161	161/161	161/161	141/141	164/164
Satt267	249/249	249/249	249/249	230/230	230/230
Satt005	138/138	138/138	138/138	138/138	170/170
Satt514	194/194	194/194	194/194	208/208	194/194
Satt268	244/244	999/999	250/250	250/250	250/250
Satt334	212/212	212/212	210/210	999/999	212/212
Satt191	202/202	202/202	202/202	225/225	225/225
Sat_218	323/323	325/325	288/323	325/325	327/327
Satt239	173/173	164/164	173/173	173/173	173/173
Satt380	125/125	125/125	135/135	135/135	125/125
Satt588	130/130	130/130	130/130	164/164	140/140
Satt462	250/266	266/266	999/999	248/248	202/246
Satt567	109/109	109/109	103/109	109/109	106/106
Satt022	206/206	206/206	206/206	206/206	206/206
Satt487	195/195	195/195	195/195	198/198	198/198
Satt236	223/223	223/223	223/223	223/223	214/214
Satt453	249/249	249/249	237/237	261/261	237/237
Satt168	233/233	230/230	230/230	230/230	233/233
Satt180	258/258	258/258	258/258	258/258	258/258
Sat_130	302/302	302/302	304/304	302/302	308/308
Sat_092	212/212	212/212	212/212	229/229	229/229
Sat_112	346/346	346/346	339/339	348/348	348/348
Satt193	246/246	246/246	230/230	249/249	258/258
Satt288	249/249	246/246	249/249	249/249	246/246
Satt442	251/251	251/251	251/251	248/248	245/245
Satt330	151/151	151/151	151/151	145/145	145/145
Satt431	225/225	225/225	225/225	225/225	225/225
Satt242	195/195	195/195	195/195	201/201	189/189
Satt373	251/251	251/251	251/251	238/238	238/238
Satt551	230/230	230/230	224/230	224/224	230/230
Sat_084	141/141	141/141	143/143	143/143	141/141
Satt345	213/245	245/245	213/213	213/213	226/226

（续）

引物名称	资源序号				
	146	147	148	149	150
	资源编号				
	XIN09621	XIN09624	XIN09670	XIN09683	XIN09685
Satt300	243/243	252/252	999/999	252/252	252/252
Satt429	234/234	264/264	228/237	270/270	999/999
Satt197	185/188	188/188	134/134	188/188	173/173
Satt556	209/209	161/161	161/161	209/209	161/161
Satt100	167/167	167/167	132/132	164/164	164/164
Satt267	230/230	230/230	239/239	230/230	230/230
Satt005	170/170	138/138	158/158	138/138	138/138
Satt514	194/194	194/194	223/223	237/237	194/194
Satt268	250/250	253/253	202/202	238/238	238/238
Satt334	212/212	210/210	203/203	205/205	203/203
Satt191	202/225	205/205	215/215	202/202	225/225
Sat_218	999/999	327/327	286/286	288/288	999/999
Satt239	173/188	173/173	176/176	188/188	191/191
Satt380	125/135	125/135	115/115	135/135	135/135
Satt588	167/167	164/164	167/167	164/164	167/167
Satt462	250/250	231/231	212/212	250/250	248/248
Satt567	103/109	106/106	109/109	106/106	106/106
Satt022	194/194	216/216	216/216	206/206	216/216
Satt487	198/198	201/201	198/198	201/201	201/201
Satt236	223/223	220/220	223/223	214/214	999/999
Satt453	249/261	237/237	258/258	239/239	237/237
Satt168	233/233	233/233	227/227	200/200	227/227
Satt180	258/258	258/258	264/264	243/243	243/243
Sat_130	308/308	306/306	302/302	312/312	310/310
Sat_092	212/212	238/238	210/210	238/238	240/240
Sat_112	342/342	346/346	325/325	335/335	346/346
Satt193	246/258	249/249	999/999	239/239	236/236
Satt288	195/249	249/249	246/246	246/246	243/246
Satt442	248/248	248/248	229/229	260/260	242/242
Satt330	145/145	118/118	147/147	145/145	145/145
Satt431	225/225	228/228	222/222	225/225	231/231
Satt242	201/201	195/195	189/189	192/192	189/192
Satt373	238/251	248/248	276/276	282/282	248/248
Satt551	230/230	230/230	237/237	237/237	237/237
Sat_084	143/143	141/141	141/141	147/147	154/154
Satt345	213/248	198/198	238/238	229/229	248/252

（续）

引物名称	资源序号				
	151	152	153	154	155
	资源编号				
	XIN09687	XIN09799	XIN09830	XIN09845	XIN09847
Satt300	252/252	237/237	237/237	237/237	237/237
Satt429	264/264	264/264	999/999	267/267	267/267
Satt197	173/173	188/188	188/188	173/173	173/173
Satt556	161/161	209/209	164/164	161/161	161/161
Satt100	108/108	164/164	144/144	164/164	164/164
Satt267	249/249	230/230	230/230	239/239	239/239
Satt005	170/170	138/138	148/148	138/138	138/138
Satt514	233/233	208/208	242/242	233/233	233/233
Satt268	238/238	253/253	238/238	202/238	202/238
Satt334	203/203	189/210	999/999	203/203	189/198
Satt191	205/205	205/205	218/225	205/205	205/205
Sat_218	288/288	316/316	999/999	284/286	288/288
Satt239	191/191	173/173	188/188	188/188	188/188
Satt380	135/135	127/127	135/135	135/135	135/135
Satt588	164/164	140/140	140/164	164/164	164/164
Satt462	204/248	250/250	250/250	234/234	234/234
Satt567	106/106	106/106	109/109	103/106	103/106
Satt022	206/206	206/206	206/206	203/203	203/203
Satt487	201/201	198/198	198/198	201/201	201/201
Satt236	223/223	220/220	999/999	223/223	220/220
Satt453	237/237	258/258	237/237	258/258	258/258
Satt168	227/227	200/200	230/230	227/227	227/233
Satt180	264/264	258/258	212/212	264/264	264/264
Sat_130	296/296	310/310	999/999	298/298	298/298
Sat_092	251/251	238/238	999/999	248/248	246/246
Sat_112	339/339	346/346	348/348	325/325	325/325
Satt193	255/255	255/255	239/239	236/236	236/236
Satt288	233/233	246/246	249/249	233/233	233/233
Satt442	260/260	248/248	260/260	260/260	260/260
Satt330	145/145	145/145	145/145	145/145	145/145
Satt431	231/231	225/225	228/228	231/231	231/231
Satt242	192/192	189/189	195/195	195/195	195/195
Satt373	248/248	248/248	999/999	222/248	222/248
Satt551	237/237	237/237	224/224	237/237	237/237
Sat_084	154/154	141/141	141/141	141/141	141/141
Satt345	248/248	198/198	213/213	229/248	229/248

（续）

引物名称	资源序号				
	156	157	158	159	160
	资源编号				
	XIN09879	XIN09889	XIN09891	XIN09912	XIN10136
Satt300	243/243	252/252	243/243	240/243	243/243
Satt429	264/264	264/264	270/270	264/264	234/234
Satt197	188/188	188/188	188/188	185/188	185/185
Satt556	209/209	209/209	209/209	161/161	209/209
Satt100	141/141	164/164	164/164	132/132	141/141
Satt267	249/249	230/230	230/230	230/230	230/230
Satt005	138/138	170/170	170/170	161/161	170/170
Satt514	194/194	194/194	194/194	208/208	208/208
Satt268	250/250	253/253	253/253	238/238	238/238
Satt334	212/212	198/198	999/999	205/205	210/210
Satt191	225/225	205/205	205/205	205/205	205/205
Sat_218	295/295	288/288	325/325	284/284	295/295
Satt239	182/182	182/182	173/173	188/188	194/194
Satt380	127/127	127/127	127/127	125/125	127/127
Satt588	164/164	164/164	167/167	147/147	167/167
Satt462	202/246	250/250	204/248	196/240	231/231
Satt567	103/103	106/106	103/103	109/109	109/109
Satt022	206/206	206/206	206/206	206/206	216/216
Satt487	198/198	201/201	195/195	201/201	198/198
Satt236	220/220	220/220	220/220	223/223	220/220
Satt453	237/237	261/261	249/249	261/261	261/261
Satt168	233/233	233/233	233/233	227/227	233/233
Satt180	258/258	258/258	258/258	212/212	212/212
Sat_130	306/306	300/300	302/302	296/296	296/296
Sat_092	212/212	236/236	231/231	234/234	234/234
Sat_112	342/342	346/346	350/350	323/335	339/339
Satt193	258/258	230/230	249/249	258/258	230/230
Satt288	219/219	246/246	252/252	195/195	246/246
Satt442	248/248	248/248	248/248	251/251	257/257
Satt330	145/145	145/145	145/145	147/147	145/145
Satt431	228/228	222/222	225/225	202/231	231/231
Satt242	189/189	192/192	201/201	184/184	201/201
Satt373	219/219	248/248	238/238	276/276	248/248
Satt551	230/230	230/230	230/230	224/224	230/230
Sat_084	141/141	143/143	141/141	141/141	141/141
Satt345	245/245	226/226	192/192	213/213	198/198

（续）

引物名称	资源序号				
	161	162	163	164	165
	资源编号				
	XIN10138	XIN10149	XIN10156	XIN10162	XIN10164
Satt300	237/237	240/240	237/237	237/237	237/237
Satt429	264/264	264/264	264/264	228/228	228/228
Satt197	143/143	179/179	182/182	179/182	179/179
Satt556	161/161	161/161	164/164	161/161	164/164
Satt100	135/135	135/135	167/167	132/132	135/135
Satt267	239/239	239/239	249/249	239/239	239/239
Satt005	138/138	161/161	167/167	161/167	167/167
Satt514	205/205	245/245	233/233	205/205	208/208
Satt268	250/250	202/202	238/238	215/253	253/253
Satt334	189/198	205/205	210/210	210/210	210/210
Satt191	218/218	187/187	225/225	187/202	202/202
Sat_218	284/284	284/286	329/329	284/284	284/284
Satt239	173/173	173/173	185/185	179/188	188/188
Satt380	125/125	125/125	125/125	135/135	132/132
Satt588	162/162	140/140	164/164	147/170	147/147
Satt462	287/287	202/246	204/248	196/234	234/234
Satt567	103/103	999/999	106/106	103/109	106/106
Satt022	194/194	203/203	206/206	216/216	216/216
Satt487	204/204	201/201	192/192	192/201	192/192
Satt236	223/223	223/223	223/223	226/226	236/236
Satt453	258/258	258/258	258/258	258/258	258/258
Satt168	227/227	227/227	227/227	227/227	227/227
Satt180	258/258	999/999	264/264	264/264	264/264
Sat_130	306/306	315/315	296/296	306/306	294/294
Sat_092	234/234	234/234	234/234	227/236	227/227
Sat_112	325/325	325/325	311/311	325/325	323/323
Satt193	236/236	236/236	236/236	236/236	239/239
Satt288	246/246	246/246	219/249	236/249	249/249
Satt442	239/239	251/251	251/251	251/251	254/254
Satt330	147/147	147/147	145/145	145/145	145/145
Satt431	199/199	202/202	202/202	231/231	202/202
Satt242	192/192	192/192	192/192	192/192	192/192
Satt373	276/276	276/276	279/279	213/213	213/213
Satt551	224/224	224/224	237/237	224/230	224/224
Sat_084	141/141	141/141	151/151	141/141	141/141
Satt345	198/198	192/192	192/248	198/198	198/198

（续）

引物名称	资源序号				
	166	167	168	169	170
	资源编号				
	XIN10168	XIN10172	XIN10181	XIN10183	XIN10184
Satt300	243/243	240/240	237/237	237/237	243/243
Satt429	243/243	228/228	228/228	234/234	243/243
Satt197	185/185	173/173	179/179	179/179	179/179
Satt556	161/161	161/161	209/209	197/209	209/209
Satt100	164/164	138/138	141/141	141/164	164/164
Satt267	230/230	239/239	230/230	230/230	230/230
Satt005	158/158	164/164	138/138	138/138	138/138
Satt514	194/194	208/208	208/208	208/208	208/208
Satt268	253/253	202/202	238/238	238/238	238/238
Satt334	212/212	203/203	198/198	189/198	189/198
Satt191	225/225	225/225	205/205	205/205	205/205
Sat_218	288/325	284/321	325/325	327/327	327/327
Satt239	173/173	185/185	173/173	173/188	173/173
Satt380	127/127	135/135	127/127	127/127	127/127
Satt588	164/164	164/164	164/164	164/164	164/164
Satt462	250/250	248/248	196/240	196/240	196/240
Satt567	103/103	109/109	109/109	103/109	109/109
Satt022	206/206	206/206	216/216	206/206	206/206
Satt487	198/198	201/201	198/198	198/198	201/201
Satt236	220/220	236/236	214/214	214/214	214/214
Satt453	261/261	258/258	258/258	237/237	258/258
Satt168	233/233	227/227	227/227	233/233	227/227
Satt180	258/258	264/264	258/258	258/258	258/258
Sat_130	302/302	310/310	296/296	308/308	308/308
Sat_092	240/240	210/210	246/246	238/238	238/238
Sat_112	335/346	328/328	323/335	335/335	332/332
Satt193	249/249	249/249	230/230	230/230	230/230
Satt288	249/249	195/195	249/249	246/246	246/246
Satt442	257/257	260/260	260/260	260/260	245/245
Satt330	145/145	147/147	145/145	145/145	145/145
Satt431	225/225	231/231	231/231	231/231	231/231
Satt242	189/189	192/192	195/195	195/195	195/195
Satt373	238/248	238/276	245/245	245/248	245/245
Satt551	237/237	224/224	224/224	224/224	230/230
Sat_084	141/141	141/141	141/141	143/143	141/141
Satt345	198/198	198/198	248/248	229/229	229/229

（续）

引物名称	资源序号				
	171	172	173	174	175
	资源编号				
	XIN10186	XIN10188	XIN10189	XIN10191	XIN10196
Satt300	243/243	243/243	237/243	243/243	237/237
Satt429	270/270	264/264	270/270	270/270	228/228
Satt197	188/188	188/188	185/185	185/185	179/179
Satt556	197/197	209/209	161/209	209/209	164/164
Satt100	164/164	144/144	141/141	141/141	167/167
Satt267	230/230	230/230	230/230	230/249	239/239
Satt005	138/138	138/138	138/170	151/151	161/161
Satt514	233/233	208/208	208/233	208/208	233/233
Satt268	250/250	238/253	250/250	250/250	202/202
Satt334	205/205	189/198	210/210	189/198	189/198
Satt191	205/205	205/205	205/205	205/205	225/225
Sat_218	290/290	323/325	323/325	295/295	284/284
Satt239	188/188	191/191	191/191	191/191	173/173
Satt380	127/127	127/127	135/135	127/127	135/135
Satt588	164/164	167/167	167/167	167/167	999/999
Satt462	231/231	231/231	248/248	240/250	999/999
Satt567	103/103	109/109	106/109	103/103	106/106
Satt022	194/194	194/216	194/206	216/216	206/206
Satt487	201/201	198/198	201/201	201/201	192/192
Satt236	220/220	220/220	223/223	220/220	223/223
Satt453	249/249	261/261	237/249	237/249	258/258
Satt168	230/230	233/233	200/233	233/233	227/227
Satt180	267/267	212/212	258/258	258/258	264/264
Sat_130	312/312	294/310	304/304	302/302	294/294
Sat_092	240/240	229/229	231/238	238/238	210/210
Sat_112	346/346	335/335	335/335	342/342	346/346
Satt193	249/249	233/255	233/249	252/252	236/236
Satt288	219/219	249/249	233/246	249/249	195/195
Satt442	251/251	248/248	245/257	257/257	260/260
Satt330	145/145	145/145	118/145	118/118	147/147
Satt431	231/231	202/202	231/231	225/225	222/222
Satt242	195/195	189/195	195/195	189/189	192/192
Satt373	238/238	248/251	245/248	248/248	248/248
Satt551	237/237	224/237	237/237	237/237	224/224
Sat_084	141/141	141/141	141/141	141/141	141/141
Satt345	252/252	245/245	198/198	226/226	248/248

（续）

引物名称	资源序号				
	176	177	178	179	180
	资源编号				
	XIN10197	XIN10199	XIN10203	XIN10205	XIN10207
Satt300	240/240	252/252	243/243	237/237	237/237
Satt429	264/264	234/234	270/270	270/270	999/999
Satt197	179/182	134/188	188/188	188/188	185/185
Satt556	161/161	209/209	209/209	209/209	209/209
Satt100	132/132	129/135	141/141	110/110	138/138
Satt267	239/239	230/249	230/230	249/249	230/230
Satt005	161/161	148/148	170/170	138/151	138/138
Satt514	233/233	208/220	208/208	233/233	208/208
Satt268	202/238	215/215	250/250	215/215	238/238
Satt334	210/210	189/198	210/210	212/212	189/198
Satt191	225/225	187/205	225/225	202/202	202/202
Sat_218	325/325	321/321	325/325	293/293	295/295
Satt239	185/185	185/194	191/191	191/191	176/176
Satt380	125/125	127/127	135/135	125/125	125/125
Satt588	170/170	164/164	164/164	164/164	140/140
Satt462	246/246	231/231	240/240	250/250	250/250
Satt567	106/106	106/109	109/109	106/106	106/106
Satt022	206/206	194/216	216/216	216/216	206/206
Satt487	201/201	198/198	198/198	198/198	195/195
Satt236	223/223	236/236	214/214	220/220	220/220
Satt453	258/258	245/258	261/261	245/258	258/258
Satt168	227/227	233/233	233/233	233/233	230/230
Satt180	258/258	243/243	267/267	258/258	258/258
Sat_130	312/312	308/308	308/308	312/312	304/304
Sat_092	234/234	212/229	240/240	231/231	236/236
Sat_112	346/346	325/325	335/335	311/323	348/348
Satt193	236/236	233/255	230/230	230/230	230/230
Satt288	219/236	246/246	249/249	249/249	246/246
Satt442	254/254	257/257	242/242	245/245	248/248
Satt330	145/145	145/145	118/151	145/145	145/145
Satt431	199/199	222/231	231/231	231/231	231/231
Satt242	192/192	192/192	201/201	174/174	195/195
Satt373	279/279	245/245	248/248	251/251	251/251
Satt551	237/237	237/237	224/224	224/224	230/230
Sat_084	151/151	143/143	141/141	141/141	143/143
Satt345	192/192	198/213	198/198	213/213	226/226

（续）

引物名称	资源序号					
	181	182	183	184	185	186
	资源编号					
	XIN10214	XIN10220	XIN10222	XIN10228	XIN10230	XIN10284
Satt300	261/261	243/243	243/243	237/237	999/999	252/252
Satt429	264/264	264/264	267/267	264/264	264/264	264/264
Satt197	173/173	185/185	185/185	185/185	185/185	182/182
Satt556	161/161	209/209	209/209	209/209	161/161	161/209
Satt100	123/123	141/141	161/161	138/138	135/135	132/132
Satt267	239/239	230/230	249/249	230/230	230/230	230/230
Satt005	167/167	138/138	138/138	138/138	161/161	158/174
Satt514	223/223	208/208	194/194	208/208	233/233	205/205
Satt268	202/202	250/250	253/253	238/238	202/238	215/215
Satt334	189/198	203/203	212/212	210/210	189/198	203/203
Satt191	999/999	205/205	202/202	202/202	187/187	205/205
Sat_218	284/284	297/297	323/323	295/295	280/280	260/260
Satt239	173/173	191/191	173/173	176/176	188/188	185/185
Satt380	135/135	135/135	125/125	125/125	125/125	125/125
Satt588	140/140	167/167	130/130	999/999	140/140	170/170
Satt462	287/287	196/240	266/266	250/250	234/234	196/212
Satt567	106/106	109/109	109/109	106/106	109/109	109/109
Satt022	203/203	216/216	206/206	206/206	213/213	209/209
Satt487	192/192	201/201	195/195	195/195	201/201	192/192
Satt236	220/220	214/214	220/220	220/220	226/226	223/223
Satt453	258/258	237/237	249/249	258/258	258/258	245/245
Satt168	200/200	233/233	233/233	230/230	227/227	230/230
Satt180	264/264	258/258	258/258	258/258	276/276	258/258
Sat_130	302/302	308/308	302/302	304/304	308/308	300/308
Sat_092	234/246	238/238	212/212	236/236	246/246	227/227
Sat_112	325/325	339/339	344/344	348/348	325/325	323/342
Satt193	236/236	249/249	246/246	230/230	236/236	252/252
Satt288	195/195	249/249	249/249	246/246	195/195	219/219
Satt442	245/245	248/248	251/251	248/248	254/254	239/239
Satt330	147/147	145/145	151/151	145/145	147/147	145/145
Satt431	199/199	222/222	225/225	231/231	199/199	222/222
Satt242	192/192	189/189	195/195	195/195	192/192	171/189
Satt373	222/222	238/238	251/251	251/251	276/276	210/251
Satt551	224/224	224/224	230/230	230/230	224/224	237/237
Sat_084	141/141	154/154	141/141	143/143	141/141	141/141
Satt345	198/198	198/198	245/245	226/226	248/248	198/198

（续）

引物名称	资源序号					
	187	188	189	190	191	192
	资源编号					
	XIN10334	XIN10378	XIN10380	XIN10558	XIN10559	XIN10642
Satt300	243/243	999/999	237/237	237/243	237/237	999/999
Satt429	267/267	264/264	273/273	267/267	270/270	267/267
Satt197	185/185	188/188	173/177	185/185	173/173	134/134
Satt556	209/209	161/161	161/161	161/161	164/164	161/161
Satt100	164/164	135/135	132/132	141/141	110/110	129/129
Satt267	249/249	239/239	239/239	230/230	230/249	230/230
Satt005	170/170	161/161	158/158	164/164	167/167	170/170
Satt514	194/194	245/245	239/239	205/205	205/205	208/208
Satt268	250/250	202/202	202/202	241/241	250/250	215/215
Satt334	212/212	205/205	198/198	212/212	212/212	203/203
Satt191	225/225	187/187	187/187	225/225	225/225	212/212
Sat _218	297/297	284/284	282/282	295/295	288/288	286/286
Satt239	173/173	185/185	185/185	191/191	173/173	185/185
Satt380	125/125	127/127	132/132	125/125	132/132	155/155
Satt588	167/167	147/147	167/167	147/147	167/167	170/170
Satt462	248/248	287/287	212/212	250/250	250/250	202/246
Satt567	109/109	109/109	109/109	106/106	106/106	106/106
Satt022	206/206	216/216	216/216	206/206	194/194	206/206
Satt487	195/195	204/204	192/192	204/204	201/201	198/198
Satt236	223/223	236/236	223/223	223/223	223/223	214/214
Satt453	261/261	258/258	258/258	245/245	245/245	258/258
Satt168	233/233	227/227	227/227	230/230	211/211	230/230
Satt180	258/258	264/264	264/264	258/258	258/258	264/264
Sat _130	302/302	315/315	312/312	298/298	294/294	306/306
Sat _092	212/212	234/234	234/234	212/212	240/240	248/248
Sat _112	346/346	325/325	325/325	342/342	346/346	323/323
Satt193	249/249	233/233	236/236	249/249	230/230	246/246
Satt288	252/252	246/246	243/243	233/233	246/246	195/195
Satt442	251/251	251/251	251/251	248/248	257/257	251/251
Satt330	151/151	147/147	147/147	145/145	145/145	147/147
Satt431	225/225	202/202	202/202	231/231	231/231	190/190
Satt242	195/195	192/192	189/189	195/195	174/174	189/189
Satt373	251/251	276/276	276/276	238/238	251/251	222/222
Satt551	230/230	224/224	224/224	237/237	237/237	237/237
Sat _084	141/141	141/141	141/141	154/154	141/141	145/145
Satt345	213/213	192/192	192/192	245/245	213/213	248/248

四、36对SSR引物名称及序列

引物名称	所在染色体	正向引物序列	反向引物序列
Satt300	A1	GCGACCATCATCTAATCACAATCTACTA	TCCCCATCATTTATCGAAAATAATAATT
Satt429	A2	GCGACCATCATCTAATCACAATCTACTA	TCCCCATCATTTATCGAAAATAATAATT
Satt197	B1	CACTGCTTTTTCCCCTCTCT	AAGATACCCCCAACATTATTTGTAA
Satt556	B2	GCGATAAAACCCGATAAATAA	GCGTTGTGCACCTTGTTTTCT
Satt100	C2	ACCTCATTTTGGCATAAA	TTGGAAAACAAGTAATAATAACA
Satt267	D1a	CCGGTCTGACCTATTCTCAT	CACGGCGTATTTTTATTTTG
Satt005	D1b	TATCCTAGAGAAGAACTAAAAAA	GTCGATTAGGCTTGAAATA
Satt514	D2	GCGCCAACAAATCAAGTCAAGTAGAAAT	GCGGTCATCTAATTAATCCCTTTTTGAA
Satt268	E	TCAGGGGTGGACCTATATAAAATA	CAGTGGTGGCAGATGTAGAA
Satt334	F	GCGTTAAGAATGCATTTATGTTTAGTC	GCGAGTTTTTGGTTGGATTGAGTTG
Satt191	G	CGCGATCATGTCTCTG	GGGAGTTGGTGTTTTCTTGTG
Sat_218	H	GCGCACGTTAAATGAACTGGTATGATA	GCGGGCCAAAGAGGAAGATTGTAAT
Satt239	I	GCGCCAAAAAATGAATCACAAT	GCGAACACAATCAACATCCTTGAAC
Satt380	J	GCGAGTAACGGTCTTCTAACAAGGAAAG	GCGTGCCCTTACTCTCAAAAAAAAA
Satt588	K	GCTGCATATCCACTCTCATTGACT	GAGCCAAAACCAAAGTGAAGAAC
Satt462	L	GCGGTCACGAATACAAGATAAATAATGC	GCGTGCATGTCAGAAAAAATCTCTATAA
Satt567	M	GGCTAACCCGCTCTATGT	GGGCCATGCACCTGCTACT
Satt022	N	GGGGGATCTGATTGTATTTTACCT	CGGGTTTCAAAAAACCATCCTTAC
Satt487	O	ATCACGGACCAGTTCATTTGA	TGAACCGCGTATTCTTTTAATCT
Satt236	A1	GCGCCCACACAACCTTTAATCTT	GCGGCGACTGTTAACGTGTC
Satt453	B1	GCGGAAAAAAAACAATAAACAACA	TAGTGGGGAAGGGAAGTTACC
Satt168	B2	CGCTTGCCCAAAAATTAATAGTA	CCATTCTCCAACCTCAATCTTATAT
Satt180	C1	TCGCGTTTGTCAGC	TTGATTGAAACCCAACTA
Sat_130	C2	GCGTAAATCCAGAAATCTAAGATGATATG	GCGTAGAGGAAAGAAAAGACACAATATCA

（续）

引物名称	所在染色体	正向引物序列	反向引物序列
Sat_092	D2	AATTGAGTGAAACTTATAAGAATTAGTC	AAATAAGTAGGATGCTTGACAAA
Sat_112	E	TGTGACAGTATACCGACATAATA	CTACAAATAACATGAAATATAAGAAATA
Satt193	F	GCGTTTCGATAAAAATGTTACACCTC	TGTTCGCATTATTGATCAAAAAT
Satt288	G	GCGGGGTGATTTAGTGTTTGACACCT	GCGCTTATAATTAAGAGCAAAAGAAG
Satt442	H	CCTGGACTTGTTTGCTCATCAA	GCGGTTCAAGGCTTCAAGTAGTCAC
Satt330	I	GCGCCTCCATTCCACAACAAATA	GCGGCATCCGTTTCTAAGATAGTTA
Satt431	J	GCGTGGCACCCTTGATAAATAA	GCGCACGAAAGTTTTTCTGTAACA
Satt242	K	GCGTTGATCAGGTCGATTTTTATTTGT	GCGAGTGCCAACTAACTACTTTTATGA
Satt373	L	TCCGCGAGATAAATTCGTAAAAT	GGCCAGATACCCAAGTTGTACTTGT
Satt551	M	GAATATCACGCGAGAATTTTAC	TATATGCGAACCCTCTTACAAT
Sat_084	N	AAAAAAGTATCCATGAAACAA	TTGGGACCTTAGAAGCTA
Satt345	O	CCCCTATTTCAAGAGAATAAGGAA	CCATGCTCTACATCTTCATCATC

五、panel 组合信息表

panel	荧光类型	引物名称（等位变异范围，bp）	panel	荧光类型	引物名称（等位变异范围，bp）
1	TAMARA	Satt453（236-282）	5	HEX	Satt191（187-224）
	HEX	Satt100（108-167）		ROX	Sat_092（210-257）
	ROX	Satt005（123-174）		6-FAM	Satt462（196-287）
	6-FAM	Satt288（195-261）	6	TAMARA	Satt197（134-200）
2	TAMARA	Satt300（234-269）		HEX	Sat_084（132-160）
	HEX	Satt239（155-194）		ROX	Sat_218（264-329）
	ROX	Satt268（202-253）		6-FAM	Satt345（192-251）
	6-FAM	Satt567（103-109）	7	TAMARA	Satt431（190-231）
	6-FAM	Satt373（210-282）		HEX	Satt330（105-151）
3	TAMARA	Satt236（211-236）		ROX	Sat_112（298-354）
	HEX	Satt380（125-135）		6-FAM	Satt551（224-237）
	ROX	Satt514（181-249）	8	TAMARA	Satt334（183-215）
	6-FAM	Satt487（192-204）		HEX	Satt442（229-260）
4	TAMARA	Satt168（200-236）		ROX	Sat_130（279-315）
	HEX	Satt588（130-170）		6-FAM	Satt180（212-275）
	ROX	Satt429（237-273）	9	HEX	Satt193（223-258）
	6-FAM	Satt242（174-201）		ROX	Satt267（229-249）
5	TAMARA	Satt556（161-212）		6-FAM	Satt022（194-216）

注：部分引物变异范围取自556份大豆品种的结果。

六、实验主要仪器设备及方法

1. 样品 DNA 使用天根生化科技有限公司植物 DNA 提取试剂盒提取。

2. 使用 Bio-Rad 公司 S1 000 型号 PCR 仪进行 PCR 扩增。

3. 等位变异结果由 ABI3130XL 测序仪扩增后获得。

将 6-FAM 和 HEX 荧光标记的 PCR 产物用超纯水稀释 30 倍，TAMRA 和 ROX 荧光标记的 PCR 产物用超纯水稀释 10 倍。分别取等体积的上述 4 种稀释后的 PCR 产物，混合。吸取 1 μL 混合液加入到 DNA 分析仪专用深孔板孔中。在板中各孔分别加入 0.1 μL LIZ500 分子量内标和 8.9 μL 去离子甲酰胺。除待测样品外，还应同时包括参照品种的扩增产物。将样品在 PCR 仪上 95 ℃变性 5 min，迅速取出置于碎冰上，冷却 10 min。瞬时离心 10 s 后上测序仪电泳。

注：PCR 扩增产物稀释倍数可根据扩增结果进行相应调整。